高煤阶煤层气勘探开发新技术与实践

朱庆忠 著

石油工业出版社

内容提要

本书以沁水盆地南部高煤阶煤层气开发实践为基础，通过解剖分析各类开发案例，审视勘探开发中出现的问题，总结提出现阶段制约高煤阶煤层气高效开发三大矛盾。创新建立以提高优质储量控制程度为目标的"七系数"勘探理论与技术，以疏通流体运移通道网络为目标的煤层气开发技术系列，以及为高效指导煤层气开发方案编制的"八参数"储量动用评价方法。对定量化勘探评价技术，以井组为单元控储的疏导式开发技术，以水平井为主体的钻井完井技术，以疏导式压裂为主的储层改造技术，以驱动微孔束缚水和提高渗透率为目的的疏导式排采控制技术进行了详细阐述。

本书可供从事煤层气勘探开发的科研人员、管理人员及相关院校师生参考阅读。

图书在版编目（CIP）数据

高煤阶煤层气勘探开发新技术与实践 / 朱庆忠著. —北京：石油工业出版社，2021.8

ISBN 978-7-5183-4418-5

Ⅰ. ①高… Ⅱ. ①朱… Ⅲ. ①煤层–地下气化煤气–地质勘探–研究 ②煤层–地下气化煤气–资源开发–研究 Ⅳ. ①P618.13

中国版本图书馆 CIP 数据核字（2020）第 241435 号

出版发行：石油工业出版社

（北京安定门外安华里 2 区 1 号　100011）

网　　址：www.petropub.com

编辑部：（010）64253017　图书营销中心：（010）64523633

经　　销：全国新华书店

印　　刷：北京中石油彩色印刷有限责任公司

2021 年 8 月第 1 版　2021 年 8 月第 1 次印刷
787×1092 毫米　开本：1/16　印张：16.75
字数：380 千字

定价：120.00 元
（如出现印装质量问题，我社图书营销中心负责调换）

版权所有，翻印必究

前言 /PREFACE

中国煤层气产业的商业化起步于沁水盆地高煤阶煤层气的勘探开发，早期主要借鉴国外低煤阶煤层气开发技术，整体复制多分支水平井，虽然在一开始取得了部分成果，但随后的规模化推广却严重受阻，低产区成片出现，开发效益受到空前挑战，从而影响了国家煤层气战略规划指标的实现，使煤层气产业的可持续健康发展遭到了怀疑，行业一度陷入低迷状态。

2013年始，华北油田不畏艰难，以问题为导向、以目标为引领，认真审视勘探开发中出现的问题，深入研究煤层气开发的规律，发现了不同于常规油气开发的三大矛盾：一是主体压裂技术会抬升地层压力，而煤层气需要降压开采的矛盾；二是压裂要求造长缝，而煤层高泊松比、低杨氏模量的特性决定其难以被造出长缝的矛盾；三是压裂会使大量的水进入煤层，而水会降低煤层气解吸压力的矛盾。通过深度剖析上述三大矛盾，可明显看出过去的工程技术方式已然违背了煤层气开发的规律，故迫切需要建立符合煤层气开发规律的新技术系列。华北油田不断认识煤层气开发中的矛盾，不断提出解决矛盾的方法，及时进行现场试验并总结成果，实时改进完善勘探开发技术体系，创新形成符合煤层气开发规律的三大支撑理论，找到提高效率的产能建设模式，从而实现煤层气勘探开发理论的自主创新和技术的升级换代，使产能到位率大于80%，商品产量规模稳步提升。到2020年底，华北油田的煤层气商品量已突破$13 \times 10^8 m^3$，经济效益得到全面提高。

中国石油华北油田依托国家油气重大专项"沁水盆地高煤阶煤层气高效开发示范工程"（2017ZX05064）平台，通过精细煤储层微观孔—裂隙结构和煤层气赋存流动机理研究，创新建立多孔介质中煤层气赋存模式，明确高阶煤储层中煤层气的流动产出机理，形成利用高压流体高速流动改善渗流通道，用有效通畅的渗流通道控制更多储量的疏导式开发认识。通过对攻关和示范成果的深入总结和全面分析，提出"七系数"勘探理论，有效提高了勘探效率，使优质储量控制程度得到全面提升；提出"八参数"储量动用评价方法，有效指导了煤层气开发方案的编制，使产能建设到位率得到显著提高；提出符合客观规律的疏导式工程技术理论，适应了高煤阶煤层气的开发，提高了单井产量。

在此基础上，配套形成高煤阶煤层气疏导式勘探开发技术系列，建立定量化的勘探评价技术、以井组为单元控储的疏导式开发技术、以水平井为主体的钻井完井技术、以疏导式压裂为主的储层改造技术、以驱动微孔束缚水和提高渗透率为目的的疏导式排采控制技术。

理论和技术的现场应用取得了显著效果，在沁水盆地的郑庄、樊庄、马必东、沁南区块先后取得突破，新型水平井单井日产气 $5000 \sim 18000 m^3$，平均 $7500 m^3$，产能到位率达到 100%，实现了埋深 1500m 以浅煤层气资源的有效动用。在获得突破的基础上，对理论和技术进行全面推广和应用。不但在柳林取得突破，而且在大城 2000m 埋深中煤阶煤层气实现水平井 $11000 m^3/d$，大幅拓宽中国煤层气勘探开发的范围。

本书是华北油田对沁水盆地高煤阶煤层气勘探开发理论与技术创新实践的系统总结，其创新的理念和形成的理论技术对中国煤层气产业发展具有广泛的推广价值。同时，沁水盆地高煤阶煤层气勘探开发的经验也再一次证实具体问题具体分析是促进煤层气发展的永恒主题，相信本书能够给中国煤层气产业注入新的活力，为中国煤层气产业发展起到积极的推动作用。同时，也希望各位读者及时提出宝贵意见，我们将认真听取建议，将其转化为推动华北油田持续创新、不断取得进步的动力，继续推动中国煤层气勘探开发理论、技术的完善和长远发展。

在本书撰写定稿出版过程中，杨延辉协助完成了协调和审核工作，刘忠、肖宇航协助完成了资料整理和校核工作。陈彦君、鲁秀芹、张学英、张登文、冯小英、李宗源、张鹏豹、王玉婷、陈必武、王宁、王景悦、张永平、焦勇、梅永贵等参与了部分章节的基础研究工作，并为本书提供了有价值的数据、图件、案例等素材。王权、李梦溪、胡秋嘉、李志军、张建国、崔周旗、左银卿等为本书撰写给予了帮助和支持，重庆科技大学肖前华副教授对流体赋存机理和开发理论部分提供了实验支撑，中国矿业大学（北京）孟召平教授提出了非常具有建设性的修改和调整意见，中国矿业大学秦勇教授、申建教授对定稿和成文给予了热情帮助，在此一并表示衷心感谢！

由于水平所限，书中难免有疏漏和不妥之处，敬请读者批评指正。

目录 /CONTENTS

第一章　绪论 ··· 1
　第一节　煤层气勘探开发研究进展 ·· 1
　第二节　沁水盆地南部煤层气勘探开发历程 ·· 4
　第三节　高煤阶煤层气勘探开发技术的转型升级 ·································· 6

第二章　煤层气勘探方法与应用 ·· 8
　第一节　煤层气勘探方法 ··· 8
　第二节　煤层气勘探程序 ·· 20
　第三节　煤层气勘探技术应用实例 ··· 35

第三章　煤储层评价理论与方法 ··· 44
　第一节　煤储层地质评价 ·· 44
　第二节　高阶煤中孔—裂隙结构及其分布形态 ··································· 57
　第三节　煤储层地球物理识别技术 ··· 67
　第四节　煤层流体分布特征及其评价 ·· 88

第四章　煤层气开发的基本理论 ··· 103
　第一节　疏导式开发概念的提出 ·· 103
　第二节　煤层气产出的基本规律 ·· 104
　第三节　煤层气疏导式开发的基本理论 ·· 107
　第四节　煤层气可动储量的评价参数 ··· 111
　第五节　高煤阶煤层气产能建设选区综合评价 ·································· 122
　第六节　产能建设经济效益评价 ·· 129

第五章　煤层气的疏导式开发工程 ·· 131
　第一节　煤储层工程改造影响因素评价 ·· 131
　第二节　水平井钻完井技术 ··· 146

第三节　疏导式压裂工艺技术 …………………………………………… 174
　　第四节　煤岩改性压裂技术 ……………………………………………… 185
第六章　煤层气的排采控制 …………………………………………………… 197
　　第一节　煤层孔—裂隙空间流体分布特征 ……………………………… 197
　　第二节　煤储层气、水流动特征 ………………………………………… 204
　　第三节　疏导式排采控制方法 …………………………………………… 210
第七章　开发方式的优化 ……………………………………………………… 224
　　第一节　开发设计优化 …………………………………………………… 224
　　第二节　储层改造优化 …………………………………………………… 234
　　第三节　排采工艺优化 …………………………………………………… 240
　　第四节　集输工艺优化 …………………………………………………… 248
第八章　展望 …………………………………………………………………… 253
参考文献 ………………………………………………………………………… 255

第一章 绪 论

第一节 煤层气勘探开发研究进展

煤层气是一种以甲烷为主要成分，主要以吸附状态赋存于煤储层之中的自生自储式非常规天然气。在20世纪中后期，美国为解决煤矿瓦斯突出问题及其对空排放温室效应问题，通过推出非常规煤层气资源开发税收抵免政策，建设煤矿瓦斯地面抽采示范基地，开展煤层气资源生成、富集、保存及开发等系列研究，成功实现煤层气资源地面高效开采，使煤层气迅速成为美国国内天然气供给的重要组成部分。美国在西部圣胡安盆地和东部黑勇士盆地中煤阶煤层气开发过程中，总结提出了"排水—降压—解吸—扩散—渗流"的煤层气开发理论认识。其后在西部粉河盆地低煤阶煤层气资源开发过程中，进一步提出了"次生生物气成藏理论"。针对东部黑勇士盆地煤层多而不厚的特点，在评价选区时，要求单煤层厚度需大于0.6m，开发煤层累计厚度超过3m，含气量应大于$5.7m^3/t$，开采深度小于1220m，渗透率要求大于1mD。对西部圣胡安盆地中煤阶煤层气评价选区而言，主要评价标准为镜质组反射率大于0.75%，煤层厚度大于9m，含气量大于$15m^3/t$。而西部低煤阶粉河盆地，由于吨煤含气量与储层压力低，因此煤层厚度、稳定性及埋深是粉河盆地内煤层气资源评价选区的关键指标。

美国针对高压和高渗透率区带，直井主要采用裸眼完井和洞穴完井方式。在开采过程中，尝试注入氮气或者二氧化碳以提高煤层气采收率。在开发中后期，通过钻加密水平井的办法以确保盆地内煤层气产量稳定和上升。总结提出，水平井是否需要压裂取决于天然裂隙发育情况和地应力条件。为有效保护煤储层，降低工程作业用液伤害，在阿巴拉契亚盆地试验并推广应用了羽状水平井开发技术。加拿大在借鉴美国成熟煤层气开发工艺技术基础上，深度研发了多分支水平井技术、连续油管压裂技术，有效实现了煤层气资源开发降本增效的目标。澳大利亚结合国内煤储层高含气、高含水、厚度多变等特点，开发"U"形水平井定向钻井技术以及地质导向技术，在煤层气开发领域获得重大突破。并针对低煤阶、高渗透率、易坍塌煤储层，试验PE材质筛管完井技术，一定程度上解决了该类煤储层难以动用的难题。

自2000年起，受页岩气资源压裂开发和水平井技术大规模应用影响，国外逐渐形成水平井分段压裂技术。随技术进步和认识加深，水平井分段压裂技术逐渐成为煤层气资源开发的重要增产技术手段。水平分段压裂技术主要可以分为三类：钻桥塞分段压裂、裸眼封隔器分段压裂和水力喷射分段压裂。哈里伯顿公司的水力喷射分段压裂技术和BJ公司的封隔器分段压裂技术等都是现阶段该领域先进技术的代表。

加拿大、澳大利亚借鉴美国经验，挑选与美国成功开发煤储层地质条件相近区块，也相继实现了煤层气资源的开发；然而受各国地质条件特殊性的影响，并非所有煤储层地质条件都可直接借鉴美国经验和技术。加拿大针对其国内煤储层地质特点，研发多煤层共采，氮气或氮气泡沫不携砂压裂工艺技术；澳大利亚通过煤层气地质与开发理论研究，选择煤矿水平钻井、斜交钻孔和地面钻孔抽采煤层气，并首次将地应力状态纳入煤储层评价，建立高渗区预测技术及相应煤层气开发技术。

煤层气排采技术建立于煤层气开发理论之上，美国从最初直接移植油田开采设备和工艺，过渡到基于煤储层特性改进油田开采设备和工艺，最后建立形成了注气增产、多井联合降压增产、螺杆泵排采、电潜泵排采、筒式泵排采等多种排采生产工艺技术。一方面是对排采设备扬程、排量、调控精度，以及对气相、固相适应性等方面的改进；另一方面是对可靠性、稳定性、经济性等方面的优化。

20世纪50年代，为服务煤矿安全施工作业开采，国内煤炭系统按照国家相关规范和要求已开始了煤矿瓦斯勘探工作，通过地面打钻取心获取含气性资料，基本上掌握了我国各主要盆地不同区域瓦斯分布特征。至20世纪80年代，受美国煤层气资源地面成功开发影响，国家对煤矿瓦斯的资源属性、商业价值和战略意义有了全新的认识和定位，开始高度重视煤层气资源开发利用和产业发展。在"八五""九五"期间，国家开始进行煤层气可采性理论探索，在多个煤矿区内开展实施煤层气勘探评价试采试验，取得了大量煤储层基础地质资料和勘探开发规律认识。在"十一五"期间，国家制定并颁布一系列推动煤层气地面开发的政策和指导性意见，不但理顺了煤层气开发和煤矿开采的矛盾，而且有效解决了煤炭和煤层气矿权重叠问题。在"十二五"期间，服务国家能源安全需求和顺应全球能源结构优化趋势，基于前期工作积累，清洁低碳煤层气资源地面开发取得长足进步，为产业加速发展夯实了基础。

1994—1998年，晋煤集团在沁水盆地南部潘庄区块以井组模式，先后施工7口煤层气井，进行煤层气地面试采开发试验；经压裂、排采后所有试验井均获得稳定气流产出，其中最高峰值日产气量更是高达12000m^3。1997年，中国石油在沁水盆地南部樊庄区块，针对3号煤储层投产晋试1井，该井采用水力压裂工艺进行增产改造，获得稳定工业气流，峰值日产气量达4050m^3。之后围绕樊庄区块晋试1井组建井组，井组包含5口生产井和3口评价井，所有气井均获得稳定气流产出。在相邻郑庄区块，同期5口试采井也获得平均日产气量为3000m^3的稳定气流。2005年底，以樊庄区块煤层气羽状水平井（晋平2井）开钻为标志，拉开国内煤层气大规模开发序幕。截至2019年底，沁水盆地南部已施工各类煤层气井超过了10000口，主要采用开发井型有直井、定向井、"L"形水平井、"U"形井、多分支水平井等；主要改造工艺包括造穴完井工艺、水力压裂工艺、喷砂射孔工艺等。但不同井型、不同工艺单井产气量差异极大，低产气井平均日产气量只有数百立方米甚至不产气，而高产井日产气量可超过10000m^3。

评价选区作为煤层气勘探开发工作的重要基础，通过对煤系地层和煤储层开展"生""储""盖""保"研究，结合煤层气开发规律，明确煤层气富集主控因素，落实资源潜力、开发工艺技术和经济可行性，优选有利开发区块。在20世纪中后期，国内主要借鉴美国中煤阶、低煤阶煤层气富集成藏理论和评价办法，并未形成一套契合国内高煤阶煤层气的勘探评价理论和技术。进入21世纪之后，随着大量工程实践认识的积累和勘探评价工作的深入开展，基本建立了基于国内煤储层地质特点的煤层气勘探评价选区办法。实现了从寻找地下水滞留区到寻找煤层气高渗富集区，再到现今寻找煤层气高渗富集区及利用现有技术改造后可实现高渗、高产且经济可行区的转变，并且评价方法正逐渐从定性评价向定量评价发展。

就煤层气选区评价内容和指标而言，在煤层气资源勘探开发不同阶段，伴随资料详尽程度、目标对象空间尺度和阶段目标任务不同而改变。主要评价内容有区域地质构造演化和煤层气富集地质条件、煤层气开发潜力、控制地质储量、控产因素和高渗区带分布特征、煤储层可改造性和可采性等。主要评价指标参照煤层气富集规律，可分为四大类：生气潜力、资源基础、储层条件、可改造潜力。国内部分学者针对不同地区和煤储层地质特征总结提出了具体地质参数，包括：煤层厚度、含气量、顶底板岩性、煤体结构、变质程度、兰氏体积、兰氏压力、地应力、构造特征、水文地质条件、储层孔—裂隙发育程度和特征等。但因我国幅员辽阔，地质背景复杂，影响煤层气富集因素众多，目前尚未统一评价指标和建立普适性评价办法。

煤层气的地面开发是一项复杂工程，通过钻完井、压裂改造、排采管控等工艺技术实现对束缚煤层气开发因素的解除。从经济效益角度出发，针对不同煤储层地质特征选用不同开发工艺技术。对高渗透率、高含气量、易坍塌厚煤层，之前主要采用裸眼洞穴完井技术。随着埋深和地应力的增大，目前此类煤储层一般选择直井固井射孔压裂技术开发。而对埋深不超过600m且煤体结构完整不易坍塌的煤储层，选用多分支水平井技术通常可获得良好的产气效果。国内大部分以前认为不可开发的低渗透率、低含气量、大埋深煤储层，在采用压裂增产改造之后，现今都可实现经济效益开发。尤其是水平井分段压裂技术，在显著改善煤储层导流能力的基础上，大幅扩大了单井生产控制面积，对低渗透率、低含气量、大埋深煤储层的开发有明显成效，使800m以浅煤层气开发得到工业化开采，在800~1800m区间煤层气开发取得技术突破。在工程作业过程中，"三低"煤储层会受到不同程度的伤害，包括：外来固相和液相的侵入、高分子化合物聚集堵塞、内外流体不配伍反应后产生沉淀、高压流体压实煤储层等。在2015年之前，钻井主要选用成本颇高、作业难度较大的欠平衡充气钻井工艺，采用裸眼或者筛管方式完井；施工工作液的选择以降低煤储层伤害为原则，一般使用滑溜水或者煤层水。基于压裂工艺改良和压裂液升级，现阶段主要运用"钻完井阶段保持对煤储层最低伤害，后期压裂改造解除煤储层伤害"的理念，以此实现缩短作业工期，降低施工难度，实现降本增效的目标。

在排采方面，国内煤层气发展初期主要借鉴国外排采技术和认识，选用有杆泵排采生产。但我国煤储层地质条件复杂，并且开发工艺技术正逐渐向单支水平井方向发展，对排采设备提出全新要求，不再仅满足于多相流条件下的生产需求，对大角度倾斜井眼适应性、连续稳定性、复杂工况使用寿命、经济效益等提出具体新要求。排采设备开始由有杆泵（筒式泵、螺杆泵和电潜泵）向无杆泵（射流泵、水力活塞泵等）转变。随着煤储层物性认识加深和高产井排采案例积累,排采制度不再一味追求"连续—缓慢—平稳"的惯性,转而通过认识和把握煤储层含水性、含气性、地应力、煤体结构以及后续增产改造技术等,合理优化调节排采制度。

第二节 沁水盆地南部煤层气勘探开发历程

沁水盆地南部既是我国最早进行煤层气勘探开发的地区之一,也是目前我国煤层气勘探开发投入最多、研究程度最高的地区之一。早在20世纪90年代初,就已有多家国内外公司在沁水盆地开展煤层气勘探和生产试验工作。2004年,中国石油华北油田进入沁水盆地,开始煤层气勘探开发工作。2006年,在山西省晋城市注册成立中国石油天然气股份有限公司山西煤层气勘探开发公司,并以华北油田勘探开发研究院、工程技术院研究院和中国石油集团煤层气开采先导性试验基地为核心组建技术攻关支撑团队,揭开沁水盆地南部煤层气大规模开发序幕。目前,在沁水盆地拥有矿权总面积为4074 km^2,煤层气资源量为 $0.89 \times 10^{12} m^3$,年生产能力为 $13 \times 10^8 m^3$,建成年处理能力为 $20 \times 10^8 m^3$ 的中央处理厂1座。

沁水盆地南部以煤层气为目标的勘探开发工作始于1994年,至今依次发展经历了三个阶段。

第一阶段(1994—2004年),煤层气区域综合勘探阶段。在沁水盆地全区煤层气资源普查的基础上,选定晋城、阳泉地区开展煤层气资源综合评价、富气条件和选区综合研究。

期间,中国石油集团新区勘探事业部煤层气勘探项目经理部、中联煤层气有限责任公司、晋城矿务局等单位对沁水盆地开展了以煤层气资源为目标的勘探和开发试验评价工作。其中,中国石油在该区完成煤层气钻井18口,单井日产气1000~3500m^3,取得较好评价效果。

第二阶段(2005—2011年),煤层气快速规模开发阶段。中国石油华北油田正式进入沁水盆地开展煤层气勘探开发工作,以樊庄区块煤层气羽状水平井晋平2井组的成功完钻为标志,拉开沁水盆地南部煤层气大规模开发建设序幕。

这一阶段,主要借鉴国外中煤阶、低煤阶煤层气勘探开发理论、技术和经验,快速勘探、快速建产。探明储量规模达到 $1000 \times 10^8 m^3$ 以上。主要采取多分支羽状水平井和直井压裂井为主体技术,至"十二五"初期,进入快速开发建设阶段,年均建产约在 $5 \times 10^8 m^3$ 以上,累计建产规模达 $17.86 \times 10^8 m^3$。建成国内第一个规模化、数字化、智能化、商业化运营煤层气田,年处理能力达 $20 \times 10^8 m^3$。依托西气东输主干线,在国内率先实现煤层气的大规模管网外输。

第三阶段(2012年至今),技术转型升级与效益开发阶段。2012年,随着郑庄区块勘探开发工作的全面展开,一系列问题相继暴露。

(1)沁水盆地高煤阶煤层气在开发过程中,表现出"一大三低"特征,即资源储量大、有效动用率低、单井产气量低、经济效益低。

① 资源量大。沁水盆地煤层气总资源量为 $3.95 \times 10^{12} m^3$，其中探明地质储量为 $0.8 \times 10^{12} m^3$。

② 储量动用率低。就华北矿区而言，探明煤层气地质储量达 $2800 \times 10^8 m^3$，但动用率仅有 20%。

③ 单井日产气量低。沁水盆地南部完钻煤层气井 8000 余口，平均单井日产气量仅 $868 m^3$，采气速度为 0.4%。

④ 经济效益低。$1 m^3$ 气完全成本 1.7 元，基本没有经济效益。

（2）区块间开发特征呈现较大差异，成熟开发区块内仍存在大量低产井。

后期建设郑庄区块采用与樊庄、成庄相同技术系列，但由于区块之间地质参数差异显著，平均单井产气量仅为樊庄平均单井产气量的 50%，不到成庄平均单井产气量的 25%。并且在同一生产阶段，远落后于设计指标，产能到位率仅 20% 左右。已成熟开发的樊庄区块，经过近 10 年开发历程，仍存在 1/3 低效区，低产井数量占比超 40%。

（3）主体压裂工程技术经多次改进，效果仍旧不佳。活性水压裂作为煤层气主体压裂工艺，在"十二五"期间先后经过三次技术升级，针对液量、砂量及排量等方面都进行了优化，但均未能大幅提高单井产气量。同时，开展探索性压裂新工艺试验，包括瓜尔胶压裂、氮气泡沫压裂、低密度支撑剂压裂等，均无效或效果差。

自 2012 年开始，深入分析煤层气勘探开发中呈现出的问题和现象，认为高煤阶煤层气要实现效益开发，亟待解决以下三个问题。

（1）煤层气开发定位不完善的问题。

我国早期大多数煤层气开发区都处于煤矿周边，具有如下共同特点：一是埋藏较浅；二是区域地质情况基本掌控；三是区域水动力特点基本清楚；四是由于煤矿开采多年，地层已经整体降压。对这部分地区的煤层气资源，采取常规技术基本都能实现效益开发，如成庄和樊庄南部地区。

但后期开发煤层气资源，埋藏深度基本大于 800m，采用常规技术已难以再现煤矿周边煤层气资源开发的相同效果。为实现煤层气的高效开发，其理论技术体系、勘探规划和开发部署都应该超脱煤矿瓦斯治理的思路，从煤层气专业的角度，准确工程技术定位，创新理论认识和完善技术系列。

（2）煤层气勘探程序不合理的问题。

沁水盆地南部在大规模勘探开发之前，普遍认为"有煤即有气"，煤储层构造简单。在早期勘探阶段，完全忽略煤储层复杂性，直接从评价阶段入手，造成勘探效率低，甜点区识别准确性差，最终导致大量低产低效区块出现。尤其在沁水盆地南部樊庄和郑庄区块的早期开发过程中，1076 口低产直井钻遇不利开发区，其中 355 口井钻遇断层和陷落柱，156 口井钻遇煤体结构破碎带，289 口井钻遇挤压应力区，276 口井钻遇可疏导性差区域。时至今日，煤层气的部分勘探程序仍旧以煤矿瓦斯地质为指导，对煤储层开发中流体流动认识不足，未能充分把握煤层气地质学与煤矿地质学的本质区别。

（3）工程技术与储层差异性不匹配的问题。

在煤层气开发早期阶段，对煤储层复杂性和控制煤层气产出的主要地质因素认识不足。产能建设模式简单采用整体推进的方式，采用直井压裂为主，裸眼多分支水平井为辅的模式。没有考虑煤体结构、地应力、流体可疏导性、构造特征等局部煤储层特性差异，致使成片的低产区出现，整体产量低，开发效益差。樊庄区块内约有近 1/3 的低产井，郑庄区块内约有近 2/3 的低产井，在柿庄北、长治、古交、和顺等区块也存在同样问题。

第三节　高煤阶煤层气勘探开发技术的转型升级

在深入分析现存问题基础上，及时调整勘探开发节奏。2012 年下半年，进入全面创新驱动发展阶段，华北油田提出以经济效益为核心，通过强化顶层设计，采取理论研究与技术研发并重，室内攻关与现场试验并行，规模建设与效益开发并举等系列办法，创新研究提出疏导式煤层气开发理念，丰富煤层气勘探评价、开发、工程及排采等理论认识，优化勘探开发程序，并建立完整的疏导式煤层气勘探开发技术系列。从而实现勘探评价由广覆撒网式向寻找优质储量转移，产能建设由整体推进式向高效建产转移，工程改造由简单压裂向疏导式压裂转移，排采生产由缓慢低效向适度加快、提高效率转移。

以疏导式开发理论为核心，从基础研究入手，创新建立涵盖高煤阶煤层气勘探、评价、开发、排采、工程和地面建设各方面的疏导式勘探开发技术系列，实现了高煤阶煤层气勘探开发技术的全面转型升级，向煤层气效益勘探和高效开发方向迈出了坚定的一步。

（1）升级煤层气资源勘探方法与技术，优质储量控制程度全面提高。深入分析影响煤层气生成、富集和保存的关键地质因素，创新提出了生气条件、断裂系统、水体作用、逸散作用、地应力、煤体结构和构造形态影响煤层气富集可采的 7 个关键因素，定义了气体生长系数、断裂发育系数、水体分布系数、气体逸散系数、煤体发育系数、应力聚散系数、构造控制系数七个量化评价指标，建立煤层气勘探评价方法。根据煤层气不同勘探阶段所获取数据的丰富程度和精度，明确不同评价参数在不同评价阶段的地质内涵和指导意义，优化建立"一定、二探、三落实"的煤层气勘探评价程序，在马必东、安泽等区块应用，优质储量控制程度提高到 85% 以上，本书对马必东区块七元勘探评价工作进行了细致的描述。

（2）深化高阶煤储层孔—裂隙结构及其内部流体赋存和产出机理认识，奠定疏导式开发理论基础。研究了煤储层沉积特征、煤层热变质程度、构造控制作用、煤体结构分布、水文地质条件、地应力场特征及煤储层孔—裂隙特征等七个方面的地质评价要素和指标。在明确煤储层地震识别和预测难点的基础上，研究形成了煤体结构、地应力和多尺度煤储层裂缝预测技术。利用离心核磁、核磁共振在线检测、去离子水和氦气等流态测试技术，研究了煤储层孔—裂隙特征及其内部流体赋存状态和流动产出机理，奠定了煤层气疏导式开发理论的基础；在煤层气资源可动用性评价、工程技术适应性分析和开发经济效益界限指标评价的基础上，建立了煤层气产能建设选区方法。产能建设选区的精细化升级，促进了储量动用程度的提高，郑庄、樊庄开发区储量动用程度由 6% 提高至 41%。

（3）创新建立高煤阶煤层气疏导式开发基本理论，实现高煤阶煤层气开发工程技术的转型升级。应用扫描电镜、高压压汞、低温氮气吸附、恒速压汞等方法，研究了高阶煤储层不同尺度孔—裂隙结构、孔喉特征及空间分布特征。结合煤储层中流体流动运移方式和条件,提出煤层气疏导式开发理论,即在煤储层中建立清洁、稳定、连通的缝网系统,充分利用煤储层能量,减少流体运移能量损失,最大限度控制储量,同步建立疏导式煤层气开发效果评价指标体系,创新建立以水平井疏导式分段压裂为主体技术的高煤阶煤层气开发技术系列。在沁水盆地南部广泛应用,直井单井日产量提高1.5~2倍,水平井百万元投资单井日产量达到1000~1500m³,奠定了高效开发的技术基础。

（4）以疏导理念为指导,创新建立高煤阶煤层气疏导式工程技术系列。以疏导式开发基本理论认识为基础,结合大量煤层气开发实践经验,兼顾无杆泵排采工艺技术,提出了以"单筒成井、管串支撑、无杆排采、增产改造"为设计理念的新型煤层气水平井,使煤层气水平井井眼可控,具备二次维护、作业和改造条件。根据煤层气快速钻完井的要求,优化煤层气全通径井身设计,建立了煤储层随钻判识和阶梯式轨迹控制技术、煤层中长水平井段获取及漂浮下套管钻完井技术、免钻塞半程固井技术、钻井质量控制评价技术等主体和配套技术。系统研究了煤层气开发改造影响因素,建立疏导式压裂工艺技术,包括直（斜）井和水平井压裂设计、压裂液体系、支撑剂以及压裂工艺和压后返排控制技术。建立了优快钻完井技术,水平井钻井周期缩短30%。形成了系列化的水平井无杆排采工艺技术,排采稳定性大大增强,检泵周期延长131%。

（5）创新建立高煤阶煤层气定量化排采控制技术,煤层气排采效率全面提高。建立高阶煤中煤层气分子模拟模型,研究了纳米级孔—裂隙空间中气、水分布特征。通过物理模拟,研究了煤层气运移产出特征及流动形态。研究了气、水两相流动特征。建立了煤层气开发过程中储层压力传导模型,研究了压力敏感效应,气、水连续流动和扩大解吸面积的控制技术,建立以驱动微孔束缚水和提高采收率为核心的疏导式排采控制理论和方法,并建立其数学模型,实现了煤层气排采从"长期、缓慢"向适度加快、提高排采效率的转变。排采见气、达产时间缩短35%。

（6）顶层开发方案设计水平全面提高。全面贯彻疏导式开发理念,开展井型井网优化、压裂改造优化和地面设计优化,实现了煤层气开发建设效益的全面提高。井型井网优化研究了不同井型的适应性、井网设计原则以及优化技术,并给出了不同井型的产能预测技术,实现疏导式煤层气开发设计。压裂设计优化明确了压裂设计原则、参数及控制指标要求,实现了煤层气疏导式工程设计。地面集输优化包括:集成化无杆采气工程优化、集约化集输工程优化和智能化自控工程优化。实现了煤层气低成本、高效率的集输地面设计,新建项目地面建设投资降低20%,占地面积降低58%,建设周期缩短56%,运行能耗降低26%。

在郑庄区块先导试验取得成功的基础上,积极推进国家重大专项示范区建设,并不断扩大在郑庄、樊庄、马必东和里必等区块内应用规模,先后完成和正建项目规模达到$13.5\times10^8m^3$。新井单井日产气量达到1500~2500m³,新建区块产能建设到位率达到80%以上,油田公司整体产量增长1倍以上。与此同时,逐步将相关主体技术推广运用至中煤阶、低煤阶煤层气勘探开发中,目前已在大城和吉尔嘎朗图等中煤阶、低煤阶煤层气区块内取得初步成效。

第二章 煤层气勘探方法与应用

煤层气作为一种以吸附态为主,赋存于煤储层中的自生自储式非常规天然气资源,煤储层的强非均质性,决定了煤层气勘探评价的复杂性。为提高勘探准确程度,应针对煤储层的特殊性和煤层气富集规律认识,建立具有针对性的勘探评价方法和配套精细资源评价技术。本章通过对煤体结构、地应力状态、煤层气差异化聚集以及富集程度的研究,提出七系数勘探评价方法与技术,从气体生长、断裂发育、水体分布、气体逸散、煤体发育、应力聚散、构造控制等七个方面评价预测煤层气富集区、高渗区及煤层气富集低渗可改造区,最后通过数据归一化处理,获得综合评价指标,以此提高煤层气资源选区评价的准确度,指导煤层气资源高效勘探与开发。

第一节 煤层气勘探方法

以往认为,煤层气在煤储层中以吸附方式大面积、连续分布,在平面上仅丰度有差异,通俗理解就是"有煤就有气"。在此认识指导下,煤层气勘探主要以 2~3km 井距钻探井,然后隔井试采,最终圈定探明储量。该勘探方法目标不明确,勘探周期长,且不能精确识别富气区,无法有效指导煤层气资源的高效勘探。

沁水盆地高煤阶煤层气的形成,经历了三个阶段:连续沉积期、抬升改造期、稳定成藏期(图 2-1)。连续沉积期自石炭纪煤层沉积后开始,随上覆沉积物的不断增厚,到三叠纪末期煤层埋藏深度达 4500m 左右,煤岩发生深成热变质,热演化达到气、肥煤阶段(R_o=0.7%~1.2%),煤岩累计生气量达 150m³/t 左右,煤岩吸附能力为 15m³/t 左右。抬升改造期从三叠纪末期开始,华北沉积盆地原型开始活化解体,沁水盆地逐渐抬升剥蚀,一直持续到新近纪末期结束。抬升改造期是沁水盆地大量生气和构造演化叠加期,一方面岩浆活动促使煤岩大量生气,沁水盆地进入抬升回返剥蚀阶段,深成热演化趋于停止,而区域岩浆活动引起的热演化开始爆发,地层温度高达 500~600℃,煤岩由气、肥煤变质为贫煤和无烟煤(R_o=1.9%~4.0%),此时煤岩累计生气量达 260m³/t,煤岩吸附能力最大可达 40m³/t,岩浆活动从侏罗纪持续到白垩纪末期,之后区内煤岩热演化基本结束。另一方面持续的抬升改造活动使得盆地内形成大量断层、陷落柱,地层抬升剥蚀,水体重新分布等,导致部分煤层气解吸散失。因此,该阶段也是煤层气建设作用和破坏作用的共存阶段。稳定成藏期从第四纪开始,沁水盆地处于构造活动相对稳定阶段,局部下降沉积了较大厚度的黄土层和泥、砂松散层,如长治新盆地第四系黄土层最厚可达 150m。该时期沁水盆地构造演化逐步趋于定型,热演化基本停止,煤岩物理化学性质趋于稳定,煤层吸附气量基本恒定。

基于上述地质演化过程分析认识，构建了"气体生长系数""断裂发育系数""水体分布系数""气体逸散系数""煤体发育系数""应力聚散系数""构造控制系数"七个系数，作为煤层气富集选区和可采性评价的量化计算参数。气体生长系数是表征煤岩发生物理化学变化的过程；断裂发育系数、水体分布系数、气体逸散系数是表征改造期煤层气吸附残余量变化的主要影响因素；应力聚散系数、煤体发育系数和构造控制系数是表征煤层气藏可采性评价的主要参数。

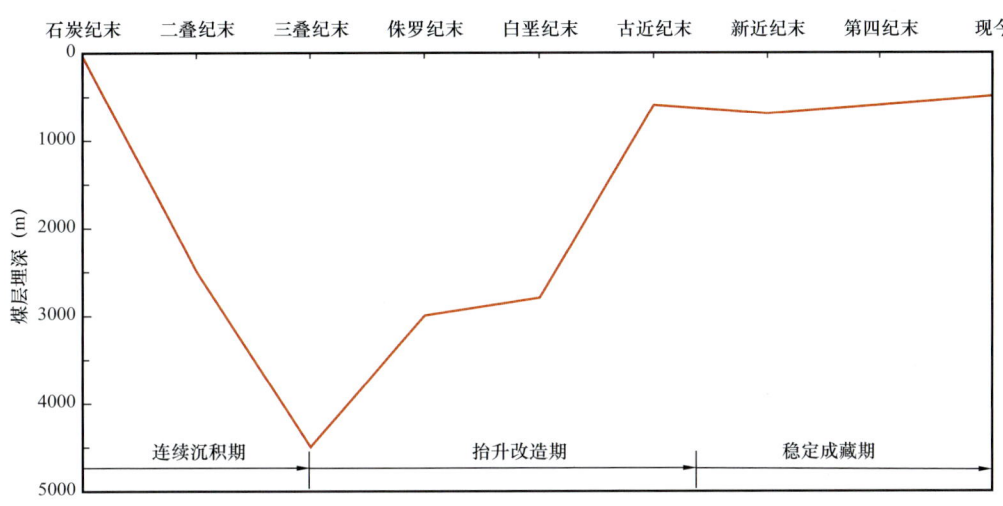

图 2-1　沁水盆地煤储层演化史曲线

一、气体生长系数

煤岩由泥炭变质而形成。大量实验数据表明，在变质初期，褐煤阶段（$R_{omax}<0.65\%$）煤岩热变质程度低，累计生气量少，主要以生物气为主；随着煤岩热变质程度的增高，其累计生气量和吸附能力都在增大，煤岩由泥炭变质为气、肥煤（$R_{omax}=0.65\%\sim1.2\%$），煤岩累计生气量达到 120~150m³/t；当煤岩镜质组反射率（R_{omax}）达到 3.50% 时，煤岩累计生气量可达 260m³/t，吸附能力达到最大值 40m³/t；当煤岩镜质组反射率大于 3.50% 时，煤岩累计生气量增大速率和吸附能力迅速下降，当煤岩热演化达到无烟煤Ⅰ时，吸附能力下降至 10m³/t 以下。以此建立不同煤阶煤岩累计生气量和各阶段最大吸附量演化模式图（图 2-2）。

为综合表征某一区块内煤岩在已知变质程度下能够生成的气体总量和吸附气体的最大能力，构建气体生长系数。将煤岩镜质组反射率（$R_{omax}=3.5\%$）与该变质程度下最大兰氏体积（40m³/t）的乘积定为度量煤岩生气能力和吸附能力强弱的基准值，气体生长系数（Gr）计算公式如下：

$$Gr = \frac{R_o}{3.5\%} \frac{V_{maxL}}{40} \tag{2-1}$$

式中　Gr——气体生长系数；

R_o——目标煤岩镜质组反射率,%;

V_{maxL}——目标煤岩最大兰氏体积,m³。

当 $Gr=1$ 时,煤岩累计生气量和吸附能力达到最大值;$Gr<1$ 或 $Gr>1$ 时,该煤阶煤岩累计生气量、吸附能力处于峰值两侧;当 Gr 越近于 0 时,表明煤岩变质程度过低或者过高,累计生气量极低,或者已不具备吸附能力。

当平面内有 3 个以上测点数据时,便可通过插值办法成图,勾绘区域上气体生长系数变化规律。通常,测点数据越丰富,所呈现规律越准确、清晰。

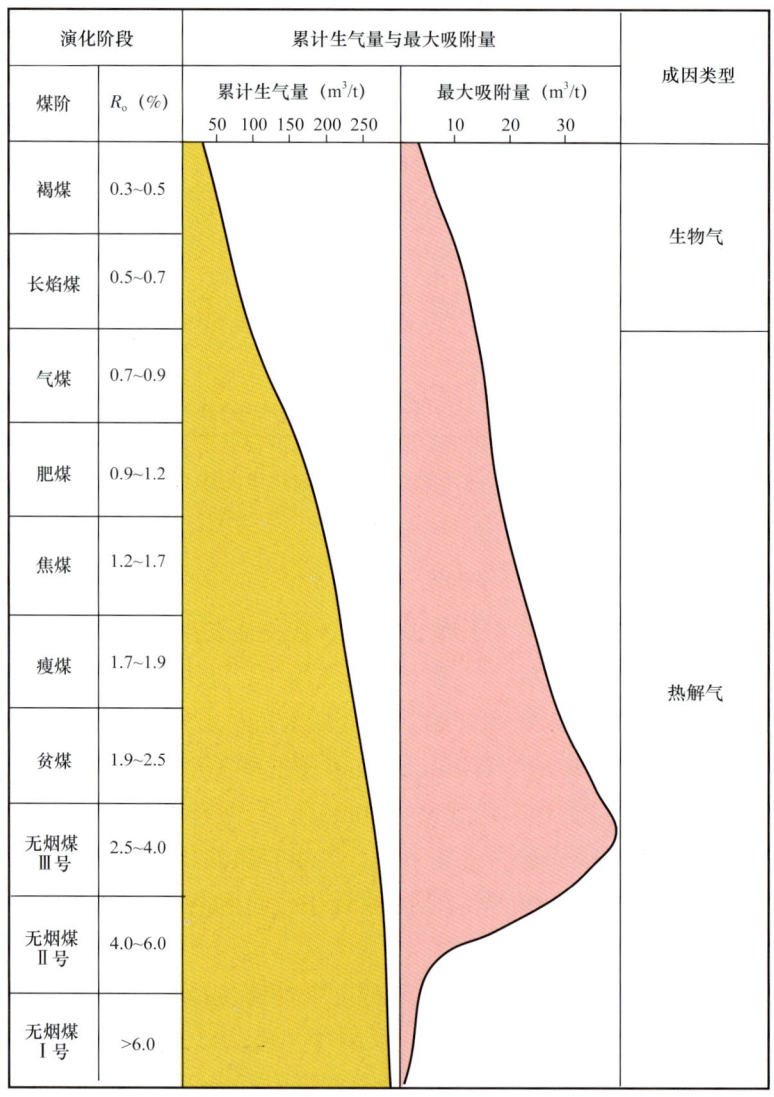

图 2-2 煤岩累计生气量与最大吸附量演化模式图

二、断裂发育系数

沁水盆地南部评价井取心测试含气量与断层和陷落柱距离统计关系如图 2-3 所示,两者呈现较好的对数递增关系。沁水盆地内断层,除少量封闭性较强外,绝大部分为开启性断层，对煤层气的富集起到破坏作用。不同性质、不同断距的断层对断层两侧煤层气资源富集的破坏范围不同。沁水盆地内，大量勘探评价试采资料证实，单井产气量要达到1000m³/d 以上，煤层含气量需大于 15m³/t。

以断层断距大小为指标，可将沁水盆地内断层分为三级：一级断层断距大于300m，其对断层单侧煤岩含气量影响距离可达500～600m；二级断层断距为100～300m，其对断层单侧煤岩含气量影响距离可达200～500m；三级断层断距小于100m，其对断层单侧煤岩含气量影响距离可达150～200m。断层对煤岩含气量的影响除与断距大小有关外，还与断层性质有关，逆断层对煤岩含气量的影响范围一般为正断层的80%左右。此外，断层断面的封闭性也会影响煤岩的含气量，如断距为500～600m的寺头断层（正断层），上升盘封闭性较好，对煤岩含气量的影响范围距断层不超过150m，而寺头断层下降盘的封闭性较差，对煤岩含气量的影响范围可达580m。断层两端对煤岩含气量的影响距离与断层侧向影响距离大体一致。

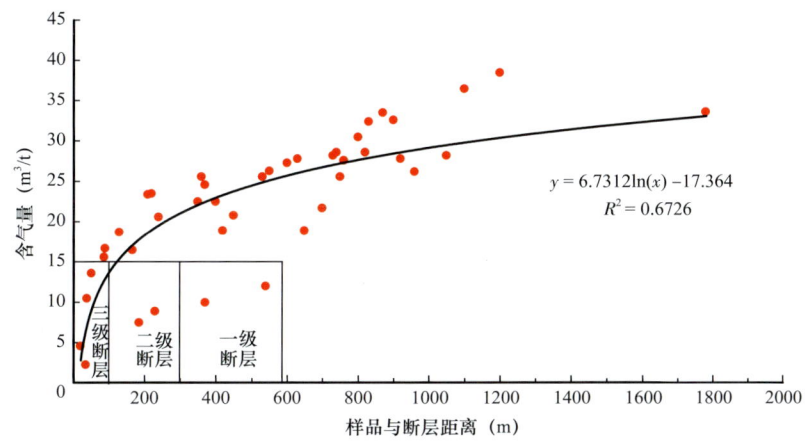

图 2-3　距断层距离与煤岩含气量关系图

为表征断层对煤岩含气量的破坏程度，构建断裂发育系数。将断裂发育系数（F_{ai}）定义为勘查区内所有断层在平面上的影响面积与勘探区总面积的比值，计算公式如下：

$$F_{ai} = \sum_{m=1}^{n} \frac{S_{fm}}{S_m} \quad (2-2)$$

式中　F_{ai}——断裂发育系数；

　　　S_{fm}——断层破坏面积，km²；

　　　S_m——单元面积，km²；

　　　n——单元格数量。

基于地震资料构造解释成果，按照断层的性质、断距和走向长度计算出每条断层的破坏面积（图2-4），在确定每条断层破坏面积之后，利用插值法在平面上绘出断裂发育系数分布，插值计算网格大小可根据精度要求和数据量大小确定。

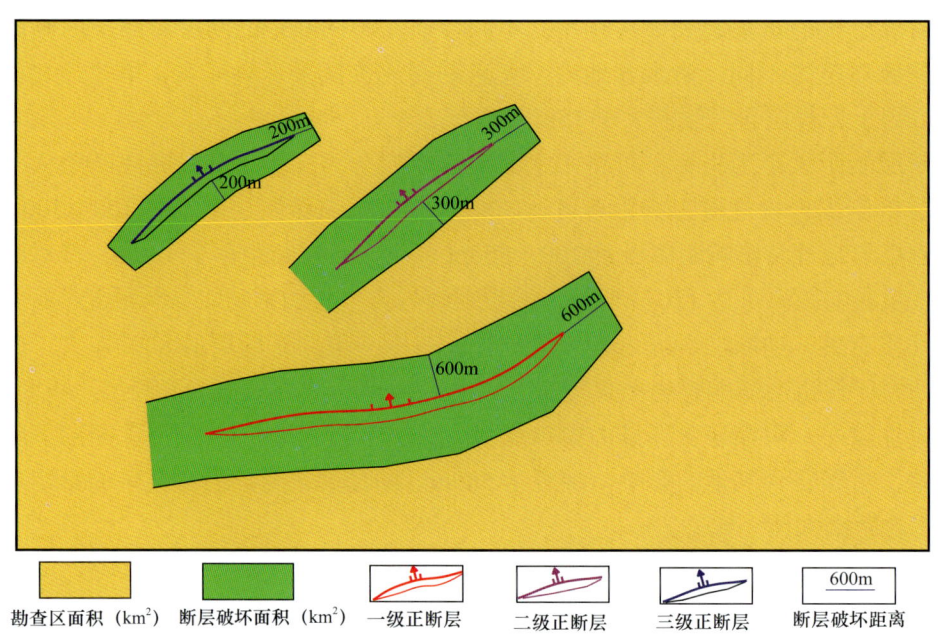

图 2-4　不同级别断层破坏面积圈定示意图

断裂发育系数 $F_{ai}=1$ 时，表示该区已经全部被断层影响面积所覆盖；断裂发育系数 $F_{ai}=0$ 时，表示该区内煤层气的富集没有受到断层的破坏作用。断裂发育系数越大，断层对区内煤层气的富集影响破坏程度越大；断裂发育系数值越小，则影响破坏程度越小。

三、水体分布系数

煤层水的来源主要有四种：一是地表水补给，这部分煤层水在煤层露头区附近较为丰富；二是煤层顶板含水层渗入水，该部分煤层水经漫长地质历史逐渐渗入煤层中；三是经断层或陷落柱进入煤层中的煤层水；四是随煤岩热演化而生成煤层水。前三种为外来水，第四种为内生水（图 2-5）。

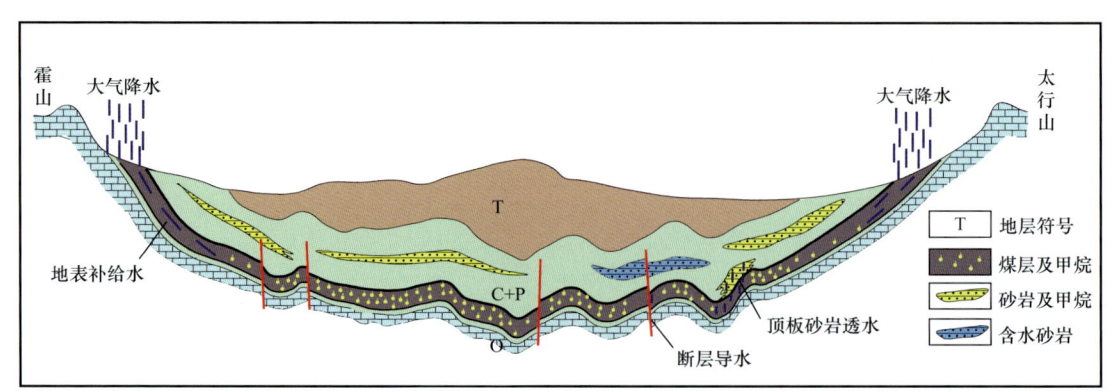

图 2-5　煤层外来水来源示意图

通常，当煤层出露或接近地表，邻近断层或陷落柱，顶、底板为含水层时，会富含水。此外，在向斜轴部附近煤层的含水量也会较高。为表征区内煤层气受水动力条件影响

- 12 -

程度，构建水体分布系数，定义为排采井排采 10d 后至煤层气解吸前，保持液面连续均匀下降情况下，任意连续稳定生产 15d 中，动液面下降 1m 的平均产水量，计算公式如下：

$$W_\text{i} = \frac{Q_\text{w}}{tD} \tag{2-3}$$

式中　W_i——水体分布系数，m³/（d·m）；

　　　Q_w——15d 产水量，m³；

　　　t——排采天数，15d；

　　　D——液面下降深度，m。

水体分布系数（W_i）的计算参数，可从参数井、探井、评价井等排采数据中获取，平面上有 3 个以上数据点便可进行插值计算，获得该系数平面分布特征。当数据点较少时，可参照排采经验，结合构造解释成果，预测断层附近和向斜核部附近煤层气井的产水，合理插入虚拟点位，以提高插值推算精度。

煤层水的流动对煤层中甲烷具有水洗作用，随着水体的流动，煤层中的甲烷会被带走，使其重新分布。因此，水体分布系数越大（区内煤层水越活跃），对煤层气富集的破坏作用越强；反之，水体分布系数越小（区内煤层水越不活跃），对煤层气富集的破坏作用越弱。

四、气体逸散系数

煤层气的散失有四种方式：一是沿着开放性断层纵向散失；二是地层抬升，压力减小，煤层气解吸逸散，如在煤层露头区附近；三是在煤层水活跃区发生水洗作用，含气量降低；四是顶板渗透性增强，煤层气突破压力减小，煤层气进入顶板逸散（图 2-6）。

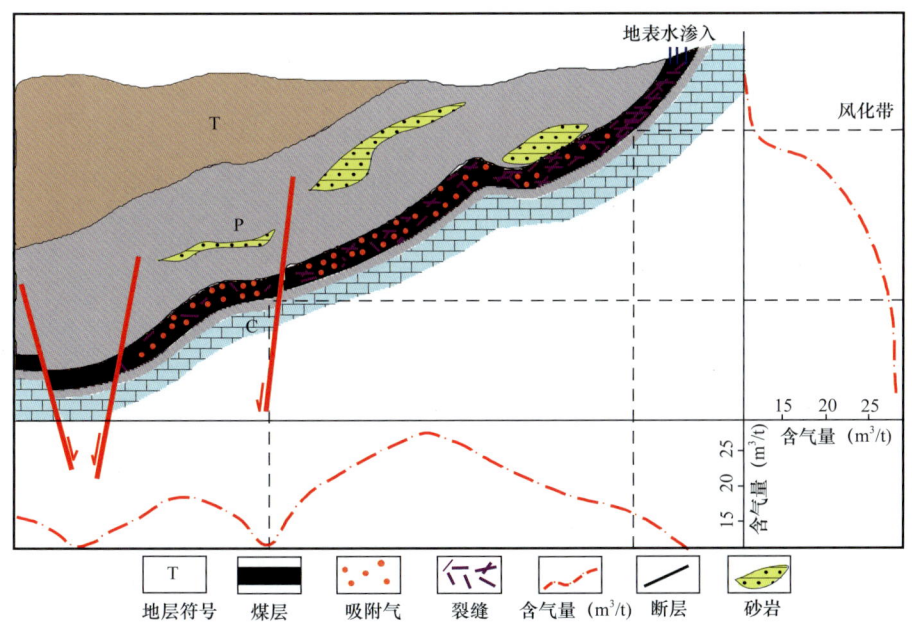

图 2-6　煤层气逸散模式图（据宋岩等，2007，修改）

在地质历史演化过程中，受多期次地质构造演化影响，能够保存下来的甲烷非常有限，大部分都已从煤层中逸散。为表征煤岩中煤层气逸散量大小，构建气体逸散系数，将其定义为煤岩兰氏体积与实测含气量的差值同煤岩兰氏体积的比值，计算公式如下：

$$Ge = \frac{V_L - V}{V_L} \quad (2\text{-}4)$$

式中　Ge——气体逸散系数；

　　　V_L——兰氏体积，m^3；

　　　V——实测含气量，m^3。

V_L可通过煤岩心的等温吸附曲线测得，V可通过煤岩心的解吸气量与回归逸散气量获得。在平面上，气体逸散系数（Ge）通过多点插值计算其分布特征。当数据点较少时，可结合煤层气富集规律认识与区域地质特征，合理插入虚拟点位，以提高插值推算精度。

气体逸散系数越大，煤层含气量越低；反之，气体逸散系数越小，煤层气含气量越大。

五、煤体发育系数

通常将煤体结构分为四种类型：一是原生结构煤，它没有遭受构造活动的破坏，基本保持了煤层原生沉积结构，呈层状或块状结构，发育一、二组割理裂隙（图2-7a）；二是碎裂煤，岩心由柱状碎块构成，层理遭受轻微破坏，易辨识，外生裂隙发育，偶见构造滑痕，手试强度较坚硬（图2-7b）；三是碎粒煤，岩心由细小颗粒（1～5mm）构成，煤体被裂隙切割严重，层理结构与宏观煤岩类型难以分辨，揉皱结构与滑面发育，手试强度较疏松（图2-7c）；四是糜棱煤，煤体多呈鳞片或揉皱状，似土质泥状，层理结构、割理、宏观煤岩类型已不可分辨，手试强度疏松，易捻成粒径小于1mm粉末（图2-7d）。

图2-7　四类煤体结构典型照片

煤体结构对煤层气开发的影响，主要体现在不同煤体结构渗透率和可改造性两方面。煤岩应力—应变实验证实，原生煤向构造煤的转变，整体经历了6个阶段（图2-8）：OA为裂隙闭合段；AB为弹性变形段；BC为弹塑性转化段；CD为塑性变形段；DE为破裂破坏段；EF为流变破坏段。

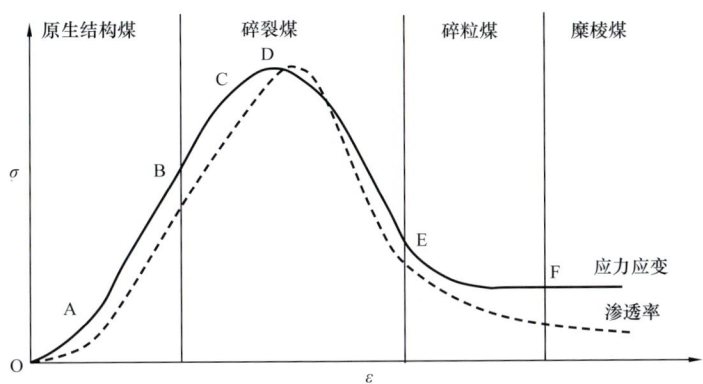

图2-8 煤岩应力—应变曲线与煤体结构—渗透率关系图（据孙培德和凌志仪，2000）

从原生煤向碎裂煤转变的过程为煤岩裂隙增多，渗透率增大阶段。应力达到D点时，应力过载，应力超过煤岩屈服压力，煤岩由弹性形变向塑性形变转变，煤体结构由碎裂煤向碎粒煤转变，煤岩由硬煤向软煤转变，煤层可改造性和渗透率逐渐降低；当煤体结构变为碎粒煤和糜棱煤时，煤岩渗透率降至最低。

上述结果表明，原生煤和碎裂煤具有较好的可改造性，通过改造可使煤岩渗透率得到改善；而碎粒煤和糜棱煤的可改造性差，改造时易发生流变变形，难以建立有效裂隙网络。

沁水盆地南部安泽地区，煤层气井的试井原位渗透率测试结果与取心煤体结构描述结果统计表明，原生煤、碎粒煤和糜棱煤发育区渗透率低，碎裂煤发育区渗透率高，统计结果如图2-9所示。

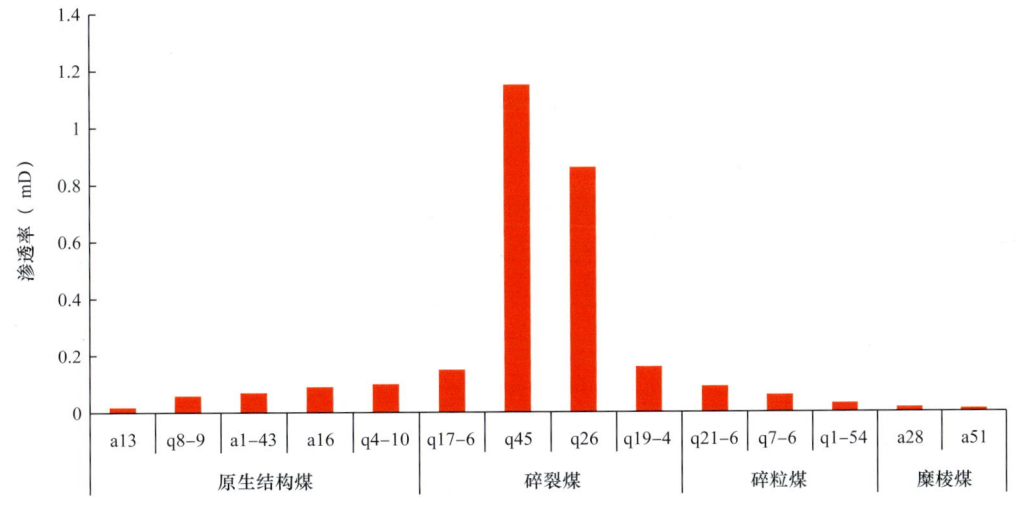

图2-9 安泽地区煤体结构与试井渗透率统计图

煤体结构的破坏程度与勘查区内某一点所处位置遭受构造作用强弱关系密切。一般情况，在开阔平缓构造地带煤体结构保存较完整，钻井取心多为原生结构煤或碎裂煤，在断层发育区取心大多为碎粒煤或糜棱煤。例如，沁水盆地南部马必东区块由南向北煤体结构破坏程度逐渐增大，南部马 27 井的岩心为饼状糜棱煤，马 57 井的岩心为碎粒状碎粒煤；北部马 67 井附近构造起伏相对稳定平缓，岩心为柱状原生结构煤，马 69 井处于开阔背斜核部，岩心为短柱状碎裂煤（图 2-10）。

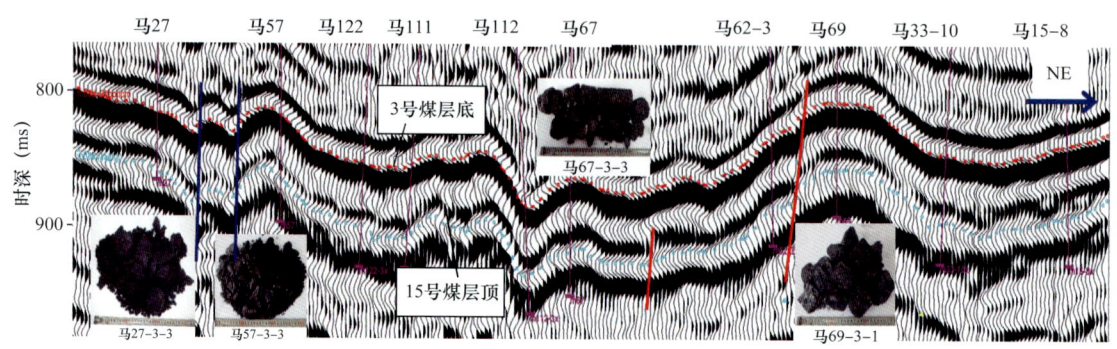

图 2-10　沁水盆地南部马必东区块煤体结构与构造部位对应关系图

为了表征原生煤和碎裂煤在研究区内所占体积比例，构建煤体发育系数。煤体发育系数（H_{ci}）定义为原生结构煤和碎裂煤的体积与煤层总体积的比值再乘以断裂发育系数，计算公式如下：

$$H_{ci} = F_{ai} \frac{V_i}{V} \tag{2-5}$$

式中　H_{ci}——勘探区内煤体发育系数；

F_{ai}——勘探区内断裂发育系数；

V_i——勘探区内原生—碎裂煤体积，m^3；

V——勘探区内煤层总体积，m^3。

在煤层气开发过程中，煤体发育系数越大，说明原生—碎裂煤体积越大，煤层可改造性越好；反之，则表示碎粒煤或糜棱煤体积比值较大，煤岩可改造性较差。

六、应力聚散系数

应力通过改变煤储层孔—裂隙结构的分布、方向、闭合和开启程度来控制渗透率的变化。试验测试结果表明，煤岩渗透率随地应力增大呈幂指数递减（图 2-11）。

地应力在三维空间里，可以分解成最大水平主应力、最小水平主应力和垂直应力三部分。最大水平主应力和最小水平主应力可以用水力致裂法测得；最大水平主应力与煤储层压裂施工曲线中的破裂压力相当，最小水平主应力与煤储层压裂施工曲线中的停泵压力相当。而垂直应力可采用经验公式，用深度乘以 0.027MPa/m 计算获得。如图 2-12 所示，地应力整体随深度的增加而增大，局部地应力的大小还存在除深度之外的其他影响因素，可能与该处地层抬升、断层发育等变化有关。

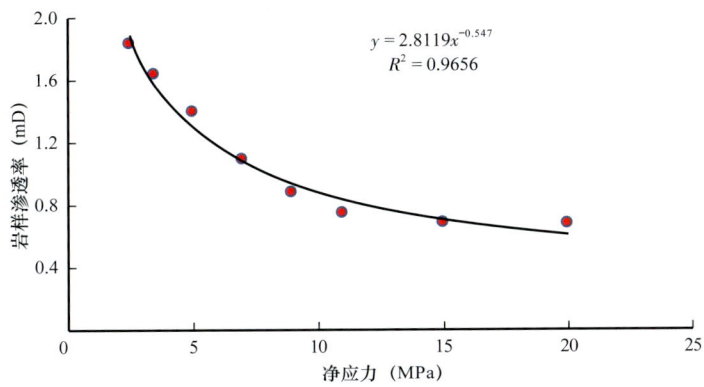

图 2-11 樊庄区块樊 61 井 3 号煤层应力敏感性试验结果

背斜核部、断层周边等区域为地应力释放区域，有利于裂隙开启，煤层渗透率大；而向斜核部、地层产状突变部位为地应力集中区域，受挤压作用，裂隙闭合，煤层渗透率低。统计煤岩渗透率与深度关系发现数据点离散，规律性不强，表明深度对煤岩渗透率的影响不明显，并不是控制煤岩渗透率的主要因素（图 2-13）。

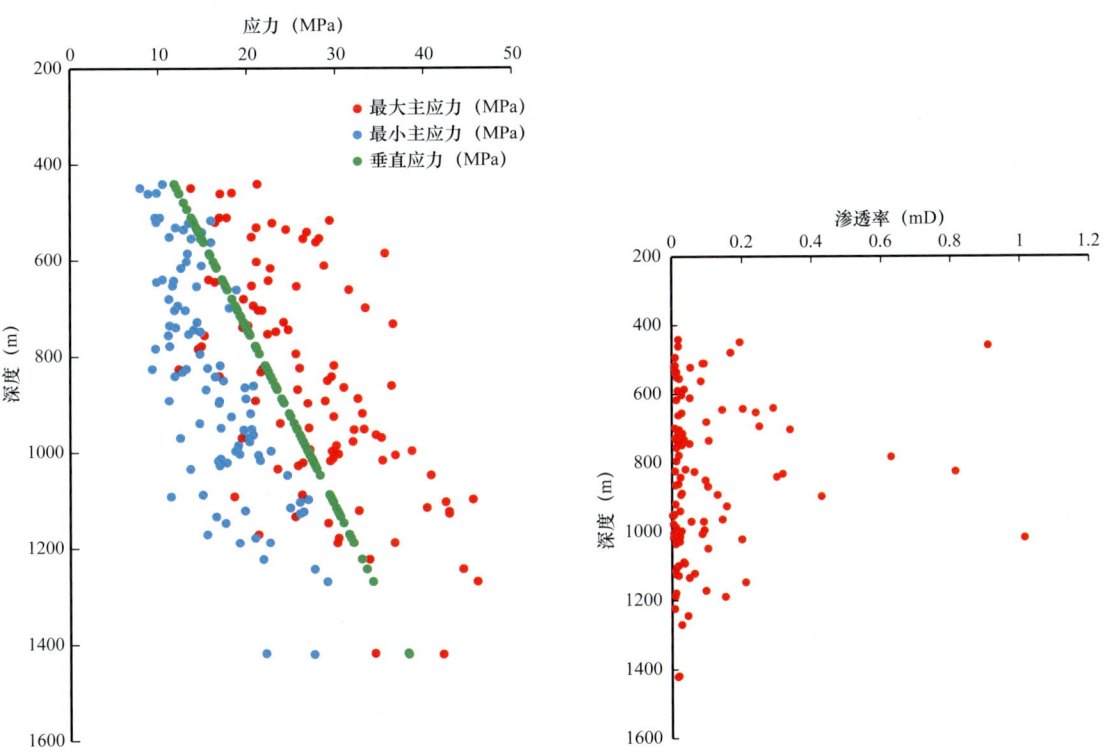

图 2-12 沁水盆地地应力与深度关系图　　图 2-13 沁水盆地煤层渗透率与深度关系图

为了表征地应力分布状态，构建应力聚集系数。应力聚集系数（σ_{ci}）定义为最大水平主应力与三向主应力算术平均值的比值，计算公式如下：

$$\sigma_{ci} = \frac{\sigma_{max}}{(\sigma_{max} + \sigma_{min} + \sigma_H)/3} \qquad (2-6)$$

式中 σ_{ci}——应力聚散系数；

σ_{max}——最大水平主应力，MPa；

σ_{min}——最小水平主应力，MPa；

σ_{H}——垂直主应力，MPa。

地应力数据可通过压裂资料读取、测井声波曲线换算、地震资料反演等方式获得。利用压裂数据和测井声波曲线计算所获得数据，准确度较高，但为单点数据；地震资料反演所获得数据量大，但准确度偏低。在利用单点数据描绘应力聚散系数平面分布特征时，可结合区内构造特征，合理插入虚拟点，以提高插值推算精度。

应力聚散系数大于1时，区域上以水平挤压应力为主，煤层受到挤压应力作用，割理裂隙开启度低，煤储层渗透率低；应力聚散系数等于1时，表明此时地应力处于过渡状态，渗透率中等；应力聚散系数小于1时，煤层地应力以拉张状态为主，煤岩中割理裂隙开启度高，煤层的渗透率增高。参考应力聚散系数平面分布特征，可以明确勘查区内煤层渗透率宏观变化趋势。

七、构造控制系数

构造形态对煤层气井的产出特征有着重要影响。通常，构造顶部煤层气井产气量大、产水量少；构造腰部煤层气井产气中等、产水量中等；构造底部煤层气井产气量小、产水量大。研究表明，在地层褶皱过程中，背斜部位地层抬升，地层压力下降，部分解吸甲烷气体受浮力作用，通过孔—裂隙通道由构造低部位向高部位运移，而煤层水受重力作用，由高处向低处渗流，逐步形成"构造顶部富气贫水，腰部气、水共存，底部富水贫气"的煤层气富集模式（图2-14）。

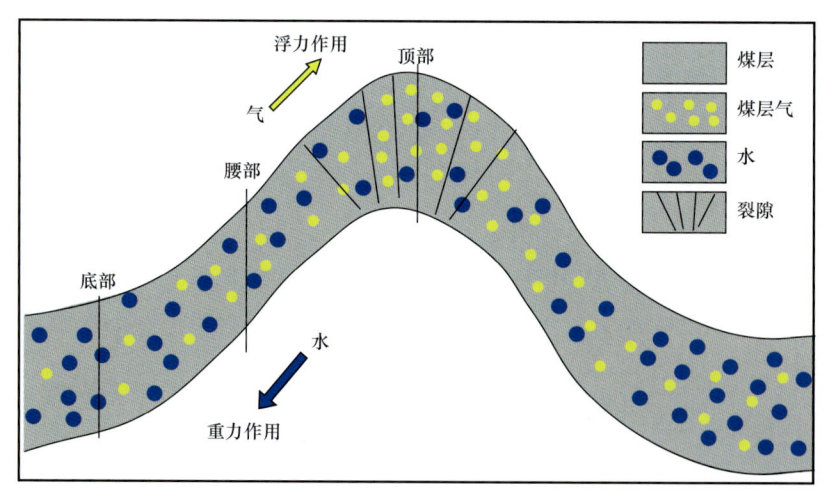

图2-14 煤层中气、水分异模式图

沁水盆地南部马必东区块北部投产井的产出具有明显气、水分异特征。如表2-1所示，以马69井背斜为例，在不同构造部位各选取4口排采时间较长，产水、产气较为稳定的煤层气井进行对比分析。背斜顶部煤层气井平均解吸时间为78d，平均解吸压力为5.87MPa，平均日产水量为227m³，平均日产气量为2433m³；背斜腰部煤层气井平均解吸时间为108d，平均解吸压力为4.75MPa，平均日产水量为295m³，平均日产气量为1258m³；背斜底部煤层气井平均解吸时间为165d，平均解吸压力为3.69MPa，平均日产水量为895m³，平均日产气量为125m³。从生产数据来看，背斜顶部呈现出产水量少，产气量高，背斜腰部产水量和产气量中等，背斜底部产水量大，产气量低的特点。

构造形态和构造幅度主要受区内地应力状态控制。通常情况下，在挤压应力区内背斜、向斜相间发育，而拉张应力区内多发育宽缓构造（图2–15）。

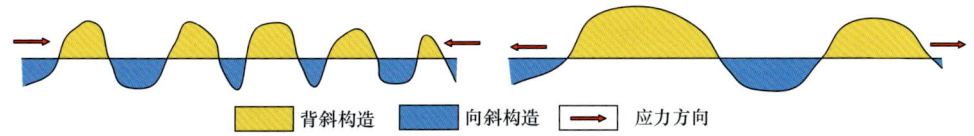

(a) 挤压应力状态形成低幅度紧闭褶皱　　　(b) 拉张应力状态形成高幅度宽缓褶皱

图2–15　挤压应力环境和拉张应力环境的构造形态示意图

为了表征构造形态对煤层气富集的控制作用，构建构造控制系数。将构造控制系数（ε）定义为单位面积内微幅构造数的总和，计算公式如下：

$$\varepsilon = \frac{\sum(A_i + X_i)}{S} \tag{2-7}$$

式中　ε——构造控制系数，个/km²；
　　　A_i——背斜个数，个；
　　　X_i——向斜个数，个；
　　　S——勘察区面积，km²。

表2–1　马69背斜不同位置开发井的产水、产气统计表

构造位置	井号	解吸时间（d）	解吸压力（MPa）	返排率（%）	产水量（m³/d）	产气量（m³/d）
顶部	马31–10x	58	6.07	23.57	169	3100
	马47–5x	84	5.66	6.98	168	2001
	马61–10x	87	5.92	9.83	262	2000
	马69–6x	84	5.83	42.60	310	2633
	平均	78	5.87	20.70	227.25	2433
腰部	马31–11x	91	4.53	24.89	173	1000
	马46–2x	144	5.57	18.07	380	854
	马47–9x	103	4.91	3.00	367	2178
	马31–4x	94	3.99	31.20	263	1000
	平均	108	4.75	19.29	295.75	1258

续表

构造位置	井号	解吸时间（d）	解吸压力（MPa）	返排率（%）	产水量（m³/d）	产气量（m³/d）
底部	马44-5x	171	3.50	4.47	807	90
	马44-11x	183	3.36	3.98	1488	110
	马46-7x	153	4.58	20.18	696	0
	马44-12x	155	3.35	6.38	592	300
	平均	165	3.69	8.75	895.75	125

背斜个数（A_i）和向斜个数（X_i）可从煤层顶板或者底板构造图上统计获得，计算之后在平面上插值成图，即可得到构造控制系数的平面分布特征图。

构造控制系数越大，表明此处微幅构造越发育，地应力越趋于挤压状态，煤体结构和煤层中气、水分布关系复杂；构造控制系数越小，表明该区内构造平缓、简单，有利于煤层气的富集。

第二节 煤层气勘探程序

本节主要讲述煤层气的富集特征与高效勘探程序，以及在勘探程序中每个阶段的主要任务、勘查目的和资料录取等。

一、煤层气富集特征

煤层气富集特征的总结，对全面认识煤层气在纵向上和平面上的宏观差异化聚集有重要意义。同时，在地质资料较少时，可以为煤层气地质勘探部署起到借鉴作用。

1. 煤层气富集程度与埋深关系

由沁水盆地南部160口井含气量测试数据统计可知，煤层含气量随着埋藏深度的增加而增加，而少量处于断层附近的煤岩样品含气量会明显低于相同深度的远离断层的煤岩含气量（图2-16）。因为随煤层埋藏深度的增大，煤储层流体压力会增大，煤层的直接顶、底板泥岩致密性也会增加，阻止煤层气逸散能力增强，使煤层气保存条件变好，煤层气吸附量整体呈现增大趋势。

2. 煤层气富集程度与热演化程度关系

沁水盆地南部煤层先后经历了两期热演化，一期为石炭纪—三叠纪末期的深成热演化，另一期为侏罗纪—白垩纪末期的岩浆热演化，其中岩浆热演化对煤岩物理化学变化影响最大。在靠近岩浆体的区块煤岩镜质组反射率高，如樊庄、郑庄区块煤岩镜质组反射率高达3.0%～4.3%，马必区块煤岩镜质组反射率为2.7%～3.3%；在距离岩浆体较远的区块，如安泽—长治区块煤岩镜质组反射率下降到1.9%～2.7%。统计沁水盆地南部160

口取心井，在距离岩浆影响相近的区域内，煤岩热演化程度随着埋藏深度的增大而增大（图 2-17）。

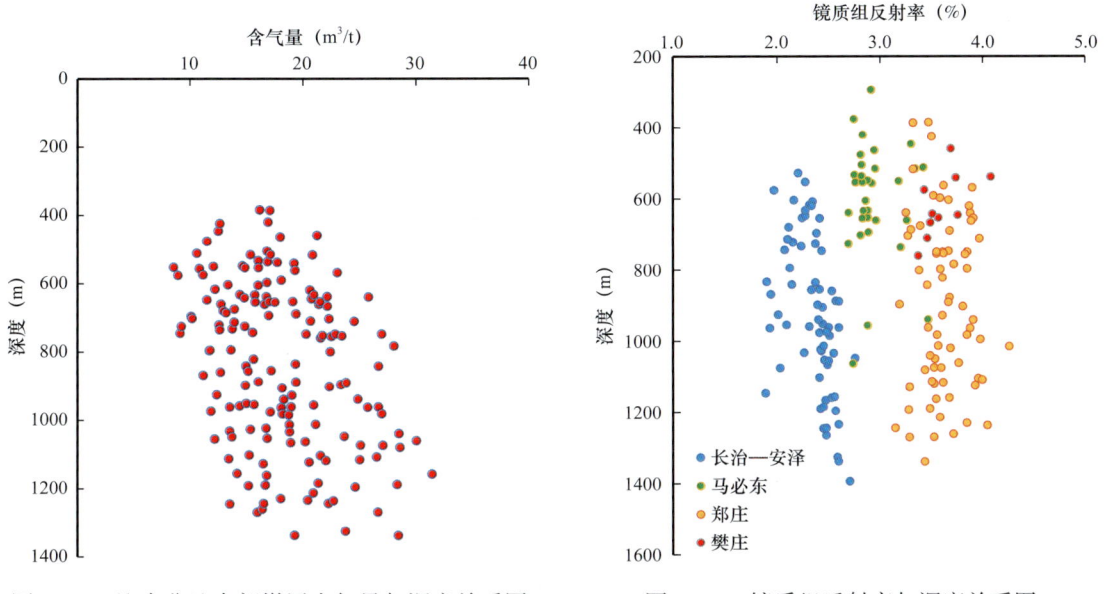

图 2-16　沁水盆地南部煤层含气量与深度关系图　　图 2-17　镜质组反射率与深度关系图

如图 2-18 所示，沁水盆地南部煤岩含气量随热演化程度的升高而增加。

煤岩热演化程度越高，其内部孔隙变小，比表面积增大，兰氏体积变大，吸附能力越强。煤岩含气量除了与热演化程度有关外，还与构造、埋深、顶板盖层的封闭性等因素有关。

3. 煤层气富集程度与水动力条件关系

地下水的流动对煤层气具有冲洗作用，在地表露头或断层附近等能够与外界沟通的区域，因水动力强，含气量会降低，而随着水动力的减弱，煤层含气量呈增加趋势（图 2-19）。煤层解吸甲烷碳同位素在水动力活跃区变轻，处于径流区的煤样 $\delta^{13}C<-45‰$，含气量小于 $10m^3/t$；弱径流区的煤样 $-45‰<\delta^{13}C<-35‰$，含气量大部分处于 $10\sim16m^3/t$；滞留区的煤样 $\delta^{13}C>-35‰$，含气量整体大于 $16m^3/t$（图 2-19）。

由径流区至弱径流区到滞留区，水动力强度依次减弱，煤层含气量相应增大。

4. 煤层气富集程度受断层影响程度

沁水盆地属于典型的改造型盆地，煤系地层沉积之后，经历了印支、燕山和喜马拉雅等多期构造演化，在燕山期和喜马拉雅早期形成的断层以及地下水溶蚀作用形成的陷落柱基本上都为开放性构造，封闭性较差。因此，在断层或者陷落柱附近，煤层气容易散失；另外，断层和陷落柱大多沟通了煤层上覆地层的含水层（图 2-5），在漫长的地质演化过程中，随着外来水的侵入，导致煤层气散失，煤层含气量降低。

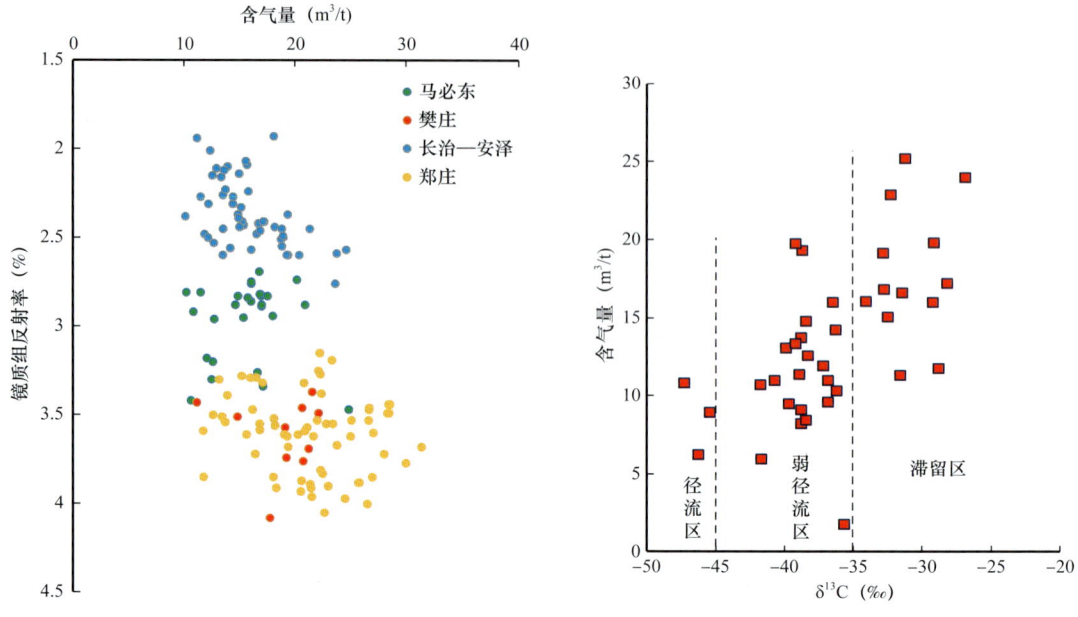

图 2-18 含气量与镜质组反射率关系图　　图 2-19 甲烷碳同位素与含气量关系图

大量钻井取心数据证实,煤层含气量距离断层越近含气量越低,不同断距的断层对煤层含气量的影响范围不同（图 2-3）。

5. 煤层气富集程度与煤层顶板封闭性关系

煤层含气量与顶板封闭性相关。煤层顶板岩性不同,所具有甲烷突破能力不同,封闭性受沉积岩性控制。由李明潮等（1990）实验室测试结果可知,泥岩的封闭性能和突破压力最大,其次为粉砂质泥岩,生物碎屑灰岩和细砂岩的封闭性能最差,突破压力也较小（表 2-2）。

表 2-2　不同岩性盖层性能参数及其分级表

等级	岩性	孔隙度（%）	孔隙集中区间		比表面积（m²/g）	孔隙流体能（J/g）	突破压力（MPa）	突破时间（a/m）
			范围（mm）	百分比（%）				
I	铝土岩	5.21	2.0~4.0	54.0	18.3	1.26	15.6	44.3
II	泥岩	2.05	1.6~3.1	55.7	8.0	0.60	9.7	17.0
III	粉砂质泥岩	1.14	1.6~4.0	54.6	7.1	0.49	8.6	13.6
IV	泥灰岩	1.62	2.0~5.0	53.5	0.6	0.04	7.5	10.0
V	生物灰岩	0.86	4.0~10	68.0	0.6	0.04	3.6	2.3
VI	细砂岩	1.42	2.0~6.3	50.6	0.3	0.02	0.6	0.55

注：突破时间以岩层厚度为 1m 计算（据李明朝,1990）。

沁水盆地南部 3 号煤层顶板岩性绝大部分为泥岩和粉砂质泥岩，厚度为 5～20m，封闭性能好；局部分布细砂岩，封闭性较差。15 号煤层顶板为泥灰岩和石灰岩，厚度为 5～15m，致密程度高，封闭性能好。

二、煤层气勘探程序

在煤层气不同的勘探阶段，由于资料丰富程度、工作任务和目的不同，井位部署方案都有所差异。本着高效、快速、准确的勘探原则，将勘探过程分为普查、详查和评价三个阶段，不同阶段有着不同地质任务和工作目的。

基于煤层气富集规律和现阶段勘查技术手段，确定"一定、二探、三落实"的勘探程序。"一定"为普查阶段需要确定区内主要煤层含气富集区，"二探"为详查阶段探明富气区内煤储层最大产气能力，"三落实"为评价阶段需要落实效益储量和主体开发技术（表 2-3）。该勘探程序以查明煤层气富集区和提高煤层气储量动用率为目标。

表 2-3　煤层气勘探程序表

勘查阶段	示意图	勘查手段/资料录取	勘查目的
普查阶段		手段：参数井 录取：煤层层位、深度、厚度、测井资料、镜质组反射率、气组分、试采数据	确定主力煤层和含气富集区，预测储量
详查阶段		手段：二维地震、探井 录取：地震数据、构造图、构造演化剖面、煤层厚度、测井资料、含气量、含气面积、单井试采数据	探明富集区含气范围，搞清控制储量
评价阶段		手段：三维地震、评价井、试验井、试采井组 录取：地震数据体、精细构造图、煤层厚度、测井数据、煤层渗透率、煤储层改造工艺、井型、井网、井距、排采控制制度	落实探明储量和主体开发技术

1. 普查阶段——确定煤层气富集区及参数井部署

在煤层气勘查初期，首要目的是搞清楚煤层气的富集区，钻探参数井可以搞清煤层发育状况、主力煤层及煤层的含气性、各个煤层的产气能力等。煤层气参数井的确定与勘查区地质资料的情况密切相关，分以下几种情况：一是勘查区块内没有煤炭、石油、煤层气勘查地质资料；二是勘查区有少量煤炭勘查资料；三是勘探区内有石油勘查地质资料。参数井的确定以及地质资料的录取，目的是确定煤层气勘查富集区。

1）参数井确定

根据地质资料的多少，普查阶段参数井的确定分为以下三种情况。

（1）没有煤炭、石油、煤层气勘查资料。

在没有第一手煤层气、煤炭、石油等勘查资料的情况下，需要收集区域地质调查资料，搞清楚勘查区地层层序、煤层发育状况、构造演化状况，必要时可以开展一些野外调查工作，补充地质资料。根据煤层气富集规律，煤层含气量随埋深增大而增加，因此，可以借助重力、磁力、电法等勘查资料，确定勘查区基本构造特征，在推测煤层埋深较大区域确定参数井。如果没有重力、磁力、电法资料，可以在勘查区内做3~4条二维地震测线，以确定区内的大致构造结构和构造形态。参数井一般部署在300~800m深度范围，如果太浅，一是地层沉积层序不全，部分主力煤层可能发育不全；二是可能处于瓦斯风化带内，需要重新部署参数井。如果太深，煤层受压实作用影响，煤储层物性变差，产气能力较低。

（2）勘查区有少量煤炭勘查资料。

有煤炭勘查资料时，首先搞清煤层纵向发育和分组情况，然后开展煤层横向对比工作，找出纵向厚度较大，横向分布连续的煤层作为煤层气勘查的主力层。再根据瓦斯测试结果，判断主力煤层的含气性，包括含气量、气组分、含气饱和度等。结合构造特征，在瓦斯含量较高，甲烷含量大于90%的区域部署参数井。在上述条件下，参数井最好部署在背斜构造或者斜坡构造较高部位，因为这些区域煤储层裂隙发育，有利于煤层气的产出（图2-20）。

（3）勘查区内有石油勘查资料。

在石油勘查区内，一般地震资料和钻井、录井、测井资料较为齐全，对煤层气勘查来说，首先构造结构和构造形态较为清楚，地层层序和煤层纵向发育特征和横向连续性特征也比较清楚，含气性可以用煤层段的气测异常值来判断，通常情况下，剔除钻井速度、钻井液比重等影响因素外，煤层气测值大于30%的区域属于气测异常较高，推测该区域煤层含气量较高。参数井就部署在气测异常值高区域。

2）资料录取

钻探参数井主要录取煤层层位、深度、厚度、测井资料，分析化验资料主要包括镜质组反射率、气组分、顶底板力学性质、顶底板岩性及渗透率等静态地质资料，试采数据等动态资料，为了落实构造结构和构造形态，可以采集少量二维地震资料。

3）对参数井资料的评价

通常情况下，第一口参数井不一定能确定煤层气的富集区，这就要通过参数井资料的分析研究，判断参数井钻探位置是否合适。如果参数井气组分中氮气、二氧化碳等气体含量较高，甲烷含量较低，说明参数井处于瓦斯风化带内，钻探深度浅了；如果气组分甲烷含量大于90%，含气量较低，可以尝试向煤层埋藏较深的区域部署参数井寻找高含气量（不同煤阶煤层高含气量是同煤阶探明储量规范规定下限含气量的2倍以上，高煤阶煤层含

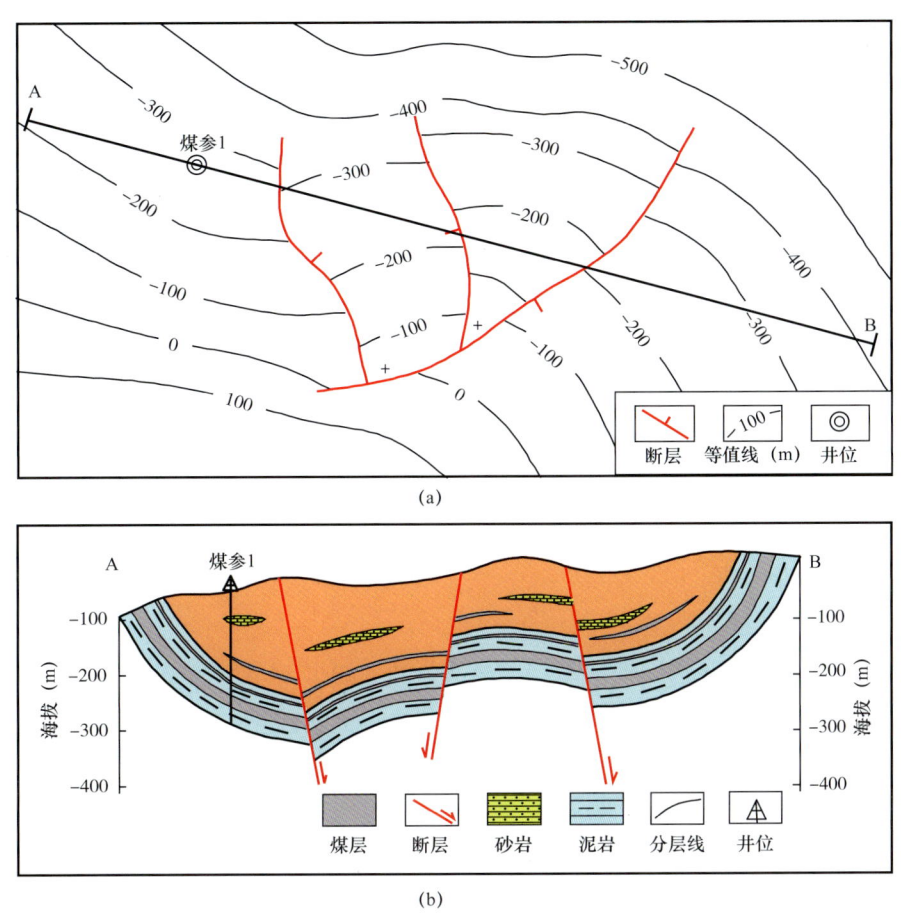

图 2-20 参数井井位标定示意图

气量下限为 8m³/t，则高含气区为大于 16m³/t）的区域。纵向上，不同层位的煤层的含气量也有较大差别，严格来说，每个煤层属于一个独立的含气系统；此外不同层位煤层构造结构和风化带影响深度和平面范围不同，热演化程度、煤层生气能力等方面的差异也是引起它们含气量差异的因素。因此，对于不同煤层，需要部署不同的参数井确定该层的富集区。

原则上，高煤阶煤层含气量大于 8m³/t 的参数井要进行分层压裂改造和试采，录取试采数据，评价其产气能力，分层估算每个煤层的煤层气地质资源量和总的地质资源量，可采目的层总资源量达到 $300 \times 10^8 m^3$ 时，即可作为有利勘探目标区，编制煤层气详查地质勘探方案，对下一步地质勘探目的和任务作出详细安排，包括地震勘探部署、预探井部署、地质资料录取、地质研究、控制地质储量等。

2. 详查阶段——探明富集区含气范围及探井部署

详查阶段的主要目的是控制煤层气地质储量。主要工作任务包括地震勘探、预探井的部署、控制储量的计算等。

1）二维地震勘查

在确定煤层气富集区以后，为了搞清楚煤层构造结构和构造形态，需要采集二维地震资料，开展构造研究以及井震结合来预测煤层的纵向和横向分布规律。

- 25 -

（1）地震采集。

结合工区的地表条件，重点考虑煤层气勘探对地震资料纵横向分辨率要求优化地震参数设计，形成高性价比的观测系统采集，拓展原始资料频带宽度，将野外观测地震波信息有效收集回来的技术，测网密度一般为 2km×2km，构造较为复杂时测网密度可以加密到 1km×1km。

① 基于高性价比的观测系统参数设计：二维采集使用小线元，适中的覆盖次数；三维采集使用适中的矩形面元，适中的覆盖次数及宽方位的观测系统；最大炮检距等于目的层埋深的 1.5 倍左右。达到用最少的钱，获取能够满足地质要求的高品质地震资料的目的。

② 基于拓展资料频宽的施工参数优选：通过优选激发岩性来提升原始资料的高频信息；采用低频或数字检波器接收来拓展原始资料的低频信息。

③ 基于折射波和反射波的交互静校正：使用初至波初步判断异常出现区域；基于反射波分析中长波长静校正；在共炮、共检、共偏移距、共中心点求取地表一致性静校正量。

（2）地震资料处理。

为煤层气的构造解释或储层预测提供基础资料，就必须对野外采集资料进行成像，真实反映出存在于地下相应位置的地质体的构造形态或异常体的分布特征。为了达到上述目的，就要对原始野外地震资料表层结构的不一致性进行校正，消除野外主要影响噪声，提高资料的信噪比，从而保留由于裂缝或异常体引起的异常信息，使地震成像点位于地下地质体的实际位置。直接利用野外采集生产的单记录初至波资料。通过反演获得野外长短波长引起的静校正量。在单次覆盖数据集上通过滤波和纵横变换消除线性干扰。抽取合适的道集资料进行合理速度分析，保留地下地质体在道集中引起的速度异常信息，使陡倾角等反射波合理归位。

目前叠前时间偏移和叠前深度偏移处理方法已经成熟，并成功运用于复杂地表地区的资料处理中，效果非常明显。

（3）地震资料解释。

利用地震采集速度谱和测井合成记录准确标定煤层，通过同向轴的追踪，结合本区域构造演化特征，合理组合断裂体系，完成构造图。开展断裂发育系数研究。

由于二维地震测线网格间距大，二维解释成图只通过测线上井信息标定进行平面上内插、外推得到网格内地质单元构造情况，不考虑地震波传播速度随地层变化而变化的情况，成图误差往往很大，最终导致构造解释结果与实际钻探误差相差甚远。

因此，利用处理过程中的地震速度谱资料建立速度场，结合测线上 VSP 和声波测井资料所确定的地层速度对速度场进行标定、校正，确保速度场的变化趋势及精度符合实际地质情况，依据地震层位解释数据从速度场中提取沿层速度，并应用沿层速度对等时间数据进行时深转换成构造图。在后期勘探开发过程中，及时利用钻井地质数据，修正目的层构造图，指导生产。

（4）储层预测。

利用二维地震和钻井资料，根据地质任务，开展区域煤层分布预测、煤层厚度预测、煤体结构预测、煤层含气性预测等，为预探井部署和地质综合研究提供技术支撑。

2）预探井的部署

根据参数井获取的地质资料参数，结合构造图以及地震预测煤层分布特征，部署预探井。预探井的部署要尽量少，全面控制勘查区的含气面积。部署井位要遵循以下几点：一是以参数井为参考依据，向构造高部位勘查煤层含气量下限边界，具体井数可以根据构造的复杂程度和勘查区面积大小确定，构造简单区少布井，构造复杂区适当增加井数；二是向构造低部位勘探产气量经济可采范围，随着煤层埋藏深度的增加，煤储层物性逐渐变差，利用目前工程技术，部分物性太差的区域目前还达不到开采的经济界限值，如高煤阶煤层气目前勘探深度最大为2000m；三是矿权边界和地面保护区边界不能越界。一般情况下，在构造较为简单的区域，100km^{2}范围内，部署4~5口探井即可（图2-21），构造较为复杂时，可以适当增加探井数量。

探井部署可以采取"整体部署，分批实施"的原则，每个批次抽稀实施一部分井，利用钻井效果和录取的地质资料及时开展滚动研究，根据新的地质认识，及时调整部署思路和井位，避免一次地质认识不清楚，钻井失误太多。

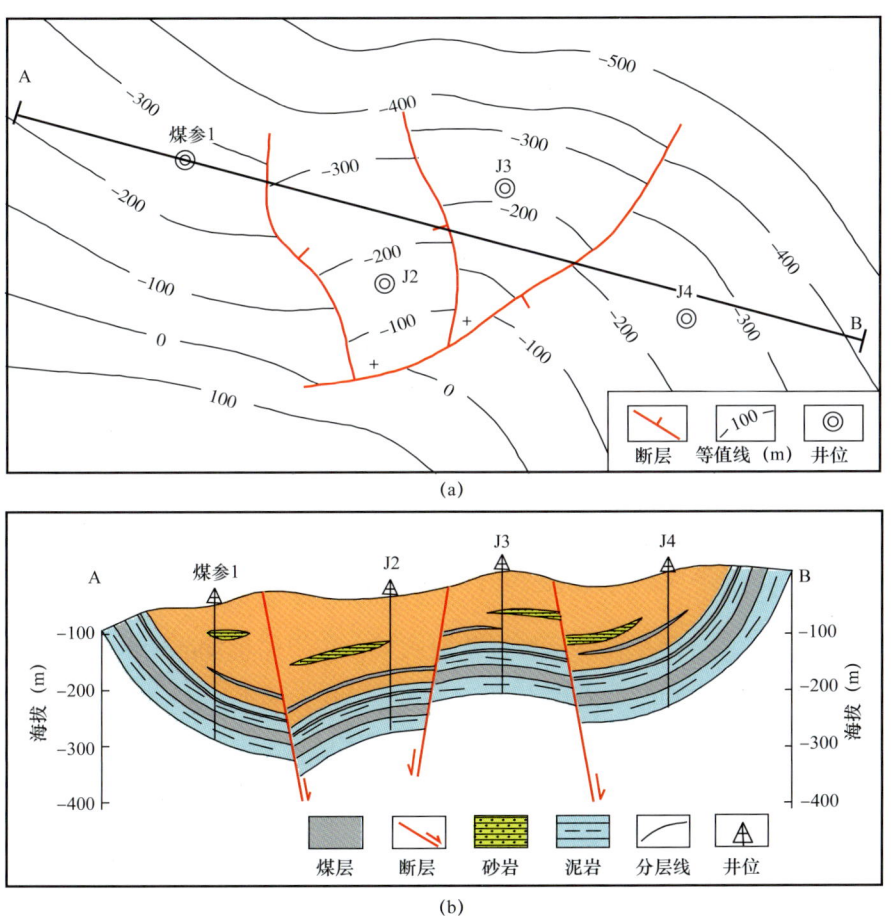

图2-21 预探井井位标定示意图

3）探井资料录取

探井录取煤层厚度、测井资料、取心资料、分析化验资料、试井资料、单井试采数据。其中，分析化验资料包括煤层含气量、镜质组反射率（R_o）、气体组分、顶板力学参数、煤层力学参数、底板力学参数、顶板渗透率、煤层渗透率、底板渗透率、煤层等温吸附曲线、煤岩孔隙度、裂隙发育状况、孔隙和裂隙充填情况及煤质分析化验数据等。岩心描述资料包括煤岩割理发育状况、宏观煤岩类型、煤体结构、构造裂缝发育情况、裂缝充填情况等。

4）对于预探资料的综合评价

（1）煤层含气性综合评价。

通过二维地震勘探和预探井资料，完成煤层底板构造图，对断层级别和断层对煤层气破坏范围进行判断，进行断裂发育系数计算和平面构造稳定区划分；利用参数井、预探井的分析化验资料，开展气体生长系数、气体逸散系数计算；利用排采井产水量，结合构造图进行水体分布系数计算，搞清楚水体分布状况；将气体发育系数、断裂发育系数、气体逸散系数和水体分布系数相结合，对勘查区煤层含气状况进行预测和评价。

（2）煤储层评价。

利用参数井和预探井取心、分析化验、试井、等温吸附等资料对煤储层开展综合评价。主要搞清煤岩孔隙度、渗透率、孔隙结构、裂隙发育程度等综合分析，对煤储层渗透能力做出综合评价。

（3）煤储层可改造评价。

应用岩心和测井、分析化验资料对煤体结构进行综合研究，对纵向和平面煤体结构分布进行预测，结合构造发育情况，可以开展煤体发育系数计算；应用压裂、测井数据对区内煤岩最大水平主应力、最小水平主应力和垂直应力计算和预测，然后进行应力聚散系数计算，初步搞清勘查区内应力分布状态。煤体发育系数结合应力聚散系数对煤储层可改造性进行分类评价。

（4）预探成果综合评价。

根据煤层含气性、煤储层描述和可改造性综合评价结果，划分出煤层气有利勘查区，分目的层估算有利区煤层气资源量，为评价阶段的勘探部署提供依据。

3. 评价阶段——落实探明储量和开展井组试采工作

评价阶段主要任务有两个：一是根据预探成果，按照储量规范要求，落实煤层气地质储量；二是开展不同井型和井组试采工作，优选适用开采技术。

1）三维地震勘探部署

三维地震部署包括地质任务和施工设计两部分。

（1）地质任务。

① 选好主要目的层的反射界面，一般可以设置 3~4 个目的层。要求反射波阻连续性较好，特征明显，断点干脆，控制底板标高，深度误差≤1.5%。

② 落实主要目的层反射构造形态，搞清断裂展布及其组合特征，要求保证 10m 以上

的小断层、直径 20m 以上的陷落柱、幅度大于或等于 10m 的褶曲有清楚反射特征。

③ 采集资料主要目的层频宽达到 6～80Hz，在确保提高信噪比的基础上提高分辨率，为地震解释提供可靠资料。

④ 能利用地震波阻抗反演技术，辨别煤层的分叉、合并、尖灭范围，寻找煤层裂缝发育区、高渗富集区等满足区块储层预测要求。

（2）三维地震采集参数的确定。

由于中高煤阶煤层割理、裂隙发育，小断层、局部微幅构造控制煤层气高产富集，三维地震采集参数的确定有利于优选井型及井位部署、提高钻井成功率和单井产量；同时，三维地震勘探相对于二维地震勘探能获得地震信息更加丰富、资料品质更高的三维空间数据体，更有利于刻画煤系地层空间展布规律以及煤储层特征预测研究工作，煤层气评价阶段非常有必要进行三维地震勘探。

叠前深度偏移技术具有以下优点：成像准确，适用于复杂介质；消除叠加引起的弥散现象，使得大倾角地层信噪比和分辨率有所提高；能够综合利用地质、钻井、测井等资料约束处理结果，直接利用深度剖面与实钻数据进行对比。因此，叠前深度偏移相对叠前时间偏移，更有利于提高复杂地质体成像精度。同时由于深度域成像技术的先进性，使得剖面信噪比、分辨率能得到更大改善，波阻特征突出，断点更干脆，构造形态更清晰，陷落柱更清楚。

根据地质要求，结合区内二维地震采集参数、地表激发条件、经济条件等因素，确定采集参数。

以沁南区块东部三维地震采集参数为例进行介绍。沁南东部主要目的层为 3 号煤层和 15 号煤层，埋藏深度为 500～1200m，地表为低凸起丘陵山地，地表有黄土层、三叠系砂岩、河床砾岩、水面、村镇等，采集费用为 25 万元 $/km^2$。通过现场勘测和试验，结合二维地震勘探成果获取以下采集参数（表 2-4）。

表 2-4 沁南区块东部三维地震采集参数表

序号	采集参数	技术指标
1	线束观测系统	12 线 3 炮 90 道斜交
2	纵向观测系统	1780-20-40-20-1780
3	面元（m×m）	20×40
4	覆盖次数	30
5	接收道数	1080
6	道距（m）	40
7	接收线距（m）	240
8	炮点距（m）	80
9	炮线距（m）	360

续表

序号	采集参数	技术指标
10	最大非纵距（m）	1400
11	纵向最大炮检距（m）	1780
12	最大炮检距（m）	2265
13	束线滚动距（m）	240
14	炮密度（炮/km²）	34.72
15	炮道密度（道/km²）	37500
16	横纵比	0.8

2）落实探明储量

根据详查阶段开展"七个系数"研究，圈定有利勘查区，按照储量规范的要求（表2-5），依据构造复杂程度和煤层横向分布稳定性，开展评价井部署和试采，最终根据评价井试采结果，按照储量规范圈定含气面积（图2-22），分层计算地质储量，并进行经济效益评价。

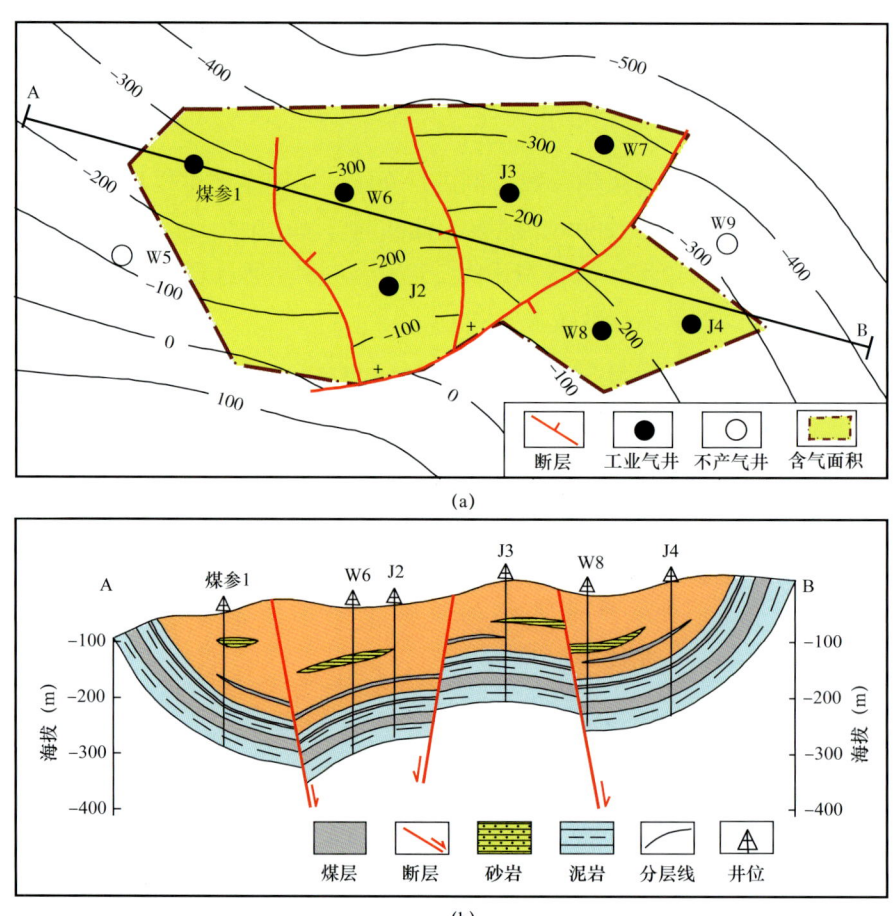

图2-22 含气面积圈定示意图

表 2-5 煤层气探明储量估算的基本井距要求（引自煤层气资源/储量规范 DZ/T 0216—2020）

构造复杂程度		储层稳定程度		基本井距（km）
分类	特点	类型	特点	
构造简单	（1）煤系产状平缓； （2）简单的单斜构造； （3）宽缓的褶皱构造	第一型	煤层稳定，煤层厚度变化很小，或沿一定方向逐渐发生变化	3.0～4.0
		第二型	煤层厚度具有一定变化，但仅局部地段出现少量的减薄，没有尖灭	2.0～3.0
		第三型	煤层不稳定，煤层厚度变化很大，且具有明显的变薄、尖灭或分叉现象	1.5～2.0
构造较复杂	（1）煤系产状平缓，但具有波状起伏； （2）煤系地层呈简单的褶皱构造，两翼倾角较陡，并有稀疏断层； （3）煤系地层呈简单的褶皱构造，但具有较多断层，对煤层有相当的破坏作用	第一型	煤层稳定，煤层厚度变化很小，或沿一定方向逐渐发生变化	2.0～3.0
		第二型	煤层厚度具有一定变化，但仅局部地段出现少量的减薄，没有尖灭	1.0～2.0
		第三型	煤层不稳定，煤层厚度变化很大，且具有明显的变薄、尖灭或分叉现象	0.5～1.0
构造复杂	（1）煤系地层呈紧密复杂的褶皱，产状变化剧烈； （2）褶皱虽不强烈，但具有密集的断层，煤层遭受较大破坏； （3）煤层遭受到火成岩体的侵入，使煤层受严重破坏	第一型	煤层稳定，煤层厚度变化很小，或沿一定方向逐渐发生变化	1.0～2.0
		第二型	煤层厚度具有一定变化，但仅局部地段出现少量的减薄，没有尖灭	0.5～1.0
		第三型	煤层不稳定，煤层厚度变化很大，且具有明显的变薄、尖灭或分叉现象	0.5

3）工程技术优选

根据勘查区煤层气地质特征，开展井型、井网、井距、压裂改造等工程技术试验，为开发方案的编制提供技术依据。

（1）井型和完井方式的试验。

在煤储层渗透率较高的地区，可以开展直井、丛式井试验，如果直井能够获得高产，经济效益好，开发方案编制时就用直井和丛式井井型开发。直井具有钻井简单、排采设备选择多样、井场优选灵活、地面管理简单等优势。

筛管水平井试验，水平段长度一般为800～1200m，产气量如果达到邻近直井2～3倍，说明该项技术的适应性较强，在规模开发时可以推广应用。如果产气量与直井相当或者较低，则不具备推广应用前景。

在煤储层渗透率较低的地区，可以试验水平井分段压裂增产技术，水平段长度为800～1200m，产气量达到邻近直井3～5倍说明具有较好的推广应用前景，如果产气量小于直井2倍，推广应用价值不大。

对于水平井的产能与地质条件的适应性，还需要经过经济评价来确定。

（2）井组试采。

井组试采的目的是优化压裂工艺，确定合理的井距和井网，以及适应本区的排采控制制度，为开发方案编制提供技术依据。在压裂工艺方面，可以通过压裂井段长度对比、压裂砂量对比、入井液量对比、压裂排量、压裂后返排速度等参数的对比，以单井产气量最大化为标准来优化压裂工艺、井距大小和排采控制制度。

4）前期开发技术的提炼

利用普查—详查—评价三个阶段获取的地质资料和地质认识，以及"七个系数"评价的重新计算和完善，最终选出储量有利控制区带。

要实现煤层气高效勘探，就要遵循勘探程序，取全取准各项地质资料。高效勘探向快速勘探转变时，也要遵循勘探程序，但各个阶段之间节奏可以通过科学安排来加快。因此，煤层气高效勘探节奏可以加快，但是程序不能逾越。

三、资料的录取

1. 钻井取心

煤层气勘探过程以录取地质资料和生产动态资料为主，因此，井型以直井为主，部分地面条件不具备的地方，可以部署定向井，井斜小于45°。部署直井或定向井主要是便于钻井取心，为分析化验提供资料。

煤层气储层评价中，许多重要的储层参数都来源于取心样品的分析、测定，如煤层厚度、顶底板力学参数、含气量、煤质、吸附等温线、孔隙度、煤体结构、煤层割理等，通常情况下，为了含气量测试的准确性，采用绳索取心法和保压取心法。

1）绳索取心

绳索取心是目前煤层气钻井中最常用的一种取心方法，绳索取心是指在钻井过程中，当岩心充满岩心管后，以钻杆内孔为通道，借助绳索和其他打捞工具，把钻进过程中储存在内岩心管的岩心提升到孔外的取心方法。绳索取心钻进效率高、时间短，可以尽量减少煤层气由于地层压力剧烈变化而散失的问题。

煤层气绳索取心首先要卡准目标煤层，从顶板到底板连续取心，采取"穿鞋戴帽"原则，取顶板和底板层各5m左右，用于测试顶、底板的力学性质、孔隙度和渗透率等参数。煤层则主要测试含气量、等温吸附参数、渗透率、镜质组反射率、煤体结构以及煤岩宏观类型、煤质、煤层微观裂隙发育、孔隙发育特征以及裂隙、孔隙充填情况等。

2）保压取心

密闭保压取心可以获取地层条件下煤层气参数，包括煤层含气量、地层压力、煤层含水情况、煤层气解吸产气特征等。密闭保压取心是将煤样在地层压力条件下密封，提升至地面再到实验室测试的过程。但保压取心比绳索取心成本高，分析工艺繁杂，时间长。

2. 测井资料

测井资料对于准确判断煤层深度、厚度、顶底板岩性组合、煤体结构、力学参数、固井质量、压裂层段优选等具有重要意义，煤层气勘探阶段测井项目（表2-6）。

表2-6 煤层气勘探井地球物理测井项目表

测井项目	深度比例	测井内容	测井井段
砂泥岩标准	1：500	2.5m电阻率、自然电位	二开—井底
声波	1：500	补偿声波	二开—井底
砂泥岩综合	1：200	（1）微电极；（2）0.4m电位；（3）4m底；（4）井径；（5）自然电位；（6）自然伽马；（7）双感应—八侧向；（8）补偿声波；（9）补偿密度；（10）补偿中子	二开—井底
砂泥岩放大曲线	1：100	（1）微电极；（2）0.4m电位；（3）自然电位；（4）补偿声波	煤层顶—煤层底
特殊测井	1：200	（1）阵列声波测井；（2）核磁共振测井	煤层顶—煤层底
放、磁	1：200	（1）自然伽马；（2）中子伽马；（3）磁性定位	水泥返深至阻流环
固井质量	1：200	CBL、VDL	
井斜	连续测量		井口—井底

3. 地质录井

地质录井包括钻时录井、岩屑录井、钻井液录井、气测录井。

1）钻时录井

自二开到井底，每1.0m记录一个钻时，目的井段加密至1点/0.5m。

2）岩屑录井

一开注意观察岩屑、岩性变化，确定进入基岩深度，为一开完钻井深提供依据。

自二开到目的层顶100m，每2m取样一包，样品质量不少于500g。进入目的层顶100m至井底，每1m取样一包。为卡好目的层位在相当部位加密至1包/0.5 m，要求每包干重不少于1000g，严格按照迟到时间定点捞砂，并将岩屑洗净晾干，妥善保管。对煤层、特殊岩性、油气显示段岩屑做岩样汇集。

3）钻井液录井

钻井液录井是发现气层的重要手段。进入主要目的层段尽量降低钻井液对煤层造成的污染。切实做好钻井液性能测定，及时观察槽面显示、井涌、井漏等现象并做好记录。

二开以后，每20m做一次相对密度、黏度测量。如发现异常（如黏度突然加大，钻时变快、钻井液有气侵、槽面见气泡等）应连续测量密度、黏度；同时详细记录槽面气泡大小、产状、占槽面百分比、槽面上涨高度、进出口钻井液性能的变化等。

4）气测录井

气体参数包括全烃、组分（C_1—C_5）、非烃（CO_2、H_2、H_2S）等，从井口至井底连续测量，1点/1m。

煤层含气量与气测值通常呈正比关系。在勘探阶段，气测值对判断煤层含气性具有重要意义。但在钻井过程中，气测值易受钻时、钻井液密度、仪器灵敏度、地表温度、煤屑大小等因素影响，偏离程度不可控。所以在实际应用时，需根据实测含气量加以校正。

4. 压裂资料

获取破裂压力、施工压力、停泵压力、加砂量、入井液量、压裂液返排量、返排水质变化记录、压裂过程中的裂缝检测等数据，对勘查区压裂裂缝延伸方向、长度认识、开发井网、井距部署和水平井轨迹设计、经济评价具有重要意义。

5. 排采资料

煤层气勘探评价阶段的排采资料主要获取单井的动态、静态参数，落实区块储层条件下，断裂发育状况、应力聚散状况、气体水体分布状况。录取资料一般包括储层压力、单位压降产水量、见气压力、单位压降提气量以及煤粉含量，为勘查区提交储量和编制开发方案提供依据。

1）资料要求

按煤层气资源/储量规范（DZ/T 0216—2020）要求，煤层气勘探试采井探明储量起算单井产气量下限标准，见表2-7。

表2-7　探明储量起算单井产气量下限标准（引自煤层气资源/储量规范 DZ/T 0216—2020）

煤层埋深 （m）	直井单井平均产量 （m³/d）	其他井型单井平均产量
<500	500	可根据工程及产能进行合理折算
500～1000	1000	
≥1000	2000	

2）排采资料

探井、评价井的排采目的主要有两方面：一是满足储量规范要求，为提交探明储量准备资料；二是通过井组试采，获取勘查区块的单井产能敏感参数，为开发方案编制提供技术依据。由于受到时间和资金的限制，其排采速度通常较开发井快。

产水阶段：适当增大排采强度，对比开发井，平均日流压降幅可提高20%。根据煤层埋深和供水状况不同，压降幅度控制在8～15m/d。录取单井地层压力、单位压降产水量、阶段累计产水、工艺参数、煤粉产出状况等数据。

解吸提产阶段：维持水量稳定，适当控制放气速度，减缓流压降幅。压降幅度控制在4～6m/d。录取见气压力、单位压降提气量、稳产气量、阶段累计水量等数据，同时监测煤粉产出状况。

控压稳产阶段：液面稳定于煤顶，保持高套压达产，控制放气速度，维持气体持续、平稳产出。压降幅度控制在0.5～1m/d。日产气量达到表2-7对应深度单井产气量下限，且至少稳产3个月以上。录取达产套压、稳产流压日降幅、期末流压、阶段累计产水量等数据。

第三节 煤层气勘探技术应用实例

沁水盆地南部马必东区块按照煤层气勘探程度开展煤层气勘探评价,结合"七个系数"的应用,达到了高效勘探开发,取得良好效果。马必东区块煤层气勘探评价经历了普查、详查和评价三个阶段,应用"七个系数"开展煤层气开发有利区优选评价,勘探实践证实效果良好。

一、勘探评价历程

1. 普查阶段(2011—2013年):二维地震勘探,钻探参数井

2011年,华北油田在马必东区块采集二维地震450km,测网密度为2km×2km,构造解释成果表明,马必东区块3号煤层底板构造为东西两翼翘倾、中部坳陷的三分结构。从煤层埋深来看,区块西部较浅,中部和东部煤层埋深大,西部斜坡带表现有西北角向东南部倾斜的单斜构造,构造较简单。马必东区块周边区块煤层气勘探都获得成功,从地震资料预测结果来看,本区也是煤层气富集的有利区域,其中西部斜坡带是勘探的首选区带,优选西斜坡带中部钻探参数井马5-3(图2-23),3号煤埋深为1016.35m,厚度为5.8m,含气量为20.83m³/t,解吸压力为5.51MPa,解吸前累计产水130.79m³,平均日产水0.91m³,最高日产气量为2750m³,稳定日产气量为2564m³。马5-3井试采获得高产,说明马必东西部斜坡带具备良好的煤层气勘探前景。

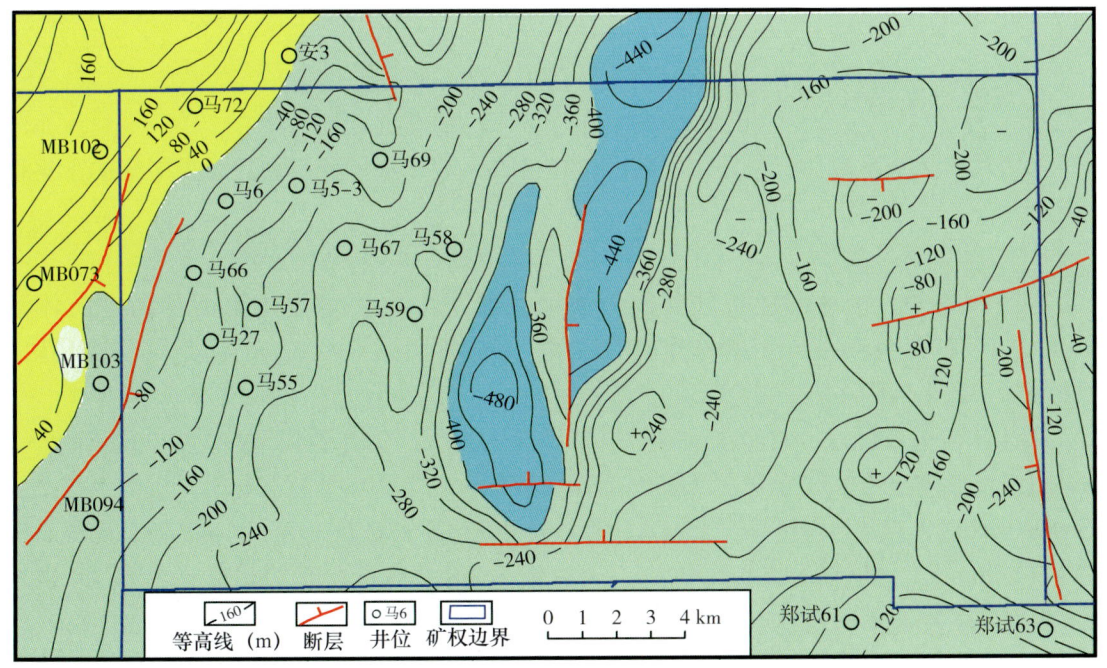

图2-23 马必东区块3号煤层底板构造图

2. 详查阶段（2014—2015 年）：部署探井，控制含气范围

通过普查阶段的勘探资料分析，认为西部斜坡带整体含气性较好，整体部署探井和评价井 11 口，优先实施 5 口（马 6、马 66、马 69、马 67、马 27）。取得三项勘探成果：一是该区域 3 号煤层分布稳定，厚度为 5.8~6.5m，含气量为 15~28m³/t；二是该区域 15 号煤层厚度分布稳定，含气量为 13~24m³/t；三是 6 口井试采 3 号煤层 1500~2600m³/d 的稳定产气量。控制含气面积为 50km²，3 号煤层估算煤层气地质储量约 100×10^8m³。

3. 评价阶段（2016 年）：开展三维地震勘探，探明地质储量

为了提高勘探成功率和为开发方案编制做准备，在马必东西斜坡带储量控制区采集三维地震资料 80km²，在此基础上，落实部署评价井 5 口（马 55、马 57、马 58、马 59、马 72），除了马 55 井和马 72 井以外，其余 3 口井试采均达到工业气流的标准。3 号煤层圈定含气面积 70km²，探明煤层气地质储量 116×10^8m³。

二、优质储量的控制与选择

综合应用勘探评价阶段获取的三维地震、钻井、录井、含气量测试、等温吸附等资料，结合取得的煤层气富集可采地质认识，按照第一节定义的七个系数公式，分别计算出气体生长系数、断裂发育系数、煤体发育系数、气体逸散系数、水体分布系数、应力聚散系数、构造控制系数，然后对各个系数的数据进行归一化处理之后，获得综合评价系数和综合评价标准，对探明储量进行分类评价，优选出有利建产区，为高效开发方案编制提供依据。下面以 3 号煤层七个系数计算为例，介绍七系数法在煤层气产建有利区优选中的应用。

1. 煤层气富集程度的评价

采用气体生长系数、断裂发育系数、气体逸散系数、水体分布系数对煤层气的富集程度进行评价。

1）气体生长系数

应用参数井、探井和评价井获取镜质组反射率（R_o）、等温吸附测得的兰氏体积（V_L），利用气体生长系数公式和地质成图软件，通过平面算术差值法，计算马必东产建区气体生长系数平面图（图 2-24）。

从计算结果来看，由西向东，随着煤层埋深的增大，气体生长系数（Gr）逐渐增大，马必东区块气体生长系数（Gr）为 0.50~0.90。结合含气量和试采数据分析，气体生长系数（Gr）<0.62 时，煤层含气量小于 15m³/t；当 0.62<气体生长系数（Gr）<0.82 时，煤层含气量为 15~20m³/t；当气体生长系数（Gr）>0.82 时，煤层含气量大于 20m³/t。马必东区块煤岩镜质组反射率为 2.45%~3.12%，属于高阶煤，其含气量随着气体生长系数的增大而增大。

2）断裂发育系数

三维地震资料解释成果表明，马必东区块西斜坡带断层断距为 10~100m，延伸长度

为40~2500m，绝大多数为正断层，按照断层级别划分为三级断层，其对煤层含气量破坏范围为断层两侧各100~200m，为了稳妥考虑，每条断层按照两侧各200m圈定破坏面积，然后利用断裂发育系数和地质成图软件，通过克里金网格插值法计算断裂发育系数，结果如图2-25所示。

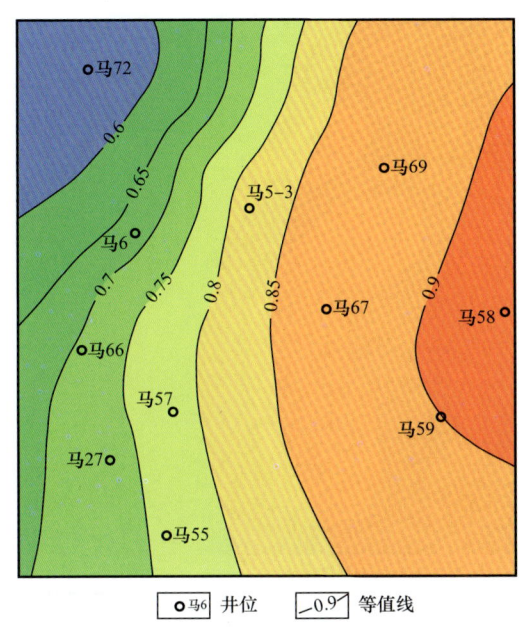 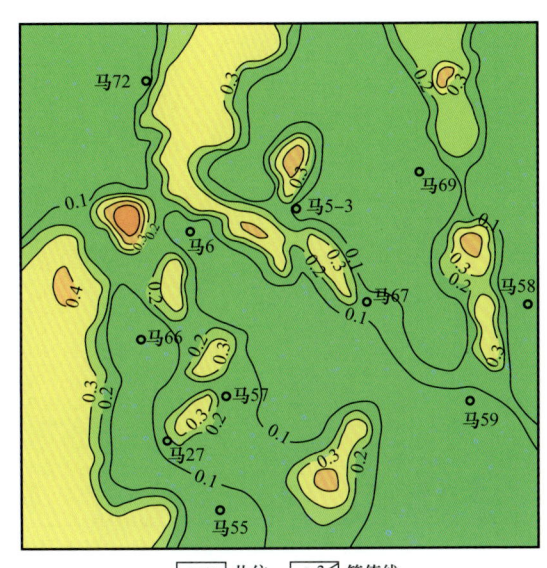

图2-24 马必东区块气体生长系数平面图　　　　图2-25 马必东区块断裂发育系数平面图

从马必东断裂发育系数平面图来看，断裂发育系数（F_{ai}）>0.2时，处于断裂破坏范围内，煤层含气量受到较大影响；0.1<断裂发育系数（F_{ai}）<0.2时，断层对煤层含气量有一定影响；断裂发育系数（F_{ai}）<0.1时，断层对煤层含气量没有影响。

3）气体逸散系数

气体逸散系数，定义为煤岩兰氏体积与实测含气量的差值与兰氏体积的比值。V_L可以利用钻井岩心通过等温吸附曲线测得，V可以通过钻井取心解吸气量与逸散气量回归获得。气体逸散系数（Ge）在平面上可以通过多点插值计算其分布特征。当数据点较少时，利用构造解释成果，在断层附近和地表露头附近适当插入虚拟点位，增加区域气体逸散系数点，提高计算精度，采用克里金网格插值法计算气体逸散系数，结果如图2-26所示。

从马必东气体逸散系数平面图来看，气体逸散系数（Ge）>0.4时，煤层含气量较低；0.2<气体逸散系数（Ge）<0.4时，煤层含气量中等；气体逸散系数（Ge）<0.2时，煤层含气量较高，利于煤层气井高产。据此，气体逸散系数（Ge）<0.2的区域是煤层气富集的有利区。

4）水体分布系数

水体分布系数（W_i）表征区块内煤层气受水动力条件的影响程度，定义为排采井排采10d后至煤层气解吸前，保持液面连续均匀下降情况下，任意连续稳定生产15d中，液面平均每下降1m的产水量。水体分布系数（W_i）可以从参数井、探井、评价井排采数据获取，平面上有3个点以上的数据可以进行插值计算，获得平面分布特征。当数据点较少时，根据排采经验，在断层附近和向斜核部附近的井产水量会增大，利用构造解释成果，根据勘查区内断裂和向斜构造分布，适当插入虚拟点位，增加区域水体分布系数点，提高计算精度。采用克里金网格插值计算较为平面分布，结果如图2-27所示。

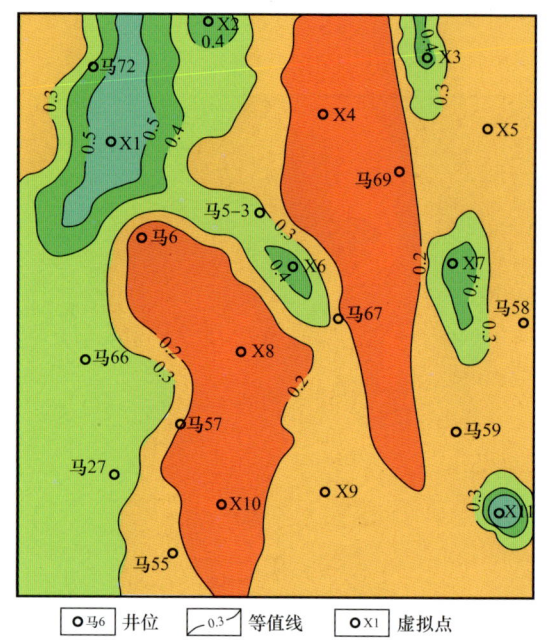
图2-26 马必东区块气体逸散系数平面图

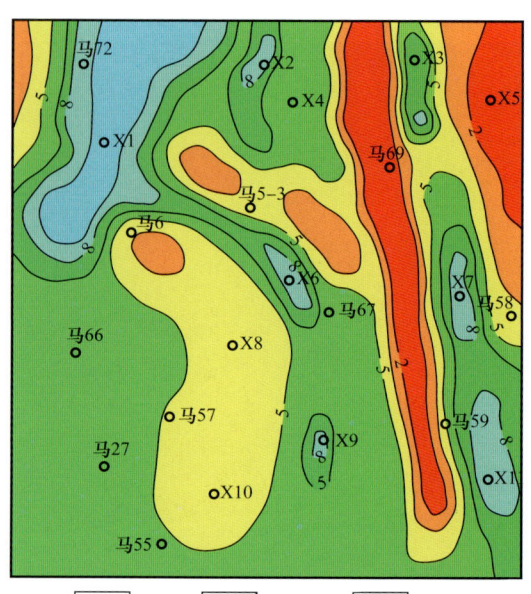
图2-27 马必东区块水体分布系数平面图

从马必东水体分布系数（W_i）平面图来看，水体分布系数（W_i）<5时，水动力对煤层气富集破坏作用较弱，煤层气富集程度好，煤层含气量较高；5≤水体分布系数（W_i）<8时，水动力对煤层气富集破坏作用中等，煤层含气量中等；西北部水体分布系数（W_i）≥8时，水动力对煤层气富集破坏作用强，煤层含气量较低。

2. 煤体结构的勘探评价

采用煤体发育系数对煤体结构进行评价。煤体发育系数（H_{ci}）表征原生煤和碎裂煤在研究区内所占的体积比例，同时采用断裂发育系数修正，在断裂带插入虚拟点，然后计算煤体发育系数平面图，结果如图2-28所示。

马必东煤体发育系数平面图来看，北部煤体发育系数（H_{ci}）>0.8区域，原生煤、碎裂煤发育，煤层可改造性较好。西部、南部煤体发育系数（H_{ci}）<0.5区域，构造煤发育，煤体破碎，煤层可改造性较差。0.5<煤体发育系数（H_{ci}）<0.8区域，煤体可改造性中等。煤层气开发过程中，煤体发育系数越大，说明原生—碎裂煤体积越大，煤层可改造性越好；反之，则表示碎粒煤和糜棱煤体积比例较大，煤岩可改造性较差。

3. 区域应力状况评价

采用应力聚散系数对区域应力状况进行评价。应力聚散系数（σ_{ci}）定义为最大水平主应力与三向主应力算术平均值的比值，表征地应力分布状态。利用钻井压裂数据和测井声波曲线计算资料获得的数据准确度较高，利用单点数据计算应力聚散系数平面分布特征时，当数据点较少时，可以根据单点计算数据，结合本区构造特征，在平面上适当插入虚拟点，然后通过克里金网格插值法计算平面图，结果如图2-29所示。

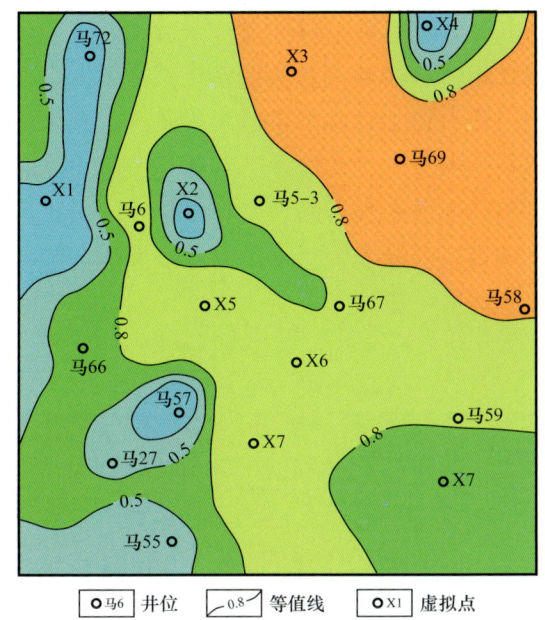

图2-28 马必东区块煤体发育系数平面图　　　图2-29 马必东区块应力聚散系数平面图

从马必东应力聚散系数平面图来看，应力聚散系数（σ_{ci}）>0.5时应力以挤压为主；0.25<应力聚散系数（σ_{ci}）<0.5时水平应力与垂直应力相当；应力聚散系数（σ_{ci}）<0.25时应力以水平应力为主。

4. 区域气体富集差异性评价

煤层气富集开采受构造控制作用较为明显。在背斜核部、翼部和鼻状隆升顶部由于裂缝较为发育，并且裂缝的开启度较大，煤层气容易解吸产出；而在向斜核部由于挤压作用，裂缝开启度低，煤层渗透性差，甲烷解吸难度大，产气量低。据此，通过构造控制系数对区内煤层气差异化分布进行评价。

构造控制系数（ε）定义为单位面积内微幅构造的数量总和，表征构造形态对煤层气富集控制作用。将平面分为若干个网格，网格大小根据工区大小而定，本次计算为$1km^2$，然后计算每个网格中背斜个数（A_i）、向斜个数（X_i）在平面上利用克里金插值法计算成图，可以得到构造控制系数的平面分布特征图，结果如图2-30所示。

从马必东构造控制系数平面图来看，西部构造控制系数（ε）>2.2区域，微幅构造越发育，地应力越趋于挤压状态，表明此处煤层气分布气、水关系较为复杂，同时，强烈的挤压应力对煤体结构的破坏作用也增强；1.2<西部构造控制系数（ε）<2.2区域微幅构造发育中等；西部构造控制系数（ε）<1.2区域内整体构造形态开阔，微幅构造相对不发育，有利于煤层气富集。

5. 储量分布综合评价结果

综合评价系数通过将"七系数"勘探评价方法中气体生长系数、断裂发育系数、煤体发育系数、气体逸散系数、水体分布系数、应力聚散系数、构造控制系数等七个参数的数据进行归一化处理。七系数中气体生长系数、断裂发育系数、煤体发育系数、气体逸散系数、应力聚散系数等五个系数均为归一化数据；水体分布系数和构造发育系数数据需要将每个系数的数据与区域内最大值相比，进行归一化。再来看各个系数工程意义，其中气体生长系数、煤体发育系数代表工程意义是数值越大越有利，其他5个系数是值越小越有利，为了实现其工程意义方向的一致性，需要对气体逸散系数、断裂发育系数、应力聚散系数、水体分布系数、构造发育系数用1相减，就可以消除工程意义不一致的问题。最后再将7个系数进行算术平均，就可以获得综合评价结果（图2-31）。

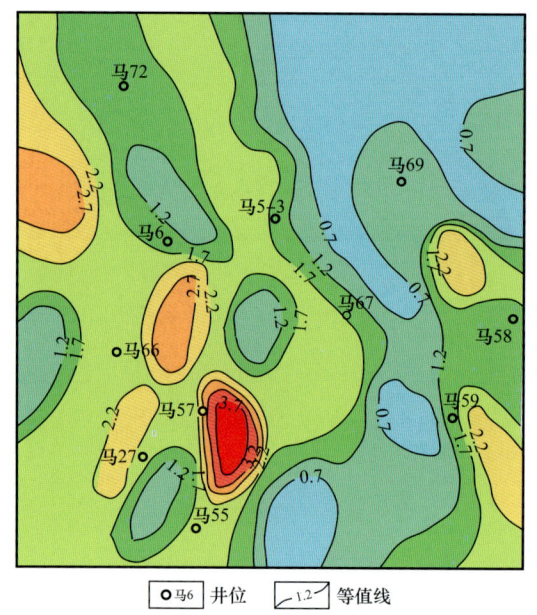
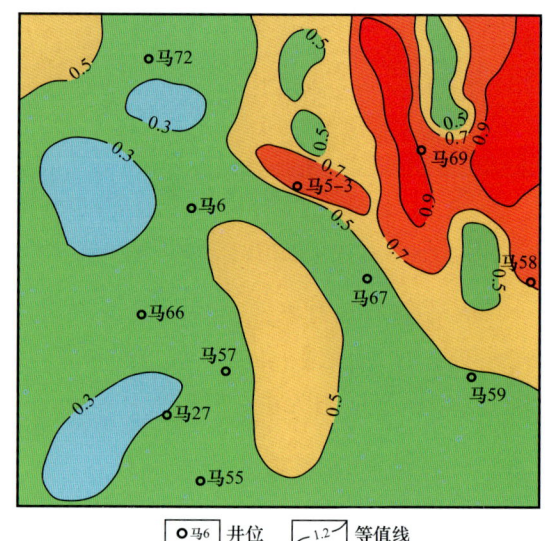

图2-30 马必东区块构造控制系数平面图　　图2-31 马必东区块综合评价结果图

综合评价结果计算公式：

$$Y = \frac{Gr + (1-F_{ai}) + \left(1-\dfrac{\varepsilon}{\varepsilon_{max}}\right) + H_{ci} + (1-\sigma_{ci}) + (1-Ge) + \left(1-\dfrac{W_i}{W_{max}}\right)}{7} \qquad (2-8)$$

式中　　Y——综合评价数值；

　　　　Gr——气体生长系数；

　　　　F_{ai}——断裂发育系数；

　　　　ε——构造控制系数，个/km²；

　　　　ε_{max}——区域最大构造控制系数值，个/km²；

　　　　H_{ci}——煤体发育系数；

σ_{ci}—— 应力聚散系数；

Ge—— 气体逸散系数；

W_i—— 水体分布系数，$m^3/(d·m)$；

W_{max}—— 区域最大水体分布系数值，$m^3/(d·m)$。

综合评价值高代表煤层气富集条件好、渗透性优越、储层可改造性强；综合评价值低代表煤层气富集条件差、渗透性差、储层可改造性差。

从马必东综合评价结果图来看（图 2-31），区块东北部综合评价值>0.6，煤层气富集高产条件优越，是一类建产区；中部区域，0.4<综合评价值<0.6，综合评价中等，是二类建产区；南部区域综合评价值<0.4，综合评价值偏低，煤层气富集高产条件较差，不利于煤层气井高产。

三、应用效果评价

在马必东区块，为了进一步验证七个系数选区结果的准确性，在区域上进行了试采井组的试验，试采结果表明，选区分类评价结果与试采井组平均产气量一致。说明应用七个系数分类评价选区具有良好的适用性。

1. 定向井组试采效果

马必东区块试采 6 个定向井组，按照七系数法划分的 3 个区带，每个区带试采了 2 个井组，试采结果表明，每个区带的井组试采效果相似，不同区带的井组的试采效果相差较大。下面选择了 3 个典型井组进行对比分析，一类区选择马 12 井组，二类区选择马 111 井组，三类区选择马 27 井组（图 2-32）。

从综合评价图上来看，马 12 井组位于北部，综合评价值>0.7，属于一类有利区，表明该区域煤层气富集高产条件较好；马 111 井组位于中部，0.5<综合评价值<0.6，煤层气富集条件中等，可改造性中等；马 27 井组位于南部，综合评价值<0.3，表明该区域煤层气富集和可改造条件较差。

为了对比可靠性，统一取各井组排采 6~7 个月产气量数据进行对比，马 12 井组 8 口井日产气 1666~3535m³，单井平均日产气 2016m³；马 111 井组 6 口井，日产气 440~1141m³，单井平均日产气 867m³；马 27 井组 6 口井，日产气 120~833m³，单井平均日产气 383m³。从井组对比结果来看，由一类区向二类区再到三类区，井组单井平均产气量逐步降低。

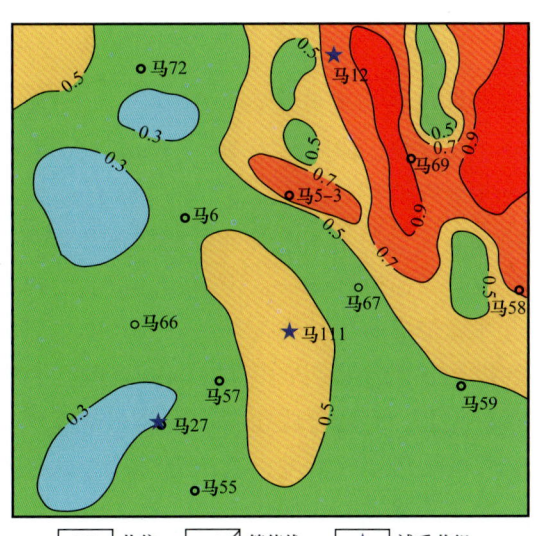

图 2-32 马必东区块试采井组分布图

2. 水平井组试采效果

2016年，在北部一类有利区马5-3井东侧完钻4口水平井，开展不同井型、不同完井方式、不同储层改造方式、不同目的层产气能力的试验。水平井试验了2种井型和2种完井方式，其中3号煤层完钻3口水平井：马平1-3-6井型为单支水平井，套管完井；马平1-3-7井型为鱼骨状水平井，完井方式为筛管完井；马平1-3-8井型为单支水平井，完井方式为筛管完井。15号煤层完钻1口水平井为马平1-15-8井，井型为鱼骨状水平井，完井方式为筛管完井（图2-33）。

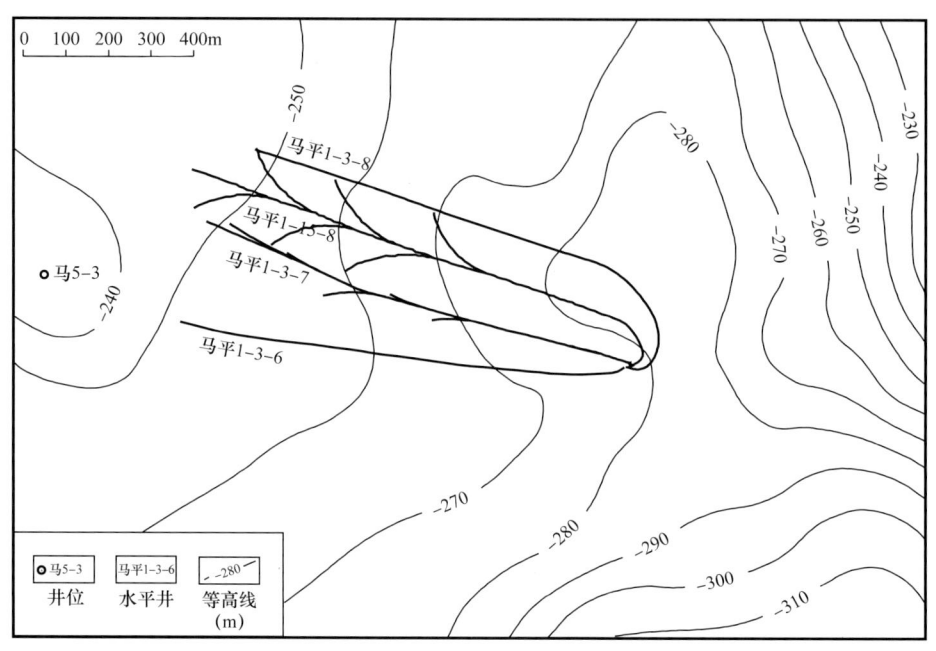

图2-33 马1试采井组井位分布图

从水平井试采效果来看，完井方式对单井产量影响很大。马平1-3-6井为套管完井，分4段压裂，段间距为70～190m，入井液量每段为511～544m³，加砂量每段为30m³，日产气量维持在5000m³，稳产13个月，累计产气$350 \times 10^4 m^3$。其他3口水平井均为筛管完井，不论是单支水平井还是鱼骨状水平井，单井产气200～1000m³，日产水小于1m³。对试采结果通过地质—工程深入分析认为：筛管完井在排采时无法解除钻井过程中钻井液对近井地带煤储层的伤害是造成低产的主要原因；套管水平井通过分段压裂，裂缝可以延伸到煤层伤害区以外的区域，形成良好的煤层气渗流通道，另外，压裂提高了煤层的渗透率，因此，套管分段压裂水平井获得高产。综合以上分析认为，筛管完井水平井不适合马必东区块煤层气开发，套压分段压裂水平井适应性好，产量要获得突破，压裂规模和压裂段数还需要进一步优化。

3. 单井经济效益评价

马必东区块煤层埋深为980～1400m，按照2020年度马必东区块单井投资定向井平均为 230 万元/口，气价为 1.77 元/m^3，不享受财政补贴情况下，计算盈亏平衡点产气量为 400m^3/d，内部收益率达到 8% 时，单井产气量为 1200m^3/d；分 10 段压裂水平井单井投资为 780 万元，气价为 1.77 元/m^3，不享受财政补贴情况下，盈亏平衡点产气量为 900m^3/d，内部收益率达到 8% 时，单井产气量为 3400m^3/d。

根据以上计算结果评价，马必东北部一类区不论定向井还是分段压裂水平井单井产气量均超过内部收益率 8% 的界限，具备良好的开发效益。二类区的试采定向井平均产气量超过盈亏平衡点，达不到内部收益率 8% 的标准，开发效益较低。三类区试采定向井平均单井产气量在盈亏平衡点产气量以下，不具备效益开发的基础。

上述评价结果说明煤层气勘探评价阶段应用七系数法综合评价选区，进行分类评价，单井产气量与效益评价结果一致性好。

第三章 煤储层评价理论与方法

煤储层综合评价质量的好坏和评价办法的科学性不仅会影响可动用储量估算的准确性和开发工程改造技术选择的合理性，更是揭示煤层气区块是否具备开发潜力和价值的关键。为服务煤层气高效开发，实现对煤储层客观评价，应对煤储层展开系统认识，包括成煤物质与环境、煤岩变质演化、微观孔—裂隙特征和内含流体性质等。应用扫描电镜、高压压汞、低温氮气吸附等方法，对高阶煤储层中微观孔—裂隙及其分布形态展开研究。在充分认识影响煤层气富集可采和煤储层可改造性的基础上，探索基于煤储层地球物理资料的各种煤储层属性识别技术，从宏观角度对煤储层展开认识和评价。除煤储层自身导流能力外，其内部蕴含流体的分布和性质同样也会影响流体运移的难易程度和效率。利用离心核磁、核磁共振在线检测等技术，对煤储层微观孔—裂隙中流体的赋存状态和流动产出机理进行研究，从而为煤层气的高效开发提供理论基础和认识。

第一节 煤储层地质评价

优质煤储层主要包括三方面内容：一是原始沉积环境有利，具有有利的物质基础，表现为煤层厚度大，横向分布稳定，夹矸不发育，顶、底板封盖性能好；二是成岩演化条件有利，具有有利的渗流通道，要求煤层在受热变质后，吸附能力强，同时内部孔—裂隙发育条件有利；三是煤岩应力状态有利，具有有利地层环境，表现为应力与改造方式相匹配，储层改造难度小，更有利流体产出。

一、沉积特征

1. 沉积环境与岩性组合

我国含煤地层主要发育于六种沉积体系中：浅海—障壁海岸、浅海—无障壁海岸、三角洲、河流、湖泊及冲积扇。在不同沉积体系中，煤层及其顶、底板岩性不尽相同，封盖能力也各有差异（表3-1）。

其中，浅海—障壁海岸沉积体系和湖泊沉积体系是最有利的成煤沉积体系，在浅海—障壁海岸沉积体系中，台地、沙坝、潟湖和潮坪中岩性主要为碳酸盐岩、中—细碎屑岩和泥岩。在泥炭沼泽相中，顶、底板以泥岩为主，封盖性能好。湖泊体系沉积相往往呈环带状展布，湖泊三角洲及滨湖平原是发生聚煤最有利场所，煤层在向陆、向湖方向变薄、分岔和尖灭。煤层顶板多为沼泽相或湖相中细粒沉积，封盖能力较强。

煤层顶、底板岩性对煤层气的保存具有重要作用。不同岩性具有不同封闭能力。顶、底板厚度决定甲烷气体突破封闭发生逸散的难易程度。顶、底板厚度越大，煤层气突破所需压力越大，越有利于煤层气保存；反之，则不利于煤层气保存。结合沁水盆地南部勘探实践，提出顶板围岩封闭性类型划分方案（表3-2）。最有利于煤层气保存的盖层为铝土岩、泥岩，其次为粉砂岩和致密灰岩，而砂岩、裂缝灰岩—泥岩不利于煤层气富集。盖层厚度超过5m，对煤层气保存有利；盖层厚度在2～5m间，保存条件中等；盖层厚度小于2m，不利于煤层气富集成藏。

表 3-1　煤层气储盖条件与沉积体系表

沉积体系	储盖组合沉积特征				封盖能力	实例
	岩相组合	岩性组合	煤层在组合中的位置	成因地层单元的完整性		
浅海—障壁海岸	台地相→沙坝相→潟湖相→潮坪相→沼泽→泥炭沼泽相→潟湖相	碳酸盐岩→细砂岩→粉砂岩、泥岩→泥岩、碳质泥岩→煤→泥岩、粉砂质泥岩	中、上部	完整	强	华北山西组、华南测水组、华南龙潭组、东北城子河组
浅海—无障壁海岸	台地相→潟湖、潮坪相→沼泽→泥炭沼泽相→台地相	碳酸盐岩→粉砂岩、泥岩→泥岩、碳质泥岩→煤→碳酸盐岩	中、上部	完整	弱	华南合山组
三角洲	前三角洲相→三角洲前缘相→三角洲平原相（分流河道、沼泽相、泥炭沼泽相、分流河道相）	泥岩、粉砂质泥岩→砂岩→泥岩、粉砂质泥岩→煤→泥岩、粉砂质泥岩、砂岩	上部、顶部	完整、不完整	弱	华北山西组、豫西—两淮石盒子组、滇东—黔西龙潭组、湘南龙潭组
河流	河床相→河漫相→泥炭沼泽相→沼泽相、河床相	砂岩→砂质泥岩、泥岩→煤→砂质泥岩、泥岩→砂岩	上部、顶部	完整、不完整	较弱—弱	四川须家河组、华北北部山西组、华北中部石盒子组、中国中—新生界煤系
湖泊	滨湖三角洲相、浅湖相、滨湖相→沼泽相→泥炭沼泽相→沼泽相、深湖相	细砂岩、粉砂岩、粉砂质泥岩→泥岩、粉砂质泥岩→煤→泥岩、粉砂质泥岩、油页岩	上部	完整、不完整	强—较强	鄂尔多斯上三叠统、抚顺盆地、沈北盆地、山东黄县盆地、甘肃民和盆地
冲积扇	扇顶相、扇中相、扇尾相	砾岩、砂岩→（砂质泥岩）→煤→（砂质泥岩、砂岩、砾岩）	上部、顶部	不完整	较弱—弱	华北晚古生代盆地北缘、西北准噶尔早—中侏罗世盆地周缘等

- 45 -

表 3-2 顶板围岩封闭性类型划分表

类型	封闭层	半封闭层	不封闭层
围岩类型	泥岩型	粉砂岩型	砂岩型、裂缝灰岩型
围岩含砂率（%）	<25	50～25	>50
直接顶板泥岩厚度（m）	>5	2～5	<2
构造影响	无影响	中等	强烈

2. 煤岩特征

在煤储层评价过程中，煤层厚度、煤层结构、灰分含量以及显微组分是关键指标参数。

煤层气的开发必须要有资源基础。煤层气资源量及资源丰度是评价煤层气资源潜力的主要指标，煤层厚度可间接反映资源基础和资源丰度。通常，煤层厚度越大，分布越稳定，煤层气可采性越好。区块内煤层厚度越大，煤层气有效储集空间就越大，煤层气规模也就越大。当煤层厚度大于 5m 时，开发效益好；当煤层厚度为 2～5m 时，开发效益中等；当煤层厚度小于 2m 时，开发效益差。而煤岩结构，则越简单越好，没有夹矸或仅有一层夹矸煤层表明沉积环境较稳定。厚度分布稳定的多层薄煤层可作为合采层系，以提高综合开发效益。

厚度较大煤层在纵向上有明显非均质性，会对煤岩特征评价产生影响。实际生产过程中，可利用伽马曲线形态变化，粗略分析煤层沉积环境，曲线可划分为三大类：漏斗型、箱型和指型（图 3-1）。

漏斗型：代表沉积时水流能量逐渐加强，沉积基准面逐渐上升，煤岩煤质一般，上部多为亮煤，底部一般为暗煤，且泥质含量较高。

箱型：代表沉积环境较稳定，没有渐变或突变过程，沉积基准面大致稳定不变，煤岩煤质较好，以亮煤—半亮煤为主。

指型：代表沉积过程中，沉积环境不稳定，水动力条件较强，沉积基准面起伏大，常发育有夹矸。

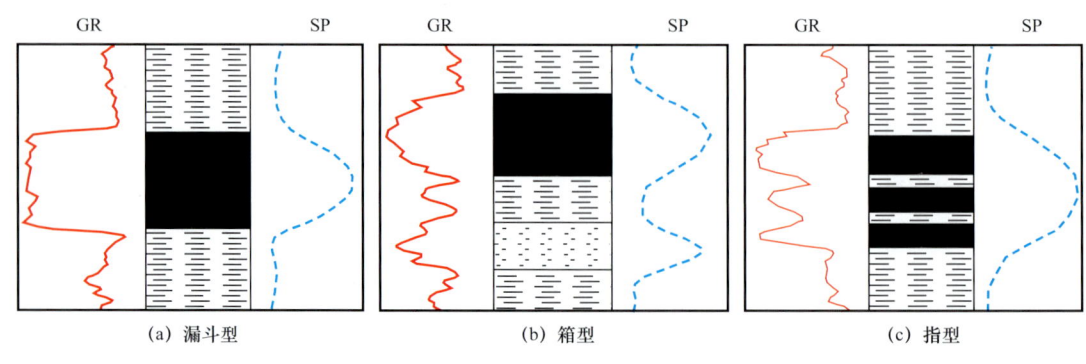

图 3-1 煤岩伽马曲线形态分类图

灰分是煤在完全燃烧之后留下的残渣，主要成分为煤中无机矿物，包括黏土矿物、碳酸盐矿物、硫化物、氧化物以及其他无机矿物。无机矿物可在沉积过程中形成，也可在成岩过程中形成。无机矿物多以孔隙和裂隙充填物形式出现，影响煤层渗透性。如图 3-2 所示，沁南郑庄—马必东区块 3 号煤灰分含量与渗透率之间相关性不明显；而灰分含量与孔隙度之间呈负相关，灰分含量越高，孔隙度越低，两者关系如下：

$$y=-0.0477x+4.8239 \qquad (3-1)$$

式中　y——灰分含量，%；

　　　x——孔隙度，%。

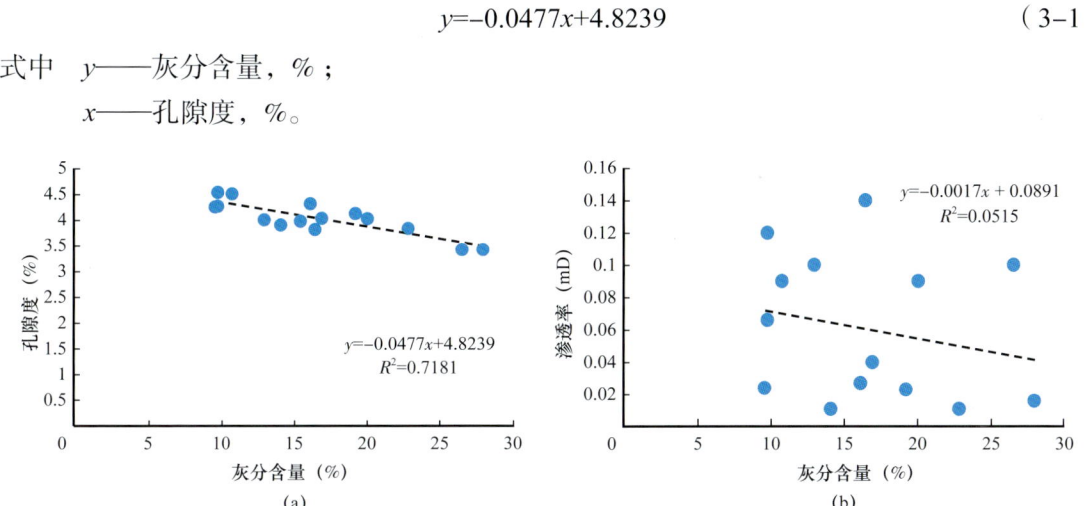

图 3-2　郑庄—马必东区块 3 号煤灰分含量与孔隙度（a）、渗透率（b）关系散点图

煤岩显微组分中丝质组含量越高，孔隙度越高；镜质组含量越高，割理越发育。煤岩样品显微观测统计可知，在高镜质组含量的亮煤中，割理密度普遍在 5 条/cm 以上，而在低镜质组含量的暗煤中，割理密度一般小于 1 条/cm。沁南煤心主、次裂缝密度观测统计表明，镜质组含量与主、次裂缝密度均有较好对应关系。镜质组含量越高，煤岩裂缝越发育。生产统计数据显示，通常镜质组含量在 70% 以上的煤储层，多数为优质储层（图 3-3）。

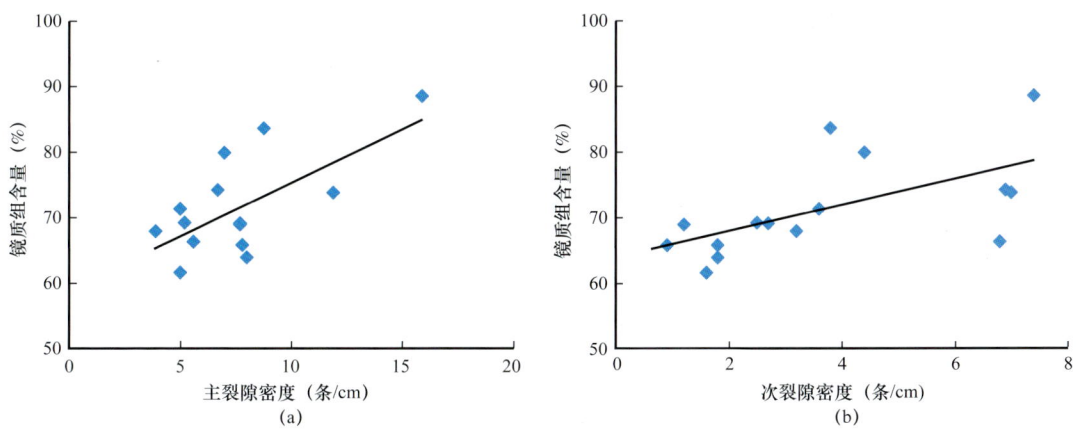

图 3-3　郑庄—马必东区块 3 号煤镜质组含量与主裂缝（a）、次裂缝（b）密度关系散点图

以沁水盆地南部勘探开发实践数据总结和对沉积环境的分析与认识为基础，建立煤层气开发有利沉积条件优选指标体系，如表3-3所示。

表3-3 高阶煤储层有利沉积条件优选指标体系

评价指标	沉积相	煤层厚度（m）	夹矸层数	顶底板岩性	灰分含量（%）	镜质组含量（%）
有利	浅海—障壁海岸、湖泊	>5	0~1	泥岩型，厚度>5m	<10	>70
较有利	浅海—无障壁海岸、三角洲	2~5	2	粉砂岩型，厚度为2~5m	10~20	50~70
不利	河流、冲积扇等	<2	>2	砂岩、石灰岩型，厚度<2m	>20	<50

二、煤岩热变质程度

植物遗体经生物、化学、物理等作用转变为煤岩，随着煤阶的变化，煤岩的含气性、孔隙度和渗透率都会发生变化。

变质程度影响煤岩生气量、孔—裂隙特征以及吸附能力。在不同变质阶段，煤岩生气量大小不同。热量是煤岩变质的主要动力源。研究证实煤层气的生成和煤岩的吸附能力对煤层气的富集起关键作用。煤岩吸附能力变化趋势与煤化作用跃变对应，煤化作用通过影响煤岩内孔隙结构和内表面物化性质，进而控制煤岩内部煤层气赋存空间的大小和亲甲烷能力的强弱（图3-4）。在沁水盆地南部地区，随着煤阶变化，煤岩含气量相应地变化。在热演化程度较高的郑庄地区，R_o区间为3.2%~4.0%，含气量最高达30m³/t，而在热演化程度较低的沁南—夏店区块，含气量一般在20m³/t以下。

煤岩的孔隙度和渗透率与煤级关系密切。在低煤阶时，煤岩结构疏松，孔隙度相对较大，大孔占主要地位；在中煤阶时，大孔隙逐渐减少；到高煤阶时，孔隙体积变小，微孔占主要地位。变质作用是促使煤中内生裂隙发育的重要因素。通常，中阶煤中割理密度较高，低阶煤和高阶煤中割理密度较低。中阶煤以肥煤、焦煤中割理最发育。

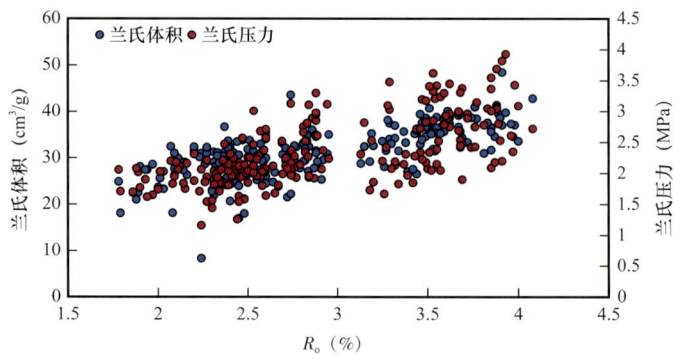

图3-4 兰氏体积与兰氏压力随煤岩热演化变化关系图

三、构造对煤储层的控制作用

构造对煤层气开发的影响，主要表现为形成断层和陷落柱破坏煤层气富集，影响煤储层可改造性，以及微幅构造影响煤体结构和裂缝发育。

在马必东区块开发过程中发现，当断层断距大于 5m 时，在距断层 200m 范围内，煤层含气量会随着与断层间距离的增加而增大。断距较大的断层在地震剖面上较易识别，在时间剖面上一般表现为反射波同相轴错断或形状突变，有时候也表现为同相轴发生分叉、合并、扭曲等现象。

当断层断距小于 5m 时，断层在三维地震剖面上不容易被识别，但也会对生产井产生负面影响。小断层周边生产井在压裂过程中通常有明显泄压现象，压裂液沿断层漏失，压裂效果受到影响；这类井生产时均表现出解吸压力低、产气量低的特征。小断层隐蔽性强，通过相干、高亮体等地震属性切片可较直观反应小断层。在相干切片上，大断层和小断层相干性较差，均表现为狭长的深色区域（图 3-5）。

陷落柱是在特定地质条件下，下伏可溶性岩石溶解形成空洞，上覆非可溶性岩层在重力作用下失稳，向下塌陷而形成的一种特殊地质构造。陷落柱不同于一般的褶皱和断层，它的形成虽然与构造运动有关，但不是由构造运动直接形成，并且其平面范围小、体积小，与断裂构造表现形式截然不同；平面上，陷落柱一般呈现圆形或椭圆形，有时候也呈现近似圆形的不规则形状。结合沁水盆地南部勘探实践，可以按照陷落柱的直径大小，将陷落柱划分为小型陷落柱（直径＜100m）、中型陷落柱（直径介于 100~300m）和大型陷落柱（直径＞300m）。

陷落柱在不同方向地震剖面上，具有各向异性。在短轴方向，"异常波"发育较为明显。陷落柱内反射波阻特征与外侧正常地层反射波阻特征存在差异，一般表征为波阻频率降低、相位变少、能量减弱、相位变紊乱、连续性变差等（图 3-6）。

其中，不同级别的陷落柱地震反射特征也略有差异。大、中型陷落柱表现为绕射波成对出现，自上而下绕射点存在扩大趋势。大、中型陷落柱在偏移剖面上主要目的层的反射波阻及辅助波阻不连续，叠加剖面上"侧面波"经偏移后，不能正常归位。形态上，局部煤层受陷落柱塌陷牵引明显。与向斜对比，向斜轴在平面上有明显线性分布特征，等高线或等时线呈"V"形，有明显两翼和转折端等特征；而陷落柱的牵引是局部的，平面上凹陷轴分布范围小，无明显两翼和转折端特征。在相干切片上，大、中型陷落柱多呈现弧形或者圆形的深色区域，代表了陷落柱的边界位置，中间为相对较浅的深色区域（图 3-6）。

小型陷落柱一般绕射波不发育，目的层主要呈现反射波能量变弱、频率变低、连续性变差、下部辅助相位能量突然增强等特点。在相干切片上，小型陷落柱多呈现一个深色的点，点的大小代表了陷落柱的范围（图 3-6）。

陷落柱的存在，既会使煤层连续性受到破坏，也会使相邻富水层与煤层连通，其上部地层在陷落柱塌陷过程中产生大量纵向裂隙，对煤层气封存极为不利，造成煤层气散失，严重影响煤层含气性，是制约煤层气富集和开发的重要因素之一，因而在部署钻探井时必须避开陷落柱。目前来看，距离大、中型陷落柱 500m 范围外，煤层含气量才能不受影响。另外，由于受到陷落柱的影响，周边地层多产生衍生断裂，使破坏范围进一步扩大。小型陷落柱的影响范围较小，一般超过 300m，煤岩含气量就不会受影响。

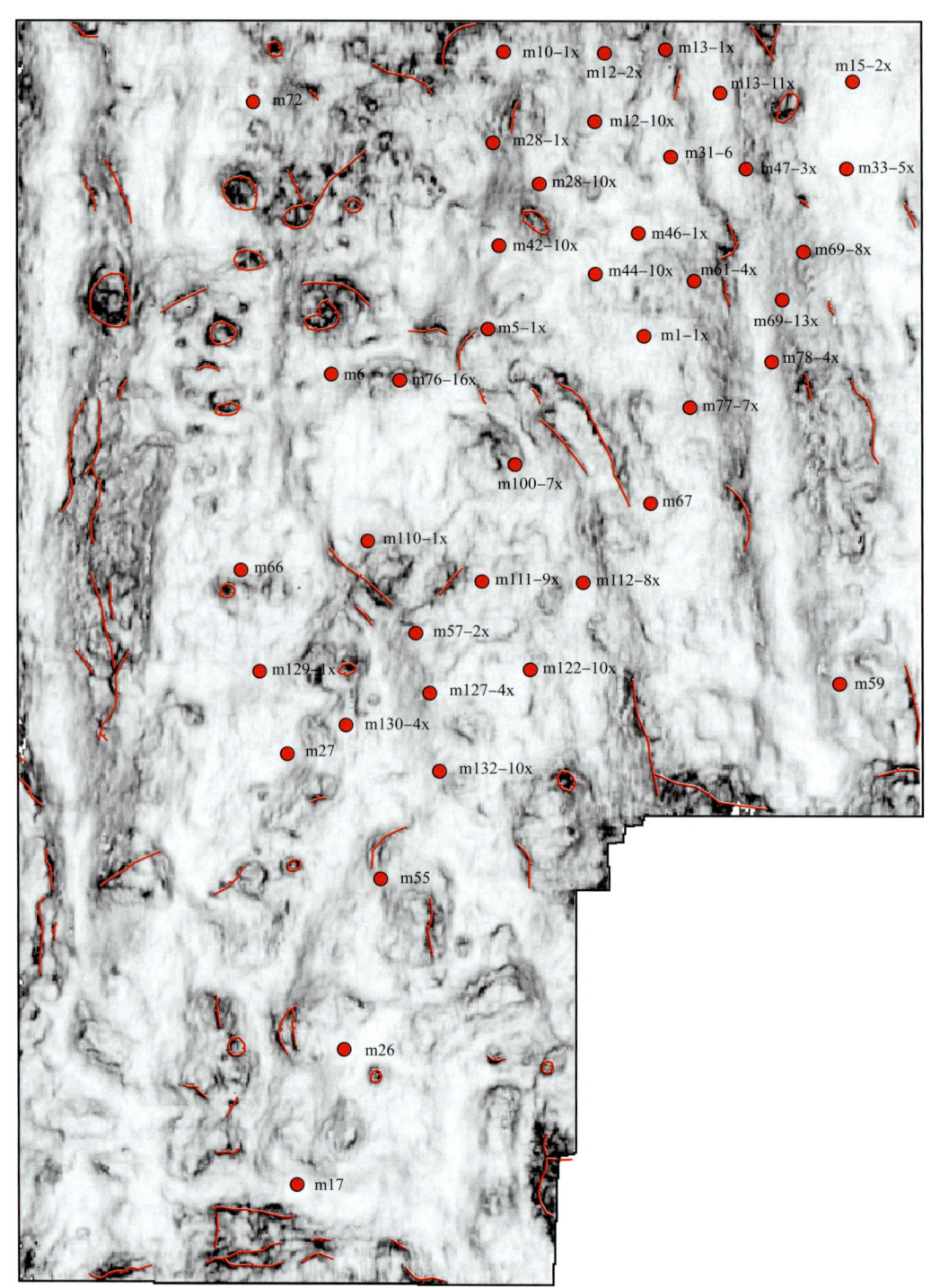

图 3-5 马必东 3 号煤断层、陷落柱与相干切片叠合图

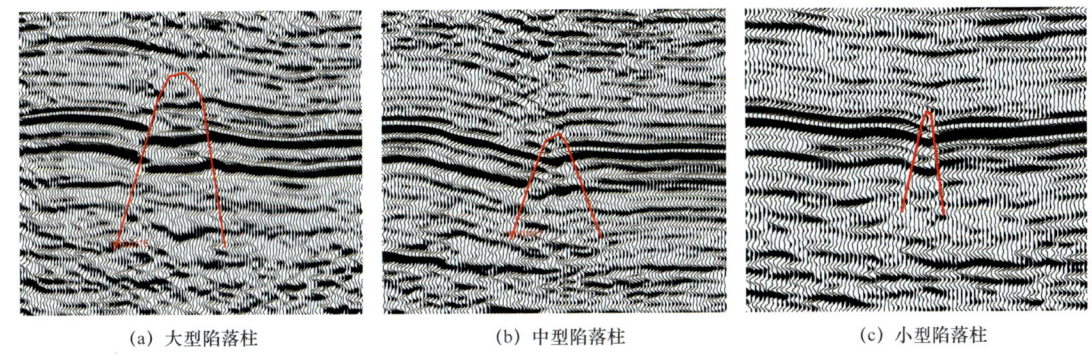

(a) 大型陷落柱　　　　　　　　(b) 中型陷落柱　　　　　　　　(c) 小型陷落柱

图 3-6　大、中、小型陷落柱地震剖面上的显示（道间距为 20m）

就简单褶皱构造而言，处于褶皱中和面之上的煤层，煤层发生弯曲变形，形成背斜构造，其轴部主要受到张应力作用，易形成张裂隙，裂隙相对较发育，渗透性较好。而处于褶皱中和面之下的煤层，在地应力的挤压作用下，煤层发生变形，形成向斜构造，其轴部主要受到挤压作用，容易造成孔隙闭合，渗透性变差。褶皱两翼部受到的挤压作用较小，渗透性相对较好。但如果褶皱变形剧烈，煤体结构会因构造作用而变为构造煤，煤储层渗透性显著下降。

四、水文地质条件

水文地质条件不仅会对煤层气的富集产生影响，也会对煤层气的开发产生影响。地下水的流动既可使煤层气发生逸散，也可通过封闭或者封堵方式使煤层气发生富集。以沁水盆地西坡带为例，根据对煤层气富集的影响程度，可以将区域划分为补给区、强径流区、弱径流区和滞留区（图 3-7）。补给区一般为含煤地层的出露区域，地表水沿地层向地下流动，补给区一般不含气，地层水矿化度即为地表水的矿化度，一般都较低；向下进入强径流区，地层水动力强，不利于煤层气的富集，煤层含气量一般低于 $8m^3/t$，地层水矿化度一般为 500~1000mg/L；随着埋深增加，地层水动力变弱，进入弱径流区，煤层含气性增强，一般为 8~16m^3/t，地层水矿化度升高到 1000~3000mg/L，该区域井产水量较大，产气量较好，能够满足效益开发的需要；煤层气富集程度最好的区域是更远距离的滞留区，该区地层水基本处于封闭状态，因此地层水矿化度高，一般均大于 3000mg/L，煤层含气性好，一般大于 16m^3/t。

地下水不仅可以顺煤层发生流动，在煤系地层中发育有含水层或导流层，且煤层上覆或下伏岩层密封差，具备较强导流能力时，煤层气在浓度差作用下，会以扩散方式进入含水层，并被流动着的地下水持续带走，最终导致局部煤层含气量低。在开发过程中，煤储层中地下水补给速率决定了煤层气井排采强度、生产控制面积和相应配套装置工艺的选用和设计。如果煤储层中地下水补给速率过快，通常会出现高产水低产气，甚至不产气的现象，严重限制煤层气井排水降压效果。

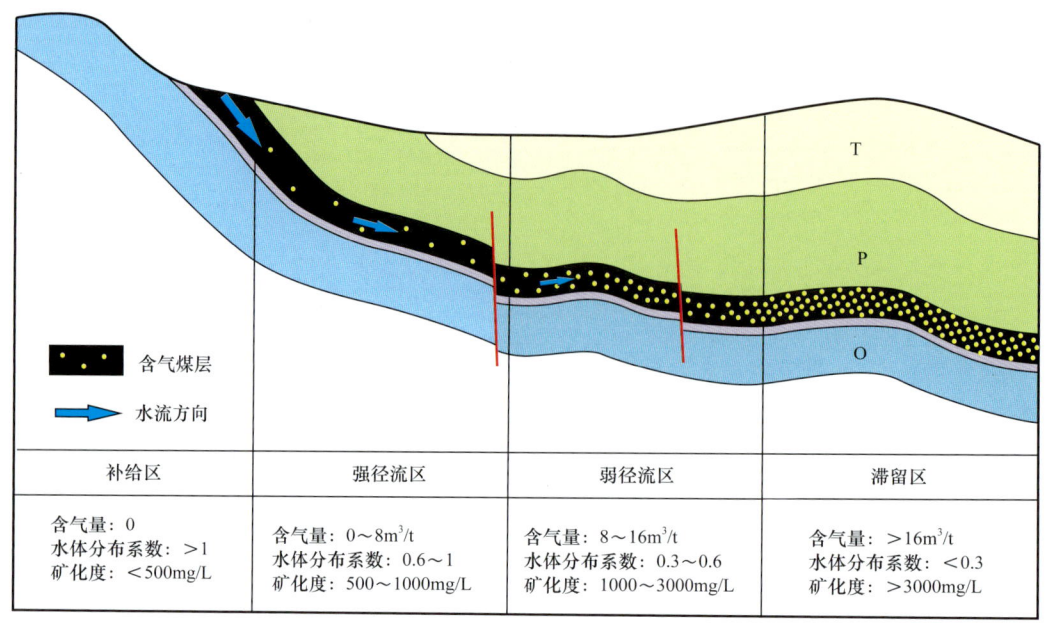

图 3-7 地层水流动分区示意图

五、煤体结构特征

煤体结构主要影响煤层渗透性和其可改造性。影响煤体结构的因素可分为外部因素和内部因素。外部因素主要为构造影响，在断层发育区域，构造煤明显发育，在靠近断层附近，构造软煤厚度增大，煤体结构破坏程度增高，煤体强度降低；微构造形态对煤体结构影响也很明显，在微构造发育且地层倾斜变形明显区域，煤体结构也易受到破坏。内部因素主要为煤储层与顶、底板岩性组合及各自力学性质差异，煤储层内部垂向煤岩分层组合差异。在煤体结构划分时，首先要研究煤层局部构造特征，如断层、褶曲构造和单斜构造的形态特征。若煤层局部构造特征相对简单，再考虑煤层内部因素影响。

准确识别煤体结构的纵、横向分布，对优质储层发育位置的预测而言至关重要。煤体结构的识别方法主要有煤心识别、控制因素预测、测井响应预测以及地球物理预测。煤心识别指的是依靠钻井取心进行观测，主要参考煤体结构分类国家标准（表3-4），优势是可以直接观测，劣势是由于取心段限制，多数井无法实现纵向上完整识别，另外区域取心井有限，没有取心的井无法使用该方法来识别。

影响因素预测技术从构造成因入手，构造是控制煤体结构特征的关键因素。煤体结构划分时，首先考虑煤储层构造特征，如距离断层远近、褶曲构造形态、煤体构造斜率大小等。即使距离断层较远，如果局部微构造形态复杂，如微穹隆或微凹陷等微构造发育，煤体结构也会变得相对破碎。当煤层所在位置构造稳定、简单时，进一步考虑煤层内部因素影响，如顶、底板岩性、煤岩类型以及纵向上的非均质性等（图3-8）。

表 3-4 煤体结构分类国家标准

类型	分类因素				
	宏观煤岩类型可辨程度	层理完整度	破碎程度	揉皱发育程度	强度
原生结构	宏观煤岩类型界限清晰，宏观煤岩成分可辨	原生结构完整，层理连续	煤体完整	裂隙未错开层理，无揉皱及构造滑面	坚硬、较坚硬
碎裂结构	宏观煤岩类型界限清晰，宏观煤岩成分可辨，局部轻微错动	原生结构遭受轻微破坏，层理易辨	煤体较完整或煤体破碎，碎块粒径一般大于5mm	外生裂隙发育，裂隙将层理轻微错开，揉皱不发育，偶见构造滑痕	较坚硬
碎粒结构	宏观煤岩类型界限整体不可分辨，局部小块煤新鲜断面宏观煤岩成分可辨	原生结构遭受严重破坏，层理难辨，局部小块内部偶可见层理结构	煤体破碎，粒径多为1~5mm	煤体多被裂隙切割成块状，常见揉皱，滑面发育	较疏松
糜棱结构	宏观煤岩类型不可分辨，煤岩成分无法分辨	原生结构遭受严重破坏，层理消失	煤体多呈鳞片状，揉皱状	裂隙无法观测，揉皱及滑面及发育	疏松

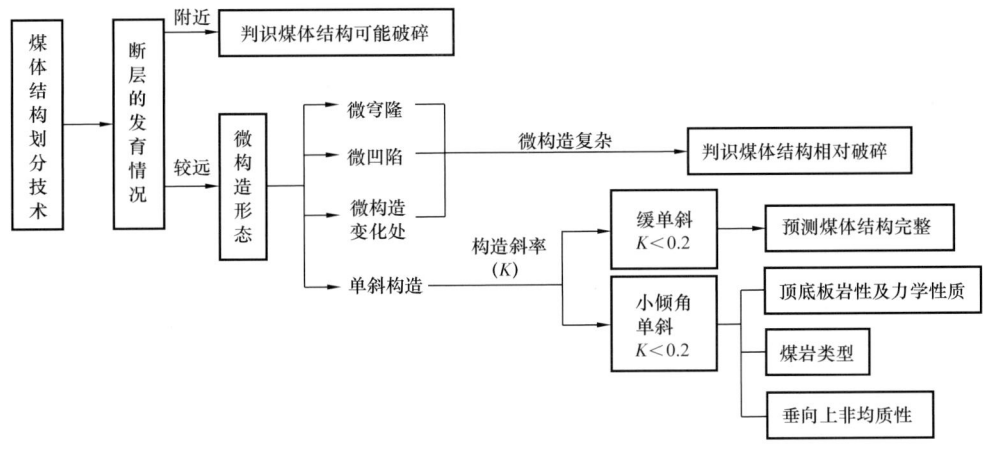

图 3-8 影响因素预测煤体结构流程图

测井响应预测主要参考测井电阻率、井径、声波、密度等对构造煤比较敏感的测井参数来进行识别，随着煤体结构的破碎，电阻率降低。一是煤层受到构造应力破坏后，煤层内裂隙增多，孔隙度和水分含量增大，导电性增强，煤层整体电阻率降低。二是在煤体结构破碎时，局部应力和温度增高，复杂的煤大分子结构从无序趋于有序，电子定向运动与热振动质点碰撞概率降低，使其导电性增强。在煤体结构较为破碎时，煤层气井径易增大，声波增大，密度减小。

利用煤体结构指数 n 作为煤体结构定量判识指标，计算公式如下：

$$n=\frac{(\mathrm{AC}\cdot\mathrm{CAL})^{\frac{1}{a}}}{100\mathrm{DEN}^{b}} \quad (3-2)$$

式中　　n——煤体结构指数；

　　　　AC——补偿声波测井值；

　　　　CAL——井径测井值；

　　　　DEN——补偿密度测井值。

补偿声波与补偿密度测井值分别可由声波时差与密度测井值替换。a、b 均为大于或等于 1 的常数。煤体结构指数综合反映了井径、声波、密度对煤体结构的响应。

单一测井响应具有局限性，参考多类测井响应特征，综合判别煤体结构可靠性更高。方法如图 3-9 所示，首先考虑煤体结构指数，再进一步运用自然伽马相对值和电阻率综合判识煤体结构。

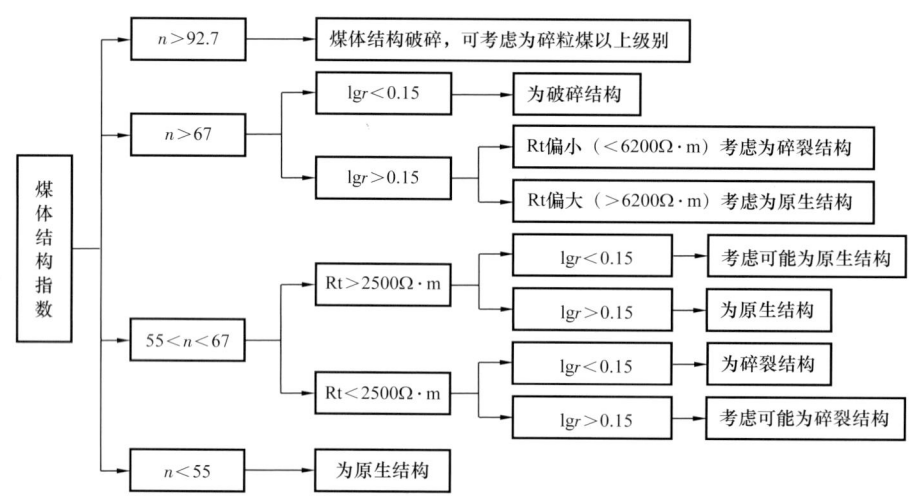

图 3-9　测井响应法预测煤体结构流程图

地球物理预测煤体结构是根据测井资料结合地震资料，在平面上预测煤体结构的方法。煤体结构预测的方法较多，实际生产中通常将多种方法相结合，以提高预测的准确度。通常在普查阶段，采用影响因素法和取心描述的方法对区域煤体结构进行初步的判断。在详查阶段，区域具备了较多探井和地震资料，则利用测井响应预测以及地球物理预测的方法对区域进行整体的预测。在评价阶段，根据预测的结果，为有利建产区优选提供依据。

六、地应力场特征

因岩石变形而产生的，存在于地层之中的内力称之为地应力。地应力可以通过影响水力裂缝扩展来影响压裂改造效果。在实际地层中，压裂裂缝的扩展不仅与三向主应力的绝对大小有关，更与它们的相对大小有关。

通过对煤层进行注入或压降试井及原地应力测试，可获得局部地应力状态值，其中闭合压力 p_c 即为最小水平主应力 σ_{hmin}，即：

$$\sigma_{hmin}=p_c \quad (3-3)$$

最大水平主应力 σ_{hmax} 为：

$$\sigma_{hmax}=3p_c-p_f-p_0+T \tag{3-4}$$

式中 p_0——岩石孔隙压力，MPa；

p_f——破裂压力，MPa；

T——煤岩抗拉强度，MPa。

垂直主应力 σ_v 可根据上覆岩石重力计算：

$$\sigma_v = \gamma h \tag{3-5}$$

式中 γ——岩石容重，kN/m³；

h——上覆岩体埋深，m。

如图 3-10 所示，为沁水盆地南部地区实测地应力随深度增加的变化规律。随着煤层埋藏深度的增加，煤储层应力（最小水平主应力、最大水平主应力和垂直主应力）以及煤储层压力均增大。

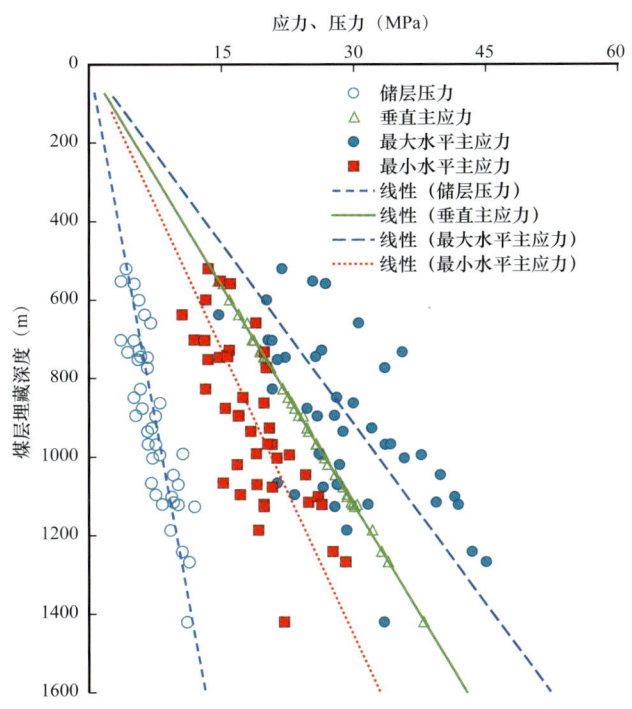

图 3-10 沁水盆地南部 3 号煤储层压力与应力状态随深度变化关系

为对煤储层应力状态进行评价，综合考虑煤储层应力（最小水平主应力、最大水平主应力和垂直主应力）和煤储层压力参数，采用平均有效应力值进行煤储层应力综合评价，其计算模型为：

$$\sigma_e = \frac{(\sigma_{hmin}-p_0)+(\sigma_{hmax}-p_0)+(\sigma_v-p_0)}{3} = \frac{\sigma_{hmin}+\sigma_{hmax}+\sigma_v}{3} - p_0 \tag{3-6}$$

根据平均有效应力值大小，考虑煤层埋藏深度以及地应力状态，划分出：低应力分布区（Ⅰ类区）、中等应力分布区（Ⅱ类区）、高应力分布区（Ⅲ类区）和极高应力分布区

（Ⅳ类区）。以沁水盆地南部山西组 3 号煤层为例（表 3-5，图 3-11），煤储层的试井渗透率与地应力之间，相关性明显，随地应力增大，煤储层渗透性降低。

（1）低应力分布区（Ⅰ类区）：煤层埋深浅于 650m，平均有效应力低于 12 MPa，处于大地静力场区的煤储层渗透性整体相对较好，处于大地动力场区的煤储层渗透性相对较低；

（2）中等应力分布区（Ⅱ类区）：煤层埋深为 650~1000m，煤储层平均有效应力为 12~18MPa，应力中等，煤储层渗透性较差；

（3）高应力分布区（Ⅲ类区）：煤层埋深为 1000~1350m，煤储层平均有效应力为 18~24MPa，煤储层应力较高，煤储层渗透性差；

（4）极高应力分布区（Ⅳ类区）：煤层埋深大于 1350m，煤储层平均有效应力大于 24MPa，煤储层应力高，煤储层渗透性极差。

表 3-5　沁水盆地南部山西组 3 号煤层地应力评价分类表

类别		煤层埋藏深度（m）	平均有效应力（MPa）
低应力分布区	Ⅰ类区	0~650	<12
中等应力分布区	Ⅱ类区	650~1000	12~18
高应力分布区	Ⅲ类区	1000~1350	18~24
极高应力分布区	Ⅳ类区	≥1350	>24

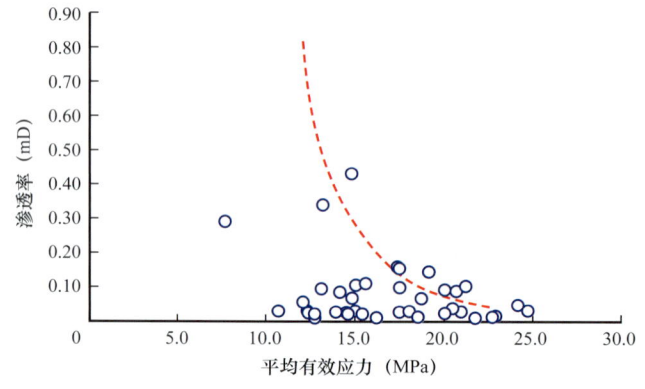

图 3-11　沁水盆地南部 3 号煤储层渗透率与平均有效应力之间关系

如图 3-12 所示，煤储层水力压裂破裂压力与煤储层最小水平主应力呈正相关关系，随最小水平主应力的增大，煤储层水力压裂破裂压力增高，其关系为：

$$p_f = a\sigma_{hmin} + b \qquad (3-7)$$

式中　a、b——与区块地质条件相关拟合常数。

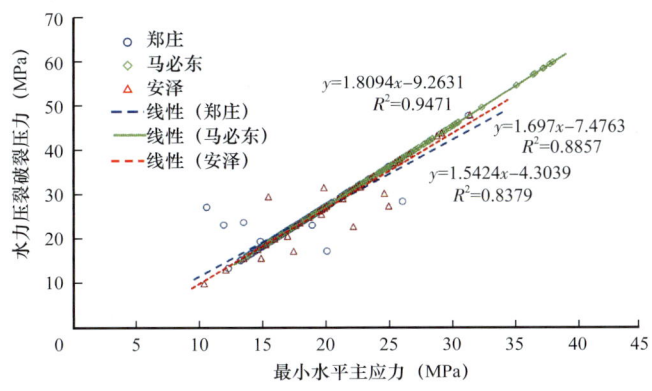

图 3-12 煤层破裂压力与最小水平主应力之间关系

第二节 高阶煤中孔—裂隙结构及其分布形态

一、高阶煤孔隙结构特征

煤岩微观孔隙结构非常复杂，涉及孔隙大小、数量、形状、配置、连通性及孔喉比等多个方面。鉴于高阶煤孔喉小，纳米级孔喉分布比例大，引入高压压汞和低温氮气吸附实验，借以研究煤储层纳米级孔隙结构特征及关键物性特征。

煤岩中孔隙结构随着煤化程度发生变化，高阶煤由于经历了长时间的煤化作用，相对于中—低阶煤而言，孔隙特征已发生较大变化。此外，成煤期后含煤盆地受不同地质历史时期差异地质作用，煤岩中孔隙结构复杂性加剧。研究煤岩孔隙特征是揭示甲烷气体储集、解吸、扩散、渗流产出机制的重要基础。

以沁水盆地南部樊庄区块 3 号煤层为例。扫描电镜下煤中孔隙类型主要有铸模孔、植物组织孔、气孔、原生孔等（图 3-13）。其中，铸模孔比较发育，它是煤中矿物质因硬度差异而铸成的印坑，部分呈条带状分布，且相互连通。植物组织孔是成煤植物本身所具有的组织结构孔，在本区较为发育，因构造作用及本身演化程度不同多呈变形组织孔。气孔在沁水盆地南部高煤阶煤储层中普遍分布，是煤中有机质快速生气作用而形成的孔隙，与区内燕山期异常地热背景下煤阶迅速增高，煤岩快速生烃相关。少量气孔甚至呈现膨胀爆裂特征，有时与微裂隙贯通。

图 3-14 为高压压汞法测试所得无烟煤（高阶煤）和焦煤（中阶煤）孔容增量曲线。通过孔容增量曲线可直观反映各尺度孔隙分布特征。总体而言，按照霍多特十进制孔隙结构分类，不论煤阶高低，均呈现出微孔（<10nm）和小孔（10～100nm）孔容高且最为发育，随煤阶增加，煤中孔隙配置关系变差等特点。中—高煤阶孔径<100nm 的微孔和过渡孔，孔容增量曲线连续性较好，而中、大孔呈现明显间断性，表明中、大孔含量显著降低。同时，中—高煤阶 10nm 左右孔径含量增长较快，说明纳米级孔径还有部分未被压汞测试检测到。

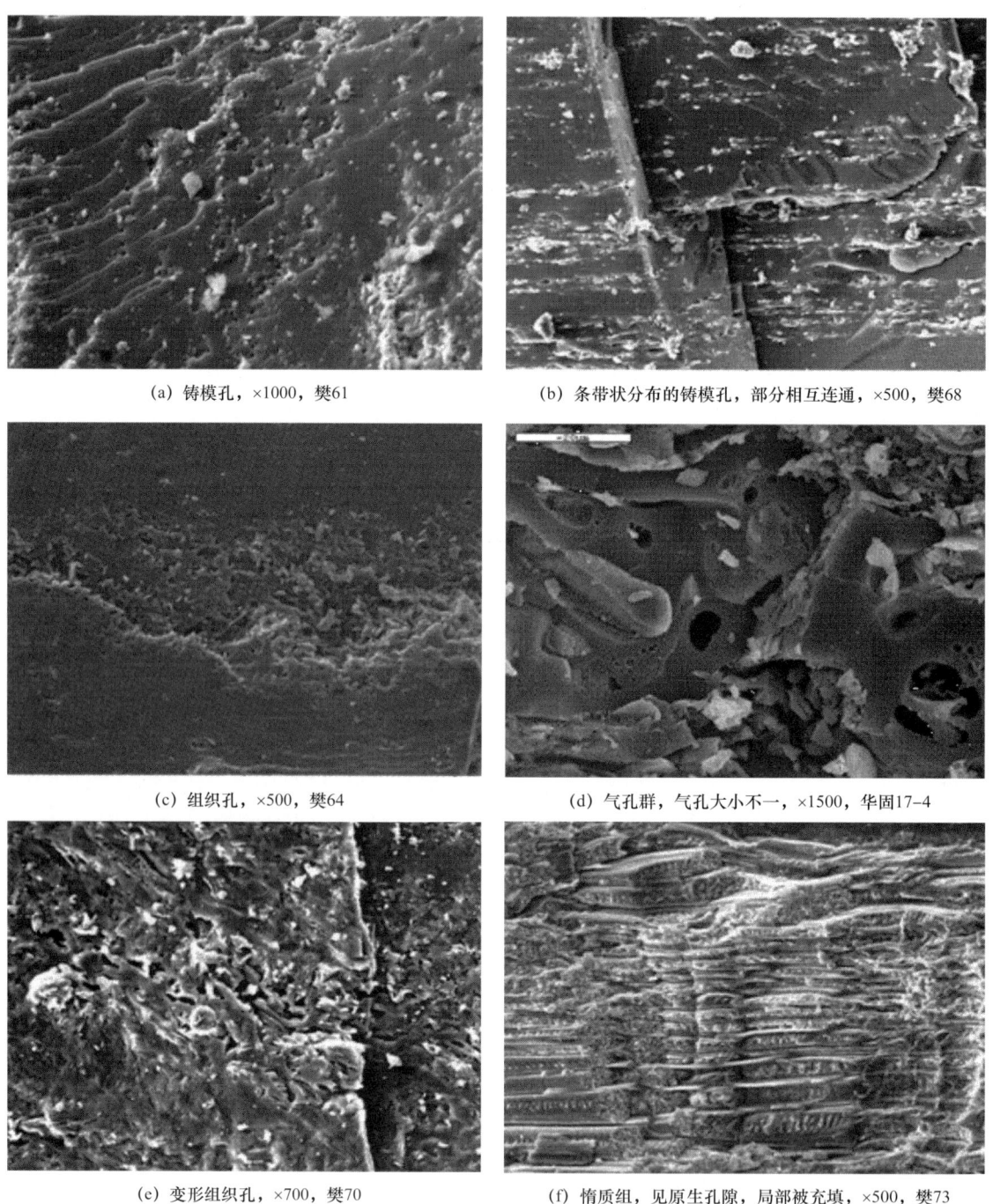

(a) 铸模孔，×1000，樊61　　(b) 条带状分布的铸模孔，部分相互连通，×500，樊68

(c) 组织孔，×500，樊64　　(d) 气孔群，气孔大小不一，×1500，华固17-4

(e) 变形组织孔，×700，樊70　　(f) 惰质组，见原生孔隙，局部被充填，×500，樊73

图 3-13　樊庄区块 3 号煤扫描电镜照片

　　图 3-15 是相同煤阶不同煤体结构孔容测试情况，测试结果显示地质作用导致的煤体结构破坏，使得煤岩不同孔径段的孔隙含量均有增大。微孔绝对量略有增加，而过渡孔、中孔、大孔含量显著增加。在破坏最为严重的糜棱煤中，不同尺度孔径孔隙均有分布。

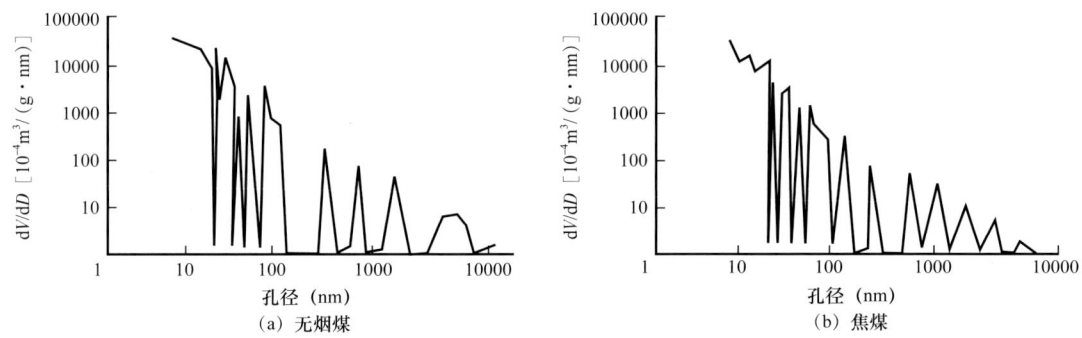

图 3-14 中、高阶煤的孔容增量曲线

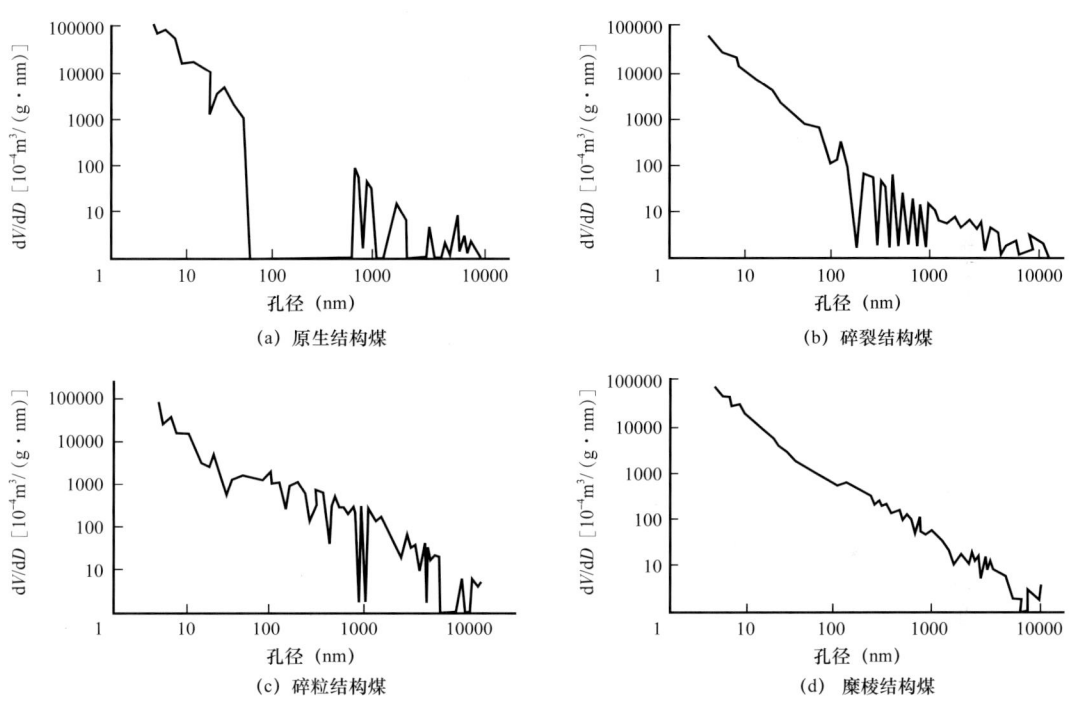

图 3-15 不同煤体结构的孔容增量曲线

利用低温氮气吸附法,在一定温度下,将氮气注入煤样中使其发生吸附。吸附过程初期,为低压下单层分子微孔填充,随着压力增大,气体在孔壁上开始筑膜,达到相应孔径对应临界压力时,会发生毛细凝聚,半径越小孔越先被氮气充填。在温度恒定条件下,当吸附达到平衡时,测量平衡吸附压力和吸附气体量,吸附量为相对压力的函数,即平衡压力 p 与饱和蒸汽压力 p_0 的比值,测得不同相对压力下的吸附量,然后绘制等温吸附曲线。由 BET 方程和 Langmiur 方程求出单分子层吸附量,计算煤样内比表面积,再利用 BJH 法计算孔径分布。

低温氮气吸附可测得煤样中 100nm 以下孔隙分布。选取 12 块不同渗透率级别煤样进行低温氮气吸附测试。主要测试数据和结果,如表 3-6 所示,高阶煤以直径 2~50nm 孔为主,渗透率与微、小孔含量无明显相关性。

表 3-6 12 块煤岩煤层气吸附脱附测试结果

序号	编号	视密度（g/cm³）	孔隙度（%）	渗透率（mD）	BET 比表面积（m²/g）	微孔含量（mm³/g）	2～50nm 孔含量（mm³/g）
1	A5	1.308	9.720	破损	1.162	0.00	2.73
2	D1	1.437	5.280	0.0486	1.601	0.50	0.89
3	E4	1.431	5.440	0.4333	2.423	0.50	1.76
4	N5	1.346	9.270	2.2471	0.037	0.00	0.31
5	N6	1.506	4.450	0.0503	7.938	0.00	3.55
6	P2	1.320	8.740	0.0277	0.084	0.00	2.66
7	Q3	1.294	8.630	0.0478	0.008	0.00	0.30
8	Q4	1.389	5.030	0.0110	1.631	0.11	1.22
9	T3	1.427	5.330	0.0174	2.246	0.00	1.29
10	U6	1.361	6.150	1.0215	0.285	0.00	0.66
11	V4	1.355	7.360	0.0021	0.731	0.27	0.36
12	V5	1.444	5.050	0.1350	1.065	0.02	1.33

二、高阶煤裂隙结构特征

裂缝作为煤储层流体渗流的主要通道，对煤层内的气、水运移和产出起着重要作用。基于发育尺度，将煤中裂隙分为宏观裂隙和微观裂隙，微观裂隙又可进一步划分为微裂隙和超微裂隙。宏观裂隙根据成因类型不同，可分为外生裂隙、内生裂隙两类。外生裂隙是在成煤期间或成煤之后因构造破坏作用形成，其发育规模大，分布广，可切穿整个煤层甚至延伸至顶、底板，尺度从毫米级至几十米。内生裂隙主要因压实、脱水、脱挥发分等作用而产生，表现出对煤岩组分的选择性，多见于镜煤与亮煤中，暗煤、丝炭中少见。微裂隙包括静压裂隙、失水裂隙、张性裂隙、压性裂隙、剪性裂隙和松弛裂隙，超微裂隙主要为缩聚裂隙。裂隙的形成贯穿整个成煤过程，因煤化作用的阶段性以及构造演化的多期性，煤储层中裂隙成因的主控因素也各有差异。

1. 煤储层宏观裂隙特征

沁水盆地上古生界煤，在地质演化过程中主要经历了三期地应力场作用，先后受印支期（SN 向）、燕山期（NW—SE 向）和喜马拉雅期（NE—SW 向）地应力作用。尤其以燕山期和喜马拉雅期地应力作用为主，相继发育两组沿 NW—SE、NE—SW 向断裂系统。

以沁水盆地樊庄—郑庄区块为例，3 号煤主要发育有 NE 走向和 NW 走向两组外生裂隙，长度介于几十厘米至几米之间，裂口宽度介于几百微米至厘米之间，密度分布较为集中，主要集中在 10 条 /m 以内，以 6～8 条 /m 较为多见。内生裂隙（割理）极为发育，主要发育于光亮煤、半亮煤中。NE 走向面割理，大多处于开启状态，高度介于 1～8cm；NW 走向多属于端割理，长度受控于面割理，大多处于闭合状态，高度普遍低于面割理，介于 0.1～2cm。面割理与端割理走向上基本正交，倾向上近乎垂直，交切为网状，连通性极好。相对于外生裂隙，内生裂隙产状较为集中，规律性更明显，集中在 2～8 条 /cm 范围内，以 2 条 /cm 为主。

2. 储层微观裂隙特征

煤储层中的显微裂隙对气体自基质孔隙向宏观裂隙运移有重要作用，其形态一般通过电子显微镜和扫描电镜进行观测（图 3-16）。

沁南 3 号煤层内生显微裂隙较为发育，但长度短、宽度窄，连通性相对较差。在不同区块内，内生显微裂隙发育程度差异较大。樊庄—郑庄区块内最发育，平均裂隙密度约 8 条 /cm；沁南东—夏店区块，平均裂隙密度约 6 条 /cm，沁南西（安泽）区块内生显微裂隙不发育，平均裂隙密度仅 1 条 /cm。

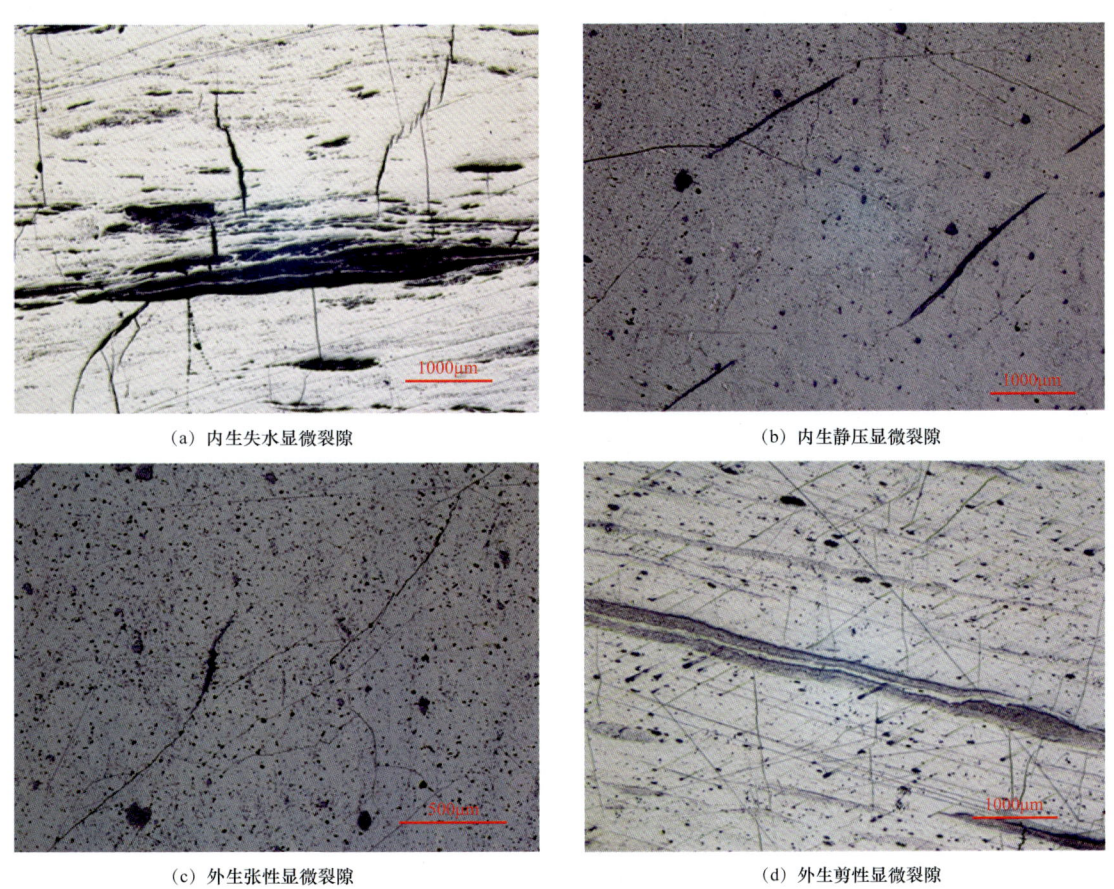

(a) 内生失水显微裂隙　　　　　　　　　(b) 内生静压显微裂隙

(c) 外生张性显微裂隙　　　　　　　　　(d) 外生剪性显微裂隙

图 3-16　高阶煤中内—外生显微裂隙

沁南 3 号煤层外生显微裂隙发育较好，延伸长，裂口宽度大，且部分外生显微裂隙与割理相连通，连通性相对较好。不同区块外生显微裂隙发育程度有一定差异，其中樊庄—

郑庄区块内发育程度最高，平均裂隙密度约 6 条 /cm，其次是沁南西（安泽）区块，平均裂隙密度约 5 条 /cm，沁南东—夏店区块外生显微裂隙不发育，平均裂隙密度约 3 条 /cm。

沁水盆地南部 3 号煤层中除发育显微裂隙外，还广泛发育超（显）微裂隙，长度一般小于 10μm，宽度一般小于 100nm 甚至更小，属于中孔至大孔范围，并以中孔为主。部分超（显）微裂隙与显微裂隙相连通，次生气孔、矿物质孔或差异收缩孔相连通，有利于煤层气的扩散和运移，分析认为超（显）微裂隙也可能是低温液氮等温吸附曲线中表现出的狭缝孔。

三、煤储层孔喉分布特征

1. 恒速压汞法研究孔喉特征

恒速压汞以极低速度将汞注入煤样中，保证进汞全过程准静态。在此过程中，界面张力与接触角保持不变。进汞前缘经历的每一个孔隙形状变化，都会引起弯月面形状改变，从而引起系统毛细管压力波动。当进汞前缘进入到主孔喉时，压力逐渐上升，突破后，压力突然下降；之后汞逐渐将孔室填满并进入下一个次级孔喉，产生第二个次级压力降落，以后逐次将主孔喉所控制的所有次级孔室填满。主孔喉半径可由突破点的压力确定，孔隙大小可由进汞体积确定。

图 3-17、图 3-18 为不同渗透率煤样的喉道分布曲线和孔道分布曲线。岩样基本数据信息见表 3-7。不同渗透率煤样，其孔道半径分布差别不大，而喉道半径分布差异显著。渗透率越低，喉道半径分布越集中于低值区，且展布范围窄，曲线峰值高；随渗透率增大，展布范围向高值区扩展，但曲线峰值降低。由此可见，煤样导流能力主要受喉道半径制约。

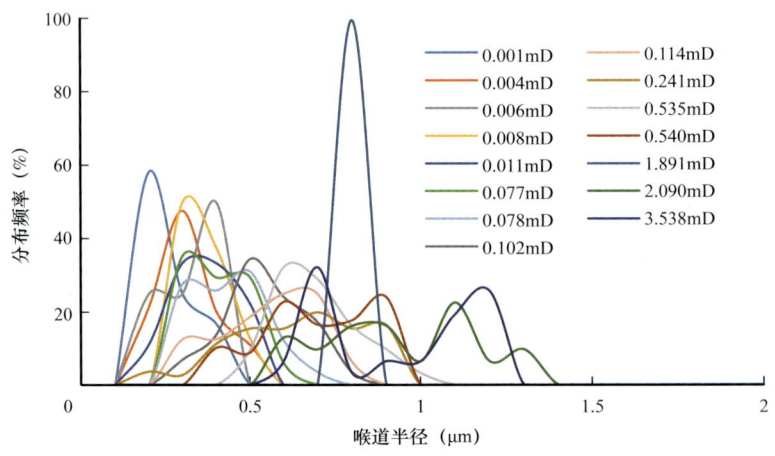

图 3-17　不同渗透率级别样品喉道半径分布规律

图 3-19 为不同渗透率煤样的喉道对渗透率的贡献率分布图。从图中可以看出，渗透率较小煤样，由于喉道半径集中在低值区，且分布范围窄、峰值高，所以不同半径的喉道均对渗透率做出较大的贡献。随着煤样渗透率的增大，贡献率曲线跨度越来越宽，同时贡

献率曲线峰值开始向高值区移动，这说明对于渗透率较大煤样，渗透率主要由较大半径的喉道贡献，而较小半径的喉道虽然比例不低，但贡献较小。

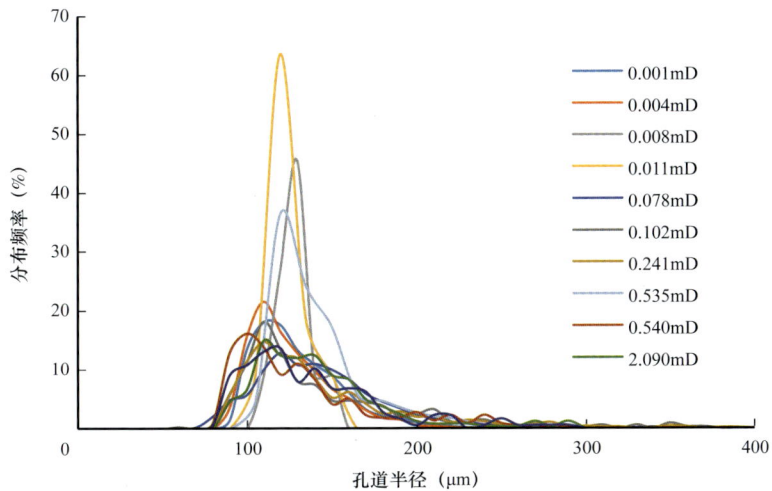

图 3-18　不同渗透率级别样品孔道半径分布规律

表 3-7　15 块高煤阶煤样恒速压汞测试结果

序号	编号	孔隙度（%）	渗透率（mD）	平均喉道半径（μm）	主流喉道半径（μm）	最大喉道半径（μm）	分选系数
1	HS15	0.92	0.001	0.269	0.142	0.4	0.0767
2	HS14	2.80	0.004	0.332	0.277	0.5	0.0906
3	HS9	5.00	0.006	0.335	0.200	0.4	0.0836
4	HS12	5.20	0.008	0.369	0.213	0.5	0.0699
5	HS10	6.91	0.011	0.379	0.244	0.5	0.0950
6	HS7	6.46	0.077	0.417	0.300	0.6	0.0944
7	HS8	6.54	0.078	0.452	0.355	0.7	0.1120
8	HS5	5.02	0.102	0.555	0.293	0.8	0.1226
9	HS6	5.46	0.114	0.575	0.375	0.8	0.1468
10	HS2	8.55	0.241	0.666	0.501	0.9	0.1906
11	HS11	6.13	0.535	0.705	0.452	1.0	0.1248
12	HS4	7.10	0.540	0.714	0.473	0.9	0.1633
13	HS13	9.59	1.891	0.800	0.800	0.8	0.0000
14	HS3	6.21	2.090	0.960	0.661	1.3	0.2177
15	HS1	8.00	3.538	0.962	0.645	1.2	0.2237

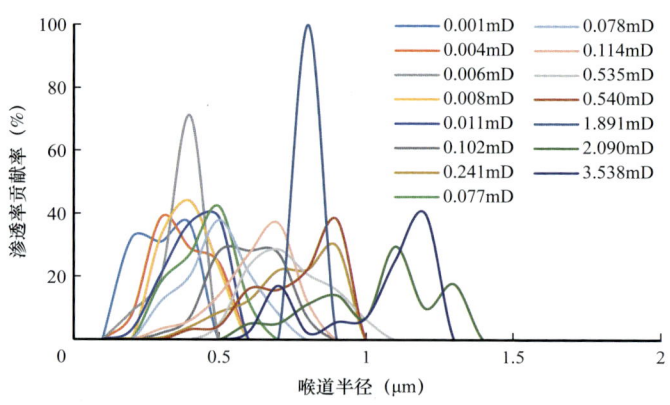

图 3-19 不同渗透率级别样品喉道对渗透率的贡献率

2. 高压压汞法研究孔喉特征

由图 3-20 可知，表 3-8 中煤岩孔径分布均为一条单调曲线，并不是一条类似于正态分布的曲线；随着孔径减小，小孔分布频率逐渐增多，特别是 10nm 以下孔径含量增长较快。

表 3-8　15 块样品高压压汞测试特征参数

编号	渗透率（mD）	孔隙度（%）	排驱压力（MPa）	最大进汞饱和度（%）	退汞效率（%）	平均喉道半径（μm）	主流喉道半径（μm）	分选系数
A3	0.0364	5.63	3.62	81.18	85.97	0.043	1.950	0.111
B1	0.0161	6.28	1.95	78.52	83.16	0.091	2.158	0.162
C3	0.3882	5.12	1.89	79.93	83.73	0.089	2.831	0.142
C4	0.0489	6.91	2.88	77.88	85.65	0.063	1.390	0.132
C8	0.2236	5.38	2.53	76.54	84.72	0.040	0.858	0.129
D4	0.0192	5.61	5.00	78.57	92.70	0.014	0.297	0.086
D7	0.0178	7.43	4.29	76.52	86.78	0.021	0.445	0.094
E1	0.0283	7.03	3.02	77.10	85.65	0.043	2.068	0.117
E4	0.0267	5.44	2.66	81.18	88.07	0.060	1.692	0.123
E6	0.0796	6.66	2.48	76.25	85.54	0.154	2.181	0.172
E7	0.0103	6.57	3.61	78.11	86.80	0.040	0.950	0.130
G2	0.0035	6.67	4.48	67.82	85.28	0.030	0.390	0.120
H8	0.0037	4.29	4.48	64.85	87.89	0.020	0.540	0.110
L4	0.0257	3.66	4.22	69.08	87.29	0.040	1.890	0.110
N6	0.0503	4.45	3.59	71.99	88.19	0.040	2.060	0.110

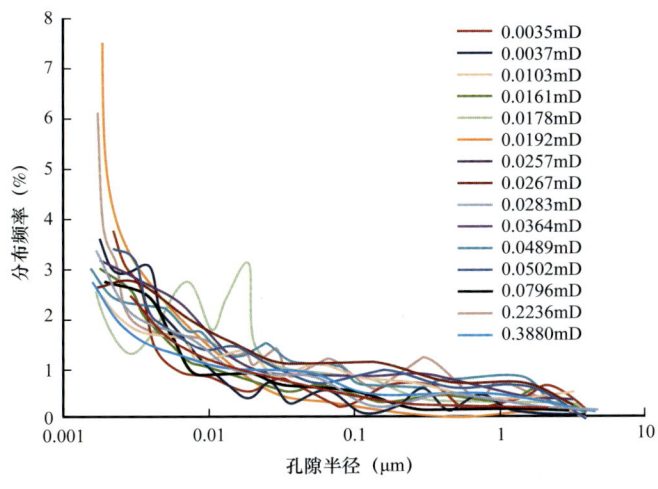

图 3-20 不同样品孔隙分布特征

根据孔径分布可计算得到单个喉道对渗透率的贡献率,从而可以得到喉道分布与渗透率贡献率图谱(图 3-21)。渗透率主要依靠 1μm 以上的孔隙或者微裂缝贡献,煤储层中大量 10nm 以下空间对渗透率贡献很小。

通过孔喉分布以及单个喉道的渗透率贡献率,可得到不同尺度大小孔隙随渗透率变化的规律,以及不同尺度大小孔隙对渗透率贡献率的统计分布。如图 3-22、图 3-23 所示,10nm 以下孔隙含量大于 60%,100nm 以下孔隙含量大于 85%;而 75% 的渗透率贡献来自于微米级孔隙或者微裂缝,说明煤储层动用过程中,纳米级空间是产量的主要储集空间,但对渗流而言贡献较弱。

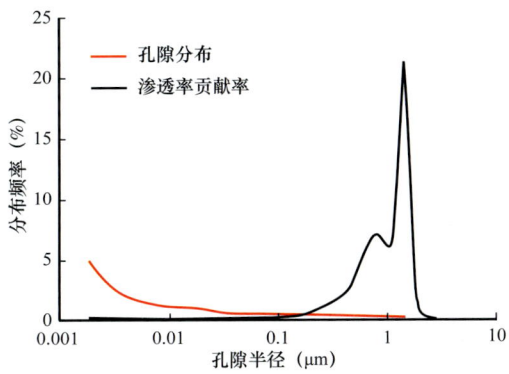

图 3-21 单个喉道渗透率贡献率分布特征

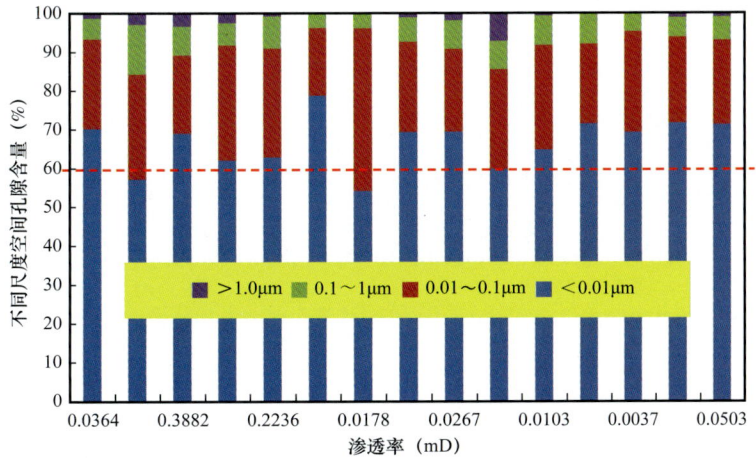

图 3-22 不同煤样中不同尺度空间孔隙含量

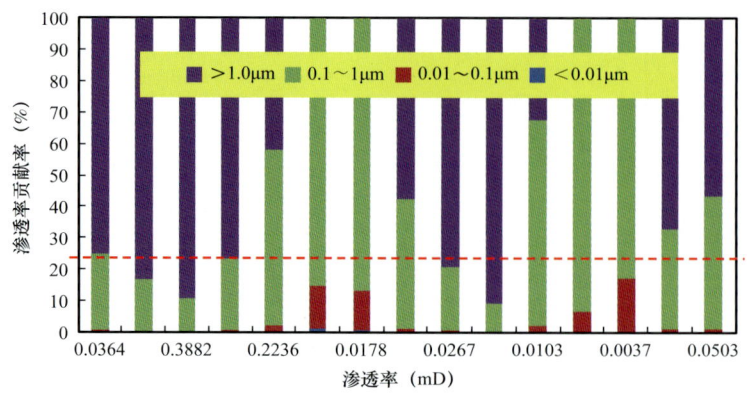

图 3-23　不同尺度大小孔隙的渗透率贡献率

四、煤储层孔—裂隙结构评价

煤中孔隙按成因类型可划分为气孔、残留植物组织孔、溶蚀孔、矿物铸模孔、晶间孔以及原生粒间孔。

一般而言，内生裂隙主要发育在亮煤或镜煤中，由主裂隙和次裂隙两部分构成。外生裂隙是因构造破坏作用而产生，从毫米至几米都有发育。

以沁水盆地南部高煤阶煤储层孔—裂隙发育特征为基础，建立高煤阶煤储层孔—裂隙评价指标。选取孔隙直径、孔容频率和孔隙度作为孔隙发育评价参数；选取主、次裂缝的长度、宽度、密度以及高度作为裂隙发育评价参数（表 3-9）。

表 3-9　高阶煤储层孔—裂隙发育评价参数表

序号	评价类型	评价参数	评价标准		
			好	中	差
1	裂隙	主裂隙长度 L（cm）	>0.7	0.1～0.7	<0.1
2		主裂隙宽度 W（μm）	>20	10～20	<10
3		主裂隙高度 H（cm）	>0.3	0.2～0.3	<0.2
4		主裂隙密度 ρ（条/cm）	>10	6～10	<6
5		次裂隙长度 L（cm）	>0.3	0.2～0.3	<0.2
6		次裂隙宽度 W（μm）	>12	8～12	<8
7		次裂隙高度 H（cm）	>0.3	0.2～0.3	<0.2
8		次裂隙密度 ρ（条/cm）	>4.5	3～4.5	<3
9	孔隙	孔隙直径 ϕ（nm）	>1000	100～1000	<100
10		孔容频率 τ（%）	>75	50～75	50
11		孔隙度（%）	>7	3～7	<3

第三节 煤储层地球物理识别技术

煤储层是一种非常规裂缝性储层,但相较于页岩储层,煤储层又有其特殊性。在煤储层研究中将评价页岩储层的"七性"(岩性、物性、含油气性、电性、烃源岩特性、岩石脆性和各向异性)拓展为"九性",增加了"煤体结构"和"地应力"两个关键参数。这是因为实践表明,煤体结构与地应力是影响高煤阶煤层气开发效果的两个重要地质参数。因此,在精细地震解释、岩石物理统计分析的基础上,探索了基于敏感地震属性与测井参数反演相融合的煤体结构定量预测技术、基于构造发育史研究的古今地应力预测技术以及多尺度裂缝预测技术等适用于煤层气开发区特点的地球物理技术,为评价优选开发有利区,提出井位部署建议等提供了可靠依据。

一、煤储层地球物理识别难点

1. 煤体结构、煤含气、煤裂缝等煤储层关键参数的测井响应微弱,地震反演精度低

煤层与围岩间大的测井差异掩盖了煤体结构、含气、裂缝等煤层内部变化所引起的细小差异,使得煤体结构、煤含气、煤裂缝等煤储层关键参数的测井响应微弱,地震反演预测精度较低。

煤层在测井曲线上形态特征明显,具有"三高两低"的曲线特征,即高电阻率、高补偿中子、高声波时差,低体积密度、低自然伽马(图3-24)。

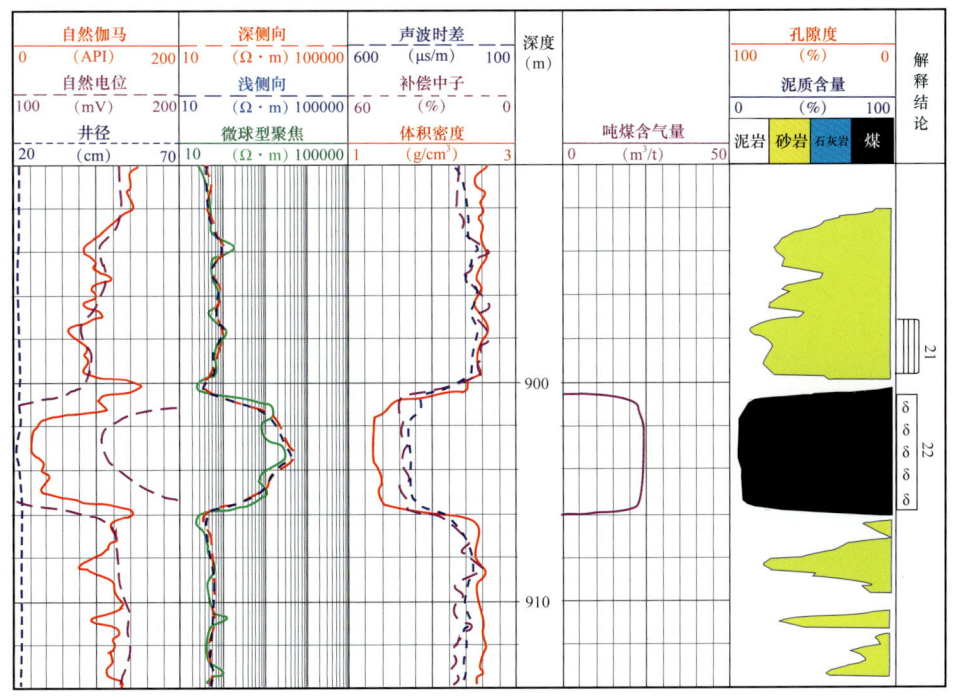

图3-24 郑庄示范区3号煤层测井曲线

高电阻率：3号煤双侧向电阻率的数值在几百欧姆·米到上万欧姆·米，电阻率变化范围很大；

高补偿中子：因煤具有很高的含氢指数，所以煤层中子孔隙度高；

高声波时差：地层的声波传播速度决定于骨架、孔隙度、孔隙中的流体性质，碳和甲烷的声波时差都大，分别为328μs/m和2370μs/m，因此煤层的声波时差数值大；

低自然伽马：煤层的自然伽马一般在10～60API，数值较低；

低体积密度值：煤层体积密度一般在1.2～1.5g/cm³，远小于其顶底板围岩的体积密度数值。

由于煤层测井响应特征与顶底板岩石相比存在着较大的差异，因此根据煤层"三高两低"特性，可以较好地识别煤层，并以声波、密度或伽马曲线的半幅点，进行煤层的厚度确定。但从常规测井资料煤层响应特性来看，煤层内部具有一定非均质性，有夹矸层的存在，厚度一般为0.3～0.55m。夹矸处具有体积密度、自然伽马增大，声波时差、电阻率降低的电性特征，从测井曲线上可以很容易识别出煤岩和夹矸。

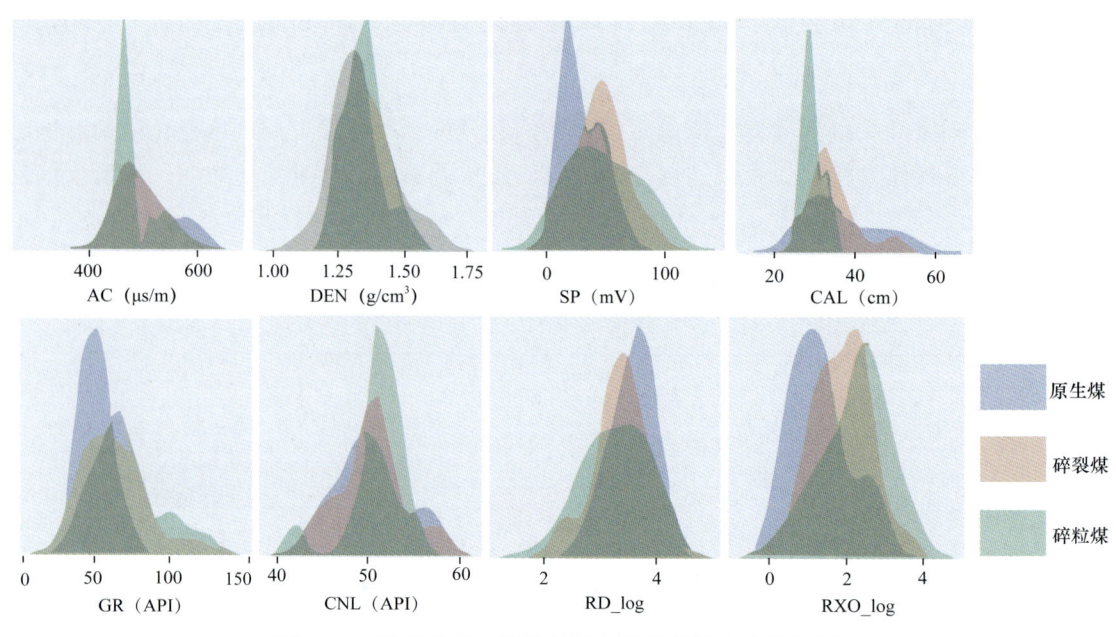

图3-25 马必东岩心煤体结构与测井曲线交会分析图

但是，从马必东岩心归位后的各曲线的煤体结构交会图（图3-25）不难看出，不同煤体结构的曲线叠置情况严重，造成煤体结构的测井识别难度较大；同样，含气与裂缝性变化在测井曲线上识别也较为困难，使得煤储层敏感曲线优选难，制约了地震反演的预测精度。

2. 煤体结构、煤含气、煤裂缝等煤储层关键参数的地震响应微弱，地震属性多解性强

沁水盆地现已实现了广泛的三维地震覆盖，为开展煤层的地震相识别奠定了良好的基础。由于煤层具有低速度、低密度的特点，波阻抗远低于其顶、底界面砂岩、泥岩或石灰岩的波阻抗。因此，在煤层顶底界面反射较强，顶界面反射系数为负，底界面反射系数为正，当地震资料为正极性剖面时，薄煤层位于最大波谷与最大波峰之间，当地震资料为零相位正极性剖面时，薄煤层顶底1/2处正对应地震剖面的波谷到波峰的零相位位置，利用煤层明显的地震相标志可较好地进行煤层的识别（图3-26）。

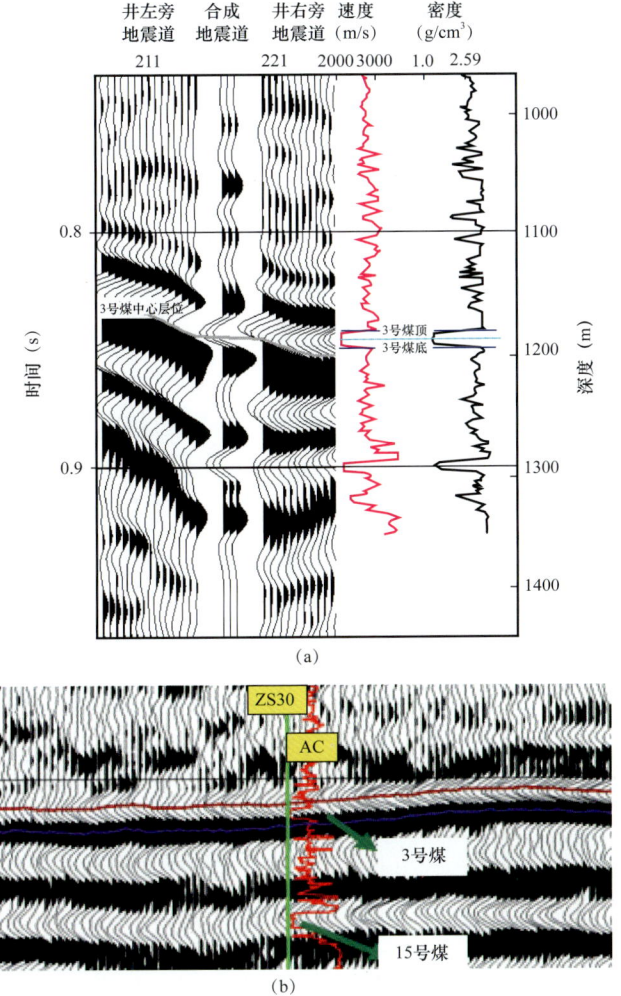

图3-26 煤层地震资料识别

但现有地震资料主频通常为20~45Hz，地震分辨率较低，一个地震波相位包含了近50m的地层信息。其中，煤层与围岩间大的地震波阻抗差异掩盖了煤体结构、含气、裂缝等煤层内部变化所引起的细小差异，使得煤体结构、煤含气、煤裂缝等煤储层关键参数的地震响应微弱，地震属性多解性强，预测难。

二、正演模拟地震响应特征

为了更好利用地震资料预测煤储层关键参数，采用正演模拟技术，构建了煤层厚度模型、结构模型、含气模型、夹矸模型等地质模型，以搞清关键参数的地震响应特征，模型参数选取如下。

地震子波的选取，根据实际地震资料现状，选用了35Hz零相位雷克子波，其他岩石物理参数的选取，依据实验、实测数据，原生煤（红色）的速度取2400m/s、密度取1.5g/cm³；构造煤（蓝色）的速度取2000m/s、密度取1.2g/cm³；泥岩（绿色）的速度取3800m/s、密度取2.4g/cm³；砂岩（黄色）的速度取4500m/s、密度取2.6g/cm³。此外，地震反射方法选用了射线成像追踪法。

1. 薄煤层厚度的地震响应特征

厚度与地震反射振幅的关系取决于薄层干涉与调谐原理。由图3-27a可以看出，当煤层厚度小于1/λ调谐厚度（20m左右）时，煤层越厚，振幅越强；当煤层厚度大于1/λ调谐厚度时，煤层越厚，煤层反射振幅反而减弱。

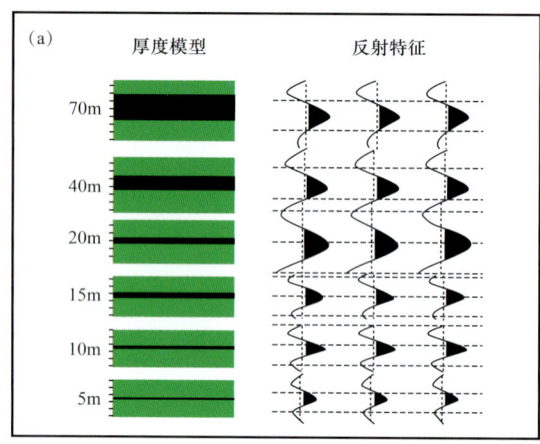
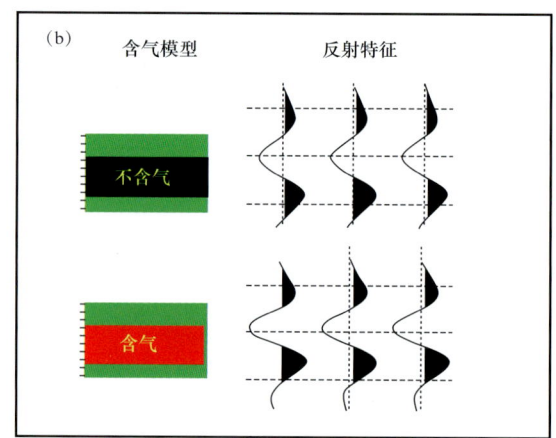
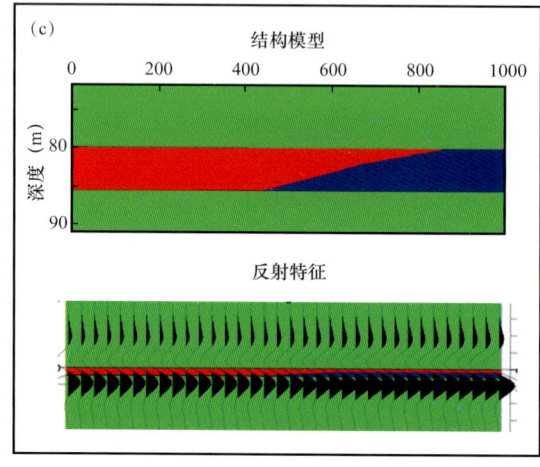
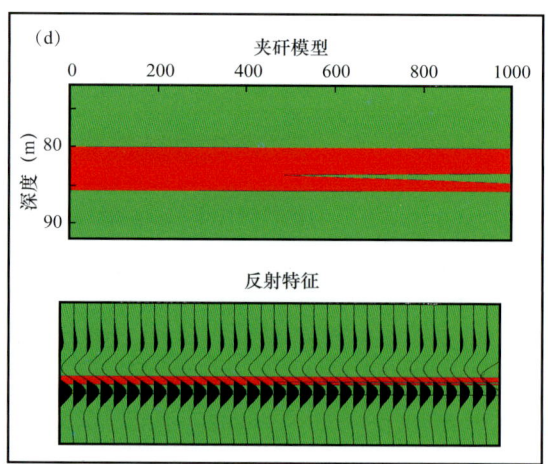

图3-27 四类正演模型与对应的模拟地震响应特征

2. 煤层含气后的地震响应特征

由图3-27b可以看出，煤层含气后，煤层的速度和密度均有所降低，与围岩的波阻抗差异增大，固而煤层含气后的地震反射强度要大于不含气时的地震反射强度。

3. 原生煤与构造煤的地震响应特征

相关实验数据表明，原生煤经构造破坏后，刚性减弱，弹性波传播的速度会降低，故而构造煤的地震反射强度要大于原生煤的地震反射强度，如图 3-27c 所示，原生煤中夹构造煤后振幅也同样是增强的。

4. 夹矸的地震响应特征

由图 3-27d 可以看出，煤层夹矸后地震反射振幅是减弱的。这是因为夹矸的成分多为泥岩或砂质泥岩，其速度和密度远大于煤岩的速度和密度，造成与围岩的波阻抗差异减小，进而造成振幅的减弱。

5. 振幅主控因素分析

通过统计计算相同参数下不同模型的地震反射振幅值，得到了地震反射振幅影响因素统计表（表 3-10），由表 3-10 可知，造成振幅增强的主要因素中，煤层厚度、煤体结构与含气性相对其他的因素，振幅变化明显大 3 倍以上，因此，这三个因素是目前煤层气地震反射振幅的主控因素。但这 3 个主控因素往往共同作用于地震轴上，不可避免地造成地震资料的多解性，制约了地震预测精度的提高。

表 3-10 不同模型下地震反射振幅影响因素统计表

	煤层厚度		煤体结构		含气性		地应力		顶板岩性	
	5m	10m	原生煤	构造煤	不含气	含气	正常	增大 20MPa	砂岩顶板	泥岩顶板
振幅值	0.01070	0.02260	0.03600	0.04800	0.03600	0.04600	0.03150	0.02764	0.03146	0.35970
振幅差	0.01188		0.01202		0.01003		0.00382		0.00451	

三、基于参数融合的煤体结构定量预测技术

煤体结构的地震识别方法大体可分为地震属性预测和地震反演预测两类。以沁水盆地马必东区块 3 号煤为例，通过计算各种常用的地震属性与储层参数反演结果对煤体结构预测的有效性大小，发现煤体结构最佳敏感地震属性为纹理属性，最佳敏感储层参数为电阻率。纹理属性平面变化自然，断层清晰，但纵向分辨率低；而电阻率参数反演纵向分辨率高，井点处反演结果与对应的测井曲线吻合良好，但横向变化不自然，不能识别断层。故而将纹理属性与电阻率参数反演结果相融合，优势互补，最终得到的原生煤比率平面图，符合客观煤储层沉积规律，有效性高，实现了煤体结构的定量预测。

1. 地震属性预测

预测煤体结构常用的地震属性有振幅、相干、纹理等。构造煤发育带常与断裂带伴生，断裂带往往表现为条带状空白弱振幅反射，因而可提取振幅属性预测煤体结构（图 3-28a）。相干属性可以用来刻画波形相似程度，尤其第三代相干，增加了特征值矩阵，算法多元化，抗噪性强，计算结果更为精细，可以很好地刻画微小断层或裂缝发育

区，预测煤体结构（图3-28b）。纹理是图像灰度变化的规律和模式，模拟了人的观察和感知过程，有助于深入理解图像所蕴含的信息。将图像处理技术中的纹理分析理念运用到地震油气勘探中，一方面丰富了纹理分析的内容，另一方面也为地震油气勘探提供了新思路。目前，地震纹理的算法有灰度共生矩阵和纹理模型回归分析两种。如图3-28c所示本次利用灰度共生矩阵算法预测马必东三维区3号煤层煤体结构。

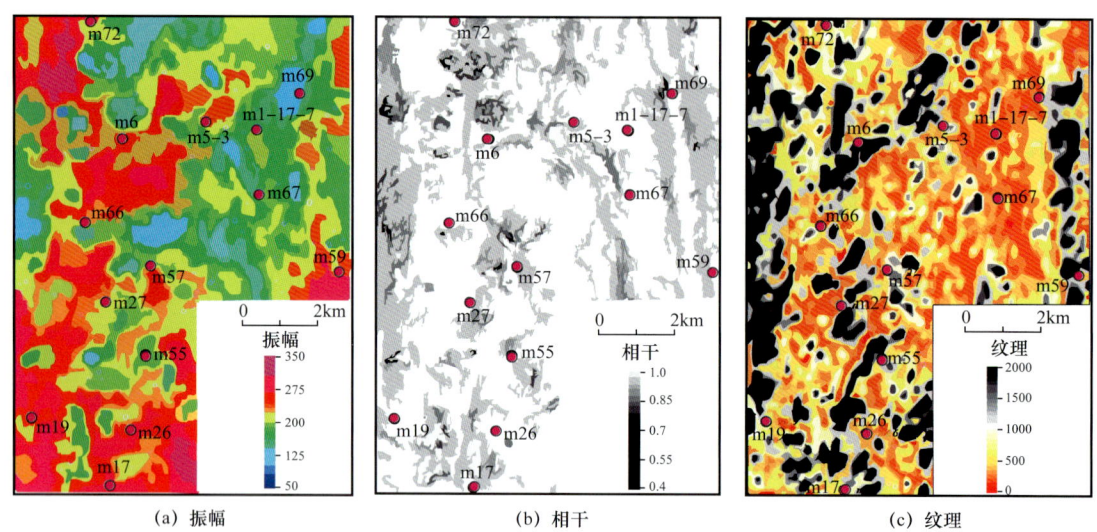

图3-28　马必东三维区3号煤不同地震属性平面图

2. 地震预测有效性分析

目前优选属性的方法主要有专家经验法、数学理论法、专家经验与数学理论结合法、正演模拟确定法4种。专家经验法确定属性，优点是地质意义明确，缺点是工作量大、主观性强；数学理论法确定属性，优点是工作量小、比较客观，缺点是地质意义不明确；专家经验与数学理论结合法确定属性，优点是地质意义明确、相对客观，缺点是工作量较大；正演模拟确定属性优选，优点是相对客观、地质意义明确，缺点是工作量大且储层预测结果与实际情况误差较大。

本书采用专家经验与数学理论结合法，针对煤体结构预测效果较好的属性，如振幅、相干、纹理等属性，计算有效性（敏感地震属性与井的原生煤比率的相关程度），优选适用于分析煤体结构的最佳敏感地震属性。有效性绝对值大，表明两者之间存在比较明确的关系；有效性绝对值小，说明两者之间存在比较复杂的关系。

计算有效性（y）公式为：

$$y = \text{erf}(x) = \frac{2}{\sqrt{\pi}} \int_0^x e^{-u^2} du \qquad (3-8)$$

其中，

$$x = 0.477\tau \sqrt{\frac{9N(N-1)}{8N+20}} \qquad (3-9)$$

τ为肯德尔指示系数,是一个计算有效性的重要参数,可判断一组数据的单调性,表达式为:

$$\tau = \frac{N_p - N_n}{\sqrt{(N_t - N_\infty)(N_t - N_z)}} \tag{3-10}$$

式中　　N——样点数;

　　　　$N_t = N(N-1)/2$——交会点的点对个数;

　　　　N_p——斜率为正的点对个数;

　　　　N_n——斜率为负的点对个数;

　　　　N_z——斜率为零的点对个数;

　　　　N_∞——斜率为无穷大的点对个数。

τ为正时,$N_p > N_n$,两者为单调递增关系;反之,τ为负时,$N_p < N_n$,两者为单调递减关系。

以马必东三维区 3 号煤层为例,说明有效性计算的具体步骤。

(1) 确定研究区的样点数,本书取区内 13 口井为样点,即 $N=13$。

(2) 根据各井原生煤比率(单煤层由原生煤与构造煤构成,原生煤比率等于单煤层中原生煤厚度与单煤层总厚度比值)与地震属性(表 3-11)的交会图(图 3-29),可读出 N_t、N_p、N_n、N_z、N_∞,代入式(3-10)计算得到各自 τ;然后,再由式(3-8)计算得到相应的有效性数值。

表 3-11　各井 3 号煤层地震属性及原生煤比率统计表

井名	原生煤比率	纹理	相干	振幅
m55	0	862	0.95	200
m57	0	742	0.97	229
m72	0	467	0.97	254
m67	0.568	369	0.98	202
m5-3	0.629	315	0.99	263
m66	0.738	369	0.99	244
m17	0.754	340	0.98	322
m6	0.781	811	0.98	283
m26	0.838	349	0.99	278
m19	1	614	0.98	260
m27	1	231	0.99	239
m69	1	164	0.98	136
M59	1	134	0.99	211

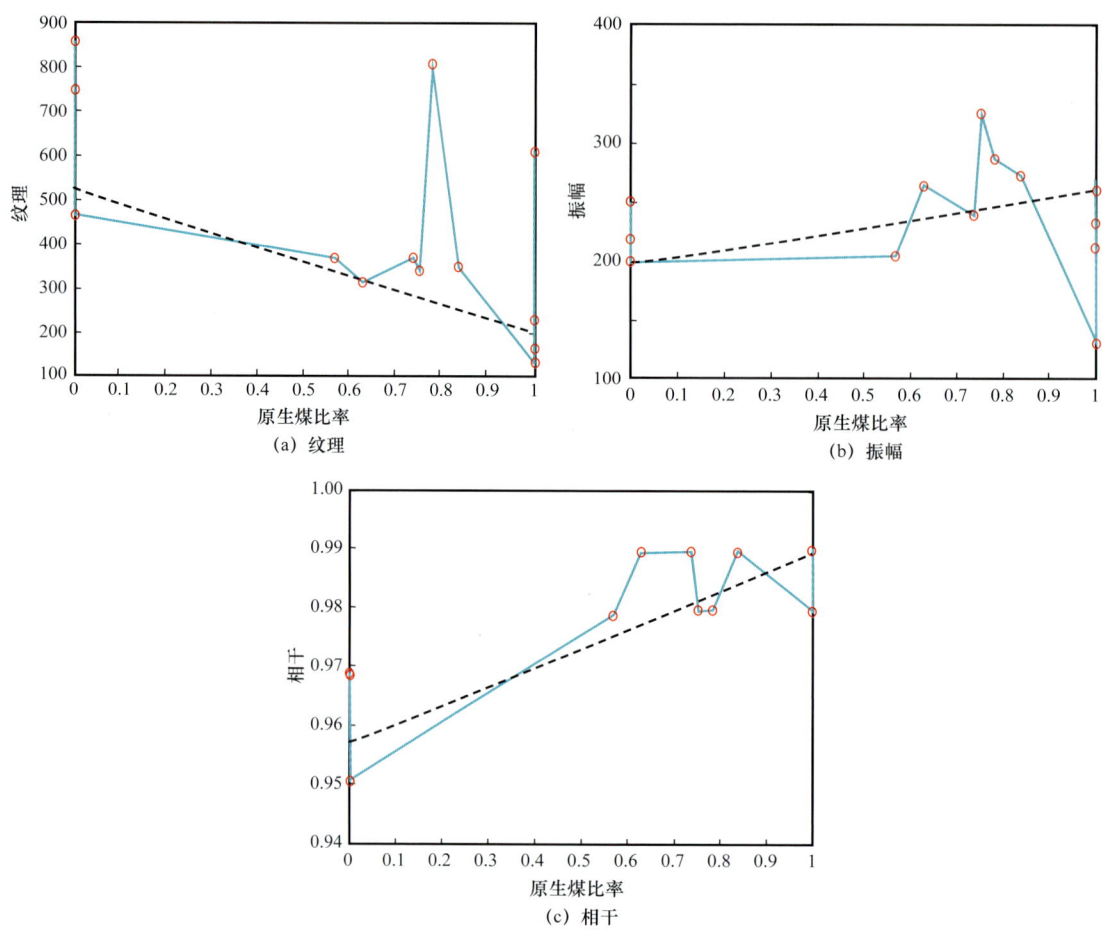

图 3-29 地震属性与原生煤比率交会图（红圈为样点）

如图 3-29a 所示，在计算纹理属性有效性时，$N=13$，$N_t=78$、$N_p=11$、$N_n=45$、$N_z=22$、$N_\infty=0$，代入式（3-10）得 $\tau=-0.514$，然后再由式（3-8）计算得到 $y=-51.6\%$，即地震纹理属性针对原生煤比率的有效性值为 -51.6%。负值说明两者呈负相关，也即随着原生煤比率的增加，纹理属性数据逐渐变小。绝对值越大，有效性越大，说明两者的单调性越明显。

计算得到振幅、相干属性，针对原生煤比率有效性值分别为 21.7%、12.2%（图 3-29b、c）。其中，振幅属性不仅与煤体结构有关，还与煤层厚度、含气性相关，因而利用振幅属性预测煤体结构存在一定的多解性，其针对原生煤比率的有效性数值并不高，仅有 12.2%。相干属性与波形结构相关，针对原生煤比率的有效性高于振幅属性，为 21.7%。而纹理属性借助图像处理，可更清晰地刻画地震波形、纹理特征，其针对原生煤比率的有效性绝对值高达 51.6%，可见利用纹理属性能够较好地刻画煤体结构。

3. 储层参数反演

利用地震资料，结合高分辨率的井孔资料，开展储层反演，既能实现储层的横向追踪，又能解决一些薄互层的分辨率问题。首先，构建波阻抗反演数据体；然后，采用测井约束下的神经网络地震储层参数反演方法,求取煤体结构敏感测井曲线(声波时差、电阻率、井径、自然伽马等)的反演结果(图3-30)。

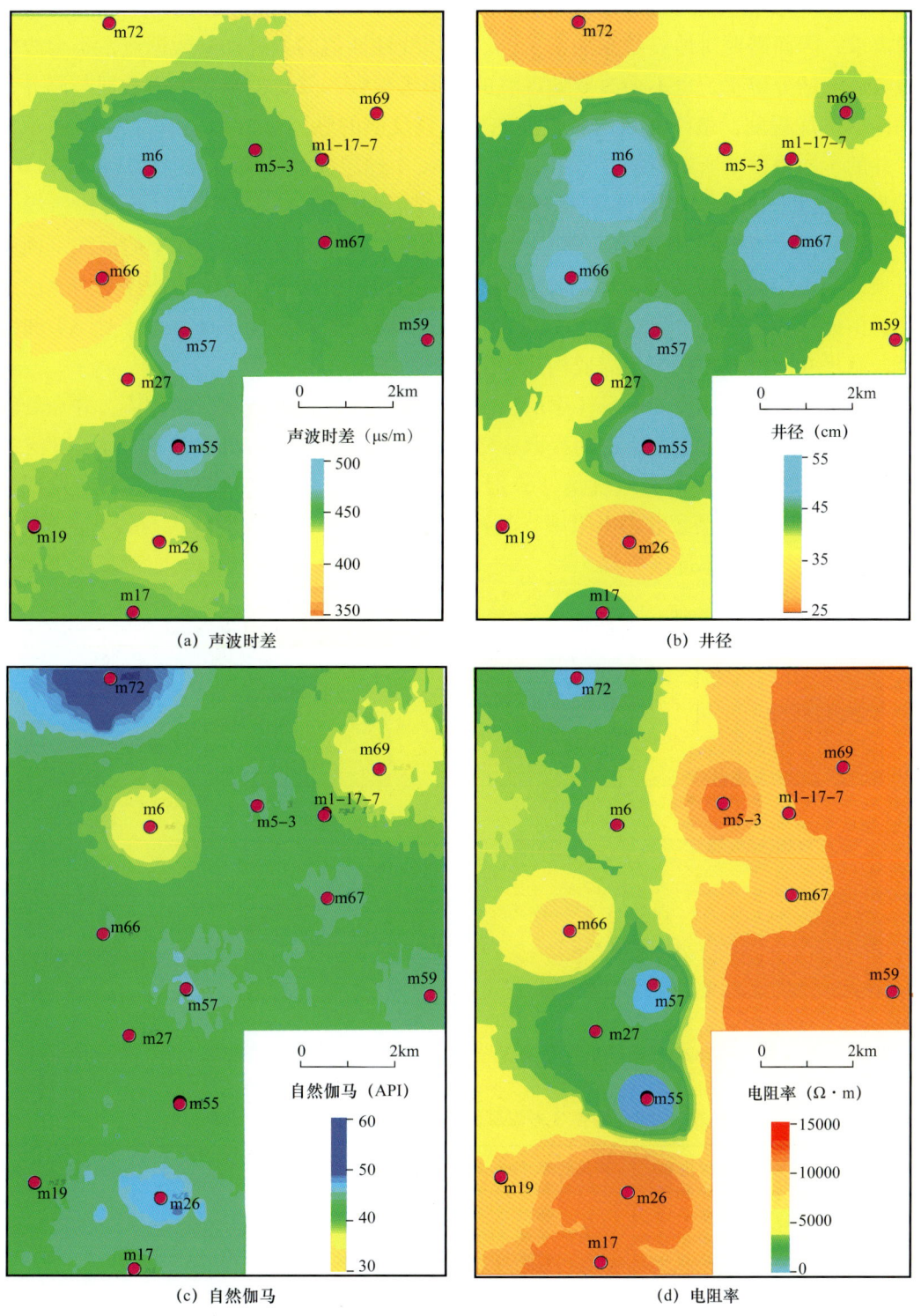

图 3-30 马必东三维区 3 号煤不同储层参数反演平面图

马必东三维地震数据原始采样率为1ms，而3号煤层的厚度为5.0~7.0m，薄层夹矸、原生煤或构造煤的厚度最小一般为0.3~1.0m，目的层平均速度为3000m/s左右。在这种情况下，1ms对应样点间隔约为1.5m，远远满足不了0.3~1.0m的薄层原生煤或构造煤预测的需求，因而需要对地震数据加密采样。采用线性插值的方式加密数据点，不会改变原始地震数据的分辨率，也不会改变地震波的波形等参数，只是提高了地震数据与测井数据的采样率匹配程度，最终的目的是提高储层参数反演的纵向分辨率。如图3-31所示，过m27井的不同采样率所对应的3号煤层声波（AC）储层参数反演结果中，0.08ms和0.2ms采样率的反演剖面中煤体结构细节清楚，3号煤层底部有一层高声波时差的构造煤（粉色），顶部有2层很薄的构造煤（橙色），黄色为原生煤；而0.5ms采样率的反演剖面中丢失了顶部的1个薄层构造煤，1ms采样率的反演剖面中顶部2个薄层构造煤基本上已无法辨别。由此可见，选择0.2ms采样率的AC储层参数反演，可较好保留井点处AC曲线的细节，满足0.3~1m薄层原生煤或构造煤的预测需求。

同样地，通过计算0.2ms采样率反演的电阻率、井径、自然伽马参数体，井点处较好保留了各曲线的数值与形态，进而提取3号煤层各参数反演平面图（图3-30）。如表3-12所示，针对原生煤比率的有效性值，分别为-55.8%、66.3%、-37.9%、-62%。发现研究区煤体结构测井最敏感参数为电阻率，其针对原生煤比率的有效性高达66.3%。随着电阻率的增大，原生煤比率逐渐升高。

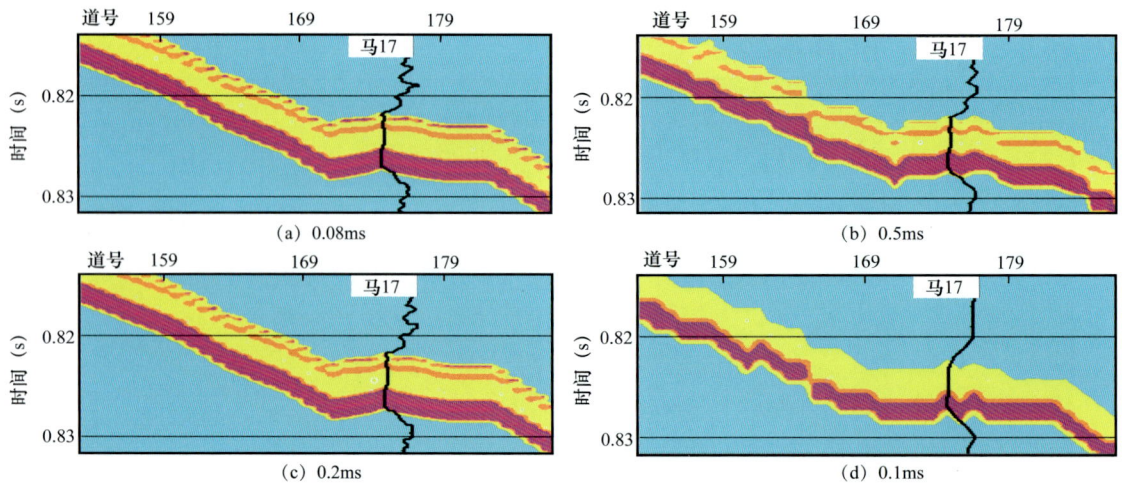

图 3-31　过 m27 井不同采样率的 3 号煤层 AC 参数反演剖面（黑线为 AC 曲线）

表 3-12　各井 3 号煤层储层参数及原生煤比率统计表

井名	原生煤比率	声波时差（μs/m）	电阻率（Ω·m）	井径（cm）	自然伽马（API）
m55	0	489	117	53	32
m57	0	422	1308	27	50
m72	0	531	898	52	40
m67	0.568	474	6908	54	39

续表

井名	原生煤比率	声波时差（μs/m）	电阻率（Ω·m）	井径（cm）	自然伽马（API）
m5-3	0.629	459	10337	36	38
m66	0.738	372	6215	49	38
m17	0.754	452	14344	46	37
m6	0.781	536	3894	55	27
m26	0.838	440	16405	26	44
m19	1	450	6337	39	37
m27	1	418	2614	39	34
m69	1	418	19201	41	37
m59	1	453	8352	40	33

4. 融合属性定量预测原生煤比率

由前文可知，煤体结构最佳敏感地震属性为纹理属性，最佳敏感储层参数为电阻率。虽然纹理属性断层清晰，但纵向分辨率低；电阻率参数纵向分辨率高，但横向不能识别断层。因此需要将纹理属性与电阻率参数反演结果相融合，优势互补，可得到更加准确的原生煤比率预测结果。融合方式可以采用二元回归公式：

$$z = a(1-u) + bv + c \tag{3-11}$$

式中　z——融合后的原生煤比率；

　　　u——纹理属性归一化变量，$1-u$ 与纹理属性与原生煤比率的负相关有关；

　　　v——电阻率反演参数归一化变量；

　　　a——纹理属性变量的回归系数；

　　　b——电阻率反演参数变量的回归系数；

　　　c——随机误差。

本书中 a、b 通过最小二乘法计算得到，分别为 0.78 和 0.22，c 根据实际情况定义为 0.12。最终融合后的大部分井的原生煤比率与原始原生煤比率相当（图 3-32），实现了原生煤比率即煤体结构的定量预测。根据 300 余口井融合属性预测的 3 号煤层原生煤比率平面图（图 3-33），经有效性计算，有效性值达 77.9%，该平面图较其他单一属性或储层参数反演结果更符合煤储层规律，实现了煤体结构的定量预测。

5. 效果分析

综上所述，通过有效性计算优选最佳地震属性与最佳储层参数，避免了主观性。然而，地震属性平面变化自然，断层清晰，但纵向分辨率低。而电阻率等参数反演纵向分辨率高，井点处反演结果与对应的测井曲线吻合良好，但横向变化不自然，不能识别断层，

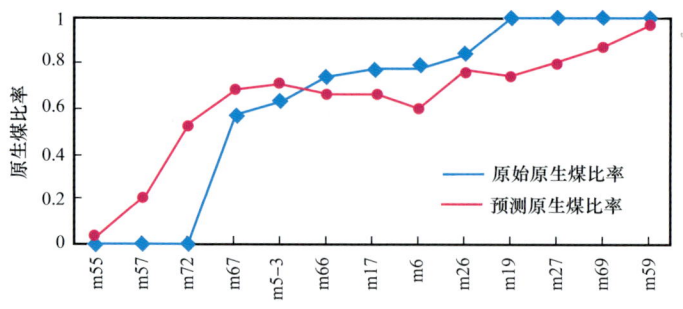

图 3-32　融合属性预测原生煤比率与实际原生煤比率对比

这是因为煤岩低速高阻的负相关特性，与砂岩高速高阻的正相关特性不同，不能开展拟声波反演，只能用储层参数反演，而储层参数反演中地震参数约束力较小，影响了井的反推能力。故而最终需将纹理属性与电阻率参数反演结果相融合，优势互补，最终得到的原生煤比率平面图，符合客观煤储层沉积规律，有效性高，实现了煤体结构的定量预测。

同时，融合属性预测的结果，与测井解释成果进行了比对。测井解释煤体结构的方法采用了斯伦贝谢模块 IPSOM 聚类分析方法，即 Self-Organizing Maps（SOM），也称自组织映射神经网络（无监督聚类分析）。该方法采用多种测井曲线数据作为指标样本，并作为训练样本对其自身进行训练，当训练结束之后，便可用来预测已知测井数据在没有取心编录钻孔的煤层的煤体结构，主要依据如下。

（1）原生结构煤井眼比较完整，基本不扩径或有少许扩径，自然伽马曲线数值低，电阻率曲线数值比较高，普遍超过 $3000\Omega \cdot m$，体积密度数值低，声波时差数值高，补偿中子数值高。

（2）碎裂结构煤井眼基本完整，有少量扩径或不扩径，自然伽马数值低，电阻率曲线数值大于 $1000\Omega \cdot m$，体积密度数值低，声波时差数值高，补偿中子数值高。

（3）碎粒结构煤井眼不完整，存在明显扩径，自然伽马数值较低，电阻率曲线数值中等，三孔隙度曲线受井眼扩径影响严重。

（4）糜棱结构煤井眼不完整，经常存在严重扩径（偶尔不扩径），自然伽马曲线数值相对较高，电阻率曲线数值普遍低于 $500\Omega \cdot m$，三孔隙度曲线受井眼扩径影响严重。

图 3-34 为用斯伦贝谢模块 IPSOM 聚类分析方法得到的马 69 与马 27 井的煤体结构测井解释成果图，由图 3-34 可知，马 69 井的原

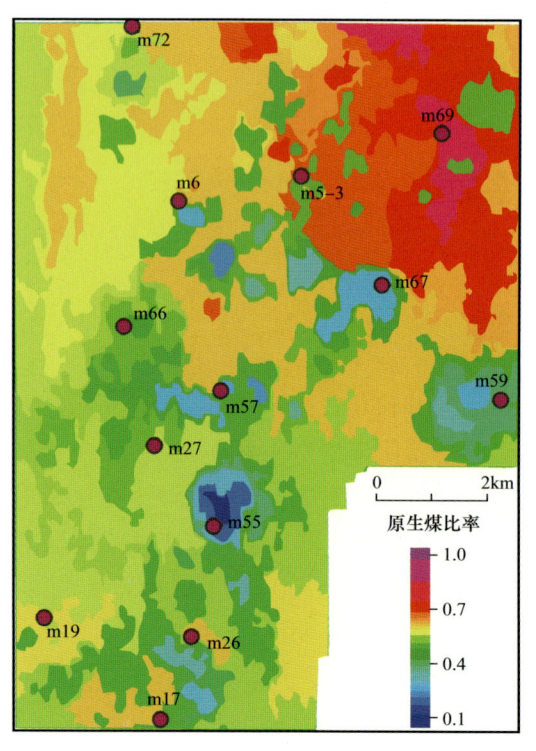

图 3-33　融合属性预测的 3 号煤层原生煤比率平面图

生煤比例接近 1，而马 27 井的原生煤比例约为 0.5，与地震预测结果相当，并且经 m12、m47、m57 三个井组的 21 口开发井检验，发现红橙色区域 18 口井中有 16 口日产气上千方，吻合率达 88%；而蓝绿色区域有 3 口井，日产气均低于 600 m³，吻合率 100%。可见融合属性定量预测煤体结构技术取得了良好的效果。

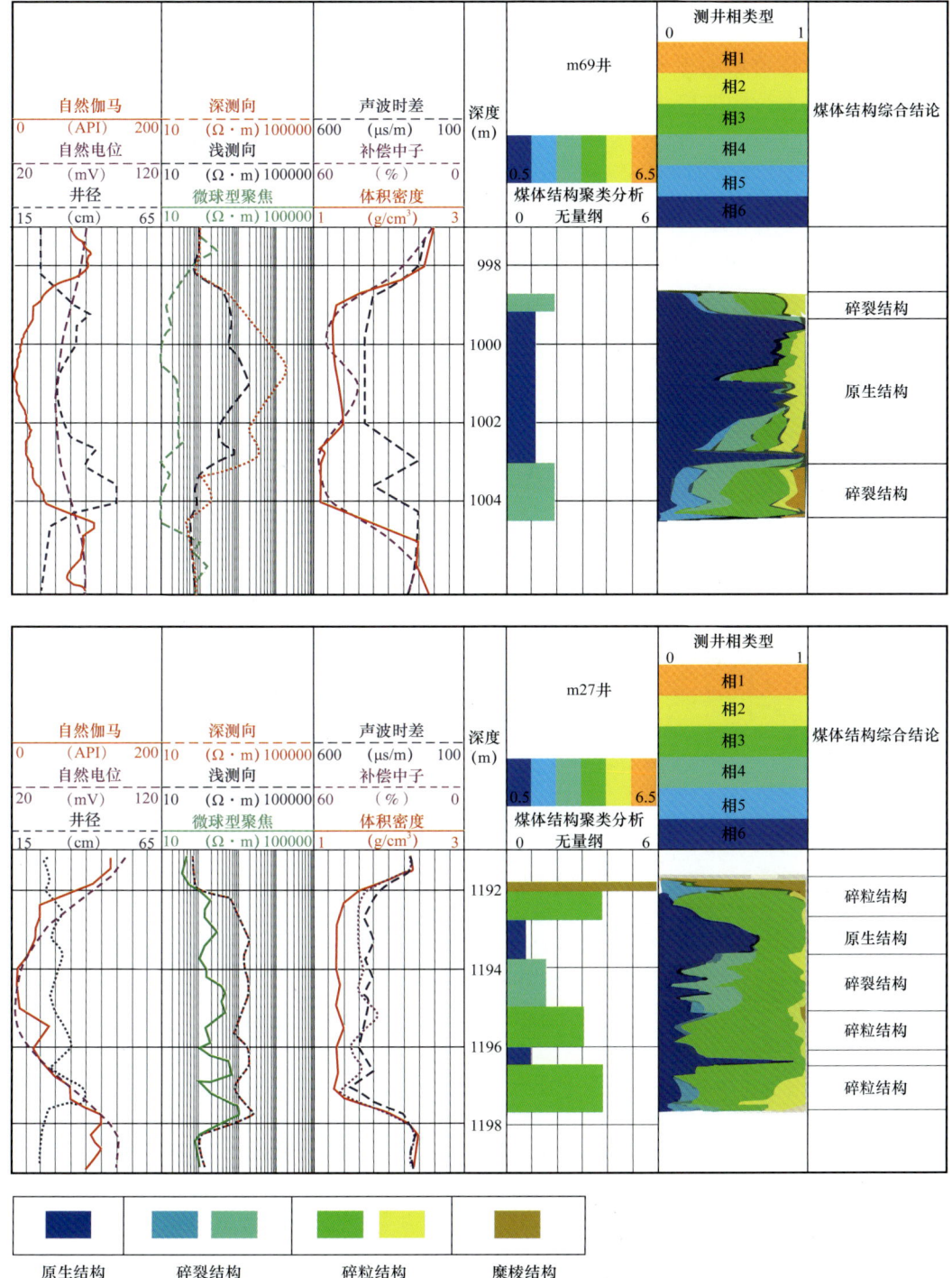

图 3-34　m69 井与 m27 井 IPSOM 聚类煤体结构测井解释成果图

四、基于构造发育史的地应力预测技术

水力压裂测试法是获取水平主应力较为常用的一种方法。现今构造应力,如地震、活断层等可以通过直接观测或遥感而获得;而古构造应力的定量问题是一难题,目前还处于半定量状态。且以上均为某一观测点上的估算或测量,并且测量所得到的应力状态是多种性质或多期应力的复合状态,如何恢复横向应力分布特征和每期古构造应力场特征难度很大。由于应力与构造运动密切相关,因此在沁水盆地地应力预测实践中,将三维构造发育史研究应用到了古今构造应力场的恢复上,具有一定的创新性和可行性。

1. 研究思路

煤储层构造发育史研究主要是恢复与煤层相关的、有代表性的运动时期的地形地貌。

构造发育史中,煤层高低起伏的变化量即成长因子(图3-35)。成长因子有正有负,正值代表隆升,负值代表下陷。煤层隆升时,一般煤层上部裂缝较发育;煤层下陷时,通常下部裂缝较发育。通过研究二阶构造发育史可知道煤层所经历的主要运动期次的成长因子,利用现今地应力与煤层埋藏的关系,通过数值模拟等方法,可将各期成长因子转换为对应的各期古地应力场。成长因子不仅可反映古、今地应力场,还可预测煤层天然裂缝的纵、横向分布规律。

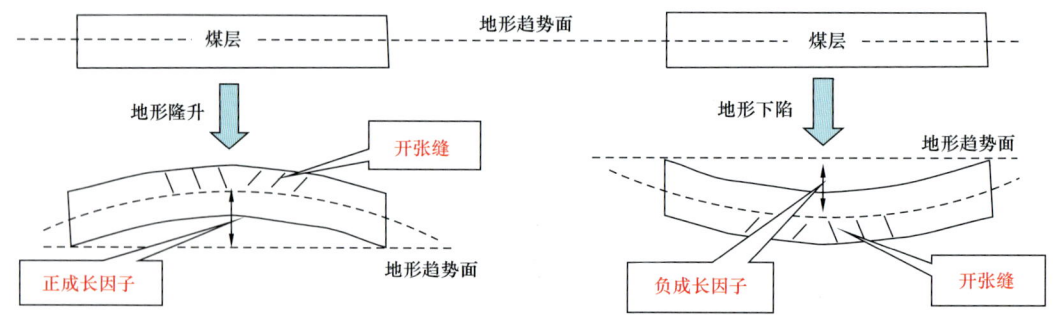

图3-35 成长因子示意图

2. 方法与步骤

首先是开展构造发育史研究,其中,还需要进行地层剥蚀量的恢复。以马必东三维区为例,如图3-36所示,为过m6井主测线方向的构造发育史剖面图,图3-36中表明,马必东区块C—P煤层主要经历了4期以褶皱为主的构造运动,分别为燕山Ⅰ期、Ⅱ期和喜马拉雅Ⅰ期、Ⅱ期。

其次,通过二阶构造发育史研究,制作煤层各期运动的成长因子平面图(图3-37)。

燕山Ⅰ期煤层成长因子为初始形态图3-36c中C—P底界面形态变为图3-36b中剥蚀前形态的变化量,平面如图3-37a所示,当时的马必东C—P煤层呈现NE—SW走向、EW下倾的较为完整的褶皱形态。

燕山Ⅱ期煤层成长因子为图3-36b中剥蚀前的形态变为图3-36b中C—P底界形态的变化量,平面如图3-37b所示,马必东区块C—P煤层在前期基础上,呈现出东抬西倾趋势。

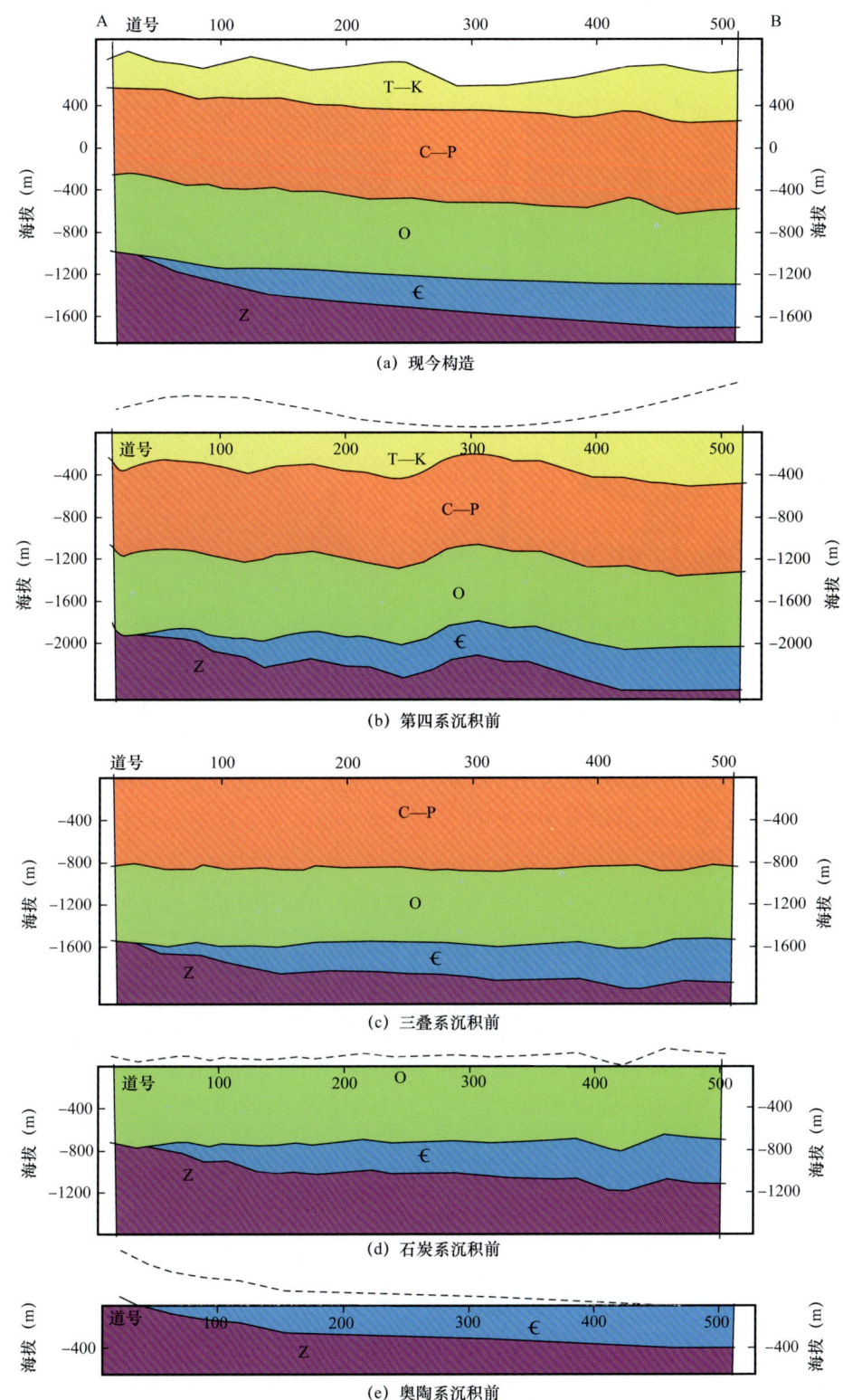

图 3-36 马必东区块过 m6 井主测线构造发育史剖面（虚线为剥蚀示意线）

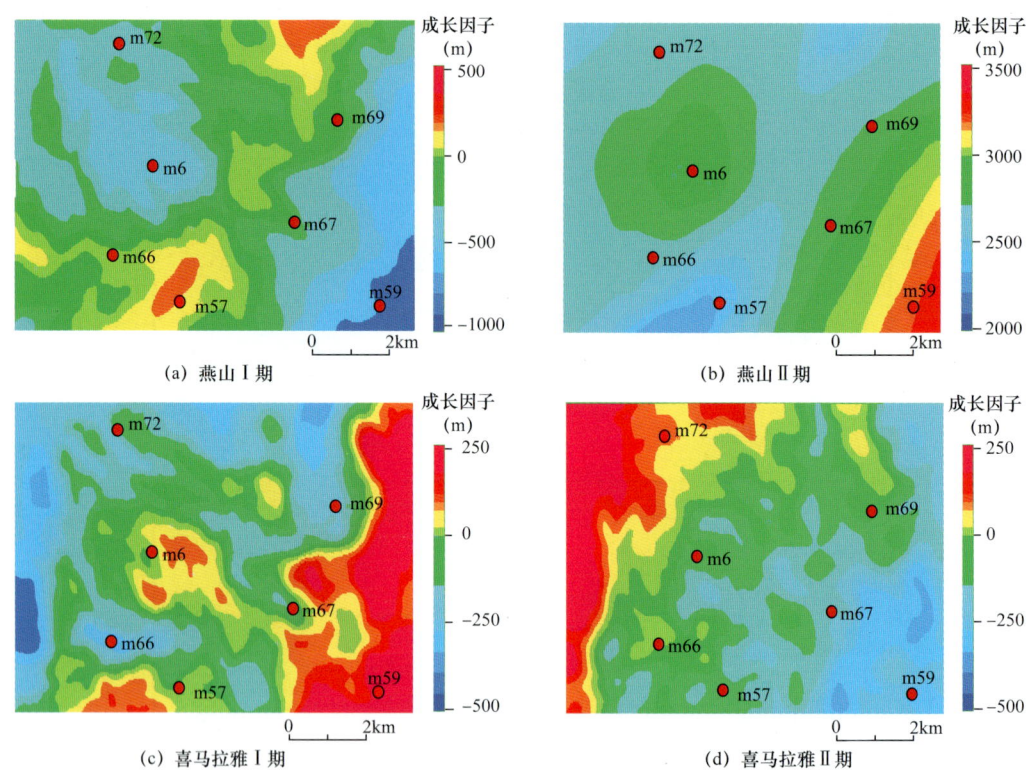

图3-37 m6区块各期成长因子平面图

喜马拉雅Ⅰ期煤层成长因子为图3-36b中C—P底界形态变为图3-36a中煤层西抬东倾前的形态的变化量，平面如图3-37c所示，马必东区块C—P煤层发生了NWW走向的北、中、南三次褶皱运动。

喜马拉雅Ⅱ期，马必东区块整体表现为西抬东倾，其煤层成长因子可用煤层的最终形态来表征（图3-37d）。

而从3号煤层的各期成长因子与现今埋藏深度的关系图（图3-38），可以看出两者的线性相关性，通过回归法不难得到各期成长因子与现今埋藏深度的关系式。

再利用埋藏深度与地应力的关系式，即可得到如下燕山Ⅰ、Ⅱ期与喜马拉雅Ⅰ、Ⅱ期最小水平主应力与各期成长因子的对应关系式，从而估算出各期古应力场的特征：

$$\sigma_{hcy1}=-0.00574C_{y1}+20.41 \quad (3-12)$$

$$\sigma_{hcy2}=0.00448C_{y2}+8.73 \quad (3-13)$$

$$\sigma_{hcx1}=0.0068C_{x1}+13.39 \quad (3-14)$$

$$\sigma_{hcx2}=-0.0178C_{x2}+19.34 \quad (3-15)$$

式中 σ_{hcy1}，σ_{hcy2}，σ_{hcy3}，σ_{hcy4}——燕山Ⅰ、Ⅱ期与喜马拉雅Ⅰ、Ⅱ期的最小水平主应力，MPa；

C_{y1}，C_{y2}，C_{x1}，C_{x2}——燕山Ⅰ、Ⅱ期与喜马拉雅Ⅰ、Ⅱ期的成长因子，m。

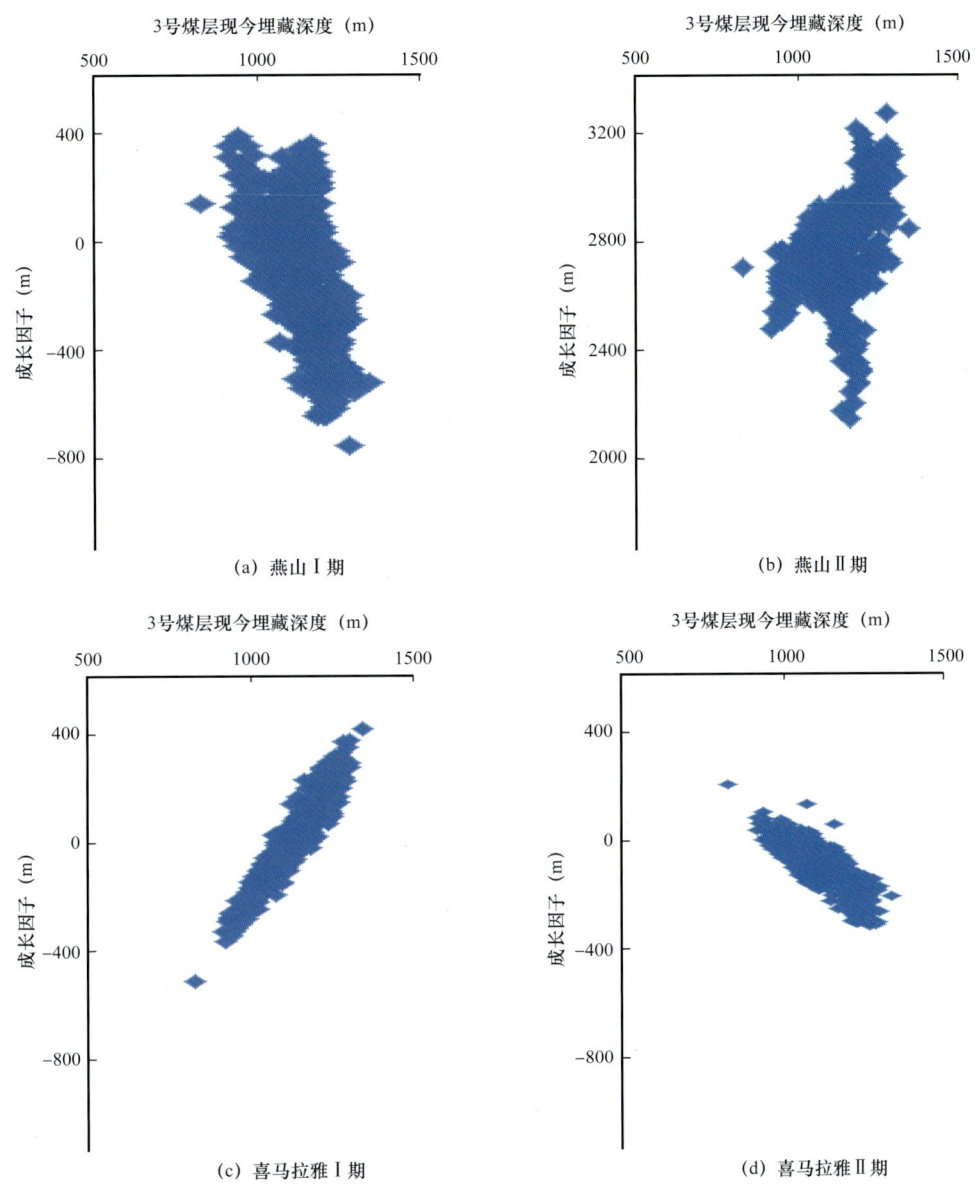

图 3-38　各期成长因子与 3 号煤层埋藏深度关系图

各期成长因子基本能够反映各主要运动时期的应力特征，是对古今地应力的定性至半定量研究。成长因子的等值线方向大体与最小水平主应力平行，数值越大应力值越大。

基于构造发育史的地应力预测技术，结合了水力压裂等测试结果，利用三维地震资料实现了地应力的平面定量预测，不仅可预测现今地应力，而且可以对古地应力开展定量预测，具有一定的创新性和可行性。在沁水盆地地应力预测实践中，将三维构造发育史研究应用到了古今构造应力场的恢复上，其中的成长因子起着关键的、不可替代的作用。

五、多尺度裂缝预测技术

煤层裂缝具有多尺度性、各向异性特征。利用地震资料进行裂缝研究的基础是地下介质的各向异性理论。地震波中的横波穿过裂缝时，当入射角度与裂缝走向不一致时，会分裂为平行于裂缝面的快横波和垂直于裂缝面的慢横波。快横波以基质速度（岩石骨架的速度）传播，慢横波以总速度（含有裂缝的岩石速度）传播。快横波和慢横波的传播速度、振幅属性受裂缝走向、裂缝密度和裂缝中充填流体类型的影响，通过计算和分析多波地震勘探中横波分裂特征参数，可以检测地下裂缝发育的走向和裂缝发育的密度，辨别裂缝中充填流体类型。

不同尺度的裂缝在煤层气开发工程中所起的作用不同，故需分尺度对裂缝进行预测。按裂缝的大小、规模的不同可分为大、中、小、微四类。大尺度裂缝指在叠后地震剖面上表现出明显错断的断裂，利用应力场数值模拟或相干等技术即可识别；中尺度裂缝指在叠后地震剖面上表现为扭断的断层，利用相干、曲率等技术即可识别；小尺度裂缝指在叠后地震剖面上不易识别，但利用裂缝诱导的纵横波各向异性特征，利用叠前方位各向异性检测等技术即可识别；微尺度裂缝指在测井或岩心上才能识别的裂缝，通过地震反演可以开展预测，预测的精度取决于井数目的多少与井曲线的质量。综合裂缝预测研究思路如图 3-39 所示，从大、中、小、微四个尺度开展了裂缝的综合预测。

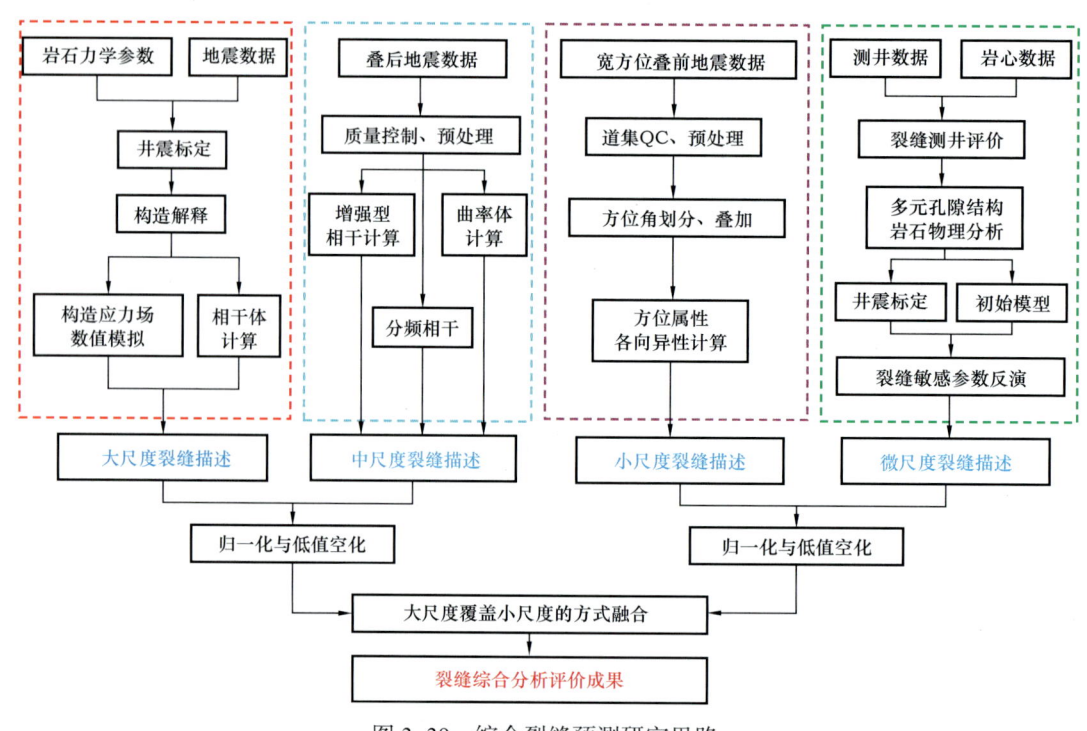

图 3-39　综合裂缝预测研究思路

1. 大尺度裂缝描述

大尺度裂缝指在叠后地震剖面上表现出明显错断的断裂。通过井震标定与构造精细解释，得到煤层对应的构造信息，开展应力场数值模拟及相干体计算，都不难描绘出这种在地震剖面上可明显识别的断层。

应力场数值模拟预测断层与裂缝的理论基础是构造力学。针对背斜等张裂缝的储层构造，从构造力学出发，利用地层的构造信息（构造面、断裂结构）、岩性信息（岩性、泥质含量、速度、密度、厚度）等影响裂缝发育的因素，基于弹性薄板理论，计算构造曲率的基础上，模拟出地层的应力场，包括地层面的曲率张量、变形张量和应力场张量，由得到的主曲率、主应变和主应力，从而对大的构造断裂发育程度及展布关系进行分析预测（图3-40）。沁水盆地煤层较薄，适合弹性薄板理论，利用应力场数值模拟预测大断层展布特征具有可行性。

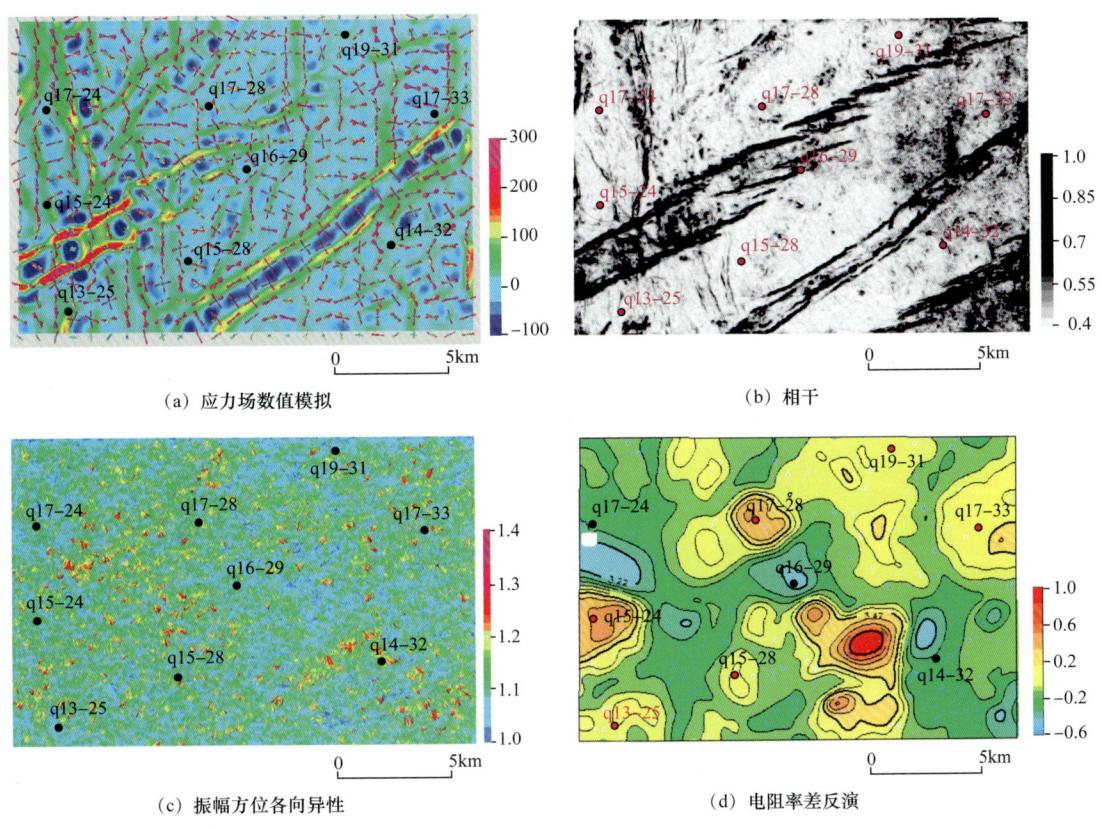

图3-40　沁南东三维区3号煤层不同尺度裂缝预测平面图

2. 中尺度裂缝描述

中尺度裂缝指在叠后地震剖面上表现为扭断的断层，即在叠后地震剖面上是有某些响应特征的，但这些特征通常较为微弱，需要采用更先进的技术手段，如增强型相干、体曲率、方差体、蚂蚁体、构造曲率、频谱分解等等。经过实践发现频谱分解与相干相结合，简称分频相干，可获得更为理想的裂缝预测效果。

频谱分解技术主要用于薄层厚度计算、油气显示、断层识别和裂缝预测。裂缝的发育会使地震波具有振幅减小、频率降低、相位发生不连续性变化的特点。将地震反射时间域响应转换成频率域响应，将地震数据体在一定时窗内经傅氏变换转换成振幅调谐体和相位调谐体，其中相位体可以明显增强地震数据中侧向不连续性的作用，提高断层和裂缝的识别能力。

分频相干即先利用频谱分解技术，得到相位调谐体，中低频相位调谐体可反映大、中尺度主断裂，而高频相位调谐体可反映小的断层与大裂缝发育带。此外，该方法还可清晰的刻画小型陷落柱的平面大小与形状。

以沁南东三维区为例，从60Hz分频相干平面图（图3-40b）上看：大的断层与应力场数值模拟预测结果相同，小的断层或破碎带，尤其是陷落柱的分布更为清晰，这是应力场数值模拟技术所做不到的。

3. 小尺度裂缝描述

小尺度裂缝指在叠后地震剖面上不易识别，但利用裂缝诱导的纵横波各向异性特征，利用叠前方位各向异性检测等技术即可识别的裂缝。故此，小尺度裂缝描述不可避免地需要叠前地震五维道集数据，较叠后地震数据，增加了不同入射角与方位角的时间与能量信息。并且要求地震数据为宽方位采集，这样才能保证分方位叠加后的能量是裂缝造成的，而不是采集设计问题造成的。

煤层气富集和裂缝的存在将引起煤的体积密度减小，同时对弹性模量、泊松比、弹性波速度、频谱特征、衰减系数、品质因子等弹性力学参数及弹性波特征具有明显的影响，这为利用含有丰富信息的叠前地震资料研究煤层气及煤层裂缝特征奠定了基础。

研究表明，随着裂隙密度的增大，各向异性效应增强，三类波的速度减小，衰减系数增大；特别是纵波沿裂隙方向，速度最大，衰减最小；同时裂隙密度由0变化到0.2，P波速度的变化为9%，而P波衰减系数的变化范围非常大；裂隙方位的变化，导致P波速度的变化为18%，而导致P波衰减系数变化的范围达800%；故应用P波动力学特征作裂隙发育带的检测比运动学特征更为有利。因此振幅、频率、波阻抗等地震属性方位各向异性是预测微裂缝或割理缝的有效方法之一。由各向异性所拟合出的椭圆，可预测裂缝发育程度。椭圆的长轴代表裂缝的方向，椭圆的扁率（长轴/短轴）指示裂缝的密度。

通过方位角划分，然后分方位开展地震属性的叠加，如图3-41所示3号煤层在不同方位的相对波阻抗属性存在明显差异。将这五个方位角的相对波阻抗值进行椭圆拟合，通过椭圆的扁率（长轴/短轴）判断裂缝的密度与方向。

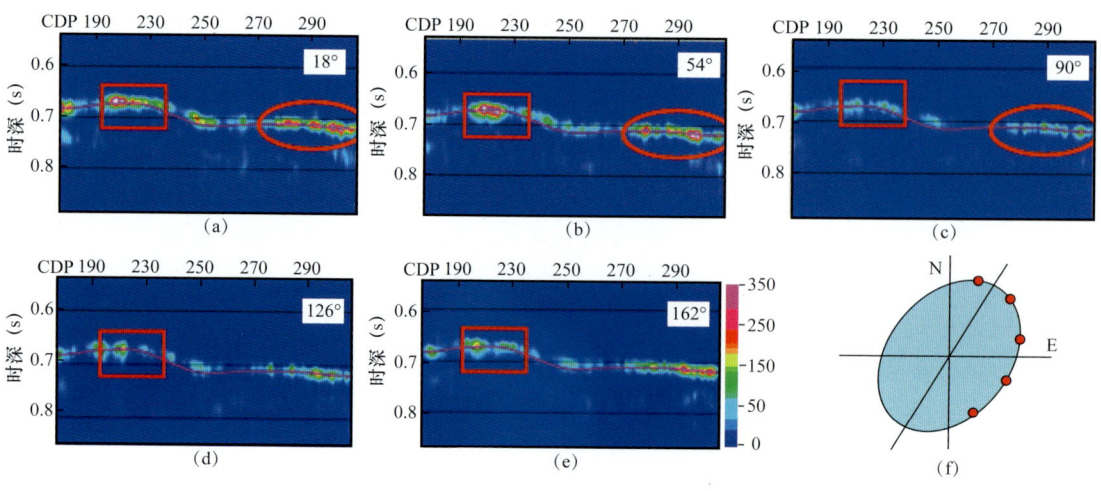

图3-41 不同方位角相对波阻抗各向异性

利用不同的方位相对波阻抗体所存在的差异，开展各向异性裂缝检测（图3-40c），沁南东三维区的西部小裂缝较东部发育，为割理缝富集区或富含气有利区。

4. 微尺度裂缝描述

微尺度裂缝指在测井或岩心上才能识别的裂缝。测井资料的分辨率目前可以达到0.05m，为微尺度裂缝预测提供了必要的条件。但各种常规测井对裂缝的反映都是微弱的，从机理上它们都有反映。如声波测井得到的时差在裂缝发育段会明显增大，且出现周波跳跃现象；自然伽马能谱测井曲线在裂缝发育段表现出U元素含量的增加；体积密度在裂缝发育段会明显减小；成像测井可以测定裂缝的发育方位；岩石力学测试裂缝指数可以反映裂缝的发育程度，该参数值越大裂缝越发育，反之，裂缝就不发育。实际统计发现，利用双侧向电阻率测井中深、浅电阻率曲线的幅差也可以描述裂缝发育的情况（图3-42）。深、浅电阻率曲线的幅差越大，裂缝角度越高，密度越大。

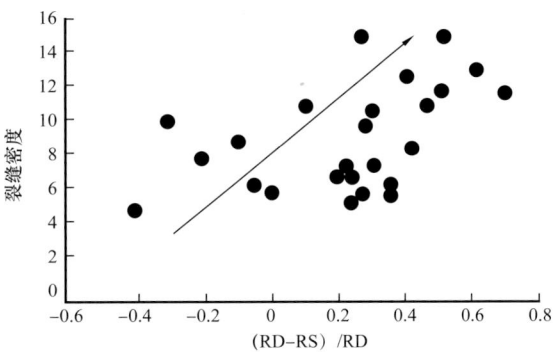

图3-42 深、浅电阻率差与裂缝关系图

由于微尺度裂缝在叠前叠后地震属性上难以识别，需要借助测井资料开展反演技术，来实现微尺度裂缝的描述。同时，由于裂缝尺度小，需要高分辨率的反演结果，故反演中测井资料参与反演的权重需要加大，因此反演方法优选上，摒弃了地震约束力强的递推反演或稀疏脉冲反演等。同时，由于裂缝的敏感测井曲线并非声波曲线，而是电阻率差曲线，鉴于煤系地层的特殊性，声波与电阻率曲线非正相关，而不能较好地进行拟声波构建，故而也无法开展地震约束力适中、分辨率较高的模型反演。因此，最终优选分辨率较高且与井吻合较好的电阻率差参数反演，但该方法的缺点是地震约束力小，横向外推缺乏依据，故反演的精度取决于井数量的多少及井曲线的质量。

以沁南东三维区为例，从3号煤层深、浅电阻率差储层参数反演平面图（图3-40d）上看，图中红色的井代表高含气富微裂缝井，这类井大都处于深、浅电阻率差高值区，预测效果较好，并且预测结果与方位各向异性预测结果大体相当。

5. 综合裂缝描述

综合以上不同尺度裂缝预测结果，首先对各级裂缝成果进行归一化，保留符合条件的高数值，将非裂缝的低值空值化；然后，用处理后小尺度裂缝成果覆盖微尺度裂缝成果，再用中尺度裂缝成果进行覆盖，最后用处理后大尺度裂缝成果进行覆盖，最终得到裂缝综合预测图，以沁南东三维区为例（图3-43），图3-43中的蓝色区域，对应为大、中尺度断层或陷落柱，在压裂求产时容易压窜水层，从而影响产气量的提高，如q16-29井；红黄色区域，对应为小、微尺度裂缝发育区，通常渗透性较好，无断层沟通含水层，有利于压裂获得高产，如q17-28井；绿色区域，对应为相对致密区，煤层渗透性相对较差，如q14-32井。

综上所述，大、中、小、微多尺度裂缝综合预测技术，在沁水盆地取得了较好的应用效果，利用裂缝综合预测成果，避开大、中尺度裂缝发育区，在小、微尺度裂缝发育部署水平井，高产井数量增加，低效井比例明显下降。

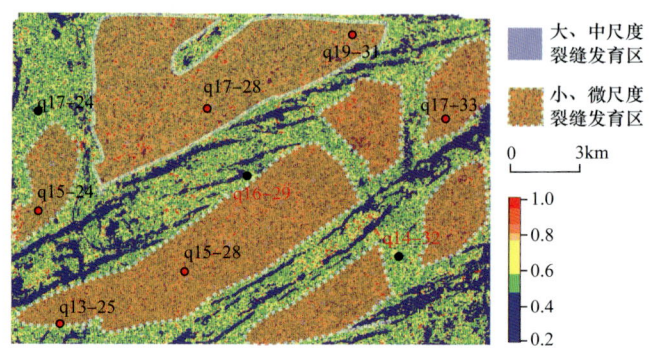

图 3-43　沁南东三维区 3 号煤裂缝综合预测平面图

第四节　煤层流体分布特征及其评价

一、煤层水分布特征

煤层内部流体流动受储层孔—裂隙结构特征、配置关系、流体性质、相界面等因素影响。在原位地层条件下，仅部分流体能在压力梯度作用下发生流动，该部分流体被称为可动流体。对以排水—降压—采气为开采基础的煤层气开发而言，可动水越多，煤层气井控制煤层的有效范围越大。煤储层中可动流体水百分数可间接反映煤储层排水降压的难易程度。研究煤储层中水的赋存特征和可流动性规律，可为煤层气生产开发提供理论支持。

1. 核磁共振测试煤岩水分布特征原理

处于静磁场中的自旋原子核，在附加交变电磁场的作用下，会发生能级跃迁，产生共振信号的物理现象，即为核磁共振。对处于饱和水状态的岩样进行 NMR 测量，得到岩石孔隙中流体氢核响应信号。由于岩石中通常包含有不同大小孔隙，所以饱和水岩石 NMR 测量得到的自旋回波串实际上是多种横向弛豫分量共同叠加的结果。多孔介质中流体横向弛豫可用一个弛豫时间 T_2 来描述：

$$\frac{1}{T_2} = \frac{1}{T_{2B}} + \rho_2 \frac{S}{V} + \gamma^2 G^2 D \tau^2 /3 \quad （3-16）$$

式中　$\dfrac{1}{T_{2B}}$——体弛豫项，T_{2B} 的大小取决于饱和流体性质，其倒数非常小，因此该项可忽略；

$\gamma^2 G^2 D \tau^2 /3$——扩散弛豫项；

D——扩散系数；

G——内磁场不均匀性，与外加磁场成正比；

τ——回波间隔。

当外场变化不强（对应 G 很小）且 τ 足够短时，后一项贡献可忽略不计。去掉右边第一项和第三项后，式（3-16）变为：

$$\frac{1}{T_2} = \rho_2 \frac{S}{V} \tag{3-17}$$

式中 ρ_2——表面弛豫强度，取决于孔隙表面性质和矿物组成；

S/V——单个孔隙的比表面积，与孔隙半径成反比。

弛豫时间反映了流动通道的结构特征及流固间作用的强弱。小孔隙中核磁共振 T_2 弛豫时间小，反之核磁共振 T_2 弛豫时间大。获得饱和水岩心 T_2 弛豫时间分布后，即可定量求取束缚水饱和度或可动流体百分数。图 3-44 为典型饱和水煤样的 T_2 弛豫时间谱，为双峰结构。一般认为，左峰面积代表束缚流体含量，右峰面积代表可动流体含量。

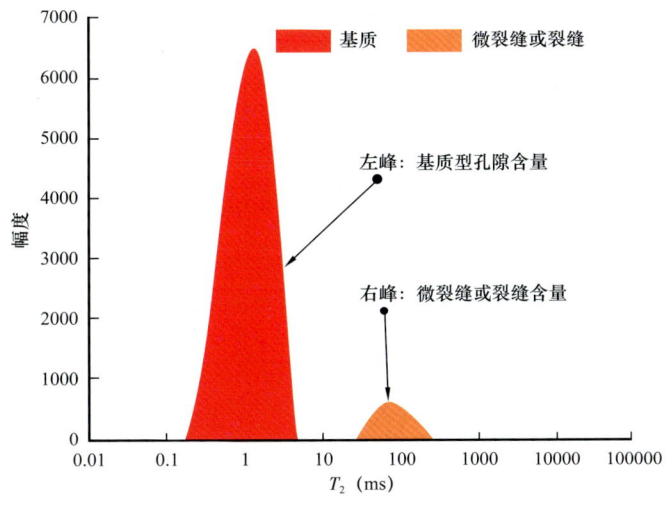

图 3-44 典型饱和水煤样 T_2 弛豫时间谱

2. 离心核磁共振测试煤岩水分布特征原理

当煤岩中孔隙的孔径小到某一程度时，在弛豫时间谱上会出现一个界限，当流体弛豫时间大于该值时，流体可动，反之被束缚。这一弛豫时间界限被称之为可动流体 T_2 截止值。

对 34 块代表性煤样，分别用 21psi、42psi、209psi、417psi（对应喉道半径分别为 1.0μm、0.5μm、0.1μm、0.05μm）离心力离心，在离心之后进行核磁共振测试。不同离心力对应不同孔径，依次研究不同孔隙区间所对应可动流体量，测试结果见表 3-13。

不同离心力作用后煤样测试 T_2 图谱，如图 3-45 所示，T_2 图谱呈双峰状，左峰为基质信息，右峰为裂缝信息。随着离心力增大，基质中流体动用微弱，而微裂缝中流体流动明显。对应含水饱和度，如图 3-46 所示。随着离心力增大，流体整体含量逐渐减少；在 417psi 离心后，流体含量趋于稳定，80% 以上流体在纳米级空间内难以流动。

表 3-13　34 块煤岩的离心核磁测试结果

序号	编号	孔隙度（%）	克氏渗透率（mD）	不同离心力作用后含水饱和度（%）			
				417psi 离心	209psi 离心	42psi 离心	21psi 离心
1	M3	3.69	0.041	87.50	89.54	94.45	97.77
2	L2	4.59	0.155	87.15	89.85	92.52	96.47
3	H1	6.15	0.004	92.12	93.03	95.49	96.91
4	H7	6.04	0.005	92.25	93.46	94.52	98.64
5	N1	4.64	0.013	88.95	90.89	91.90	95.88
6	A1	5.48	0.032	89.30	94.51	97.71	98.60
7	I3	3.63	0.054	90.39	93.15	95.18	96.70
8	E5	6.31	0.013	88.93	92.15	95.18	98.00
9	C6	6.19	0.034	85.15	87.60	89.91	95.74
10	T8	6.11	0.012	89.58	93.21	95.73	96.57
11	Q7	4.82	0.052	87.55	89.23	89.92	92.12
12	P1	4.98	0.006	85.52	89.02	90.29	96.12
13	Z1	5.37	0.010	88.71	92.09	94.22	97.49
14	Q2	5.57	0.010	88.66	91.05	93.83	96.85
15	U3	5.29	0.077	86.48	89.96	94.09	98.11
16	D2	8.31	0.007	85.42	90.42	94.46	97.67
17	F5	3.86	0.321	87.50	91.30	94.06	96.60
18	T1	5.06	0.511	83.78	86.21	89.14	93.00
19	S1	8.61	0.011	85.79	90.86	95.84	98.84
20	P5	9.05	0.176	90.60	92.72	95.19	96.45
21	R5	6.05	0.002	87.56	91.52	95.36	98.75
22	T7	6.19	0.096	88.99	91.68	95.22	97.94
23	N2	3.56	0.012	91.99	94.31	97.32	98.94
24	N7	7.85	0.003	87.78	90.98	94.80	95.89
25	T6	5.39	0.102	85.74	88.49	92.48	97.34
26	V3	6.89	0.228	80.98	85.71	88.89	96.53
27	R4	6.86	0.912	76.83	81.26	85.24	94.96
28	Q8	2.56	0.024	94.71	97.25	98.66	98.95
29	T2	5.58	0.006	87.46	95.38	96.18	97.11

续表

序号	编号	孔隙度（%）	克氏渗透率（mD）	不同离心力作用后含水饱和度（%）			
				417psi 离心	209psi 离心	42psi 离心	21psi 离心
30	M2	2.99	0.008	91.15	92.52	94.91	96.31
31	F3	5.71	0.194	85.01	88.02	93.17	96.54
32	L8	4.82	0.005	90.21	92.96	94.99	96.61
33	L7	2.68	0.019	91.91	93.91	95.32	97.57
34	N8	3.29	0.370	87.24	90.10	95.03	97.03

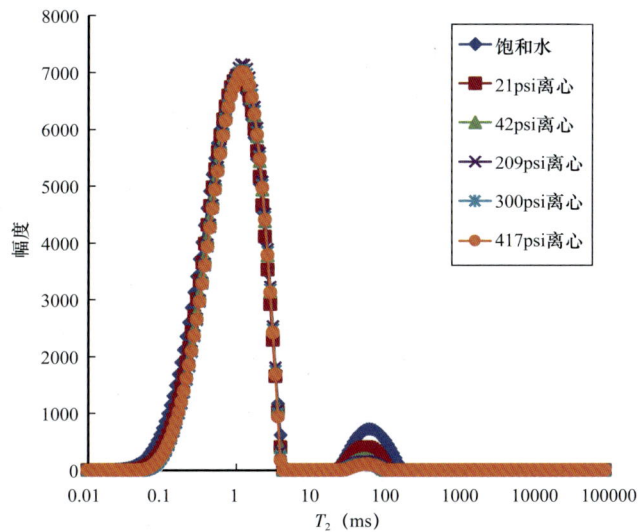

图 3-45 典型样品不同离心力作用后 T_2 图谱

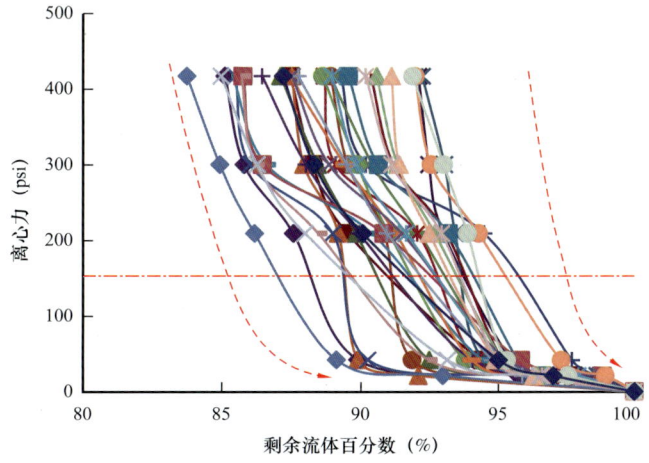

图 3-46 不同大小离心力离心后含水饱和度

通过统计不同离心力作用后核磁测试结果,得到不同尺度空间内水赋存量和可动用性。如图3-47所示,可动水百分数随渗透率增加略有增加,亚微米级空间对可动流体贡献稍大。煤样中可动流体百分比介于5.3%~23.2%之间,平均为12.1%,从分布趋势可看出各尺度空间贡献都在5%左右。

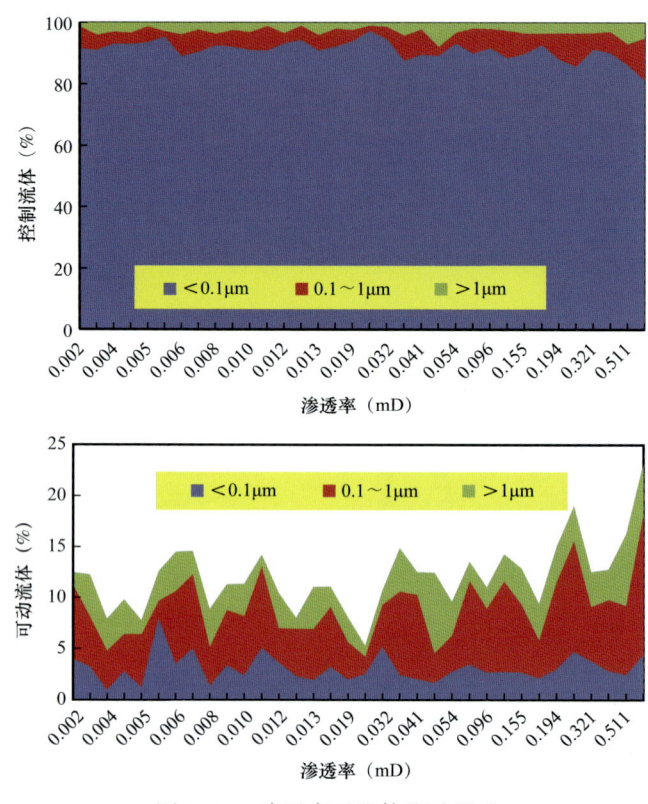

图 3-47 渗透率对流体流动影响

二、煤层气赋存类型

煤层中甲烷具有多种赋存状态,常见有吸附态、游离态和溶解态。以马必东区块为研究对象,利用低场核磁共振技术,研究区内煤层中甲烷主要赋存状态及其产出过程中不同赋存状态间转变规律和对生产的影响。

1. 煤层气赋存状态及标定方法

将充填含氢流体后的煤样放置于静磁场中,氢核被磁场极化,宏观表现净磁化矢量。在对煤样施加特定频率射频脉冲后,处于高能级氢核将与多孔介质壁面以及分子之间发生能量交换。在外加特定频率射频脉冲被撤销后,氢核将恢复至初始未受扰动状态,该过程即为弛豫过程。

根据弛豫机制的不同,可将弛豫分为纵向弛豫(T_1)和横向弛豫(T_2)。纵向弛豫过程的结束是以磁化强度分量 M_z 恢复为标志,其本质是自旋原子核释放自身所吸收能量的过程,T_1 弛豫时间主要取决于原子核和周围分子之间的相互作用。横向弛豫过程的结束

是以磁化强度分量 M_{xy} 的消失为标志，其本质是质子进动方向恢复至原始相位的过程。弛豫时间越短，反应流体与物质间作用越强，可间接表示不同相态流体特征。横向弛豫时间（T_2）长短与气、固间作用力相关，作用力越强，弛豫时间越短。弛豫过程中分子间作用频率越高，能量交换越快，则弛豫越迅速。煤层中的甲烷，按其受煤岩影响程度，在弛豫时间上应当存在明确截止值，可区分吸附态、游离态以及不同尺度孔—裂隙内游离态甲烷（图 3-48、图 3-49）。

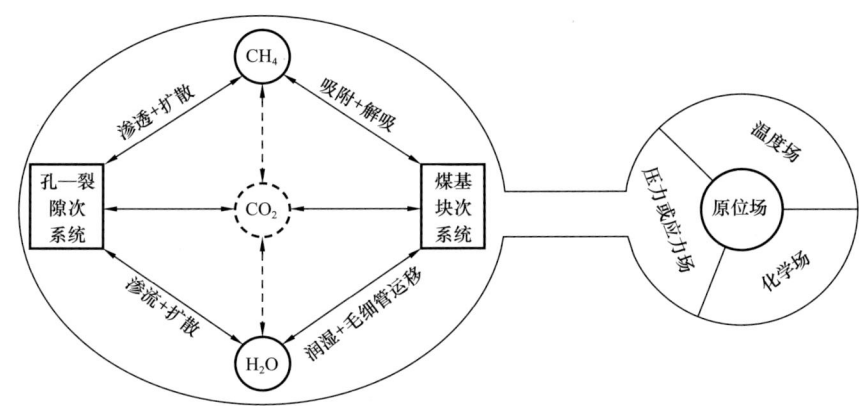

图 3-48 煤岩三相介质系统与核磁共振弛豫时间关系

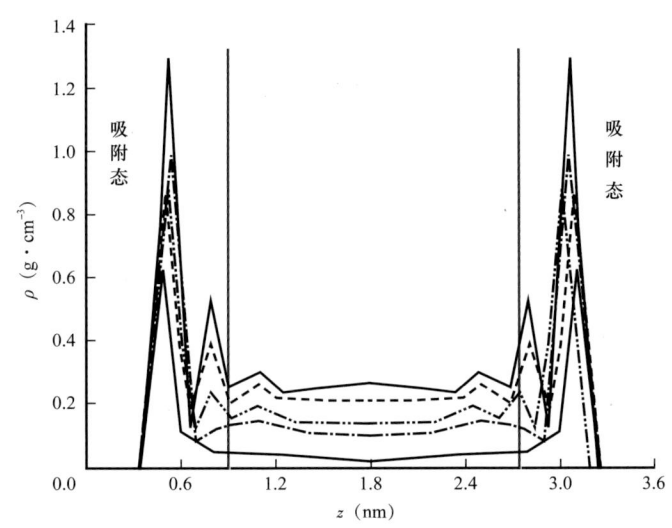

图 3-49 岩样孔隙内气体密度分布

2. 不同赋存状态气体 T_2 截止值标定

为明确煤岩内甲烷不同赋存状态截止值。首先，通过拟合煤样常规等温吸附曲线测试结果，以获取 Langmuir 等温吸附参数和相应压力下的理论吸附量。利用气体状态方程计算煤样中气体总量，进而求得相应压力下吸附气量与煤样中总气量之比。在确定温度和压力条件下，相同煤样中吸附气所占比值一定。测算不同弛豫时间区间信号累计量与总信号量比值，以此为基础筛选出与吸附气气量占比相等的弛豫时间区间，并以此判定为吸附气与非吸附气的截止值（图3-50，表3-14）。目标区煤样吸附气T_2截止值分布范围为4.50～5.94ms，均值为5.05ms。然后，选用无磁人工岩心，岩心孔容约为12.38mL，测试2MPa、5MPa、7.5MPa及10MPa压力下T_2图谱，信号曲线发生显著变化的弛豫时间约为166.38ms（图3-51）。游离气理论上发生体积弛豫，不受岩样影响，压力越大，游离气进入岩样越多，信号量越明显，故判定煤样游离气T_2截止值为166.38ms。而介于5.05ms到166.38 ms内的气体信号，初步断定为受煤样内小尺度孔—裂隙壁面影响较强的游离气（图3-52）。最后，为分析煤层气吸附参数，基于无磁人工岩心核磁信号量与其内部吸附气量拟合，建立核磁信号累计量与甲烷吸附量转换关系，二者呈线性关系，吸附气量值约为信号累计量值的0.0966倍（图3-53）。

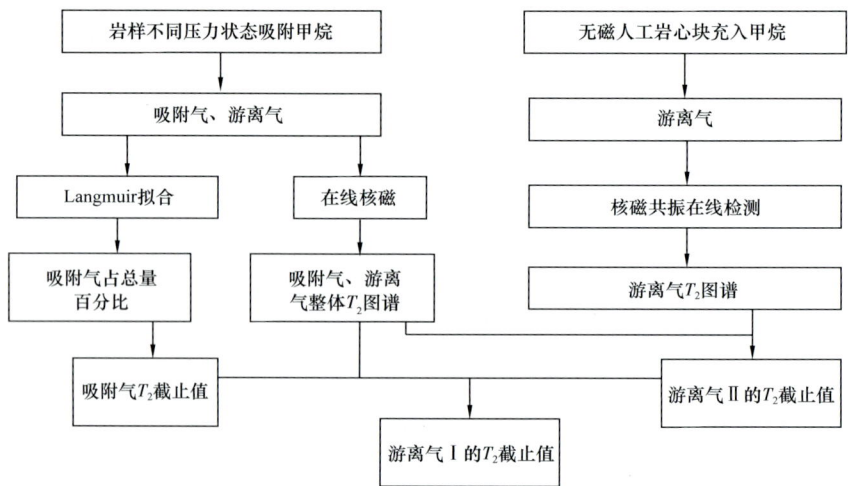

图3-50　不同赋存状态T_2截止值标定方法

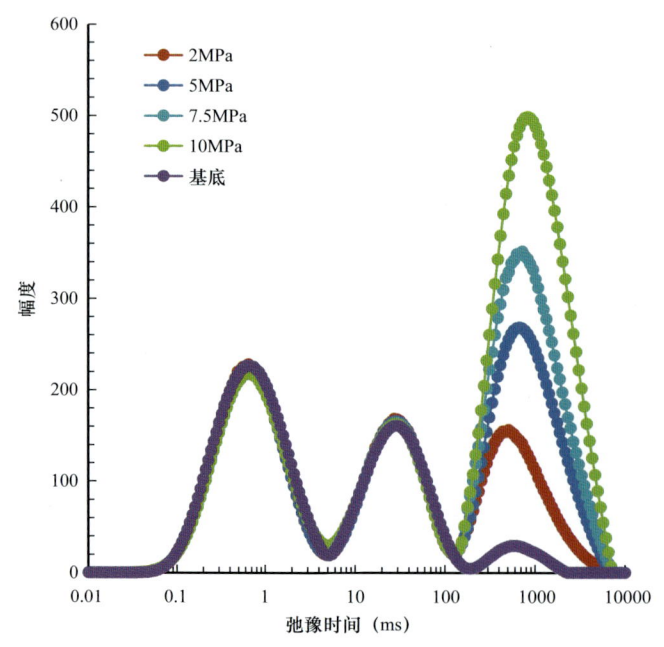

图3-51　无磁人工岩样核磁共振T_2图谱

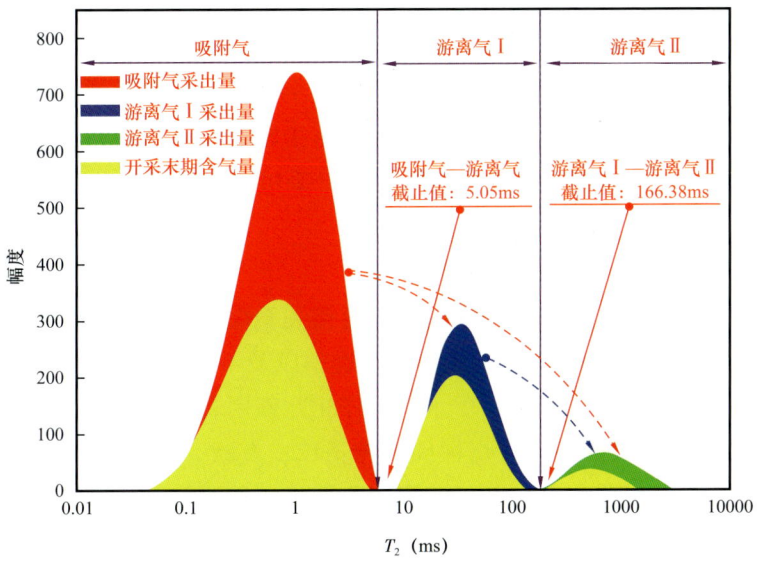

图 3-52 甲烷赋存状态 T_2 截止值标定结果

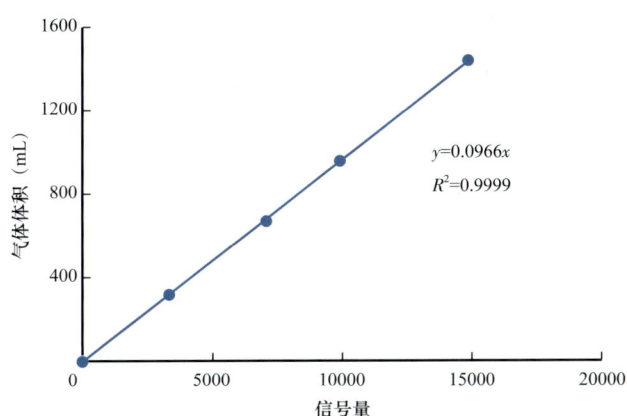

图 3-53 核磁信号累计量与吸附气量拟合关系

表 3-14 吸附气 T_2 截止值标定结果

岩心编号	单位质量吸附气体积 （mL/g）	单位质量岩心总气体体积 （mL/g）	常规测试吸附气占比 （%）	T_2 截止值 （ms）
D5	13.76	16.11	85.40	5.94
E5	15.18	17.47	86.90	4.50
F4	21.46	24.22	88.60	4.82
H3	10.87	11.80	92.10	4.82
L4	13.58	14.80	91.80	5.17

三、煤层气流态曲线测试与分析

煤层气的开发需经过"解吸—扩散—渗流"三个主要过程。甲烷自煤基质表面解吸后开始运移,运移过程中甲烷的状态、方式和效率直接影响煤层气的开发。本小节通过建立相应数学模型,设计流态实验,研究分析煤层气开采过程中不同运移机理的主次和效率。

1. 流态实验原理

甲烷在煤层中运移方式和运移效率的差异直接关系煤层气井的稳产和高产。基于多因素分析,明确不同影响下不同运移方式的视渗透率以及不同运移方式的边界条件。首先,用去离子水测试煤样渗透率,因去离子水与煤样相互作用弱,吸附、滑脱、扩散等因素的影响可近似忽略,该测试结果接近煤样固有渗透率;其次,测试不同压力下氦气流态曲线,因氦气与煤样间相互作用弱,几乎无吸附作用,所以该测试渗透率可表征叠加滑脱效应后的视渗透率;最后,测试不同压力下甲烷流态曲线,该测试结果主要表征表面扩散、达西渗流以及滑脱效应三者叠加后的视渗透率(图3-54)。

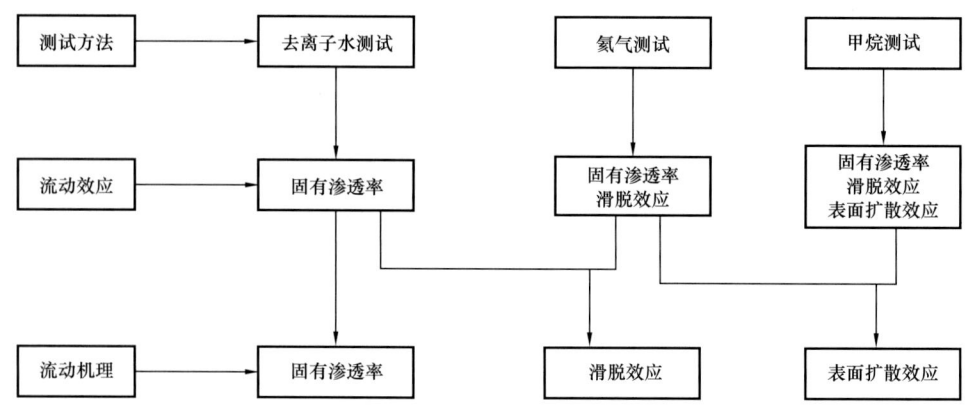

图3-54 不同运移方式视渗透率测试方法

2. 流态曲线测试步骤

(1)测量煤样长度、直径、孔隙度,并使用去离子水测量固有渗透率。

(2)测试氦气流态曲线。测试过程净围压设定为1.5MPa,确保氦气在孔隙中分布均匀,且动态平衡;测试出口气体流量三次,误差小于5%判定为平衡;测试压力范围为0.1~10MPa,记录实验数据,计算氦气视渗透率。

(3)测试甲烷流态曲线。测试前用甲烷排驱孔隙中其余气体,驱替时间1h;测试过程净围压设定为1.5MPa,确保甲烷在孔隙中分布均匀且动态平衡;测试出口气体流量三次,误差小于5%判定为平衡;测试压力范围为0.1~10MPa,记录实验数据,计算甲烷视渗透率。

3. 流态曲线测试结果分析

共计15块煤样,岩样基础资料见表3-15。

表 3-15 测试煤样基础资料信息

序号	编号	长度（cm）	直径（cm）	干重（g）	视密度（g/cm³）	孔隙度（%）	渗透率（mD）
1	C2	7.57	2.53	49.57	1.31	9.72	—
2	C5	6.34	2.53	43.37	1.36	8.85	0.047
3	C7	6.31	2.50	43.86	1.41	6.49	0.046
4	D5	8.01	2.49	58.37	1.50	4.25	0.081
5	D7	5.03	2.53	35.04	1.38	7.43	0.018
6	D8	3.94	2.53	26.81	1.35	8.24	0.014
7	E2	7.12	2.52	50.08	1.42	5.47	0.042
8	F1	5.08	2.52	34.87	1.38	7.89	0.806
9	G3	8.82	2.51	63.10	1.45	5.92	0.003
10	I2	5.69	2.51	44.32	1.57	3.74	0.012
11	K2	7.05	2.53	54.50	1.54	4.52	0.014
12	L5	5.03	2.53	38.67	1.53	4.28	0.248
13	M1	4.38	2.53	33.54	1.53	3.90	0.113
14	N4	3.30	2.53	22.15	1.34	9.00	0.034
15	U5	4.024	2.464	26.93	1.40	5.79	0.104

典型煤样在不同入口压力下，使用氦气和甲烷测得视渗透率值分布（图 3-55a），氦气与甲烷视渗透率损失（图 3-55b）。当压力小于 2MPa 时，视渗透率快速衰减；当压力大于 2MPa 时，视渗透率曲线变缓。氦气视渗透率一直大于甲烷视渗透率，随着压力增大，氦气视渗透率与甲烷视渗透率值逐渐接近，氦气视渗透率损失均高于甲烷。

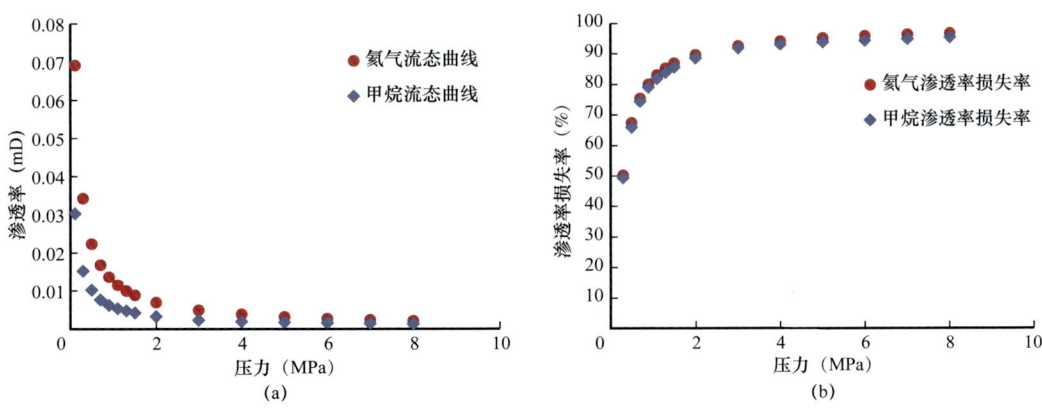

图 3-55 典型煤样氦气及甲烷视渗透率测试

去离子水渗透率可近似表征达西渗流中煤样固有渗透率，氦气渗透率是滑脱效应和达西渗流共同作用结果，甲烷渗透率为滑脱效应、达西渗流以及表面扩散效应共同作用结果。氦气与甲烷分子大小的差异，导致两种气体滑脱效应对渗透率的贡献能力不同。将滑脱作用对氦气视渗透率贡献修正为拟甲烷视渗透率，其修正公式为：

$$K_{He \to CH_4} = \frac{\mu_{He} D_{He}}{\mu_{CH_4} D_{CH_4}} (K_{He} - K_{CH_4}) + K_{CH_4} \quad (3-18)$$

对比分析去离子水测试渗透率和修正后的氦气渗透率，可获得滑脱效应的等效渗透率，对比分析甲烷渗透率和修正后的氦气渗透率，可获得表面扩散效应的等效渗透率（图 3-56）。压力小于 1.7MPa 时，气相运移主要受扩散效应和滑脱效应影响，运移主要贡献为表面扩散＞滑脱效应＞达西渗流；压力大于 3.23MPa 时，达西渗流方式成为气相运移的主要方式，运移主要贡献为达西渗流＞滑脱效应＞表面扩散。

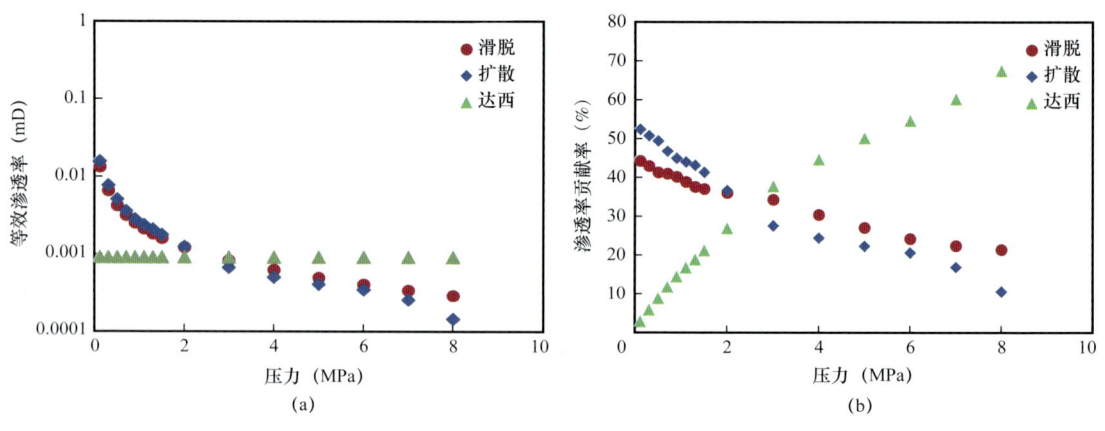

图 3-56 典型煤样不同运移方式渗流关系

四、煤层气不同压力状态下的微观赋存特征

选取 5 块典型煤样，先在干燥状态下进行核磁共振吸附—解吸测试，然后在饱和水状态下进行吸附—解吸测试，吸附温度设置为 35℃，湿煤样含水饱和度设为 30%（表 3-16）。统计典型煤样在干燥状态下，吸附过程 T_2 图谱吸附态区间核磁信号量，建立信号累计量与吸附气体数量值对应转换模板（表 3-17，图 3-57）。典型煤样吸附—解吸全过程监测信号累计值，经换算后，间接获取煤样中吸附气量变化。

表 3-16 测试煤样基础数据信息表

样品编号	样品来源	干重（g）	长度（cm）	直径（cm）	视密度（g/cm³）	孔隙度（%）	克氏渗透率（mD）
D5	胡底煤矿	58.37	8.01	2.49	1.50	4.25	0.023
E5	胡底煤矿	45.54	6.39	2.51	1.44	6.31	0.017
F4	胡底煤矿	37.39	5.25	2.52	1.43	6.20	0.117
H3	胡底煤矿	41.38	5.47	2.51	1.53	3.42	0.032
L4	胡底煤矿	60.75	7.89	2.51	1.55	3.66	0.026

表 3-17 煤样等温吸附参数

岩心编号	兰氏体积（mL/g）	兰氏压力（MPa）
D5	53.220	4.950
E5	56.210	2.960
F4	57.830	4.840
H3	55.420	4.440
L4	45.090	3.450

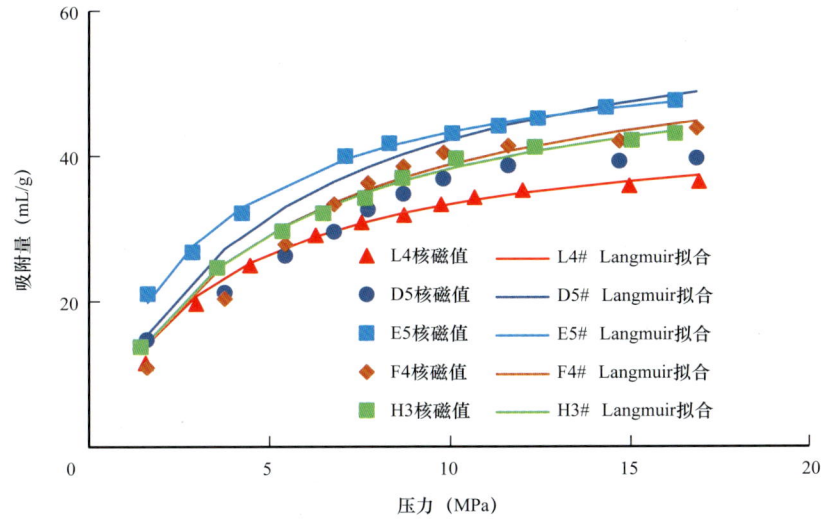

图 3-57 信号累计与吸附气量拟合关系

如图 3-58 所示，5 块典型煤样不论干或湿状态，解吸压力都在 10MPa 附近，表明煤样内部含水对煤层气的解吸压力无明显影响。对比两种状态下最终煤层气吸附量可知，水分的侵入会降低煤样吸附能力。对比曲线斜率变化程度，发现含水煤样解吸速率受抑制明显。以煤层气赋存状态划分方式为依据，基于监测的 T_2 值，利用不同环境压力模拟煤层气不同开采阶段，最终明确不同阶段不同赋存状态煤层气比例关系（图 3-59）。统计不同环境压力下，不同赋存状态煤层气量减少量，而减少量等价于煤层气采出（图 3-60）。在开采前期，游离气是产出煤层气的主要来源。对比干或湿煤样，水的侵入抑制了煤层气的产出，解吸滞后明显且前者煤层气的产出效率要强于后者。湿煤样中，毛细管力作用可能更为显著和广泛，水分流动困难，进而抑制煤层气解吸和扩散。在水分排出之后，煤样中部分前期被液相所占据的吸附位，重获吸附煤层气能力，降低煤层气产出效率和总量。

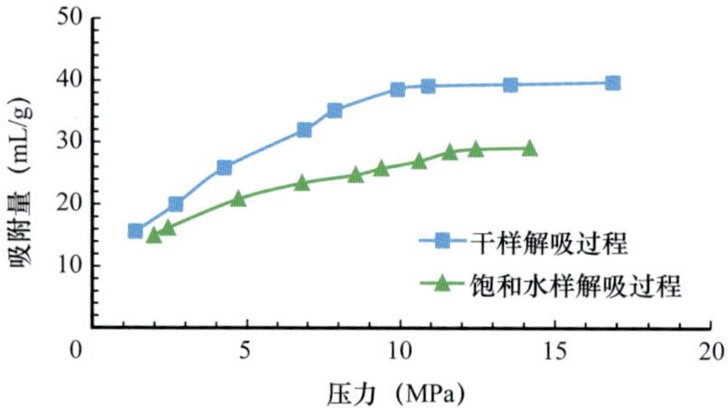

(a) D5号样品不同含水率样品解吸规律曲线

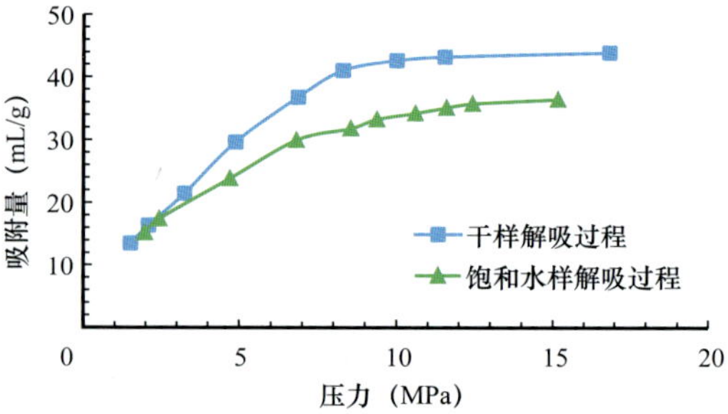

(b) F4号样品不同含水率样品解吸规律曲线

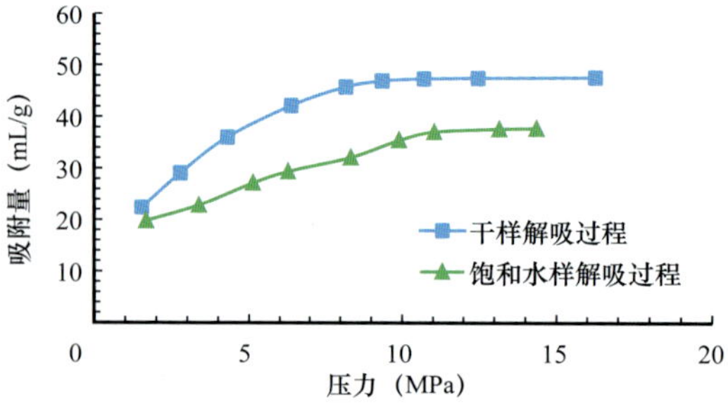

(c) E5号样品不同含水率样品解吸规律曲线

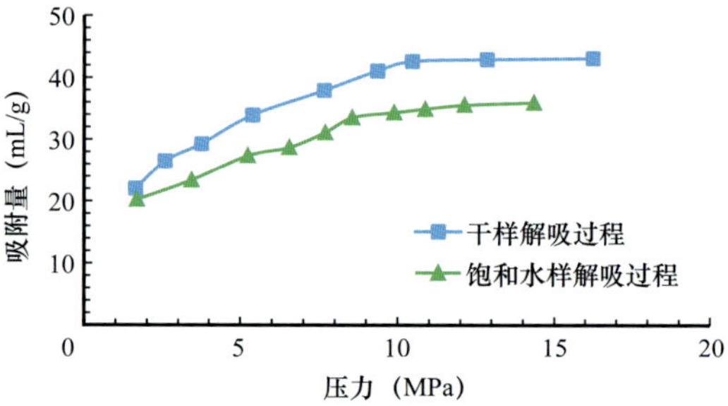

(d) H3号样品不同含水率样品解吸规律曲线

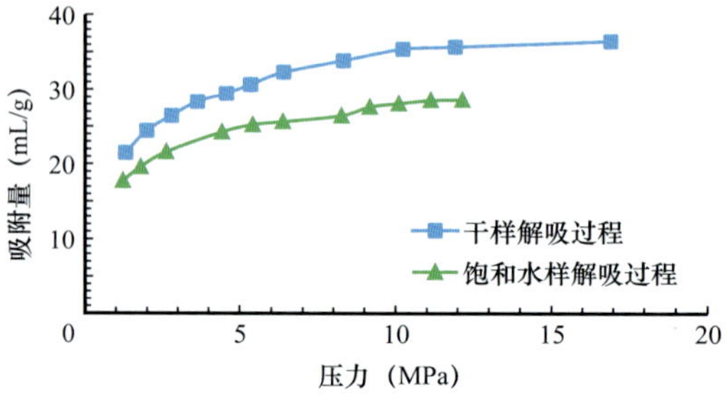

(e) L4号样品不同含水率样品解吸规律曲线

图 3-58 典型煤样干或湿条件下解吸对比

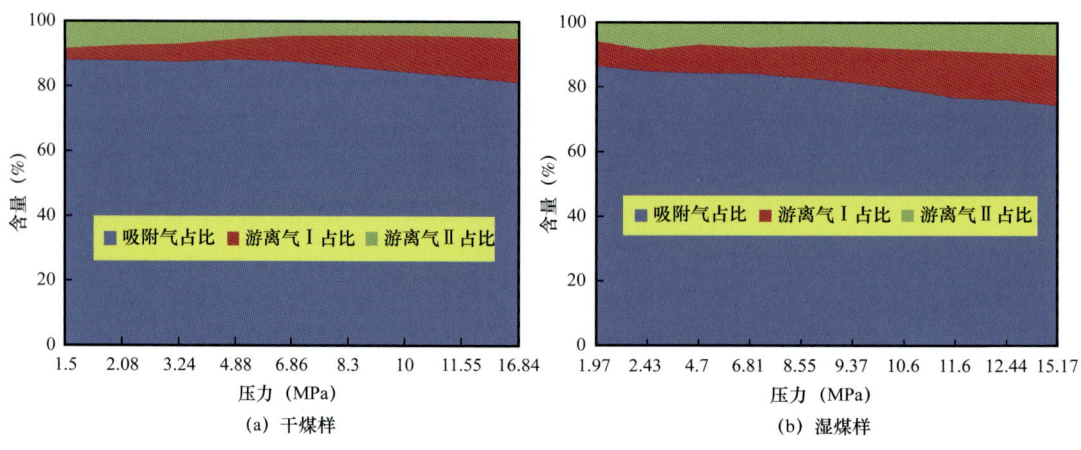

(a) 干煤样

(b) 湿煤样

图 3-59 典型煤样不同压力不同赋存状态煤层气比例

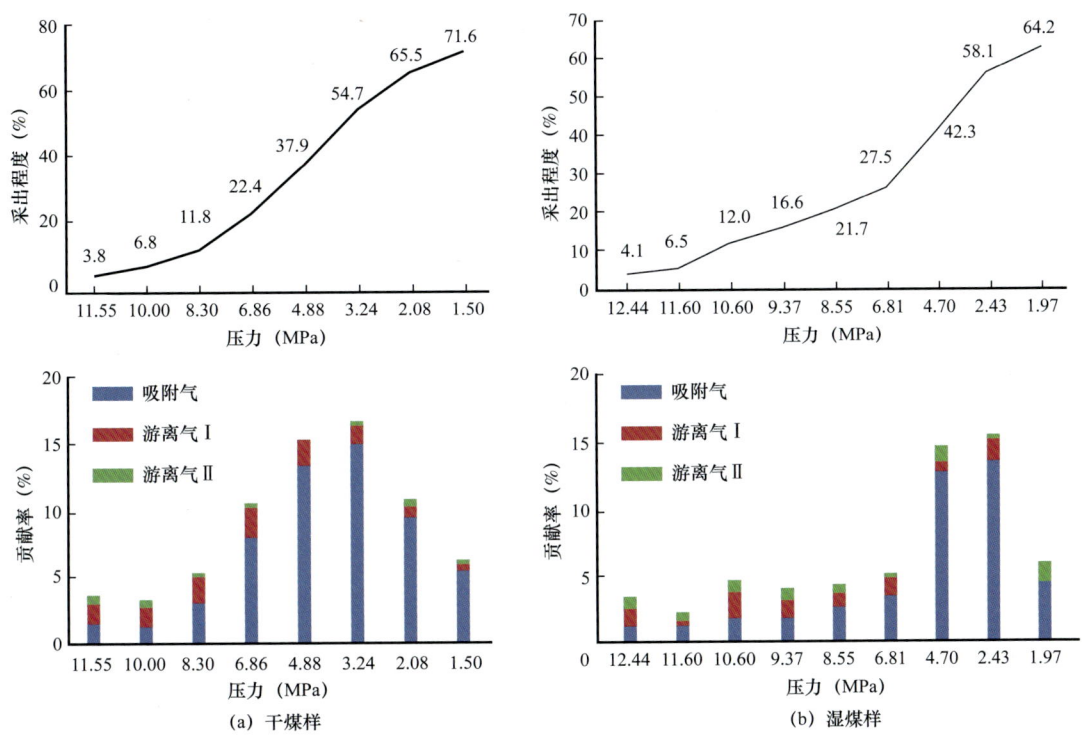

图 3-60 典型煤样不同压力不同赋存状态煤层气采出程度

五、煤储层流体评价实例分析

如图 3-61 所示，长治煤样（$1.9<R_o<2.4$）和晋城煤样（$R_o>2.5$）内部流体离心核磁共振 T_2 图谱特征对比。晋城煤样孔隙分布较长治煤样更为复杂，为双峰形态且多一级小尺度孔隙（$10^{-4}\sim10^{-2}\mu m$）。长治煤样孔隙孔径主要分布于 $10^{-4}\sim10^{-2}\mu m$，为单峰形态。两处煤样孔隙孔径主体都未超过 100nm。离心之后长治煤样主要在 $10^{-3}\sim10^{-2}\mu m$ 一级孔径孔隙中残余有流体；晋城煤样残余流体仍旧呈现双峰形态，但次一级孔径孔隙中残余流体量占比数较饱和时有明显降低。

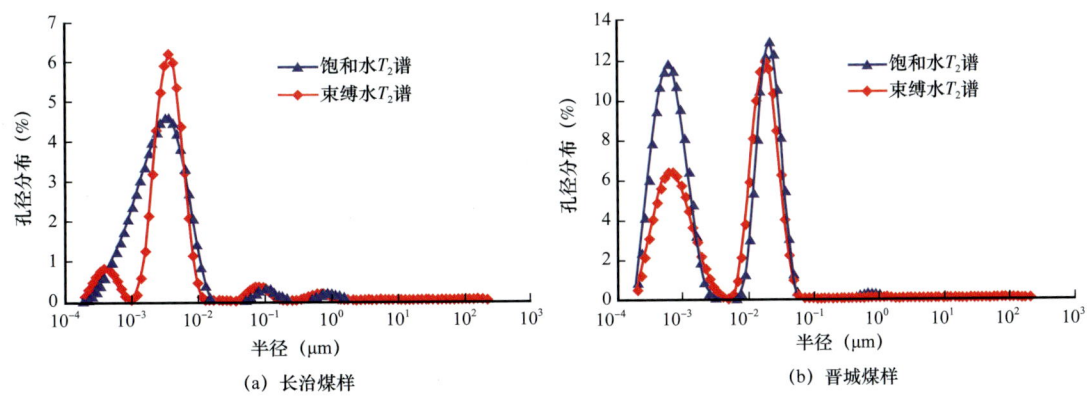

图 3-61 晋城煤样与长治煤样离心核磁测试

长治煤样孔隙孔径分布集中,配置较好;晋城煤样孔径分布离散为两簇,配置较差。从导流能力来看,孔隙孔径较孔隙配置关系影响更为显著(图3-62)。长治煤样虽然孔隙之间过渡平缓,孔喉比低,但可供流体流动的空间非常有限。晋城煤样 $10^{-4}\sim 10^{-2}\mu m$ 孔径孔隙较为发育且配置较好,离心之后部分流体产出;但 $10^{-2}\sim 10^{-1}\mu m$ 孔径孔隙相对孤立,导致孔隙中流体量无明显变化。煤岩内孔径和配置特征影响其导流能力,孔径越大,配置关系越好,两相共流区越宽,单相相对渗透率变化越平缓。

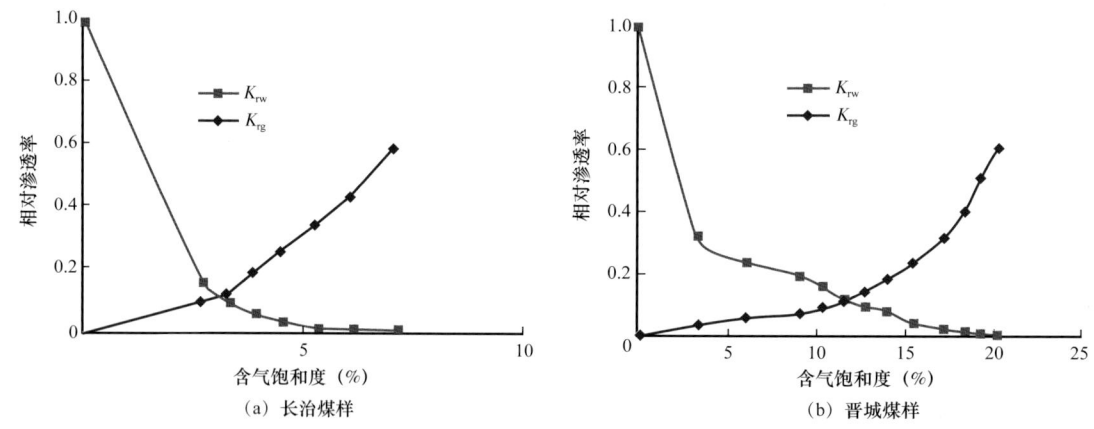

图 3-62 晋城煤样与长治煤样气、液相对渗透率

第四章 煤层气开发的基本理论

煤层气的开发方式与常规天然气存在较大差别，需以排水—降压方式使吸附煤层气发生解吸，然后在压力或浓度梯度的作用下运移产出。煤储层中流体运移通道的导流能力是决定地下煤层气资源开发效果的关键。在煤层气开发过程中，受工程作业影响，地下原位煤储层周边的地应力场、流体场等都会发生不同程度的变化，进而改变煤储层导流能力，左右其内部流体的流动运移方式和效率。在圈定煤层气富集区带之后，从开发角度出发，系统认识制约煤层气开发的地质要素，探究各要素对煤储层导流能力的影响方式和程度。以煤层气开发产出规律为基础，充分考虑现阶段制约煤层气高效开发的三大矛盾，结合煤储层导流能力在开发过程中动态变化规律，提出煤层气疏导式开发理论。以理论认识为基础，建立契合煤储层特点的开发评价技术，准确识别煤储层需增产改造的对象和方向，对配套工程技术的优化升级和单井产量的提高具有积极的作用和意义。

第一节 疏导式开发概念的提出

我国对煤层气开发的早期定位为瓦斯治理，大多数的煤层气开发处于煤矿周边，这些地区具有共同的特点：一是埋藏较浅；二是区域地质情况煤矿基本掌控；三是区域水动力特点基本清楚；四是由于煤矿开采多年，地层已经整体降压。这些地区对技术的要求不高，进入的技术门槛较低。但煤层气更多的资源埋藏深度大于800m，深层煤层气的富集状况和水体分布同浅层有本质的区别，加以地层压力大，煤层横向分布非均质性强，对于这些地区的开发技术要求更高。目前，我国煤层气开发在离开煤矿周边后屡屡失误，就是技术不适应的具体体现。煤层气开发更大程度上是新能源挖掘，对技术的规划和部署要有更高的要求，要超脱瓦斯治理的范畴。美国在1983年之后，已将对煤层气开发的定位由瓦斯治理变为新能源开发。

过去我国煤层气开发大多采取煤矿瓦斯治理的方式，却忽略了煤层气地质和煤矿地质的三大区别：一是储层物性发生了改变，煤矿周边随着泄压的发生，储层渗透率增大；二是储层流体发生了变化，储层的气和水随着煤矿的挖掘，不断排出；三是储层压力的变化，煤矿周边由于煤的采出，地层压力整体下降。过去单井产量低的问题从工程技术的本质上很难解决，华北油田以问题为导向、以目标为引领，认真审视勘探开发中出现的问题，紧密研究煤层气开发的规律，发现了煤层气同常规油气不同的三大矛盾：一是主体压裂技术会抬升地层压力，而煤层气需要降压开采的矛盾；二是压裂要求造长缝，而煤层高泊松比、低杨氏模量的特性决定其难以被造出长缝的矛盾；三是压裂会使大量的水进入煤层，而水会降低煤层气解吸压力的矛盾。按照辩证思维方式审视过去压裂工艺的利弊，有利的地方是改善近井周围的渗透率，不利的地方是压裂会提高地层压力，同时大量压裂液进入地层会降低煤层气解吸压力并缩短压力控制半径。充分考虑到煤层气的岩石特征和开发规律，工程技术由过去的改造向疏导式转变是解决煤层气高效开发的必由之路。

将工程技术由过去的改造模式向疏导模式转移，符合了煤层气的开发规律。华北油田提出的疏导式工程技术理论，将高煤阶煤层气单井产气量翻了一番。同时对工程技术改进应用，在内蒙古吉尔嘎朗图低阶煤获得单井产量2000m³/d，取得了低煤阶煤层气勘探的历史性突破。

第二节 煤层气产出的基本规律

主要以物理吸附方式赋存于煤储层基质孔隙中的煤层气，在一定地层压力和温度作用下，处于吸附动态平衡状态。煤层气地面开发通过抽排煤储层及其上覆岩层和下伏岩层中的地下水，降低煤储层流体压力，打破吸附动态平衡，使吸附煤层气大规模游离化，在压力或浓度梯度下发生运移并产出。因此煤层气产出符合降压开采的规律，只有当地层压力降到一定基值时，煤层气才能从煤层中产出，控制的有效储量才能更多。基于现阶段煤层气开发认识和工艺技术，煤层气的开发产出需依次经历"解吸—扩散—渗流"过程。在实际排采生产过程中，按宏观产出特征差异可分为三个阶段（图4-1）：（1）排水降压阶段，煤储层流压高于煤层气临界解吸压力，井口主要产出地下水和少量的不连续游离气、溶解气；（2）稳定生产阶段，煤储层流压已降至煤层气临界解吸压力之下，产气量平稳上升，在达产气高峰后保持稳定产出，产水量迅速下降到一个极低水平；（3）平稳衰减阶段，几乎不产水，产气量由峰值缓慢下降，储层流压的下降接近零值。

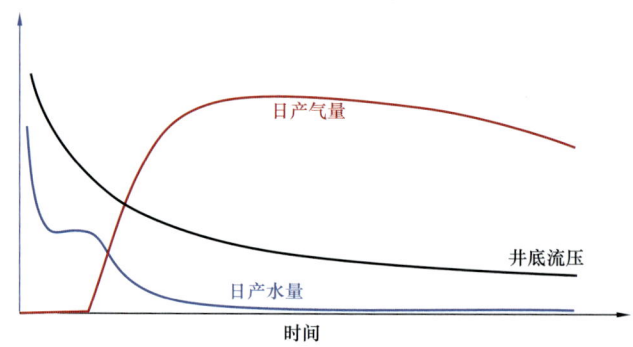

图4-1 典型煤层气直井生产全过程

煤层气的吸附是温度与压力的函数，当温度或压力发生变化时，煤基质内表面吸附的煤层气量将会发生改变。在经历排水降压之后，煤储层中吸附煤层气开始游离化。在地温条件不变的前提下，煤层气解吸规律可由Langmuir等温吸附方程及其函数曲线表示（图4-2）。

$$V = V_L \times p / (p_L + p) \tag{4-1}$$

式中　V——吸附量，m³/t；
　　　p——煤储层流体压力，MPa；
　　　V_L——Langmuir 体积，m³/t；
　　　p_L——Langmuir 压力，MPa。

煤层气在煤储层中的吸附—解吸过程可逆。通过排水降压，将井筒附近储层流压降至临界解吸压力之下，可使被吸附煤层气发生解吸。但因某些原因，使煤储层内流压再次恢复至临界解吸压力之上时，煤层气亦会再次发生吸附，由游离态变为吸附态，从而丧失流动性。煤储层中流体压力的控制对煤层气开发而言至关重要。

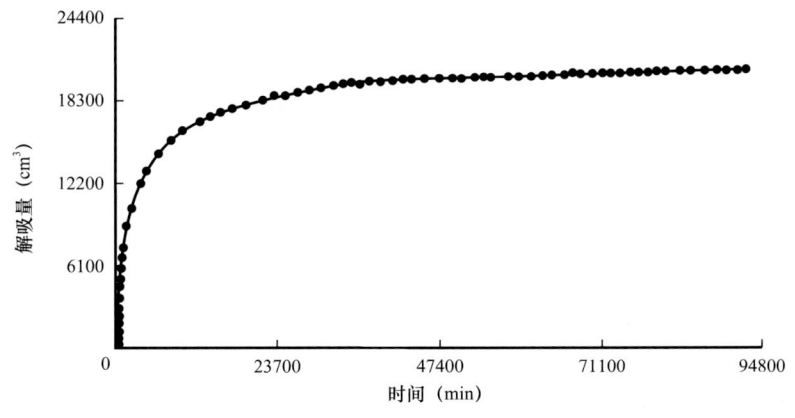

图 4-2　煤样实测等温解吸累计产出曲线

游离态煤层气在煤基质中受其浓度、压力梯度、运移通道及环境条件等影响，会由高浓度基质内部向低浓度裂隙中扩散运移。主要扩散方式通常有四种：Fick 扩散、Knudsen 扩散、过渡扩散、表面扩散（图 4-3）。前三种扩散方式可采用诺森数（Kn）予以判定。

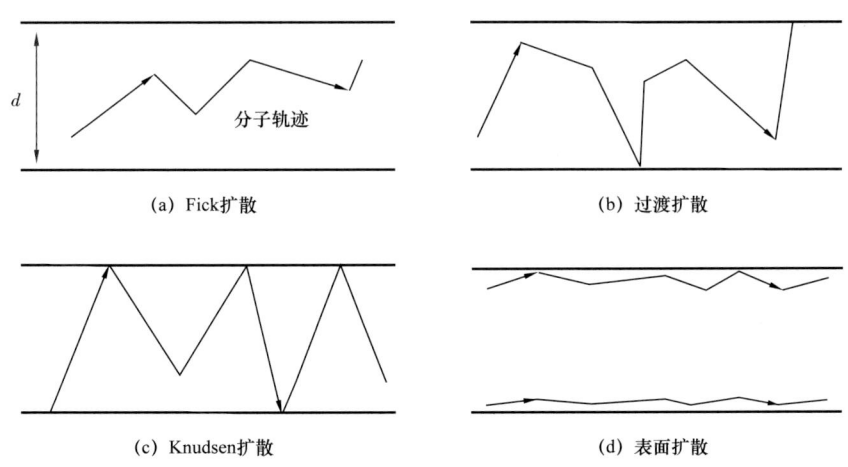

图 4-3　煤层气不同扩散方式示意图

$$Kn = \frac{d}{\lambda} \tag{4-2}$$

式中　d——孔隙等效直径，mm；

λ——孔隙内煤层气分子的平均自由程，mm。

当 $Kn \geq 10$ 时，孔隙等效直径远大于孔隙内煤层气分子的平均自由程，气体分子运移主要遵循 Fick 扩散；当 $Kn \leq 0.1$ 时，孔隙等效直径远小于孔隙内煤层气分子的平均自由程，气体分子运移主要遵循 Knudsen 扩散；当 $0.1 < Kn < 10$ 时，孔隙等效直径与孔隙内煤层气分子的平均自由程相近，Fick 扩散和 Knudsen 扩散同时发生。

Fick 扩散系数表达式为：

$$D_\mathrm{f} = \frac{1}{\tau}\sqrt{\frac{8RT\lambda^2}{9\pi M}} \qquad (4-3)$$

Knudsen 扩散系数表达式为：

$$D_\mathrm{k} = \frac{1}{\tau}\sqrt{\frac{32RT}{9\pi M}} \qquad (4-4)$$

过渡扩散系数为：

$$\frac{1}{D_\mathrm{s}} = \frac{1}{D_\mathrm{f}} + \frac{1}{D_\mathrm{k}} \qquad (4-5)$$

式中　R——理想气体常数，J/(mol·K)；

　　　M——煤层气摩尔质量，g/mol；

　　　T——储层温度，K；

　　　τ——发生扩散通道的曲折因子；

　　　D_f，D_k，D_s——Fick 扩散系数、Knudsen 扩散系数和过渡扩散系数。

当煤层气扩散进入大尺度裂隙后，运移方式由扩散变为渗流。煤储层裂隙网络中，随煤层气开发进行，依次出现水的单相流、气—水两相流、气的单相流。煤储层中流体流动满足 Darcy 定律：

$$v = \frac{K}{\mu} \cdot \frac{\mathrm{d}p}{\mathrm{d}L} \qquad (4\text{-}6)$$

式中　v——流体流速，m/s；

　　　K——相对渗透率，μm^2；

　　　μ——流体黏度，Pa·s；

　　　$\dfrac{\mathrm{d}p}{\mathrm{d}L}$——压力梯度，Pa/m。

水的单相流阶段，随井筒附近煤储层内流体压力的下降，煤储层孔—裂隙空间主要被地下水所充填，地下水作为连续相稳定流动。气—水两相流阶段，随着煤层气的持续解吸和扩散，煤储层孔—裂隙空间中地下水饱和度开始下降，煤层气由非连续气泡逐渐向连续流动相转变，气相相对渗透率逐渐增大，而液相相对渗透率开始下降。气的单相流阶段，其内部孔—裂隙空间已全部被解吸煤层气所充填，地下水不再连续流动，游离煤层气作为连续流动相开始稳定产出。在时间和空间上三者是一个连续过程。随排水降压的进行，该过程以井筒为起点向远端发展，形成一个可以使煤层气稳定产出的连续压降趋势面。

经大量煤层气地面开采实践证实，煤储层渗透率的好坏对煤层气的产出有着重要影响。在开采过程中，煤储层的渗透率并非稳定不变，而是随着开发的进行，在持续发生着变化。目前来看，对煤储层渗透率有显著影响的主要因素包括有效应力、煤层气解吸、多相渗流等。有效应力增大会导致煤储层中孔—裂隙受压。在一定区间内，有效应力越大，渗透率损失程度越高。但该作用强度与煤岩力学性质及其孔隙结构相关，导流系统并不会完全失效，最后总能保持一定导流能力。两者之间统计关系为：

$$K = ae^{(-b\sigma_e)} + c \tag{4-7}$$

式中　σ_e——煤储层有效应力，MPa；

　　　a，b，c——相应拟合常数，是煤岩自身力学性质的表现。

在煤层气发生解吸之后，煤基质会发生收缩，使单位空间内煤岩体积占比下降，为流体运移腾出更大空间。在发生煤层气吸附之后，煤基质亦会膨胀，侵占流体运移空间。煤基质体积变化后影响流体运移空间，进而使渗透率发生变化。总体来看，随煤层气开发生产的持续进行，煤储层渗透率有逐渐增大趋势。

在煤储层裂隙系统中，发生流动的运移物质不止流体（气相、液相），还包括固相煤粉。运移煤粉的沉淀和堆积对裂隙系统导流能力而言有明显负面影响。煤粉的主要来源有无机矿物脱落、煤体破碎、流体冲刷等。煤粉运移与流体流速及气液两相扰动程度有关。但单纯就煤粉运移而言，对煤储层内孔—裂隙系统有着一定程度的清洗和疏通作用。

第三节　煤层气疏导式开发的基本理论

21世纪初在沁水盆地南部获得了煤层气探明地质储量，随后开始了煤层气的规模开采，至2009年煤层气产量逐渐增长至近 $1 \times 10^8 \text{m}^3/\text{a}$。这个时期储量替换率在0~669之间变化，反映出不稳定性、无规律性。随煤层气成藏机制、勘探开发技术等难题持续攻关的开展，大力推动了中国煤层气地质评价的进步，储量替换率降低并趋于稳定在3左右，呈现出资源量大、探明储量多，但有效动用率低、剩余可动用储量低、单井产气量低的现象，使煤层气产业的健康发展面临着极大的挑战。为实现中国高煤阶煤层气的高效开发，解决剩余探明储量难以有效动用、前期低产井有效盘活困难、单井产量提升缓慢、现有工程技术适应性差等问题，聚焦煤层气开发中的三大矛盾，对煤储层的储集特性、导流特性、内部流体赋存和流动特征展开分析研究。

与常规砂岩或碳酸盐岩储层相比，煤储层不仅力学强度低，而且内部孔—裂隙结构更为复杂，对内外条件变化，如温度、流体压力和地应力等，尤为敏感。大量煤层气开发工程实践总结显示，煤储层制约其内部煤层气解吸产出因素众多，仅依靠"排水—降压—解吸—产出"认识，尚不足以支撑煤层气大规模高效开发。煤层气为降压开采，而采用的压裂方式会提升地层压力，同时由于煤层可压缩，地层压力的抬升会压实煤层，所以寻求能够减缓地层压力抬升和对煤层压实程度低的工程技术，是实现煤层气高效开发的关键。煤层气疏导式开发理论以上述目的为出发点，充分考虑煤储层固有特性，从"疏"和"导"

两个方面去总结和诠释煤层气开发的问题和现象，为现阶段煤层气地面开发所必须遵循的基本规律。"疏"主要是指疏通煤储层内流体运移通道，改善流体运移条件，扩大压降波及范围，使更多煤层气资源与煤层气井建立有效联系。而"导"主要是指主动引导煤储层内流体运移，使受产出基本规律控制的煤层气以最高效率方式产出，实现煤层气解吸、扩散以及渗流速率的最大化。

一、煤储层中裂隙通道网络

经人工压裂改造后，在煤储层中会同时存在三类裂隙（图 4-4）：人工压裂裂隙、肉眼可见天然裂隙、显微天然裂隙。不同类别裂隙彼此连接，相互贯通，构建形成煤储层中流体运移通道网络。按受压裂改造影响程度，可将流体运移通道网络划分为压裂裂隙通道网络、受压裂改造影响天然裂隙通道网络、未受压裂改造影响天然裂隙通道网络。它们的各自空间尺度和发育特征、对煤储层内流体运移的影响，以及对改造工程和生产作业要求都不尽相同。如何科学协调不同裂隙通道网络对煤层气开发影响的差异，解决煤层气开发过程中各类裂隙对改造工程及生产作业要求不一致的矛盾，是现阶段提高煤层气井单井产量，实现煤层气高效开发所必须直面的问题。

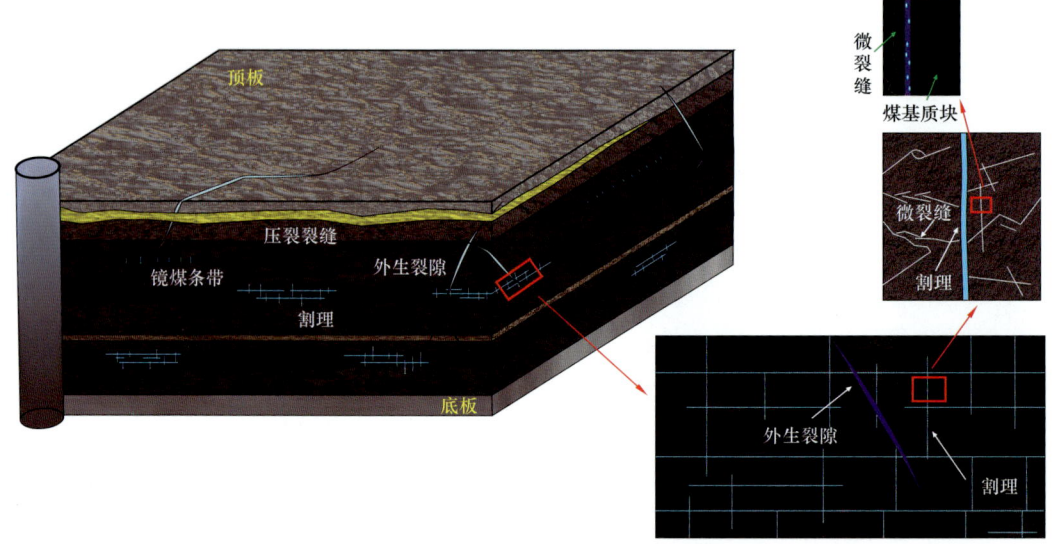

图 4-4　煤储层中三级裂隙系统网络

1. 压裂裂隙通道

在压裂裂隙通道网络中，任意一条人工压裂裂隙内都铺设有支撑剂。人工压裂裂隙网络不论其导流能力还是稳定性都远强于其他两类裂隙网络，流体在其内部主要受压力梯度作用发生渗流运移。因此，就人工压裂裂隙网络而言，串联煤储层中离散分布的各类天然裂隙，疏通吸附煤层气与煤层气井之间流体流动运移阻碍，缩短、简化流体运移路径，降低流体运移沿程能量损耗是其主要任务。通常情况下，压裂改造作业规模越大，压裂裂隙通道网络越发育，疏通改造效果越好。

2. 受压裂影响天然裂隙通道

受压裂改造影响的天然裂隙通道网络主要存在于压裂裂隙周边（图 4-5）。受压裂改造影响天然裂隙一端与压裂裂隙相连，一端伸入煤储层内部与未受压裂改造影响天然裂隙连接。因受压裂改造影响，其延展长度和开度较原始状态有明显增加，但内部未铺设支撑剂。受压裂改造影响天然裂隙通道网络可扩大压降波及范围，使更多煤层气资源与煤层气井建立有效联系。但因其内部缺少支撑，此类裂隙极易受到内外部条件变化影响，发生错动和闭合，进而丧失导流能力。但压裂改造用液的侵入，会使受压裂改造影响天然裂隙通道网络内的流体压力显著抬升，增大排水降压作业强度。在受压裂改造影响的天然裂隙通道网络外围，部分区域压裂液侵入程度低甚至不发生侵入，在压裂改造过程中这一部分天然裂隙整体处于受压状态（图 4-6），导流能力不仅不会得到改善，反而可能形成"屏障"阻碍吸附煤层气与煤层气井建立有效联系。

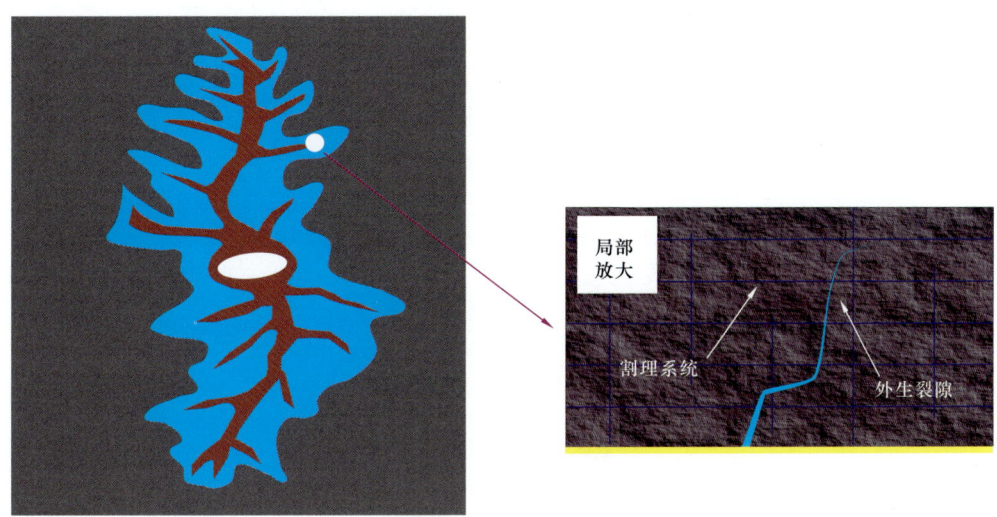

图 4-5 受压裂改造影响天然裂隙通道

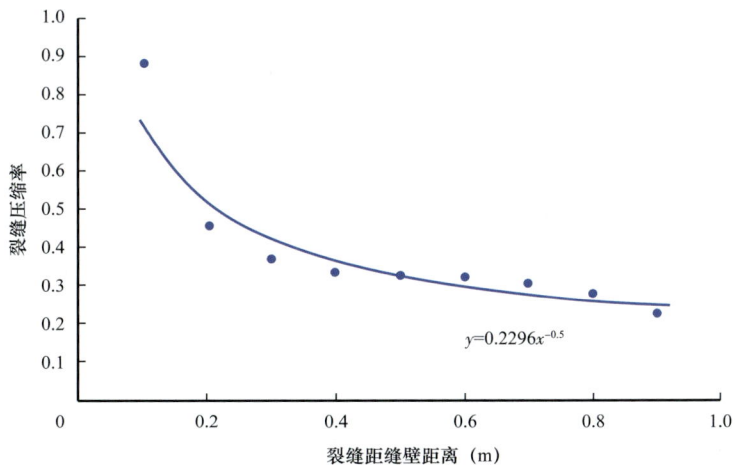

图 4-6 裂缝压缩率与距压裂裂缝距离关系

3. 天然裂隙通道

未受压裂改造影响的天然裂隙通道网络主要由肉眼可见的天然裂隙和显微天然裂隙组成，它们直接或者间接与煤层气吸附赋存空间相连，是煤层气解吸后运移进入流体运移通道网络的第一环（图4-7）。由第三章第二节、第四节内容可知，直径或开度在 $0.1\sim3\mu m$ 区间内的微孔—裂隙是煤基质块中液相发生流动运移的主要通道，液相渗透率贡献度达75%以上；它们不仅延展长度、开度及相互连通性远不如受压裂改造影响的天然裂隙，而且孔喉比大，有效孔喉少。同时，因其内部缺少支撑，通道稳定性差，对内外条件变化更敏感；内部天然存在的细微煤粉颗粒，受流体流速变化影响会发生运移或者沉淀，既可以疏通也能够堵塞通道。在排水—降压—产气过程中，储层流压的下降、地应力的释放和流体的流动对煤储层中未受压裂改造影响的天然裂隙通道网络导流能力具有正、负两种影响。主动引导流体流动产出，合理控制储层流压和地应力变化，可疏通天然裂隙通道，改善流体运移条件，使煤储层所发生变化朝有利于煤层气开发的方向发展。

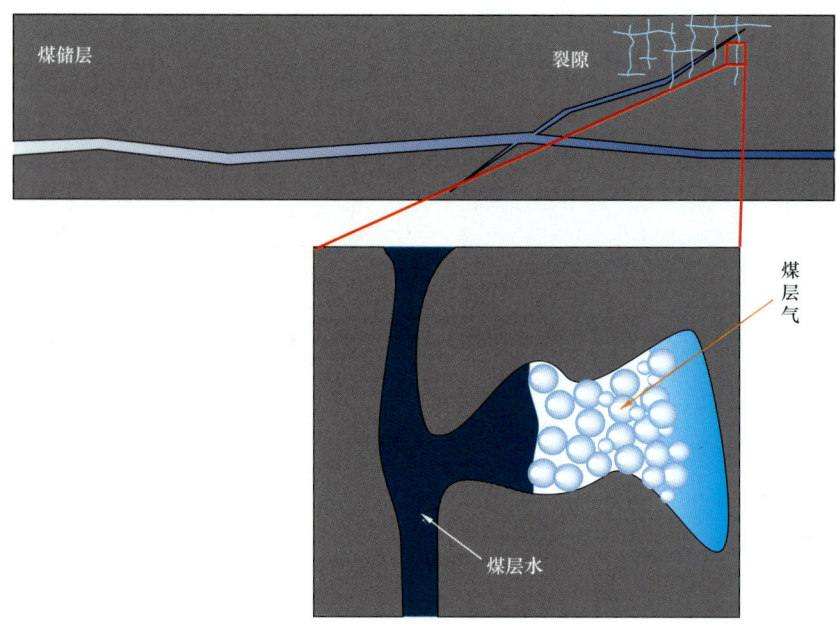

图4-7 未受压裂改造影响天然裂隙通道

二、通道网络中的物质运移

除煤储层流体运移通道外，通道内流体组成、分布以及运移方式同样是影响煤层气产出的关键因素。随着煤储层含水饱和度的增大，主要会带来三方面的影响：（1）煤储层内结合水的增加，会使通道网络内液相流动变困难；（2）受外力和毛细管力作用，液相侵入程度会进一步加深；（3）在液相排出之后，早先被液相所占据的吸附位，会重新吸附甲烷，延缓甲烷运移和产出。由第三章第四节内容可知，分布于煤储层纳米级别孔—裂隙空间中的液相，在近3MPa压力作用下难以发生流动。在煤层气开发过程中，外来液相的进入，会使煤储层内部高概率出现大面积"水锁"，导致煤储层中流体压力无法充分下降，最终在煤层气资源与煤层气井之间难以建立有效联系。限制外来液相进入煤储层，对其内部流体运移条件的改善和压降波及范围的扩大有积极意义。

煤基质中煤层气在浓度差作用下，会由高浓度区向低浓度区发生运移。由第三章第四节内容可知，煤层气在煤基质内发生运移的方式主要有三种：以滑脱方式运移、以表面扩散方式运移、以达西渗流方式运移。三种运移方式在运移效率方面存在较大差异，其中达西渗流运移方式效率最高。如图4-8所示，煤层气在煤基质中发生运移时，三种运移方式都会同时发生，但实际以哪一种运移方式为主，则受驱动压力控制。在煤层气产出时，驱动运移压力越高，运移过程中达西渗流方式的渗透率贡献占比越高，越有利于煤层气高效开发。以煤储层实际流体压力为基础，科学安排分配不同生产阶段煤储层流压释放，确保煤层气在不同生产阶段都能够以最高效率方式运移，是煤层气疏导式开发理论的重要基础认识。

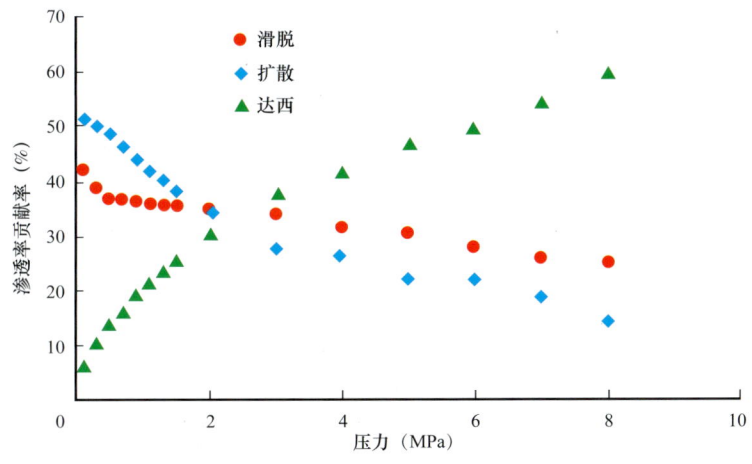

图4-8　典型煤样中煤层气运移与驱动压力关系

三、煤层气疏导式开发的基本理论

在高煤阶煤层气开发实践过程中，充分利用煤储层中原始孔—裂隙系统，并以此为基础建立有效、通畅、稳定的流体运移通道，最大限度扩大单井生产控制范围，最大限度控制储量；充分利用煤储层中有限且不高的储层流体压力，减少流体运移能量损失，在主动引导流体高效产出的同时疏通改善流体运移通道；严格控制工程作业用液进入煤储层中液量，科学分配不同生产阶段煤储层流压的释放；进而重新构建高煤阶煤层气开发的主体以及配套技术体系，以解决现阶段煤层气开发的三大主要矛盾，实现煤层气井单井产量和煤层气开发效率的双提升。

第四节　煤层气可动储量的评价参数

煤层气产能建设区域的优选决定了开发井部署的成功率，直接影响煤层气田总体开发效益。产能建设区域优选的目的是寻找地质甜点和工程甜点的结合体，确保所选区域在现有工程技术条件下能够实现高效开发。本节从煤层气储量的可动性进行评价，优选经济有力建设区域。

煤层气可动用储量评价的核心内容是可采性评价。煤层气可采性是指从煤储层采出煤层气资源的难易程度，与原始煤储层物性及可改造性有关。影响煤层气可采性的主要因素包括：含气性、可解吸性、可流动性和可改造性。

一、储量可采性评价关键因素

煤层气的开采受到多种地质因素影响，常见的有煤层埋深、厚度、含气量、储层流体压力、临储比、原始渗透率，吸附时间，煤体结构，构造位置及水文地质条件等。其中一些因素在煤层气可采性评价中具有"一票否决"内涵，如构造位置和煤层含气量。在开放性正断层周边，煤层气的富集保存条件遭到破坏，煤储层不仅含气量小，而且含气饱和度低。同时，断裂作用会增加煤层沟通上、下含水层的概率，导致排采井产水量大。产能建设区域选择时，应首先剔除目标区内断层发育区域。

从煤层气产出各环节入手，梳理代表性关键因素，结合现场工程开发资料，优选资源指数、解吸指数、微裂隙密度、平均喉道半径、可动水饱和度、破碎指数、破裂压力、脆性指数等作为煤层气可采性评价参数（表4–1）。

表4–1 煤层气可采性评价参数

参数分类	评价参数	获取（计算）方法	物理意义
含气性	资源指数	煤层厚度 × 含气量	井点处煤层气资源潜力
可解吸性	解吸指数	临储比 × 解吸效率	煤储层解吸见气时间和解吸量
	地温系数	地温测井	温度对煤层气解吸影响
可流动性	微裂隙密度	单位长度裂隙平均数量	煤岩导流能力
	平均喉道半径	高压压汞	制约流体运移关键喉道半径平均值
	可动水饱和度	离心核磁	储层条件下地层能量可驱动流体量
	启动压力梯度	离心核磁	煤层气气井开采下限
可改造性	破碎指数	式（4–9）	反映煤体结构状况
	破裂压力	试井和水力压裂	煤储层致裂难易程度
	脆性指数	（均一化杨氏模量 + 均一化泊松比）/2	影响煤储层压裂改造和井眼钻进

二、储量可采性评价单因素分类

1. 资源指数

资源指数综合考虑煤层含气量和厚度。含气量是单位质量煤岩中的煤层气量（m^3/t），煤层厚度（m）反映煤层气储存空间大小。煤层含气量越高，厚度越大，资源基础也就越好。煤层厚度不包含内部夹矸层厚度。

统计沁水盆地南部马必东、郑庄、樊庄和潘庄等区块含气量数据,如图4-9所示,划分:一类煤层资源指数>150m·m³/t;二类煤层资源指数为110~150m·m³/t;三类煤层资源指数为70~110m·m³/t;四类煤层资源指数<70m·m³/t。

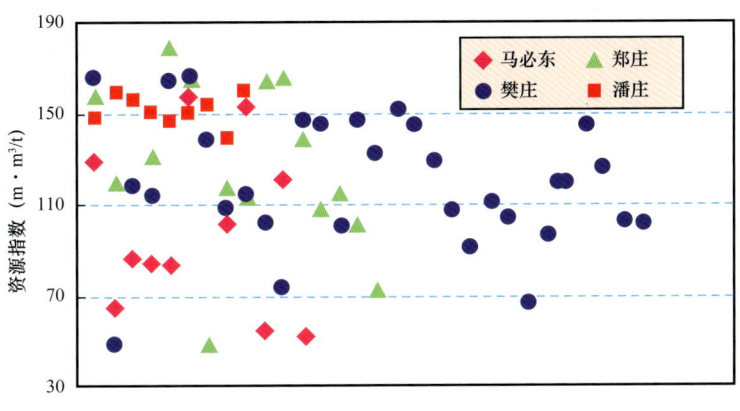

图4-9 资源指数分类界限

2. 解吸指数

解吸指数包含临储比和解吸效率两部分,综合反映煤储层解吸见气时间,解吸量大小及解吸潜力。储层流体压力与临界解吸压力之比决定煤储层开采过程中排水降压强度。临界解吸压力越接近于储层流体压力,煤储层解吸见气时间越早。解吸效率通过等温吸附测试获得,表征为Langmuir方程关于吸附量的一阶导数。临界解吸压力下解吸效率,公式如下:

$$\eta = \frac{V_L p_L}{\left(p_{cd} + p_L\right)^2} \quad (4\text{-}8)$$

式中 η——解吸效率,cm³/(g·MPa);

V_L——Langmuir体积,cm³/g;

p_L——Langmuir压力,MPa;

p_{cd}——临界解吸压力,MPa。

统计沁水盆地南部马必东、郑庄、樊庄和潘庄等区块等温吸附数据,如图4-10所示,对比分析可知:一类煤层解吸指数>9cm³/(g·MPa);二类煤层解吸指数为6~9cm³/(g·MPa);三类煤层解吸指数为3~6cm³/(g·MPa);四类煤层解吸指数<3cm³/(g·MPa)。

3. 破碎指数

破碎指数值越大,煤层遭受破坏程度越高,煤体结构越破碎。

1)煤心归位

煤心是对地下煤层最直接的反映,所携带信息更是测井解释和评价的基础。钻井过程中,因钻具拉长形变、人为误差、取心完整程度等原因,取心深度往往不准确,需要后续归位处理。

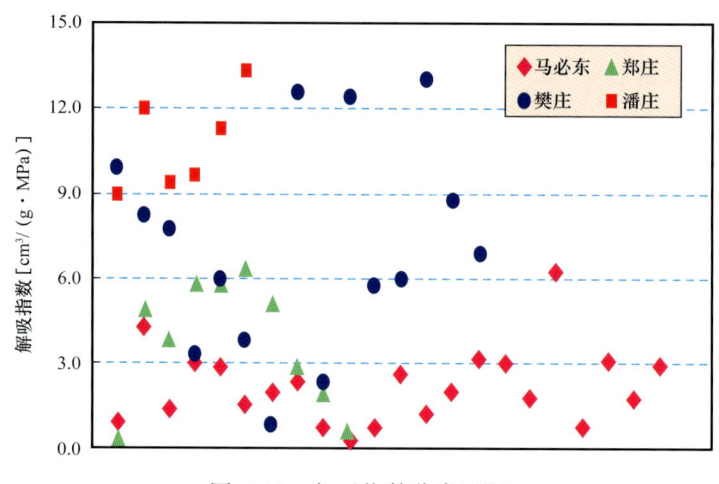

图 4-10 解吸指数分类界限

煤心归位常采用自然伽马测井值与灰分正相关法，归位注意事项如下：

（1）高灰分含量煤样点位对应自然伽马曲线上高值，低灰分含量煤样点位对应自然伽马曲线上低值；

（2）夹矸存在时，夹矸对应煤层段自然伽马曲线上极大值；

（3）煤样点位一般只作整体平移，在不改变煤心相对位置前提下，移动单个或多个煤样点位，无充足证据显示，煤样点位之间相对顺序不调整。

2）测井参数优选

分析各类测井曲线，因沉积环境和构造演化背景差异，煤岩特性在测井响应上强弱不一，优选测井响应显著、易识别测井序列。通常，井径（CAL）、自然伽马（GR）、体积密度（DEN）、深侧向电阻率（LLD）、声波时差（AC）等五类测井可对煤体结构良好识别。

3）测井响应特征

在煤心记录、描述煤体结构之后。按煤心归位原则，对煤心深度校正，提取测井曲线中井径（CAL）、自然伽马（GR）、体积密度（DEN）和声波时差（AC）数据，与煤心描述识别的煤体结构对比（图 4-11）。随煤体破坏程度增加，由原生结构煤向碎裂煤、碎粒煤和糜棱煤过渡，CAL、AC 测井值表现出增加趋势，DEN 测井值表现出降低趋势。煤体破坏程度高时，煤体疏松，钻进过程中易井壁垮塌，发生扩径，所以 CAL 随着煤体破坏程度增加而增加。孔—裂缝发育会降低煤岩密度和声波传播速度，从而导致低 DEN 值和高 AC 值。

4）煤体结构定量识别

采用主成分分析法，以井径（CAL）、自然伽马（GR）、体积密度（DEN）和声波时差（AC）为数据分析样本，定量评价煤体结构。应用 SPSS 软件对 CAL、GR、DEN、AC 四类测井曲线进行主成分分析（表 4-2），根据主成分总方差解释（表 4-3），第一主成分也是唯一主成分方差数据贡献率为 82.245%，选择第一主成分为最终煤体结构定量标准。第一主成分各测井参数得分系数如表 4-4 所示。

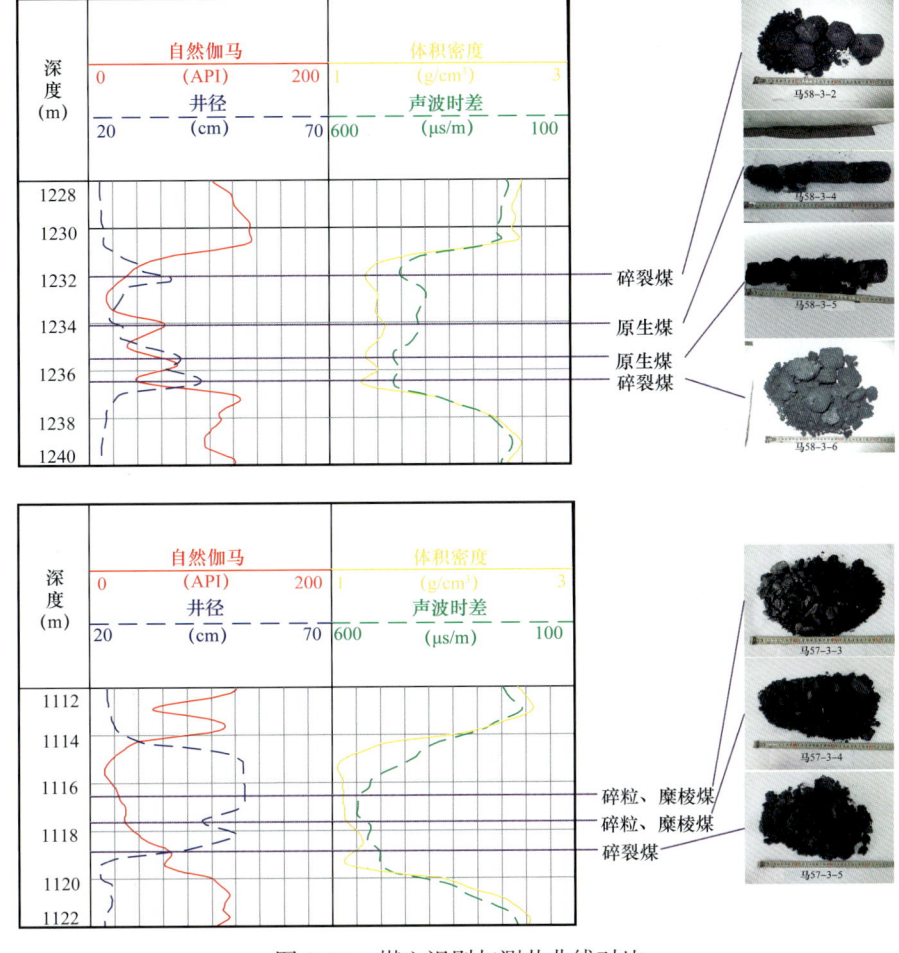

图 4-11 煤心识别与测井曲线对比

表 4-2 CAL、GR、DEN、AC 相关性矩阵

测井参数	CAL	GR	DEN	AC
CAL	1.000	−0.697	−0.756	0.908
GR	−0.697	1.000	0.708	−0.746
DEN	−0.756	0.708	1.000	−0.758
AC	0.908	−0.746	−0.758	1.000

表 4-3 主成分总方差解释

成分	总计	初始特征值方差百分比	累计（%）
1	3.290	82.245	82.245
2	0.342	8.555	90.799
3	0.280	6.990	97.789
4	0.088	2.211	100.000

表 4-4　主成分参数得分系数

测井参数	参数权重
CAL	0.283
GR	−0.263
DEN	−0.270
AC	0.287

最终，定义破碎指数 F_{Index}，计算公式如下：

$$F_{\text{Index}} = 0.283 X_{\text{CAL}} - 0.263 X_{\text{GR}} - 0.270 X_{\text{DEN}} + 0.287 X_{\text{AC}} \quad (4\text{-}9)$$

式中　F_{Index}——煤体破碎指数；

X_{CAL}，X_{GR}，X_{DEN}，X_{AC}——井径（CAL）、自然伽马（GR）、体积密度（DEN）和声波时差（AC）无量纲化处理以后的数值。

5）实例应用

以马 69 井 15 号煤层为例。马 69 井 15 号煤层埋深为 1092.30～1095.10m，校正后煤层埋深为 1093.00～1095.80m，煤厚 2.80m。煤样 3 个，校正后煤心埋深分别为 1093.30～1093.90m、1094.10～1094.90m、1094.90～1095.40m，煤心长度分别为 60cm、80cm、50cm。15 号煤层 F_{Index} 值，如图 4-12 所示。

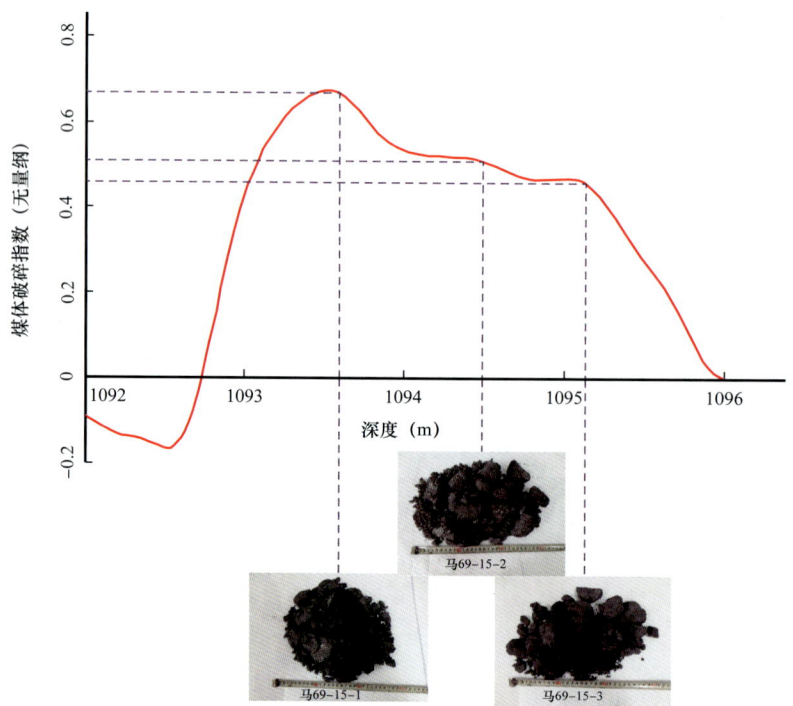

图 4-12　马 69 井 15 号煤层 F_{Index} 值与煤心描述结果对比

统计研究区井径（CAL）、声波时差（AC）、体积密度（DEN）和自然伽马（GR）测井数据，计算破碎指数，如图4-13所示，综合分析得：一类煤层煤体破碎指数＜0.4；二类煤层煤体破碎指数为0.4～0.6；三类煤层煤体破碎指数为0.6～0.8；四类煤层煤体破碎指数＞0.8。

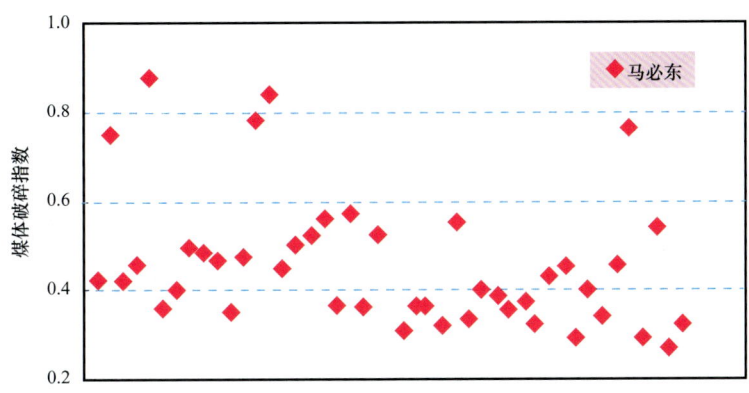

图4-13 煤体破碎指数分类界限

6）误差分析

（1）煤心归位方法差异引起误差。

（2）煤心样点数量少，煤心代表性不强，产生误差。

（3）测井响应受顶底板、夹矸或夹层岩性，煤层温度及其内部流体性质等的干扰。

（4）参数无量纲化后，内涵信息失真，代表性和聚焦性变差。

4. 微裂隙密度

煤储层裂隙按其成因可以分为内生裂隙和外生裂隙。内生裂隙是在煤化作用过程中，受温度、压力影响，煤基质发生脱水、脱挥发分引起体积收缩，产生内张力而形成。外生裂隙是在煤层形成以后，受构造应力作用而产生。裂隙发育程度，决定了煤基质内部与大尺度裂隙间的沟通，关联煤储层渗透性，影响煤岩导流能力。

沁水盆地南部马必东、郑庄、樊庄和成庄等区块煤岩测试数据，如图4-14所示，参照"煤裂隙描述方法"（MT/T 968—2005）中裂隙密度级别划分方案（表4-5）。

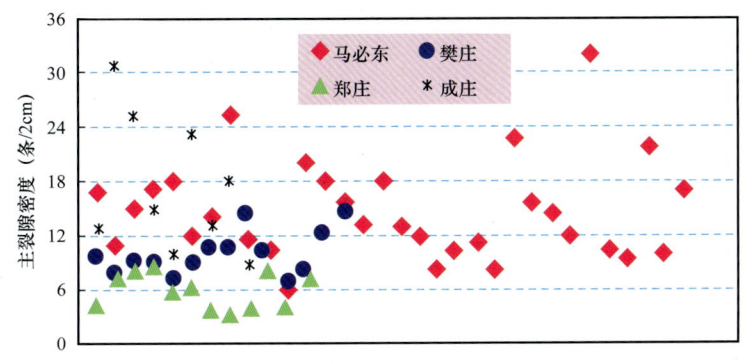

图4-14 主裂隙密度分类界限

表 4-5 裂隙密度级别划分方案

研究方法	裂隙级别及密度		
	密	较密	稀疏
肉眼（条/cm）	>1	0.3～1	<0.3
光学显微镜（条/cm）	>10	3～10	<3

5. 构造曲率

煤中各级裂隙十分发育，它们是煤层气解吸、渗流的主要通道，裂隙的导流能力决定了煤层的渗透率。地震曲率可以用来描述地层的弯曲程度，进而可以表征地层受应力大小，因此可用来预测受应力而形成的裂缝发育带。地震曲率更是反映裂隙密度和分布规律的重要指标，是影响裂隙形态、开启和闭合程度的关键地质因素。

高斯曲率基于地震映射曲面具有最小曲率，且在零附近波动，其作为最大曲率和最小曲率的乘积，能够呈现快速的符号变化，计算高斯曲率能够迅速有效的识别这些曲面的变化特征。高斯曲率常由于极小曲率接近于0，其符号快速改变。且高斯曲率的绝对值越大，层面受力情况越复杂，变形越剧烈。

通过计算提取郑庄区块3号煤层的高斯曲率属性（图4-15）表明，高斯曲率分布呈现出与最大曲率相似的分布特征：（1）东南断裂区域高斯曲率数值高变化快，东北区域（小断裂小褶皱密集发育区）次之；（2）研究区西北部及中北部甚至西南局部高斯曲率较

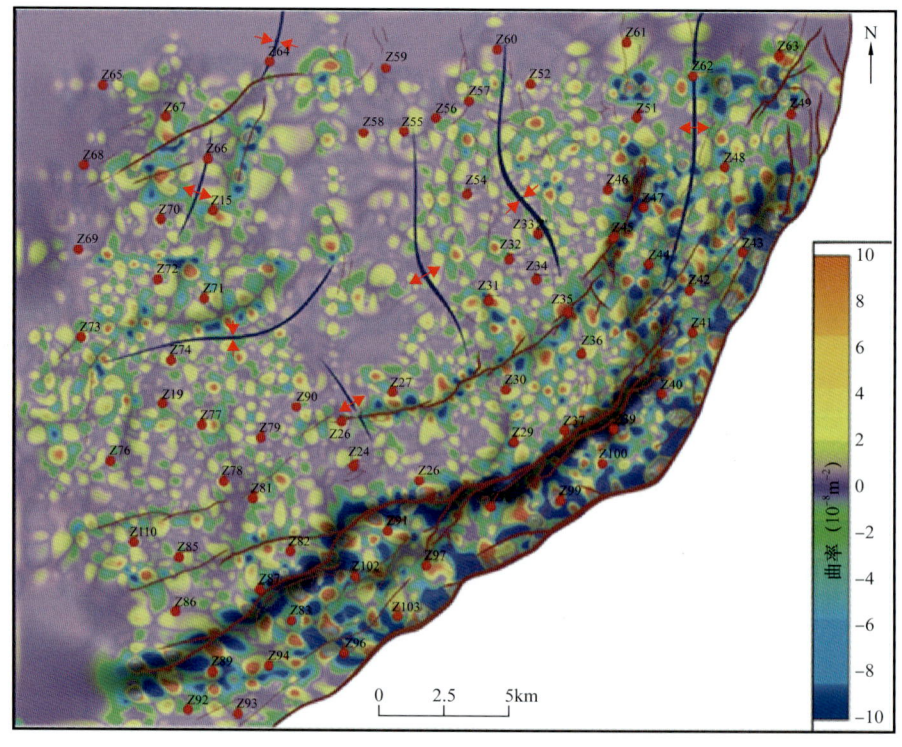

图 4-15 郑庄区块 3 号煤层高斯曲率属性图

小；(3)由寺头断层、后城腰断层等大规模断裂造成的高斯曲率，这些高斯曲率的异常值的绝对值极高，通常高出背景值4~5个数量级，此类异常通常是沿断层分布，体现出断层在平面上的行迹；(4)由细小断裂及地层小范围褶皱变形引起的异常，此类异常的绝对值比背景值高出2~3个数量级，在平面上多呈点状分布，通常在一定区域内呈现出优势，密集分布。不同大小的高斯曲率异常值可对应于地层在构造应力下发生形变的剧烈程度，联系3号煤层构造图与高斯曲率分布图可见在工区西南部的宽缓背斜处几乎无分布，而在东部的小断层及褶皱密集区则广泛分布，这些异常值的绝对值大小也有较大差异。

6. 破裂压力

破裂压力是表征煤层可改造性的重要参数。对煤储层进行压裂改造时，当注入压裂液的井底压力超过煤岩抗拉强度和地应力影响时，煤层将被压出裂缝，在井筒与煤层之间建立起新的流体流动通道，改善煤层气的渗流能力。地层产生水力裂缝时的井底流体压力称为地层破裂压力。破裂压力一般通过压裂施工曲线或者试井资料获得。当井筒周围的目的层中不存在天然裂缝或天然裂缝较少时，目的层被压裂液压开时，在压裂施工曲线上会出现明显破裂压力值（图4-16）。

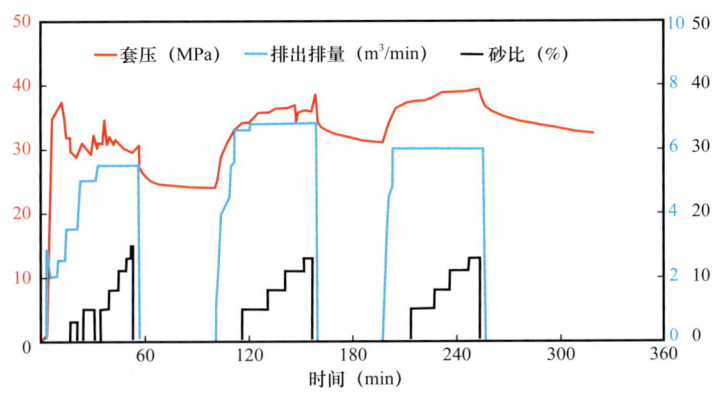

图4-16 煤层气井压裂施工曲线

沁水盆地南部马必东、郑庄、樊庄、潘庄和成庄等区块压裂资料，如图4-17所示，对比分析得出：一类煤层破裂压力<20MPa；二类煤层破裂压力为20~30MPa；三类煤层破裂压力>30MPa。

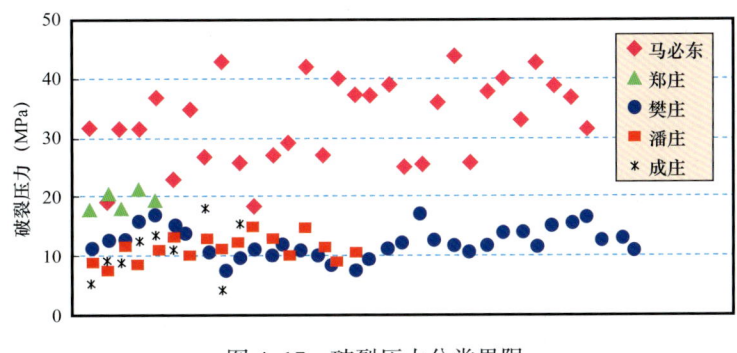

图4-17 破裂压力分类界限

7. 脆性指数

岩石脆性是岩石在受外力破坏时,所表现出来的一种固有性质,表现为破裂前岩石仅发生很小塑性变形。脆性指数计算方法可以分为两种:一种基于脆性矿物(石英、长石、碳酸盐矿物等)含量计算方法,数据资料可通过 X 衍射资料获得;另一种基于岩石力学参数计算脆性指数方法,采用杨氏模量和泊松比参数。泊松比可反映岩石在外力作用下产生破裂的难易程度,杨氏模量可反映岩石破裂以后裂缝的支撑能力。有机煤岩不适用脆性矿物含量计算方法,故采用后者计算脆性指数,式(4-10)、式(4-11)计算所得取平均值即为煤岩脆性指数。

$$B_E = 100 \times \frac{E - E_{\min}}{E_{\max} - E_{\min}} \qquad (4-10)$$

$$B_v = 100 \times \frac{v - v_{\max}}{v_{\min} - v_{\max}} \qquad (4-11)$$

式中　B_E,B_v——通过杨氏模量和泊松比所计算脆性指数;

　　　E——岩石杨氏模量,GPa;

　　　v——岩石泊松比。

如图 4-18 所示,马必东煤储层按照计算所得脆性指数可分为四类:一类煤层脆性指数＞65;二类煤层脆性指数介于 50～65;三类煤层脆性指数介于 35～50;四类煤层脆性指数＜35。

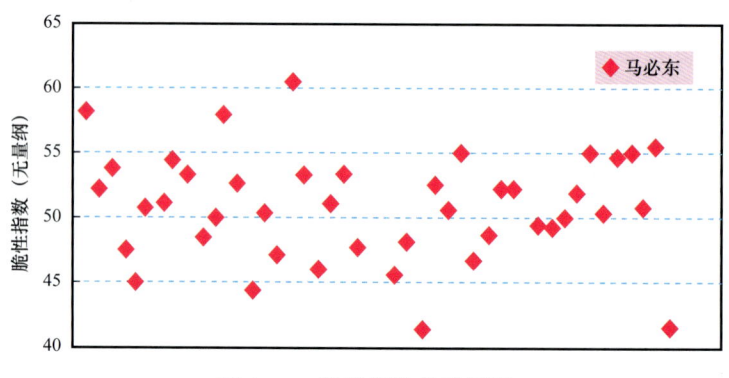

图 4-18　脆性指数分类界限

8. 平均喉道半径及可动水饱和度

1)平均喉道半径

喉道是指煤岩孔—裂隙连通的细小部分,是流体流动的关键部位,控制煤储层渗流能力,是表征孔隙结构的重要参数。最大喉道半径反映煤层气通过喉道的半径上限,主流喉道半径反映有效孔喉半径的下限。平均喉道半径是对渗流起主要作用的喉道半径的平均值,能够表征煤储层孔—裂隙结构的复杂性。平均喉道半径值越大,对煤层气的渗流产出越有利。

通过高压压汞实验,平均喉道半径的测定原理如下:汞对煤岩为非润湿相,对汞施加压力大于或等于孔—裂隙毛细管压力时,汞会克服毛细管阻力深入煤岩中。根据进汞体积分数和对应压力,得到毛细管压力与煤样含汞饱和度的关系,绘制压汞法毛细管压力曲线。汞表面张力与润湿接触角稳定,用注入型压汞仪测毛细管压力曲线后,换算孔—裂隙及喉道大小与分布。

基于圆柱毛细管模型,毛细管压力与孔径关系如下:

$$p_c = \frac{2\sigma\cos\theta}{r_c} \quad (4-12)$$

式中 p_c——毛细管压力,MPa;

σ——表面张力,N/m;

θ——润湿接触角,(°);

r_c——毛细管半径,μm。

统计沁水盆地南部 12 口井、北部 14 口井取心煤样压汞数据,对比分析得出:一类煤层平均喉道半径＞60nm;二类煤层平均喉道半径为 40～60nm;三类煤层平均喉道半径为 20～40nm;四类煤层平均喉道半径＜20nm。

2) 可动水饱和度

在地层条件下,煤岩孔—裂隙中可被驱动产出的地层水所占体积百分数为可动水饱和度。在孔—裂隙壁面附近或极微小孔隙中,固、液界面作用使部分水难以流动。煤储层中小孔和微孔发育,比表面积大,束缚水含量高。可动水饱和度对煤储层中水相渗流影响不容忽视,采用离心核磁办法测定可动水饱和度。

统计沁水盆地南部、北部,以及黔、滇等地区取心煤样离心核磁数据,如图 4-19 所示,对比分析得出:一类煤层可动水饱和度＞15%;二类煤层可动水饱和度为 10%～15%;三类煤层可动水饱和度为 5%～10%;四类煤层可动水饱和度＜5%。

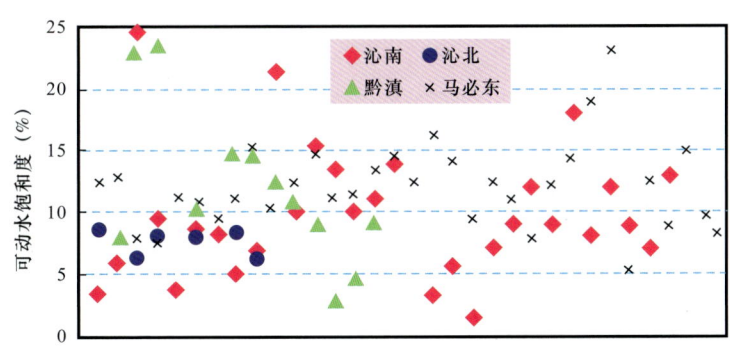

图 4-19 可动流体饱和度分类界限

三、储量可动性综合评价模型

传统评价方法主要有资源量评价方法(体积法、类比法、地质统计法等)、多层次模糊评价方法、综合分类评价方法等。本书选用综合分类评价方法,如表 4-6 所示,计算公式如下:

$$Feci = \ln\frac{(R/R_{std})(D/D_{std})(\lambda/\lambda_{std})(d/d_{std})(S_w/S_{wstd})(B/B_{std})}{(F/F_{std})(p/p_{std})} \quad (4\text{--}13)$$

式中 R——资源指数，m^4/t；

D——解吸指数，m^3/t；

λ——微裂隙密度，条/cm；

d——平均喉道半径，nm；

S_w——可动水饱和度，%；

B——脆性指数；

F——破碎指数；

p——破裂压力，MPa；

下标 std 代表各参数在某层段内标准值。

表4-6 综合分类评价界限

参数 \ 类别	I 类	II 类	III 类	IV 类
R——资源指数（m·m³/t）	>150	110～150	70～110	<70
D——解吸指数[m³/(t·MPa)]	>6	4～6	2～4	<2
λ——主裂隙密度（条/cm）	>4	3～4	2～3	<2
d——平均喉道半径（nm）	>60	40～60	20～40	<20
S_w——可动水饱和度（%）	>15	10～15	5～10	<5
F——煤体结构指数	<0.4	0.4～0.6	0.6～0.8	>0.8
p——破裂压力（MPa）	<10	10～20	20～40	>40
B——脆性指数（%）	>65	50～65	35～50	<35
$Feci$ 综合评价	>7.3	4.1～7.3	0～4.1	<0

第五节 高煤阶煤层气产能建设选区综合评价

高阶煤储层渗透率低，孔喉比大，有效孔喉少，煤层气资源在地底原始状态下动用难度大，须经过人工改造才能获得商业开发价值。因此，煤储层的可改造性决定了煤层气是否能够被疏导开发。煤层气主要以吸附方式赋存，通过排水、降压、解吸流入井筒，最后被产出至地面。在整个产出过程中，流动通道起着关键作用，而微孔—裂隙的结构、分布、数量和润湿性以及开合程度决定了流体在煤层中的传质效率。因而，开展以微裂隙为主控因素的可流动性评价对疏导式开发十分必要。经人工改造天然裂隙和人工裂隙的连接、贯通，在煤储层中形成多级联动缝网系统。井筒排水后，在煤储层中形成大面积降压，此时煤基质中吸附的大量煤层气是否能够顺利解吸产出成为关注的焦点。煤层气的解吸效率、解吸程度及解吸潜力用煤层气的可解吸性来综合表征，该特性是影响煤层气疏导式开发效果的关键因素。从探明煤层气资源、压裂改造、疏导开发的整个过程来讲，排采阶段是煤层气产出的"临门一脚"。因此，对煤层气的可排采性展开评价就显得尤为重要。煤层气的可排采性与压力传导及储层敏感性密切相关。排水降压时储层压力能够快速传递，形成宽阔平缓的压降漏斗，对增加解吸气量具有积极意义。煤储层可排采性立足煤储层敏感性，以服务储层流压合理控制，疏通流动通道，提高储层导流能力为目标。

本节基于煤层气疏导式开发全过程分析，从煤储层可改造性、流体可流动性、煤层气可解吸性及可排采性四个层次，阐述了影响高煤阶煤层气疏导式开发的关键因素及作用机理，建立了综合评价体系，以期为同类其他煤层气区块的开发提供经验与借鉴。

一、产能建设选区的综合评价

1. 区域储层可改造性评价

压裂改造时，通过在煤储层中构建稳定的长压裂裂缝，可实现对煤储层的大面积改造。长压裂裂缝对低渗煤储层的开发而言，是提高单井产量，获取高效益的关键。在众多地质要素中，影响压裂改造的主要因素有煤体结构、破裂压力、脆性指数。

2. 区域流体可流动性评价

1）微裂隙发育程度

吸附煤层气的产出分为两个阶段。首先需要排水降压，通过抽排井筒内煤层水，使压降经由裂隙传至煤储层中，驱使吸附气向游离气转变。然后游离气在压力梯度作用下，顺裂隙通道产出至井筒。煤储层中裂隙作为流体运移的主要通道，直接控制了煤层气井的产出。

煤储层裂隙按规模和形态可分为四类，分别为外生裂隙、内生裂隙、微裂隙、基质孔隙。外生裂隙因构造作用形成，规模跨度大；内生裂隙主要因煤中凝胶化物质受温度和压力影响，体积均匀收缩从而形成，同时受应力场、显微组分、热变质等多种因素影响，主要出现于光亮或半亮煤中。此处微裂隙不包括显微尺度内生裂隙、微破裂不连续界面，以及成煤物质间的不连续界面。基质孔主要为存在于煤基岩块内的原生孔、外生孔、变质孔或矿物质孔，最小可到纳米级，是主力吸附空间。

煤储层裂隙的研究主要通过井下煤壁观察、室内岩心描述、光学显微镜和电子显微镜观测等手段来实现。华北油田研究团队通过深入探索，构建了多尺度煤储层结构的数字化表征技术：采用肉眼观测，描述孔径/裂隙宽度≥0.1mm的孔（裂）隙；采用光学显微镜观测，描述孔径/裂隙宽度≥0.01mm的孔（裂）隙；采用CT扫描成像，辅之以扫描电子显微镜观测，描述孔径/裂隙宽度≥0.1μm的孔（裂）隙。

沁水盆地南部煤层气生产开发资料显示，裂隙与高峰日产气量关系明显，当单位距离上微裂隙的宽度大于50μm时，煤储层具备较好的渗透性，流体流动性强，气体容易疏导开采，获得较高的产气量（图 4-20）。由此可见，高煤阶储层的渗流性很大程度上取决于微裂隙的宽度和密度。因此，定义微裂隙发育指数来表征煤储层的渗流性。

微裂隙发育指数表达式如下所示：

$$F_{di} = \left(\sum_{i=1}^{n} W_i\right) / l \tag{4-14}$$

式中 F_{di}——微裂隙发育指数，μm/cm；

W_i——第 i 条裂隙的宽度，μm；

n——裂隙条数，条；

l——显微镜下垂直于裂隙发育方向的观测长度，cm。

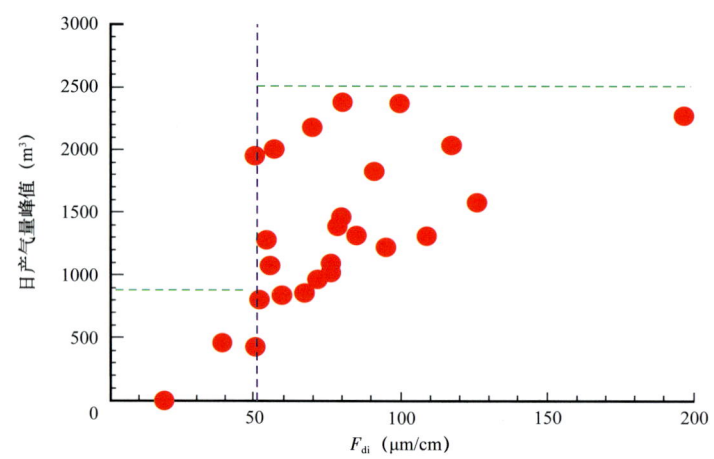

图 4-20 微裂隙发育指数与日产气高峰关系图

2）地应力分布特征

地应力通过控制煤储层裂隙开合程度而影响煤层气井产能，主要表现为两类控制方式：一是地应力绝对值大小，研究区现今处于三向构造挤压状态，地应力越大，裂隙受挤压越强，裂隙越趋向于闭合，储层渗透率越低；二是差应力大小，沁水盆地南部煤储层裂隙优势发育方位与 NEE—SWW 向的最大水平应力方向基本一致，主应力差越大，越有利于煤层裂隙呈相对拉张状态。因此，研究区的地应力越低、主应力差越大，流体流动的通道越畅通、越容易获得高产。为了定量表征地应力与煤层气井产量关系，定义了地应力控产指数：

$$G_s = \frac{\sigma_{Hmax} - \sigma_{Hmin}}{(\sigma_{Hmax} + \sigma_{Hmin} + \sigma_v)/3} \tag{4-15}$$

式中 G_s——地应力控产指数；

σ_{Hmax}——最大水平主应力，MPa；

σ_{Hmin}——最小水平主应力，MPa；

σ_v——垂向应力，MPa。

统计沁水盆地南部地应力指数与峰值日产气量关系（图 4-21）。当 G_s 大于 0.3 时，有利于煤储层裂缝保持张开，流体流动通道畅通，日产气峰值高；当 G_s 小于 0.3 时，裂缝趋向于闭合，日产气峰值低。

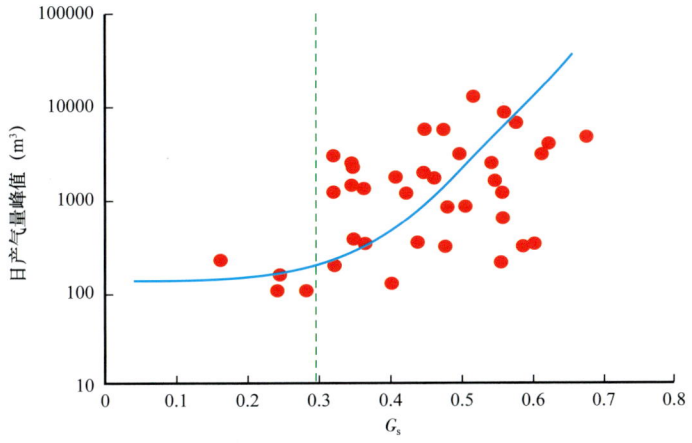

图 4-21 地应力指数与日产气高峰关系

3）流体可疏导性

流体在煤岩孔—裂隙中的运移主要由少数关键小尺度孔—裂隙的控制，除了其形态特征的影响，液、固表面的相互作用也是决定流体运移的重要因素。煤岩对水的润湿性越强，小尺度孔—裂隙对流体运移的束缚和制约就越显著。煤岩对地层水的润湿性越弱，则地层水越易于疏导，有利于流体压力的传递。解吸压力与储层流体压力之差越小，越有利于煤层气早期解吸。

目前，煤润湿性测定方法主要有粉末浸透速度法、水膜浮选法、水蒸气吸附法、煤粉接触角测量法等。其中粉末浸透速度、水膜浮选、水蒸气吸附 3 种方法，测量准确度较低，受操作者及仪器精确度影响因而误差较大；而煤粉接触角测量法结果虽较为直观、准确，但其操作过程复杂，操作困难，所需时间较长；低场核磁共振（LFNMR）技术具有操作简单快速，样品准备简单且所需量小，实验结果有可重复性等优点，可弥补上述常规方法的不足。

参考毛细管力公式，提出煤储层流体可疏导指数：

$$F_p = -\frac{2\sigma\cos\alpha}{p_r - p_g} \tag{4-16}$$

式中 F_p——煤储层流体可疏导指数，nm；

σ——水的表面张力，N/m；

α——水对煤层的润湿角，（°）；

p_r——原始储层压力，MPa；

p_g——临界解吸压力，MPa。

统计分析沁水盆地南部煤储层流体可疏导指数与单井产量关系，如图 4-22 所示，呈三段式分布。当可疏导指数低于 30nm 或大于 130nm 时，单井日产气峰值随疏导指数增大而增大；在介于 30～130nm 时，单井日产气峰值保持平稳。

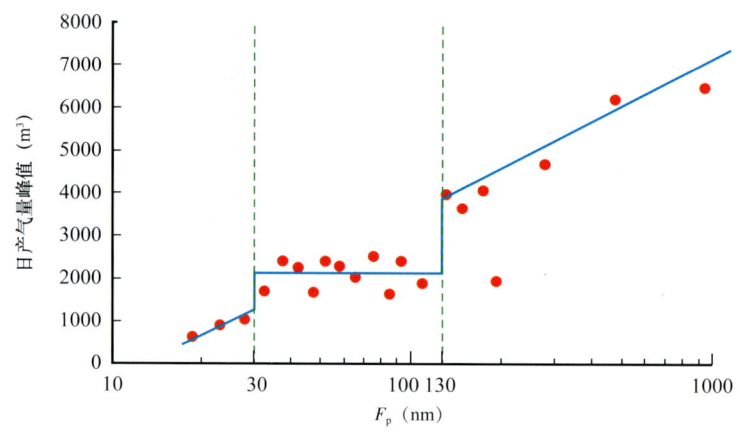

图 4-22　储层流体可疏导指数与日产气高峰关系

3. 区域煤层气可解吸性评价

选用第四章第四节所述解吸指数作为评价参数，该值综合反映煤储层解吸见气时间、解吸量大小及解吸潜力。解吸压力与储层流体压力之比决定气体产出动力的强弱。解吸压力越接近于储层流体压力，气体产出的动力越足，煤储层解吸见气时间越早。

4. 区域煤层气可流动性评价

1）压力传导速度

不可压缩流体在弹性多孔介质中不稳定渗流时压力传递的快慢可用压力传导系数表征。在煤储层排水降压过程中，储层流体压力未降到解吸压力之前，煤层水的渗流等价于多孔介质中单相流体在压力梯度下流动，涉及压降的传递和效率。煤储层的压力传导系数越高，井底降压后，压力传导越迅速，在较小压降条件下，即可形成宽阔平缓的压降漏斗，越有利于更大范围内更多煤层气的解吸和产出。通过压力传导系数的求取，可评价煤储层中压降的传递效率并预判压降漏斗的面积和形状。

压力传导系数计算公式为：

$$c = K/(\mu C_t) \tag{4-17}$$

式中　K——地层有效渗透率，D；

　　　μ——流体黏度，Pa·s；

　　　C_t——压缩系数，对高阶煤储层来讲，主要表征裂缝闭合引起的压缩，MPa^{-1}。

计算压力传导系数的三个参数，可以通过实验室测试得到，也可以利用野外试验法得到。对于高煤阶煤储层来说，因渗透率大多数极低，野外试验法很难得到相关数据。因此利用实验室数据来进行计算是较为可行的办法。

2）地层敏感性

在开发过程中，煤储层会持续受到人工介入的影响，其物性会相应发生变化，尤其是渗透率。已有研究揭示，储层渗透率的主要影响因素包括有效应力、气液两相流的连续性以及流体流速。三者对煤岩的影响程度不相同，而不同的煤岩对上述三者变动的响应程度也不同。强敏感性的煤层，对工艺和工程要求高，排采难度大，需要细致的施工和精细的排采管控。定义地层敏感性指数为煤层受外部因素影响而发生变化的难易程度，其数值越大表示煤层受到外因影响后越容易发生变化，也即敏感性越强。地层敏感性指数由压敏指数、水敏指数及速敏指数构成，计算公式如下：

$$D_{Kp} = \frac{K_L - K_p}{K_L} \times 100\% \quad (4-18)$$

$$D_{Kw} = \frac{K_L - K_w}{K_L} \times 100\% \quad (4-19)$$

$$D_{Kv} = \frac{K_L - K_v}{K_L} \times 100\% \quad (4-20)$$

$$D_K = \sqrt[3]{D_{Kp} \times D_{Kw} \times D_{Kv}} \times 100\% \quad (4-21)$$

式中　D_{Kp}——储层压敏指数；

D_{Kw}——储层水敏指数；

D_{Kv}——储层速敏指数；

K_L——煤储层原始渗透率，D；

K_p——煤储层应力变化后渗透率，D；

K_w——煤储层受流体损害后的渗透率，D；

K_v——煤储层临界流速后的最小渗透率，D；

D_K——地层敏感性指数。

地层敏感性指数中三个敏感性分项指数的测试取值有如下规范。

储层压敏指数 D_{Kp} 测试：系统围压设定为煤储层上覆地层压力，初始流压为原始地层压力，此时测试渗透率作为初始渗透率 K_L；流压降为零时，测试渗透率作为 K_p。

储层水敏指数 D_{Kw} 测试：系统围压为煤储层上覆地层压力，初始流压为原始地层压力，用煤层水进行测试，结果为 K_L；围压、流压条件不变，使用纯水测试，结果为 K_w。

储层速敏指数 D_{Kv} 测试：用煤层水作为测试流体，系统初始围压设置为煤储层上覆地层压力与原始地层压力之差；增大流体流速，同时保持稳定应力差；将临界流速前煤样渗透率值作为 K_L，将临界流速之后岩样的渗透率最小值作为 K_v。

二、产能建设选区综合评价模型

据前文分析，建立了高煤阶煤层气疏导式开发关键因素树状图（图4-23）及高煤阶煤层气疏导式开发综合评价体系表（表4-7）。可改造性是疏导式开发的基础，可流动性与可解吸性是疏导式开发的关键，可排采性是疏导式开发的保障。在煤层气现场生产实践中，煤层气区块可疏导性开发评价应按照可改造性、可流动性、可解吸性、可排采性的顺序依次进行。通过煤体结构、破裂压力及煤岩脆性的评价，优选出现有技术条件下可实现疏导式改造的单元进入下一项评价。对于现有技术条件下难以疏导的单元，不再进入下一项评价，暂不开发处理。基于可改造性评价结果，利用评价井取心测试资料、试采成果对可疏导改造单元开展可流动性及可解吸性评价，可流动性和可解吸性差的单元，不再进入可排采性评价。基于前三轮评价结果，通过压力传导系数和地层敏感性指数，优选出可排采性好的区域。经过以上四轮次评价，可开发目标区范围逐渐缩小，逐步清晰、确定，实现了优中选优的目的。

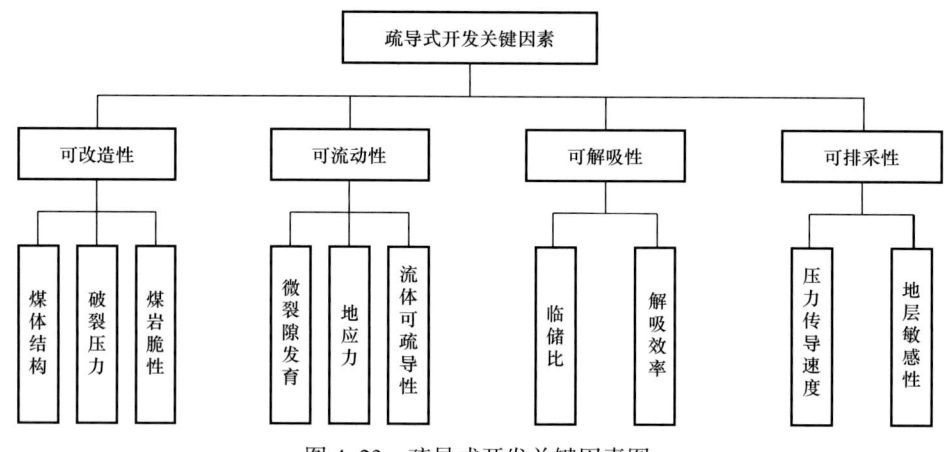

图 4-23　疏导式开发关键因素图

表 4-7　高煤阶煤层气疏导式开发综合评价体系表

项目	可改造性								
	煤体结构			破裂压力（MPa）			脆性指数（%）		
评价指标	原生结构	碎裂结构	碎粒—糜棱结构	<20	20~30	>30	>60	50~60	40~50
评价结果	好	中	差	好	中	差	好	中	差

项目	可流动性					
	微裂隙发育指数（μm）		地应力控产指数		可疏导性（nm）		
评价指标	>50	<50	>0.3	<0.3	>130	30~130	<30
评价结果	好	差	好	差	好	中	差

项目	可解吸性		
	解吸指数 [cm³/（g·MPa）]		
评价指标	>9	3~9	<3
评价结果	好	中	差

项目	可排采性			
	压力传导系数		地层敏感性指数	
评价指标	大	小	小	大
评价结果	好	差	好	差

第六节　产能建设经济效益评价

产能建设区的选择必须满足当前技术条件下经济开发的基本要求。在完成可动用储量评价和工程适应性评价之后，可动用储量范围和对应开发技术已基本明确，建立不同开发条件下投资水平、经营成本和收入关系，计算单井控制下的经济极限产量，进而根据井距确定可动储量范围内的经济极限储量丰度，优选经济可采建产区范围（图4-24）。

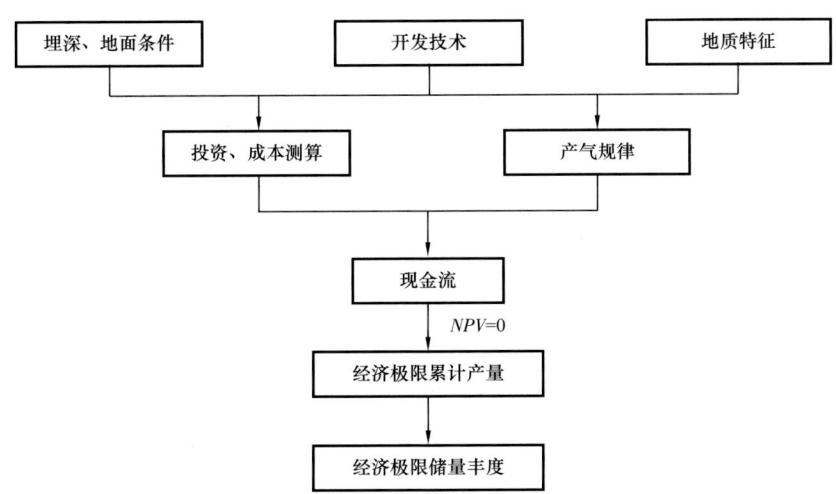

图4-24　产能建设区经济极限指标计算流程图

一、不同条件下投资水平计算

根据不同井型、改造方式、举升设备和地面集输设施进行合理估算，充分参考已开发区内实际建设过程中的投资水平，以单井为基本单位，影响钻采工程、地面投资、投资水平估算的主要因素有埋深和地面条件。

$$I_{建设}=I_{钻采}+I_{地面} \tag{4-22}$$

式中　$I_{建设}$——建设投资，万元；

$I_{钻采}$——某一埋深条件下的钻采投资，万元；

$I_{地面}$——地面投资，万元。

二、产气规律确定

针对不同地质特征和开发技术条件，进行煤层气井生产数值模拟，结合已开发区内气井生产动态特征，确定煤层气井产气规律。

三、单井经营成本计算

单井经营成本应充分考虑不同井型对操作成本的影响，采用相关因素法进行计算。同时，参考已开发区内平均单井其他管理费、安全生产费用、营业费用等。

$$经营成本 = 固定操作成本 + 其他管理费用 + \\ (可变操作成本费率 + 安全生产费率 + 营业费率) \times 产气量 \tag{4-23}$$

四、单井经济极限累计产气量计算

将单井作为一个系统，对其现金流入和流出进行详细计算，确定单井生产周期内，项目财务净现值 NPV：

$$NPV = \sum_{t=1}^{n} \frac{(P_t + S) \times PD_t}{(1+i)^t} - \left[\sum_{t=1}^{m} \frac{I_t}{(1+i)^t} + \sum_{t=1}^{n} \frac{C_t}{(1+i)^t} \right] \tag{4-24}$$

式中　P_t——第 t 年煤层气市场销售价格，元$/m^3$；

PD_t——单井第 t 年产气量，$10^4 m^3$；

C_t——单井第 t 年操作费支出，万元；

n——单井评价年数，a；

i——基准内部收益率，%；

I_t——单井建设投资支出，万元；

m——单井建设年数，a；

S——单位产量财政补贴，元$/m^3$。

当 $NPV=0$ 时，确定单井极限累计产气量 $Q_{累}$：

$$Q_{累} = \sum_{t=1}^{n} PD_t' \tag{4-25}$$

式中　$Q_{累}$——累计产气量，$10^4 m^3$；

PD_t'—$NPV=0$ 时，单井第 t 年产气量，$10^4 m^3$。

五、产建区经济极限指标界定

通过分析单井生产周期内的现金流，计算得出单井极限累计产气量，根据产建区资源条件，确定单井合理控制面积，进而确定合理采出程度下的经济极限丰度。

$$\Omega_o' = \frac{Q_{累}}{A \times \eta} \tag{4-26}$$

式中　Ω_o'——经济极限储量丰度，$10^8 m^3/km^2$；

A——单井合理控制面积，km^2；

η——采收率，%。

第五章　煤层气的疏导式开发工程

沁水盆地高煤阶煤层气具有低压、低渗、低饱和、非均质性强的特点，受区域构造、成藏机理、赋存方式以及水动力等条件的影响，煤层气的地面开采必须对煤储层实施水力压裂改造等措施。然而采用相同井型、钻井和压裂工艺的邻井之间产量差异巨大；在煤层含气量和地质条件相近的各个局部，复制相同增产改造工艺，生产效果差异大；相同增产改造措施井中低产井比例高等现象普遍存在。针对上述现象，开展现场和室内实验研究攻关。

华北油田为解决传统工程技术开发煤储层的三大矛盾，从优选井型、优化增产改造技术等方面入手，"十三五"以来，依托中国石油煤层气开采先导试验基地平台优势，深化基础理论、技术研究，强化钻井和水力压裂对煤储层伤害机理研究，提出煤层气疏导式开发理论，煤层气工程技术思路由"改造式"转变为"疏导式"，形成煤层气疏导式工程改造技术系列。现今，沁水盆地高煤阶煤层气开发成效对比工程技术改进之前已有大幅度提升，目前实施新井平均单井日产量大于 $2000m^3$，约为相邻老井产量的 4 倍。

第一节　煤储层工程改造影响因素评价

高煤阶煤层气地面规模开发需通过钻完井、压裂改造和工程作业等方式来实现。在开发全过程中，既要有效改善煤储层渗透性，又要一定程度缓解工程改造对煤储层的伤害。因此，为搞清煤层气开发过程中所遇到的实际问题，通过室内实验研究与现场工程实践相结合的方式，探索工程改造开发技术正、负面影响的最佳动态平衡点，寻找破解高煤阶煤层气开发难题的针对性技术办法。

一、煤层力学性质评价

煤层气水平井的井壁稳定、煤储层保护及储层改造是关系水平井高产与否的关键问题，为保障流体有效产出，在保障井壁稳定的基础上尽可能降低储层伤害并扩大人工改造影响控制面积。煤层力学性质是影响井壁稳定、煤储层保护及储层改造效果的重要因素，是煤层气钻完井、压裂改造及工程方案设计的基础。煤岩作为一种有机岩石，其物理、力学性质有其特殊性，其弹性模量通常比围岩低，泊松比通常比围岩高。煤层气钻完井、压裂改造和工程作业等都与水基工作液作用密切相关，水基工作液的浸泡时间、煤岩含水量对煤岩抗压强度、弹性模量等重要力学参数具有重大的影响。将煤岩分为 2 组，1 组泡工作液（清水）按自由吸水方式泡 48h，1 组未浸泡，每组测试不同围压条件下（0、3MPa、6MPa、9MPa、15MPa）煤岩的应力—应变曲线，实验研究自然状态下和工作液浸泡条件下煤岩岩石力学性质的变化规律，为煤层气工程技术改造提供实验依据。

1. 自然侵入状态下的煤岩力学性质

1）抗压强度

抗压强度为煤岩样在单轴（或三轴）受压条件下整体破坏的压力，在一定程度上间接反映地层破裂强度。煤储层在饱和状态下的抗压强度位于 1.46～14.55MPa 区间内，均值为 6.63MPa，干燥状态下其对应数值位于 2.51～28.45MPa 区间内，均值为 12.61MPa。

煤岩水化膨胀性极弱，清水浸泡改变了裂隙壁面的性质，起到了润滑作用，降低了裂隙之间的摩擦系数，导致煤岩强度随浸泡时间弱化。清水浸泡时间对煤岩单轴抗压强度的影响，如图 5-1 所示。

经岩石力学实验验证，煤岩在受清水浸泡后其力学强度下降幅度明显，浸泡条件与三轴抗压强度关系，如图 5-2 所示。随着围压的增加，浸泡前后三轴抗压强度下降幅度减小，特别是单轴抗压强度受清水浸泡的影响极大，强度下降近一半，现场应严格控制钻井、压裂工作液滤失量。

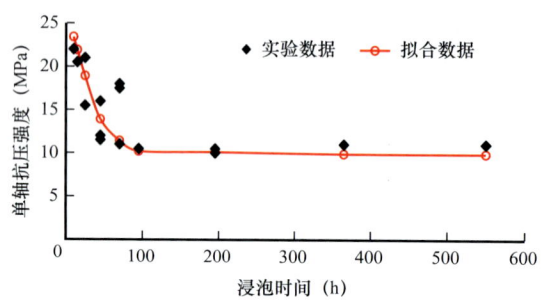

图 5-1 浸泡时间与单轴抗压强度关系曲线图　　图 5-2 浸泡条件与三轴抗压强度关系曲线图

2）弹性模量

弹性模量为拉伸应力（法向应力）和同方向上的相对形变或者沿法向应力方向线应变的比值。弹性模量是度量岩石的抗张应力大小的参数，是岩石张应变弹性强弱的标志。资料统计表明，煤的弹性模量比围岩低，围岩的弹性模量一般在 10^4MPa 数量级，而煤岩位于 10^3MPa 数量级。

煤岩经清水浸泡其脆性特征变弱，塑性特征增强，变形特征由弹脆性向弹塑性转变，之后其弹性模量下降显著，如图 5-3 所示。低围压时的影响最大，将导致煤层段井周径向位移增大，井眼更易坍塌。

3）泊松比

泊松比为弹性体只受法向应力作用时，横向缩短与纵向伸长的比值（又称横向压缩系数），泊松比越大表示弹性越小或塑性越大。泊松比是影响裂隙宽度的直接因素，对裂隙尺寸的控制起着重要作用。围岩的泊松比一般小于 0.3，而煤岩则位于 0.25～0.40 之间。煤岩经清水浸泡后其脆性特征变弱，塑性特征增强，由弹脆性向弹塑性转变，泊松比由小变大（图 5-4）。

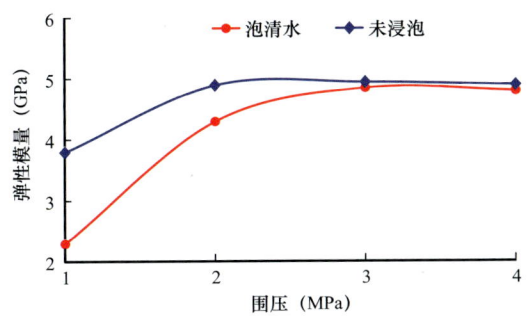

图 5-3　清水浸泡条件下围压与弹性模量
关系曲线图

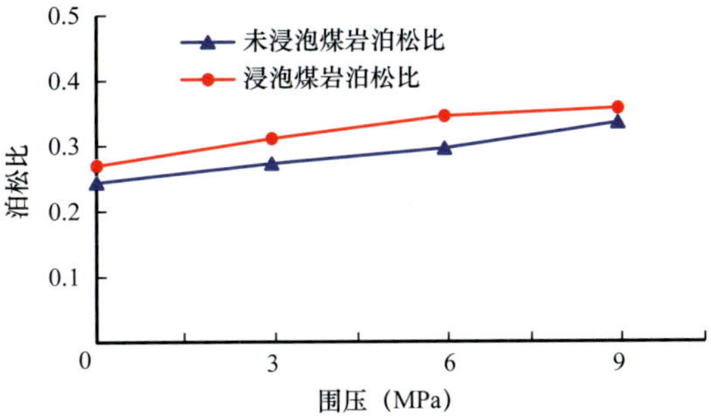

图 5-4　煤岩清水浸泡条件下围压与泊松比关系
曲线图

2. 不同含水率状态下的煤岩力学性质

1）抗压强度

煤岩单轴抗压强度（UCS）随其内部含水率的增加而逐渐减少，如图 5-5 所示。当煤岩含水率接近饱和时，UCS 趋于稳定，与含水率呈对数关系。

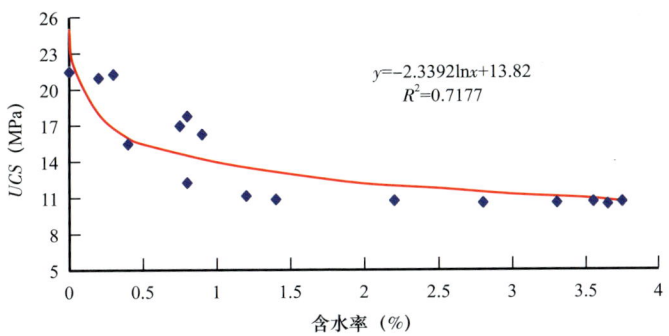

图 5-5　含水率与单轴抗压强度（UCS）关系曲线图

2）弹性模量

随着含水率的增加，煤岩的单轴抗压强度（UCS）、弹性模量逐渐减低，如图 5-6 所示。煤岩变形由脆性向塑性转变，塑性增强，含水率对煤岩强度影响显著。

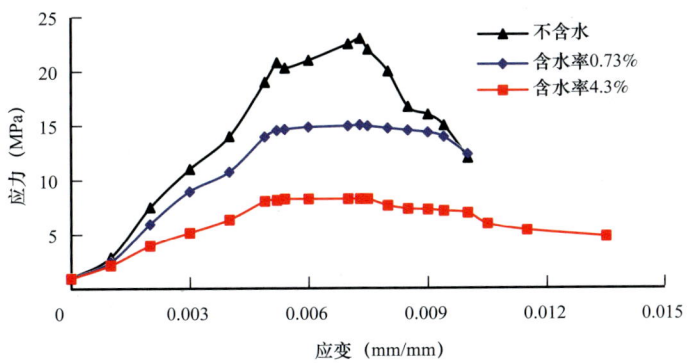

图 5-6　含水率条件对应变与应力关系影响曲线图

3）泊松比

随着含水率的增加，煤岩的泊松比逐渐增大，如图 5-7 所示。煤岩变形由脆性向塑性转变，塑性增强，含水率对煤岩泊松比影响显著。

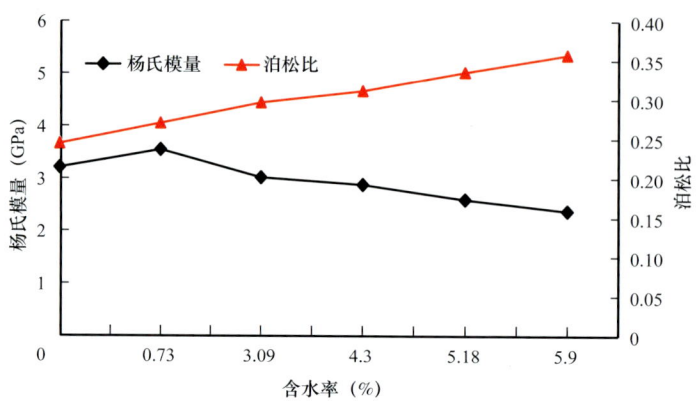

图 5-7　含水率对泊松比及杨氏模量影响曲线图

二、煤储层渗透性伤害评价

煤储层渗透率对应力变化、外来水注入量、内部流体速度变化敏感，通过开展"三敏效应"伤害机理实验，为工程技术优选、外来流体侵入控制以及返排制度优化等可以降低工程改造对煤层渗透性伤害的方式提供指导。

1. 应力敏感性评价

在煤层气勘探开发过程中，随着煤层外部工作液（钻井液、压裂液）的侵入和储层内部流体（煤层气、地下水）的产出，煤储层的原始受力平衡状态会发生改变。根据岩石力学理论，当受力煤层从一个应力状态改变到另一个应力状态时，内部通道会出现变形、闭合或者张开等现象，使煤层渗透率发生改变。

在钻井、压裂施工和压后排采过程中，局部地应力的动态变化，会对煤储层渗透性产生影响。选取寺河煤矿、端氏煤矿 3 号煤样，沿层理方向，将煤样加工成 $\phi50\text{mm} \times 100\text{mm}$ 标准煤柱。在一定围压、轴压条件下，开展模拟水力压裂全过程中煤岩试件应力—应变—渗透率同步联测实验，借此研究高阶煤储层应力敏感性。

1）定孔压变围压条件下的应力敏感性实验

在孔压一定（3.8MPa）轴压为 16.3MPa 实验条件下，随着围压的增大，有效应力增大，煤岩渗透率呈幂指数降低趋势；随着围压的降低，有效应力减小，煤岩渗透率呈幂指数增大趋势，如图 5-8 所示。

2）定围压变孔压条件下的应力敏感性实验

在围压一定（11.8MPa）轴压为 16.3MPa 实验条件下，随着孔压的增大，有效应力减小，煤岩渗透率增大，如图 5-9 所示。在水力压裂后，煤岩压裂后渗透率较其原始渗透率提高了 1～2 个数量级。

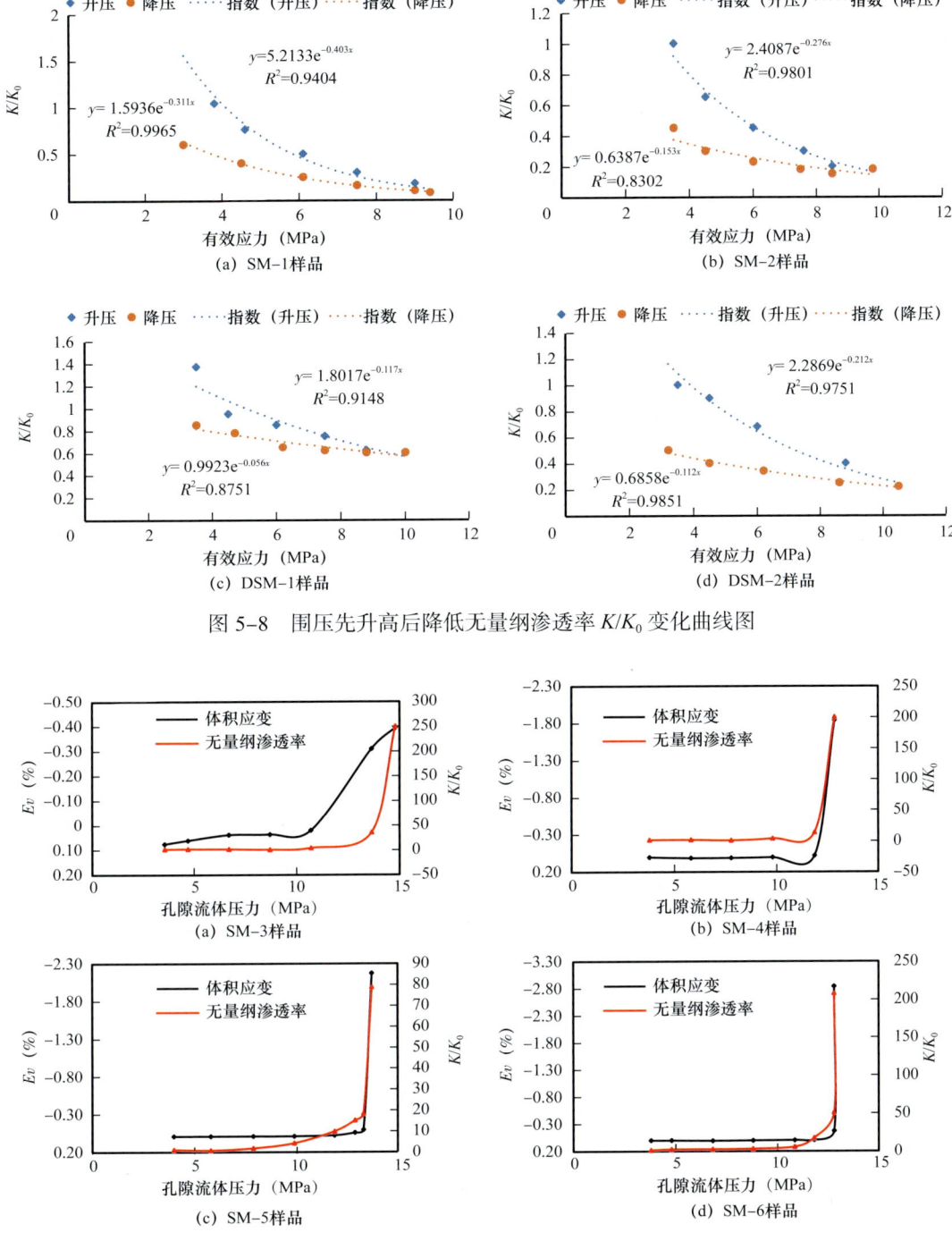

图 5-8 围压先升高后降低无量纲渗透率 K/K_0 变化曲线图

图 5-9 无量纲渗透率、体积应变随孔隙流体压力变化曲线图

2. 注入水敏感性评价

煤储层水敏效应主要指外来液体与煤储层中黏土矿物的不配伍，使黏土矿物水化膨胀或分散，导致储层渗透率降低。煤岩天然具有较强吸收各类液体或气体能力。煤岩吸收液

体或气体后,发生煤体膨胀,借鉴石油天然气行业标准 SY/T 5358—2010《储层敏感性流动实验评价方法》中敏感性评价方法,对郑庄、长治和安泽3个区块内的煤岩岩心进行水敏性实验研究。在实验过程中,保持煤岩心围压不变,采用恒速法测定不同矿化度水的渗透率。水敏损害程度采用水敏指数评价,水敏指数计算方法:

$$I_w = (K_i - K_w)/K_i \quad (5-1)$$

式中 I_w——水敏指数;

K_i——用地层水测定的岩样渗透率,mD;

K_w——用蒸馏水测定的岩样渗透率,mD。

煤岩岩心样品水敏伤害评价实验结果,见表5-1。

表5-1 沁南区块煤岩水敏评价实验数据表

区块	试件编号	气体渗透率(mD)	孔隙度(%)	临界矿化度(mg/L)	伤害指数	水敏程度
郑庄	S2-2	2.440	3.46	500	0.28	弱
郑庄	S2-21	0.800	1.25	2000	0.51	中等偏强
长治	CY-15	0.169	4.6	3016	0.92	极强
长治	CY-14	0.018	4.08	1500	0.33	中等偏弱
安泽	AZ-5	20.463	3.54	900	0.42	中等偏弱
安泽	AZ-9	21.467	1.98	1114	0.69	中等偏强

选取沁水盆地南部郑庄区块不同区域3号煤样,采用NP-01型常温常压膨胀量测定仪,分别测定粒径100~360目煤粉在蒸馏水、煤层水和1%KCl盐水溶液中的线性膨胀率。

煤粉的膨胀率计算方法:

$$P = \Delta H / (H_1 - H_2) \times 100\% \quad (5-2)$$

式中 P——膨胀率,%;

H_1——湿煤饼高度,mm;

H_2——干煤饼高度,mm;

ΔH——干、湿煤饼高度差,mm。

煤粉线性膨胀测定实验结果,见表5-2。

表5-2 煤粉线性膨胀测定数据表

试件编号	水样	H_1(mm)	H_2(mm)	干煤饼高(mm)	膨胀高度(mm)	膨胀率(%)
S-1	蒸馏水	70.50	53.19	17.31	3.045	17.59
S-2	煤层水	70.35	52.73	17.62	0.929	5.27
S-3	1%KCl	70.50	53.61	16.89	0.271	1.60

煤粉在蒸馏水、煤层水和1%KCl盐水溶液中膨胀率随时间变化关系曲线,如图5-10所示。

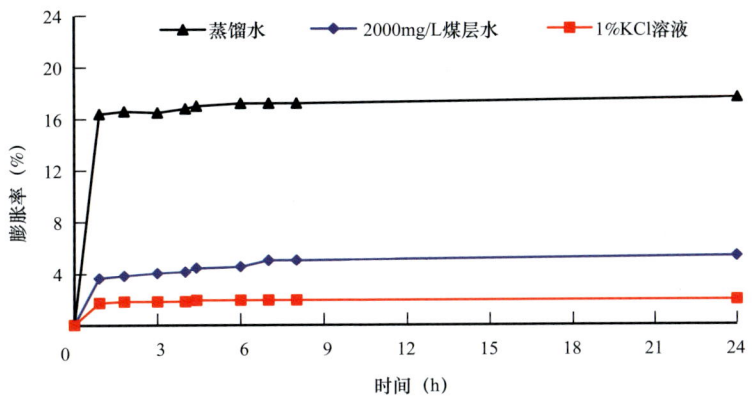

图 5-10 煤粉在不同介质中膨胀率与时间关系

同一矿区,不同区域煤粉膨胀率有所差异。KCl盐水溶液具有抑制煤岩膨胀的能力。煤粉在1%KCl盐水溶液中的膨胀率仅1.6%。煤粉膨胀主要发生在与水接触的第一个小时内。

3. 流速敏感性评价

因内部流体流速发生变化而引起的煤储层渗透率变化,即为速敏效应。选取沁南东—夏店区块、樊庄—郑庄区块周边煤矿煤岩样品,在不同有效应力和气、水注入速率条件下,测量原生割理煤柱、人工劈裂裂缝煤柱和压裂填砂裂缝煤柱的渗透率,研究有效应力对高阶煤裂隙渗透率的影响以及裂隙压缩系数特征。

实验试件直径为25mm、长度为40~70mm。实验注入压力分别为2.76MPa、3.10MPa、3.45MPa、4.48MPa、4.83MPa、5.52MPa和5.86MPa。为研究有效应力对煤柱渗透率影响,实验过程中对煤柱加环压,环压分别为6.21MPa、6.90MPa、7.58MPa、8.96MPa、9.65MPa、11.03MPa、11.72MPa、12.41MPa和15.17MPa。选用氮气作为测试介质。采用脉冲衰减测量方法进行测量,测量范围为0.1~10mD。

1)原生割理煤柱渗透率变化

煤储层割理的气测渗透率与有效应力呈负指数关系,且割理的初始渗透率越小,对有效应力越敏感;割理应力敏感系数与有效应力呈负相关关系,随有效应力的增加,割理渗透率应力敏感性下降。在高有效应力阶段,割理压缩系数趋近于常数,在低有效应力阶段,割理压缩系数动态变化。当有效应力≤6MPa时,为样品割理宽度快速下降期,割理宽度迅速减小,1号、2号样品割理宽度累计减少量分别为69.9%和75.2%;当有效应力>6MPa时,割理宽度下降幅度减缓,割理宽度累计降幅明显变缓,分别为14.1%和11.7%(图5-11)。割理宽度和渗透率对有效应力敏感,有效应力可导致割理闭合,渗透率大幅降低。

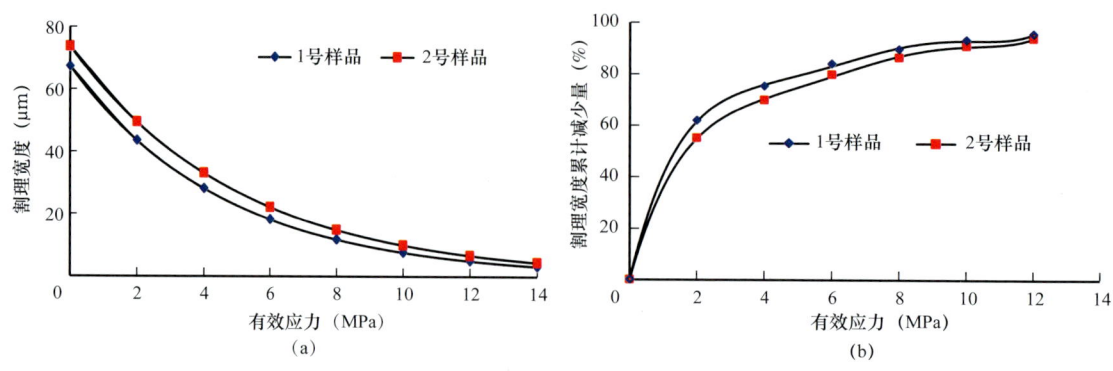

图 5-11 割理宽度随有效应力变化关系图

2）人工劈裂裂缝煤柱渗透率变化

外生裂隙随有效应力的增大，对渗透率贡献的变化有明显的阶段性。当有效应力≤5MPa时，二者呈明显负指数关系，随有效应力增大，外生裂隙渗透率呈下降趋势，降幅为20.7%~42.6%（图5-12）。当有效应力＞5MPa时，不同水注入速率条件下，外生裂隙渗透率呈现出不同变化趋势，水注入速率≤20mL/min时，渗透率呈现出增大的趋势，水注入速率越小，渗透率增幅越大；水注入速率＞20mL/min时，渗透率趋于稳定，变化幅度较小，约5.0%。在有效应力作用下，外生裂隙渗透率相对于初始渗透率降幅介于63.1%~69.6%，渗透率最终维持在初始渗透率的30.4%~36.9%。

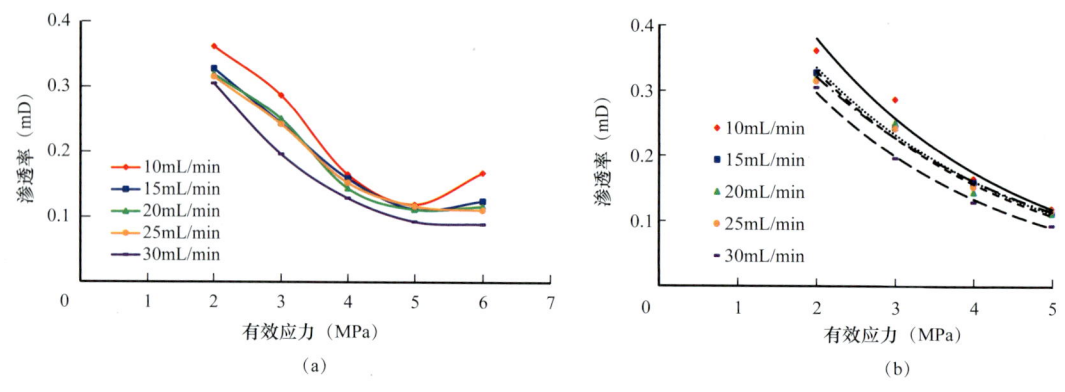

图 5-12 外生裂隙渗透率随有效应力变化关系图

有效应力分别为2MPa、4MPa和6MPa，注水速率＜20mL/min时，外生裂隙渗透率随水注入速率增大有一定上升趋势，但变化幅度小，介于1.0%~4.9%；当水注入速率≥20mL/min时，外生裂隙渗透率随水注入速率增大呈明显增大趋势，最高增幅可达59.6%。较高流速注入，裂隙中煤粉可被冲刷带走，使裂隙导流能力得到改善（图5-13）。

3）压裂填砂裂缝煤柱渗透率变化

压裂填砂裂缝的渗透率随有效应力的增大呈上升趋势（图5-14）。压裂填砂裂缝因渗透率高，实验过程中裂缝内无法保压，实测注入压力趋近于0.1MPa。当7MPa＜有效应力≤10MPa时，随有效应力的增大，压裂裂缝渗透率发生波动，同时小幅上升，上升幅度介于0.7%~15.0%；当有效应力＞10MPa时，随着有效应力的增大，在不同水注入速率条件下，外生裂隙渗透率呈现出不同变化趋势。在水注入速率＞10mL/min时，渗透率继续呈现增大趋势，增幅介于34.6%～65.9%，水注入速率越大，渗透率增幅越大；在注入速率等于10mL/min时，渗透率趋于稳定，变化幅度约为8.4%。

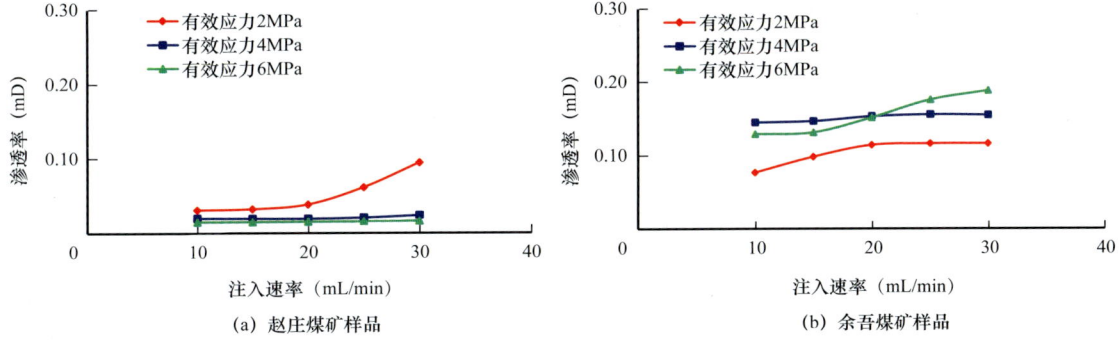

图5-13 外生裂隙渗透率随注入速率变化关系图

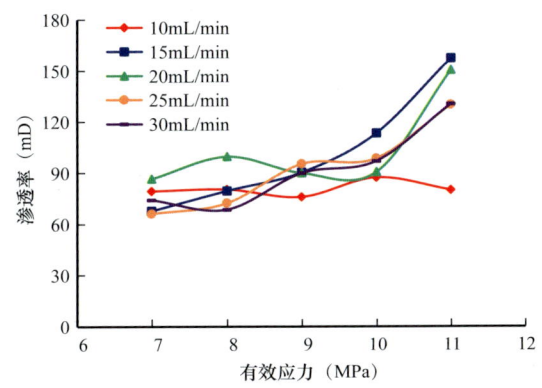

图5-14 压裂填砂裂缝渗透率随有效应力变化关系图

在不同注水速率，不同粒径压裂砂条件下，压裂填砂裂缝渗透率呈现阶段性变化特征（图5-15a、图5-15b）。当有效应力＜4MPa时，随有效应力的增大，压裂裂缝渗透率呈线性迅速降低，渗透率降幅均＞90%；当有效应力＞4MPa时，随有效应力的增大，压裂裂缝渗透率呈线性迅速增加，至有效应力等于6MPa，压裂裂缝渗透率基本恢复至初始水平。

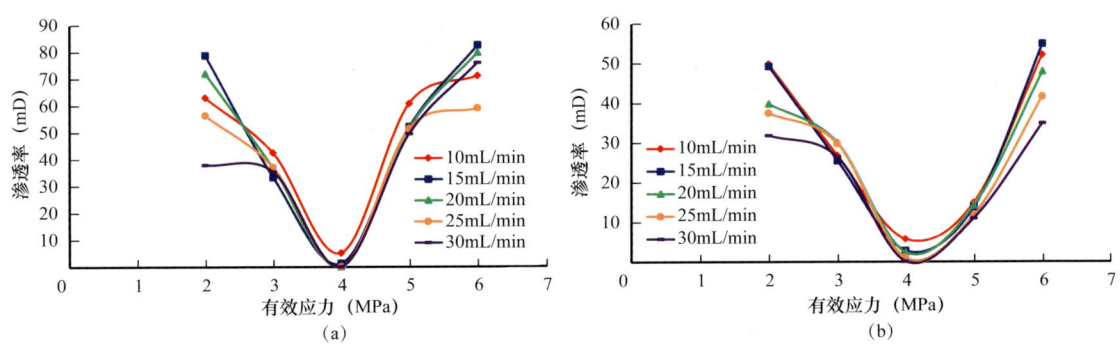

图5-15 压裂填砂裂缝渗透率随有效应力变化关系图

（a）成庄煤矿样品，长度84.9mm，18～45目压裂砂，铺砂密度5.0kg/m^2，加140～200目煤粉；
（b）成庄煤矿样品，长度78.2mm，45～60目压裂砂，铺砂密度5.0kg/m^2，加140～200目煤粉压裂填砂裂缝渗透率随煤粉固相颗粒粒径的增大,渗透率损害率呈上升趋势(图 5-16)。通过模拟压裂过程,煤粉颗粒与压裂液中自带固相颗粒混合之后,测定压裂液中煤粉含量对煤储层渗透率影响。当煤粉固相颗粒含量一定时,渗透率损害率与粒径有关,颗粒直径越小,越容易侵入裂隙深处,形成堵塞;而相对大颗粒煤粉,在相同压差作用下,较难进入煤岩基质孔隙中。

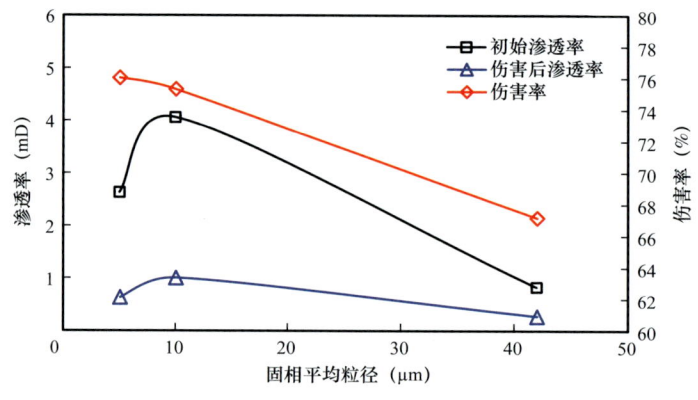

图 5-16 压裂填砂裂缝渗透率随固相煤粉平均粒径变化关系图

三、煤层压裂裂缝有效性评价

用裂缝形态、裂缝导流能力、孔隙结构变化指标来评价压裂裂缝的有效性。以此为基础,为煤储层压裂优化提供具体参照和方向,如射孔参数优化、铺砂浓度优化、支撑剂粒径组合优化等。

1. 裂缝形态

利用大尺寸水力压裂试验系统,针对不同射孔段长度试件,开展水力压裂裂缝起裂和扩展形态研究,分析压裂射孔参数对裂缝扩展影响。试验过程中,试件压后均呈现为主裂缝加次级裂缝的复合形态。如图 5-17、图 5-18、图 5-19 所示,随射孔段长度增加,煤岩水力裂裂缝变复杂,裂缝长度变短;射孔裂缝延伸压力随射孔段长度增加而减小;沿水平最大主应力方向射孔,射孔相位角为 45°~60°,射孔段长度为煤层厚度 40%,最有利于煤储层压裂。

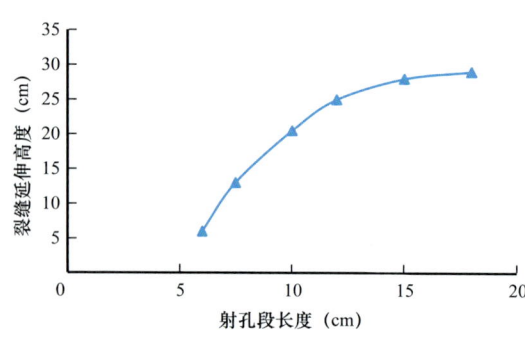

图 5-17 射孔段长度与裂缝延伸高度关系图

2. 裂缝导流能力

利用 FCS-842 型支撑剂导流能力测试仪,通过在导流室中夹持煤岩板模拟煤层裂缝,控制实验温度、流体环境和实验流速,改变铺砂浓度、支撑剂粒径组合,进而分析铺砂浓度以及支撑剂粒径组合对压裂裂缝导流能力的影响。

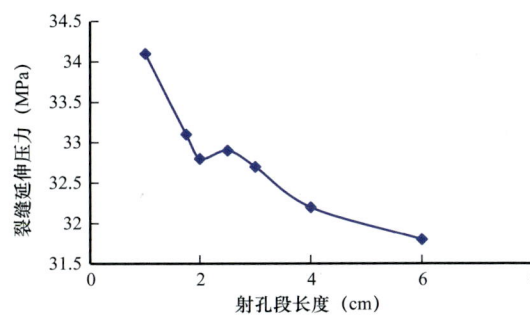

图 5-18　射孔段长度与裂缝延伸压力关系图　　　图 5-19　射孔方位角与起裂压力关系图

1）不同铺砂浓度

选用 20/40 目石英砂，在不同闭合压力下，分别测试 5kg/m² 和 10kg/m² 两种铺砂浓度导流能力。不同石英砂铺砂浓度下，导流能力测试结果，如图 5-20 所示。实验结果显示，随铺砂浓度增加，石英砂导流能力大幅增加；随闭合压力加大，石英砂导流能力衰减趋势明显。

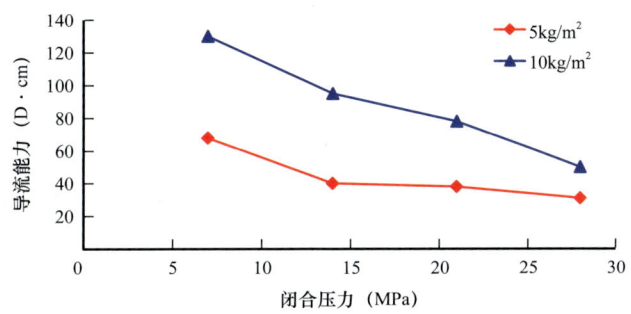

图 5-20　不同铺砂浓度下石英砂支撑剂导流能力测试结果图

2）不同支撑剂粒径组合

选用 12/20 目、20/40 目、40/70 目石英砂，在不同闭合压力下，利用 40/70 目小粒径、20/40 目中粒径、12/20 目大粒径不同比例组合方式，测试不同粒径组合分段铺砂后支撑剂导流能力的大小。实验测试结果，如图 5-21 所示，不同粒径组合的导流能力存在差异，但随着闭合压力的增大差异会减少；支撑剂组合比例中大粒径占比越大，其导流能力越强。

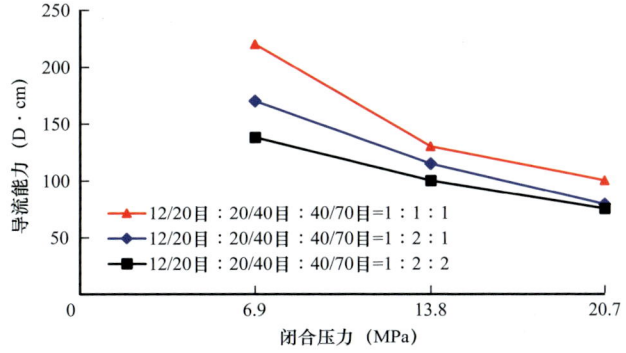

图 5-21　不同粒径组合下石英砂支撑剂导流能力测试结果图

3. 孔隙结构变化

应用 Rec Core-3010 型核磁共振流体饱和度测量仪进行核磁共振实验,测试煤岩试件压裂前后 T_2 图谱。在实验室条件下,使用高纯度 99.999% 甲烷,采用非稳态法测试煤岩试件压裂前后渗透率,煤岩试件信息和测试结果如表 5-3 所示。煤岩试件水力压裂后平均孔隙度比压裂前平均孔隙度提高 6%,煤岩试件渗透率与其内部小孔和大孔所占比例成正比,与试件内部微孔所占比例成反比。煤岩试件水力压裂后渗透率显著提高,但渗透率值仍很低。煤岩压后孔隙度、可动流体饱和度提高明显,而束缚水饱和度有所降低。

表 5-3 煤岩试件核磁孔隙度和核磁渗透率实验结果表

试件编号	压前核磁孔隙度 ϕ(%)	压后核磁孔隙度 ϕ(%)	压前束缚水饱和度(%)	压后束缚水饱和度(%)	压前可动流体饱和度(%)	压后可动流体饱和度(%)	压前 T_2 截止值	压后 T_2 截止值
5a 号	9.46	10.18	91.77	81.59	8.23	18.41	3.87	3.87
5b 号	7.68	9.26	94.10	86.55	5.90	13.45	3.87	4.64
6a 号	8.70	8.26	84.61	83.26	15.39	16.74	2.68	4.64
6b 号	11.42	13.10	84.15	63.76	15.85	36.24	3.87	93.87
7a 号	1.21	1.52	64.47	60.06	35.53	39.94	16.68	103.72
7b 号	1.39	2.95	71.20	48.72	28.80	51.28	20.03	103.72

四、煤层气解吸伤害评价

大量煤层气开发实践资料显示,在煤储层水力压裂之后,如若采取关井卸压的方法将会给煤层气井带来解吸压力降低的问题,并且在不同区块该问题显露程度存在差异。对以往水力压裂工艺技术进行反思,基于室内模拟实验分析,探索水力压裂增产正负效应"平衡点",寻找最小伤害最大改造效果的水力压裂办法。

1. 注入压力对解吸伤害评价

通过选取沁水寺河煤矿 3 号煤岩,制成 ϕ100mm×150mm 圆柱形煤样,模拟常温 25℃条件下相同煤种与相同吸附状态、不同注水压力和不同受水时间的实验条件,按照干燥煤样先吸附甲烷,待平衡后再注水,开展水分对甲烷的抑制解吸效应模拟实验。相同煤种与相同吸附状态、不同注水压力甲烷解吸规律模拟实验,同一高阶煤样吸附解吸平衡压力为 0.65MPa,干燥煤样自然状态下注水压力为 0.71MPa、2.06MPa、5.98MPa、注水时间 24h 后的解吸速率随时间的变化,实验研究结果如图 5-22 所示,煤样在相同的受水时间下,甲烷解吸速率随着注水压力的升高而不同程度的降低,表现为煤体受高压水作用后甲烷解吸的抑制作用明显。

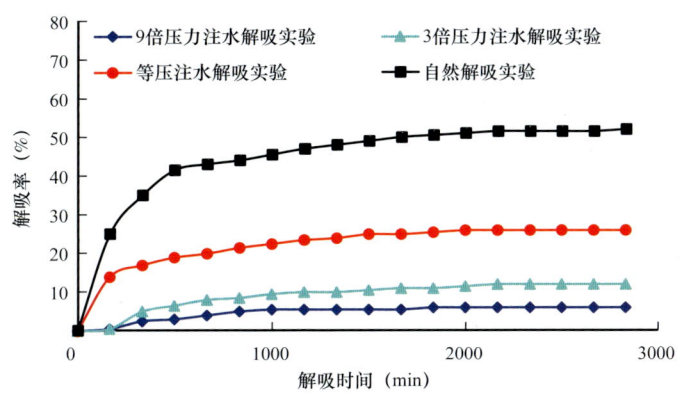

图 5-22　煤层气在不同注水条件下解吸率随时间变化图

相同煤种与相同吸附状态、不同受水时间的实验条件，同一高阶煤样吸附解吸平衡压力为 0.65MPa，干燥煤样自然状态下注水压力为 6.1MPa、注水时间 2h、96h、192h 后的解吸速率随时间的变化如图 5-23 所示。由于煤岩天然割理裂隙比较发育，煤层透气性系数较大，在不增加注水压力的情况下，随着注水时间的持续延长和压力的逐步扩散，低渗透率煤岩注水后含水率逐渐增大，煤基质块内部渗透率减小，造成甲烷解吸速率的大幅下降，实验研究结果如图 5-23 所示。

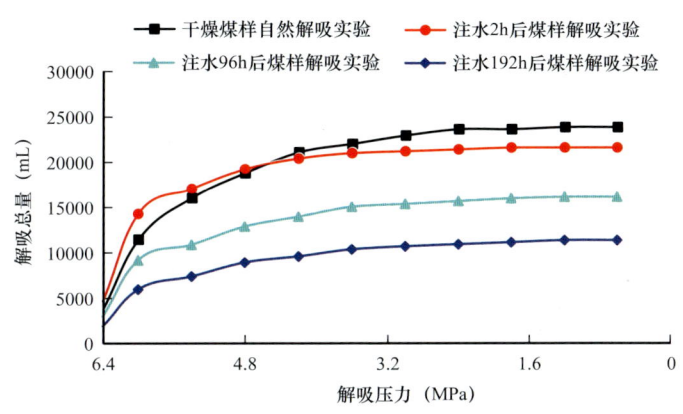

图 5-23　煤样水浸时间与煤层气解吸量对应关系图

室内高压注水对煤层气解吸特性实验研究结果表明，外来水侵入煤岩孔隙越严重，在毛细管力作用下，封堵流体运移通道越严重，对甲烷解吸抑制越明显。注水压力的增加和浸泡时间的增长，都会降低解吸压力，抑制甲烷气体解吸，但是都存在上限值。等压注水后的无烟煤，煤层气解吸率只有自然解吸时的 50%～70%。实验结果表明水力压裂具有煤层含水率升高和渗透性改善的双重作用，利用强制裂缝闭合技术，及时返排压裂液，尽量减少压裂液滤失是降低煤层含水率对甲烷解吸抑制负作用的有力措施。

2. 注入液体类别对解吸伤害评价

运用煤岩气体吸附或解吸实验装置，开展不同压裂液对煤样中煤层气解吸—扩散影响系列实验。根据 SY/T 6132—2013《煤岩中甲烷等温吸附量测定　干燥基容量法》，模拟煤层地下原位温度、压力条件，先向样品缸中注入气体使煤样吸附，在达到吸附—解吸平衡之后，再注入不同压裂液，观测不同压裂液对煤层气解吸影响。首先测试对照用干煤样解吸量，然后测试4种不同液体对煤层气解吸扩散影响（图5-24、图5-25）。解吸量为各解吸阶段解吸气量的累计总和。压裂液作用后煤样解吸速度与解吸量明显降低，其中0.35%瓜尔胶基液作用后降低最大，活性水作用后降低最小。统计实验数据，不同液体作用下煤层气解吸总量、解吸速率对比关系为活性水＞瓜尔胶破胶液＞滑溜水基液＞瓜尔胶基液；不同液体作用下煤层气解吸压力对比关系为活性水＜瓜尔胶破胶液＜滑溜水基液＜瓜尔胶基液。

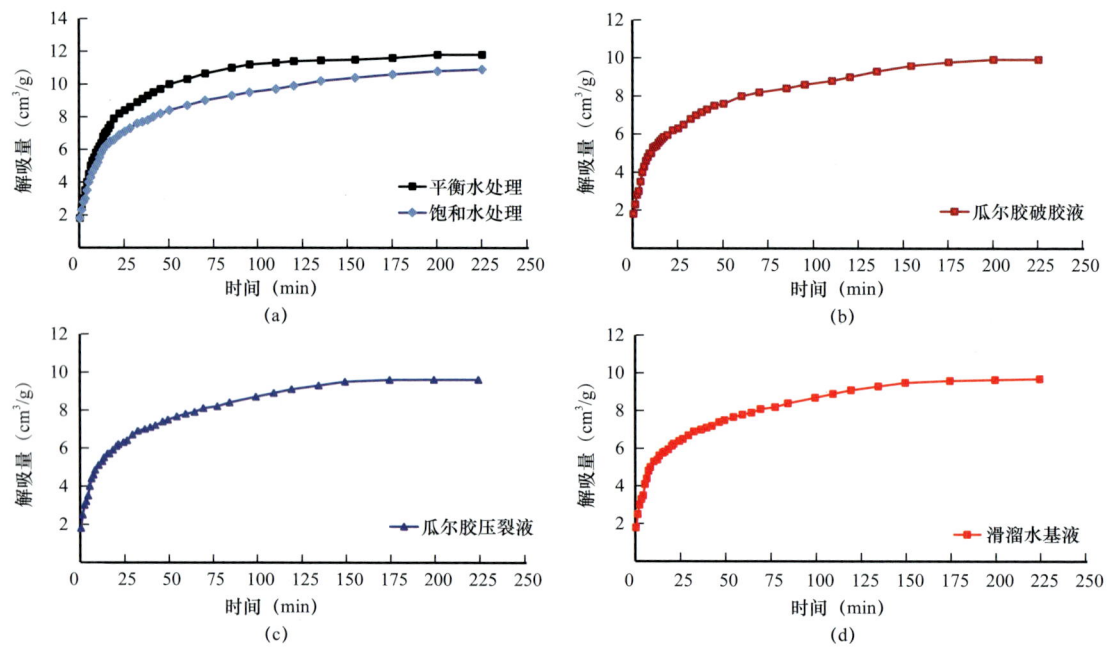

图 5-24 不同液体作用下甲烷解吸总量与时间关系图

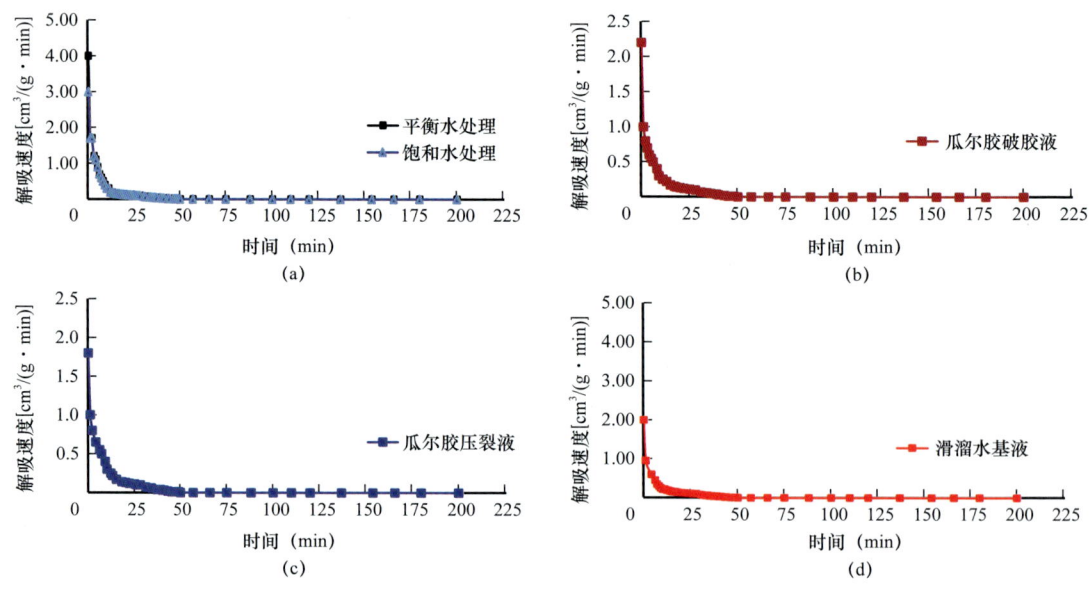

图 5-25 不同液体作用下甲烷解吸速率随时间变化图

3. 挤入水量对解吸伤害评价

运用煤岩气体吸附/解吸实验装置，开展不同挤入水量对煤样中煤层气解吸—扩散影响实验，测试不同含水率煤岩中煤层气解吸—扩散速率。用电子天平称取粒径60/80目200g干燥煤样6份，其中干煤样1份，另外平衡水预处理煤样5份并分别挤注0.25KCl溶液5mL、10mL、15mL、25mL。以干煤样解吸量为参照（温度25℃），对比分析不同含水率对煤层气解吸—扩散影响（图5-26），解吸量为各解吸阶段解吸气量的累计总和。实验数据显示，煤层气解吸主要发生在解吸初期，累计解吸量快速增长之后，趋势逐渐放缓，而解吸速率随时间增加迅速变缓，最后趋向于零。在相同解吸时间内，随煤样含水率增大，煤层气解吸量减小，停止解吸时累计解吸量也变小，且所需时间更长。水分子为极性分子，与煤层气相比更容易被煤岩样所吸附，进而占据煤岩内不同级次孔—裂隙空间；随着含水率的增加，允许煤层气运移流动通道开始变窄或者消失，煤岩内部流体整体运移效率和可被解吸气量都受到抑制。

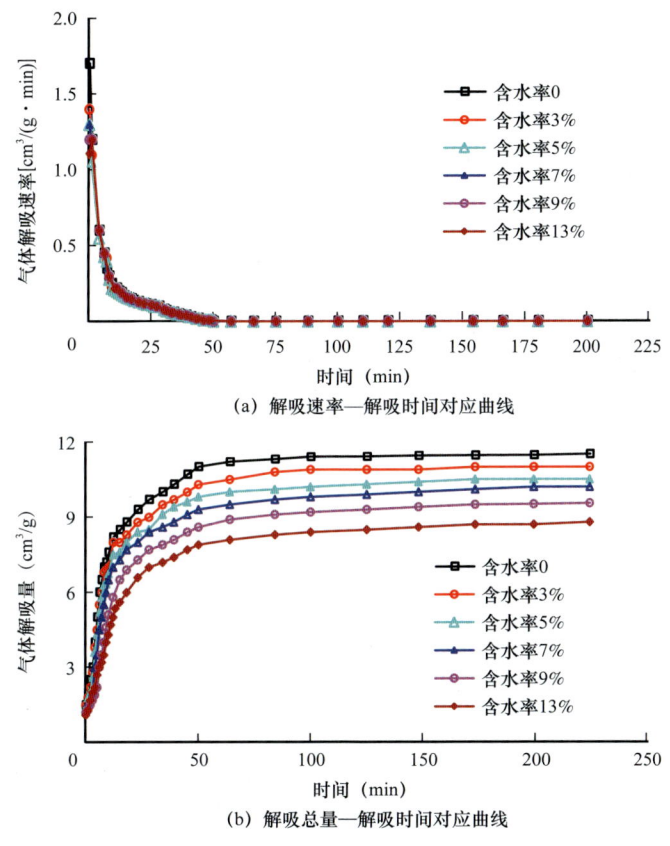

(a) 解吸速率—解吸时间对应曲线

(b) 解吸总量—解吸时间对应曲线

图5-26 不同含水量对煤层气解吸速率和解吸总量影响

由上述室内实验研究结果认识可知，沁水盆地高阶煤储层"三敏效应"显著。因而，高阶煤储层压裂必须降低压裂液的入井量和压裂液与煤层的接触作用时间，采用超低前置液、快速返排压裂工艺，既可高效疏通煤储层中天然裂缝系统，又可减少压裂液侵入煤储层，及时最大限度排出压裂液和煤粉颗粒，保持煤储层流体流动通道的清洁和畅通。

第二节 水平井钻完井技术

水平井钻完井技术集钻井、完井和增产于一体，是开发低压、低渗、非均质煤层的主要手段，与直井相比，能够沟通更多煤层裂缝，扩大排采降压泄气面积，降低气、水流动阻力，具有单井产量高、占地面积小、采出程度高等优势。

在早期的煤层气开发中，多采用裸眼多分支水平井开发方式。该工艺虽在潘庄、樊庄南部等高渗、浅部区带获得较好开发效果，但在国内其他多数区块内开发效果欠佳。裸眼通道易垮塌、堵塞，伤害煤储层，无法二次疏通井眼和实施增产改造等都是制约其提升单井产量的关键问题。针对裸眼多分支水平井存在问题，相继研发"U"形水平井PE筛管完井、仿树形水平井、顶板压裂水平井等工艺技术，并在部分区块取得了一定开发成效，但受限于国内煤层气地质条件和开发效益限制，难以满足煤层气规模推广的需求。

以疏导式开发基本理论认识为基础，结合大量煤层气开发实践经验，兼顾无杆泵排采工艺技术，提出了以"单筒成井、管串支撑、无杆排采、增产改造"为设计理念的新型煤层气水平井，使煤层气水平井井眼可控，具备二次维护、作业、改造条件（图5-27）。

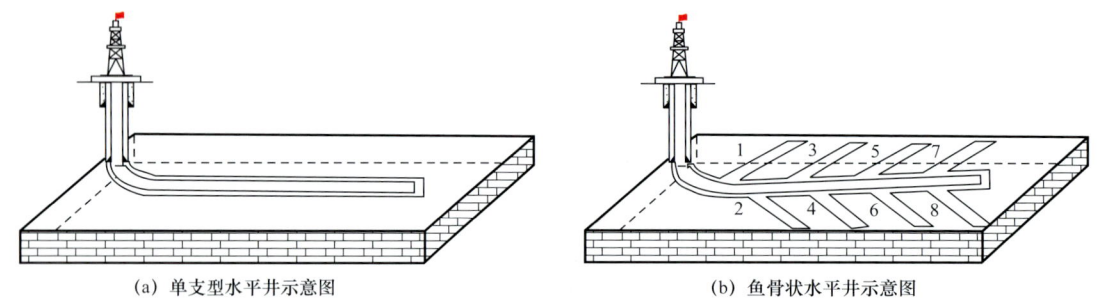

图5-27 煤层气新型水平井结构示意图

一、水平井疏导式钻井优化设计技术

钻井优化设计是水平井钻井成套技术的首要环节，水平井钻井设计的优劣，对水平井的钻井周期、施工风险、完井后开发方式选择等方面具有重要意义。针对煤储层特有力学性质和开发特点，从井身结构、井眼走向、钻井参数、完井方式等方面进行优化设计，为实现水平井最大程度沟通裂缝、降低煤储层伤害、井眼轨迹平滑、气水通道可疏导作业奠定设计基础。

1. 井身结构设计

井身结构设计的主要依据是地层压力和地层破裂压力。其优选原则主要如下：

（1）所设计的井身结构，应充分满足钻完井生产需求以及获取特定参数需要；

（2）有效保护煤储层，使不同地层压力煤储层免受钻井液伤害；

（3）避免漏、喷、塌、卡等井下复杂情况发生，以实现安全、优质、快速、低成本钻完井；

（4）在保证安全前提下，尽可能简化井身结构，降低钻井成本。

为沟通更多煤储层中裂缝，提高井眼泄压面积，在保证安全基础上，水平井应尽可能选择大井眼，以满足煤层气大规模、大排量施工要求。

1）二开全通径井身结构

（1）井身结构分析。

早期裸眼多分支水平井和"U"形井均采用三开井身结构，水平段裸眼完井或PE筛管完井。水平井如沿袭三开井身结构，二开钻至煤层中完固井，水平段悬挂ϕ114.3mm筛管串，存在水平段井眼通径小、后期大排量、大规模增产改造措施作业困难、无杆泵难下入三开管串内等问题。

分析大量钻井及地质资料，沁水盆地南部新近系和第四系整体剥蚀，中生界至山西组、太原组发育稳定，实钻显示无明显垮塌、漏失及异常高压层位，具备二开井身结构技术基础。

（2）二开井身结构的确立。

二开全通径井身结构，如图5-28所示。一开采用ϕ311.2mm钻头，下入ϕ244.5mm表层套管，封固上部疏松层、漏失层和地表水层；二开采用ϕ215.9mm钻头，钻完煤层水平段后，下入ϕ139.7mm完井管串，采用半程固井方式封固煤层以浅地层或全程固井。

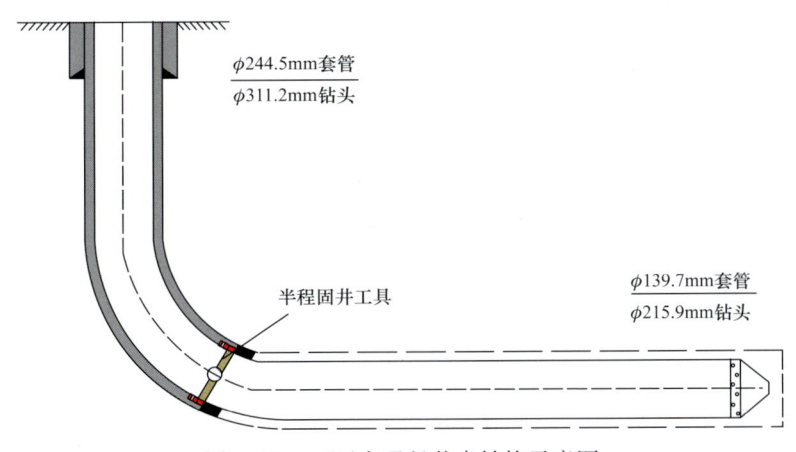

图5-28 二开全通径井身结构示意图

（3）设计的特点及适用条件。

二开井身结构钻井程序简单，较三开减少一次中完作业，施工成本相对较低，但对井壁稳定要求高，适用于煤层相对稳定且煤层以浅无明显垮塌、漏失以及异常高压层位区块。随着钻井液技术和相关配套技术的不断进步，目前该井身结构已成为华北油田煤层气水平井的主体井身结构，并且在沁水盆地南部、二连、冀中等区块成功实施。

2）三开全通径井身结构

针对煤层上部地层垮塌严重、存在漏失及异常高压层位区块，需设计下入技术套管封堵上部垮塌、漏失或异常高压层位，然后三开进行煤层段专层专打，最后下入生产套管完井。目前，主要包括两种常用三开井身结构。

（1）三开 $5\frac{1}{2}$in 型全通径井身结构。

为保证煤层段顺利下入 ϕ139.7mm 套管，一开、二开需采用相对较大钻头和套管尺寸。结合沁水盆地里必区块钻井实践，设计 $5\frac{1}{2}$in 型三开全通径井身结构（图 5-29），全井段下入 ϕ139.7mm 套管至井口，采用套管头密封，根据完井要求不固井或封固煤层段。

该种井型井眼通径大，利于后期改造作业，但相比二开 $5\frac{1}{2}$in 井身结构，增加一次中完作业，并且井眼尺寸整体偏大，一定程度增加了成本。

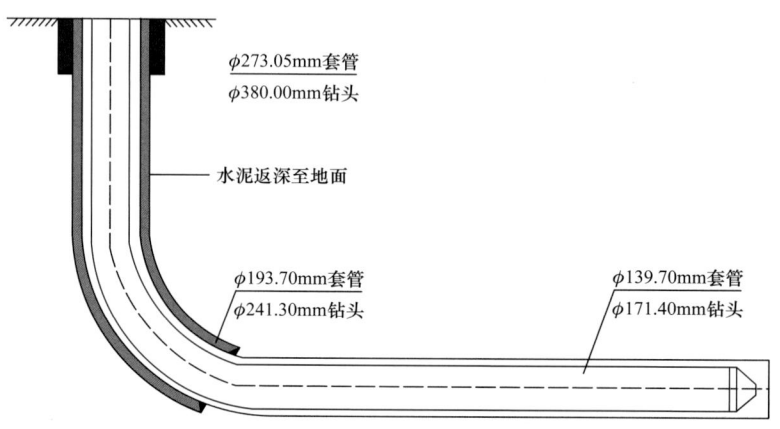

图 5-29　$5\frac{1}{2}$in 型三开全通径井身结构示意图

（2）三开 $4\frac{1}{2}$in 型全通径井身结构。

该井型在三开煤层段完钻后，全井段下入 ϕ114.3mm 套管或筛管完井，根据完井要求不固井或封固煤层段（图 5-30）。采用常规钻头及套管尺寸，煤层段井眼较小，利于煤层井壁稳定，但 ϕ114.3mm 套管内通径较小，作业操作空间小，使后期改造规模受限。

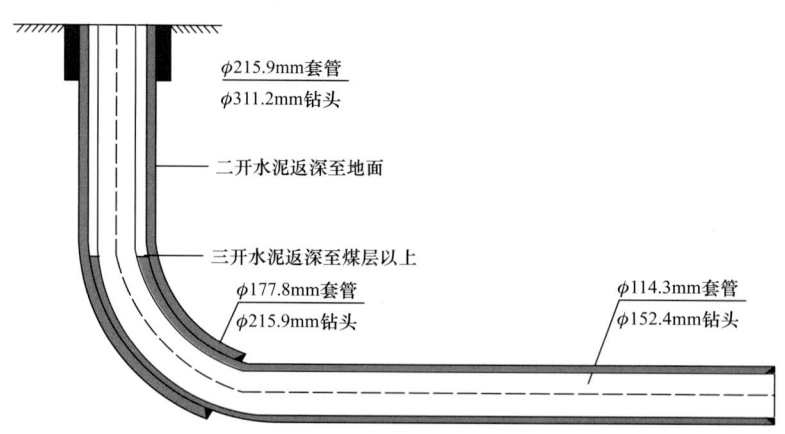

图 5-30　$4\frac{1}{2}$in 型三开全通径井身结构示意图

2. 井眼走向、倾向设计

1）井眼走向

水平井眼沟通天然裂缝数量越多，越利于煤层气井获得高产。对不进行压裂增产改造的水平井而言，水平井煤层中水平段的走向对水平井产能影响明显。水平段沿高渗方向钻进时，水平段井眼轨迹与裂隙走向平行，天然裂隙钻遇率会显著降低；相反，垂直或者斜交高渗方向钻进，更利于水平段井眼轨迹沟通煤储层中天然裂隙（图 5-31）。后期不进行压裂改造的鱼骨状水平井，在井位部署前需开展裂缝预测，判断区域天然裂缝优势方向（高渗方向），以此为基础设计井眼轨迹走向。

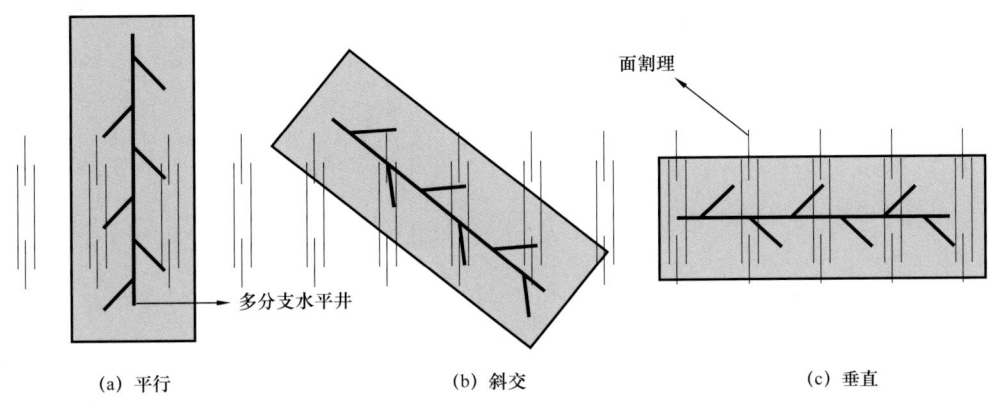

图 5-31 鱼骨状水平井轨迹与面割理走向配置关系模式图

后期进行压裂改造单支水平井，应综合考虑最大主应力、天然裂隙、压裂工艺、压裂段间距等因素，判定影响区块裂缝延伸的主控因素，以扩大压裂改造范围、沟通更多裂隙为目标，使得更多的天然裂缝与井筒形成空间缝网体系。若主控因素为地应力，则应设计垂直于最大主应力方向；若主控因素为天然裂隙系统，则应设计垂直于天然裂隙发育方向。

2）井眼倾角

首先需要保证水平井煤层水平段钻遇率；其次需利于煤储层排水、降压和产气。

单支型水平井和鱼骨状水平井均采用工程井进行排采，无杆泵多下至着陆点，为利于煤储层中水的产出，设计井眼沿煤层整体上倾，且尽量井斜不低于 90°，以防形成凹槽易聚集岩屑和水。丛式水平井组或地面受限单支型水平井，可设计沿煤层下倾方向，而鱼骨状水平井为实现悬空侧钻及主支管串下入，需设计沿煤层上倾方向。

3. 井眼剖面及轨迹优化设计

煤层埋藏普遍较浅，水平井水垂比大、水平段上倾易造成钻具托压，设计合适的井眼剖面及轨迹，可有效降低施工摩阻，保障轨迹平滑，利于井眼清洁，是实现水平井安全顺利钻进及煤层段下入管串的重要基础。

1）水平井井眼剖面

目前，水平井常用剖面主要有三种类型，一是单圆弧剖面（图 5-32a），二是双增剖面（图 5-32b），三是多圆弧剖面（图 5-32c）。剖面类型选择的总体原则是根据地质目标、煤层情况、地质要求、靶前位移，选择三增、双增、单增等不同的剖面类型。

单弧剖面，又称"直—增—水平"剖面，它由直井段、增斜段和水平段组成。其突出特点是使用一种造斜率使井斜由 0° 增至最大井斜角。这种剖面适用于目的层顶界和工具造斜率都非常确定的水平井剖面设计。通常可用于侧钻短半径水平井的井身剖面设计。

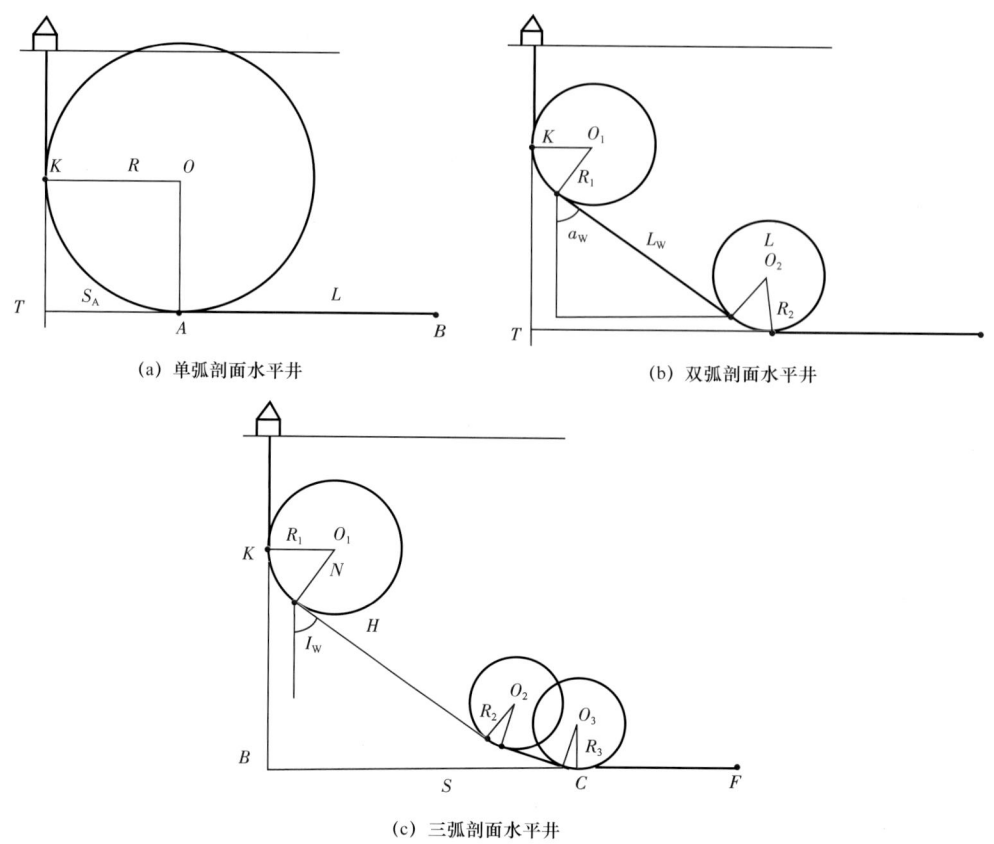

(a) 单弧剖面水平井　　(b) 双弧剖面水平井

(c) 三弧剖面水平井

图 5-32　水平井眼剖面设计

双弧剖面，又称"直—增—稳—增—水平"剖面，它由直井段、第一增斜段、稳斜段、第二增斜段和水平段组成。其突出特点是在两增斜段之间设计了一段用于调整的稳斜段，适用于目的层顶界确定而工具造斜率尚不十分清楚的情况。近年来，实际设计时，常用一段微增段代替稳斜段，这样，由于没有稳斜段，井眼轨迹整体更加光滑，一般称为三增剖面。

三弧剖面，又称"直—增—稳—增—稳—增—水平"剖面，它由直井段、第一增斜段、第一稳斜段、第二增斜段、第二稳斜段、第三增斜段和水平段组成，其突出特点是设计了两个用于调整的稳斜段，适用于目的层顶界和工具造斜率都有一定误差的情况。

结合水平井钻井施工经验，常规二维水平井可采用调整参数法或自然曲线法进行计算，采用中曲率半径和"直—增—增—稳（水平段）"的连增复合型剖面。该种剖面主要依据以下几点考虑：一是这种剖面易于施工；二是没有稳斜段，井眼轨迹整体比较光滑，摩阻较小，有利于钻压和扭矩的传递；三是该类导向工具造斜率有保证。

丛式平行水平井三维设计，考虑煤层地质垂深不确定性和工具造斜率不确定性，应用斜面圆弧法进行设计，将井眼轨道剖面由常用五段制优化为六段制，即"直—增—稳—增（扭）—增—稳"，在 A 靶点之前将方位调整至与水平段方位一致，并留有一个增斜段设计为低造斜率井段来克服煤层垂深和造斜率不确定性导致的井眼轨迹控制困难，提高钻井成功率。

2）水平井眼轨道

考虑管柱安全下入和井眼轨迹控制需要,水平井眼采用中曲率半径和"直—增—增—稳(水平段)"的连增复合型剖面。以沁水盆地某井为例,设计水平段长1981.6m,水垂比3.41,剖面参数设计见表5-4:第1增斜段造斜率一般可设计为6.5°/30m以内,将井斜增至45°~50°;第2增斜段一般造斜率可设计为6°/30m左右,将井斜增至设计要求。

表5-4 剖面设计数据表

描述	测深 (m)	井斜 (°)	网格方位 (°)	垂深 (m)	北坐标 (m)	东坐标 (m)	狗腿度 [(°)/30m]	闭合距 (m)	闭合方位 (°)
上直段	330.00	0	—	330.00	0	0	0	0	—
造斜段	569.65	47.93	119.71	542.66	−46.85	82.09	6.00	94.52	119.71
调整段	571.64	47.93	119.71	543.99	−47.59	83.38	0	96.00	119.71
着陆点	803.53	87.00	150.77	633.00	−200.30	222.90	6.20	299.67	131.94
调整段	851.28	91.77	150.77	633.51	−241.96	246.21	3.00	345.20	134.50
靶点1	2385.14	91.77	150.77	586.00	−1579.90	994.80	0	1867.01	147.80
调整段	2395.88	90.70	150.82	585.77	−1589.27	1000.04	3.00	1877.73	147.82
靶点2	2785.13	90.70	150.82	581.00	−1929.10	1189.80	0	2266.51	148.34

井眼轨迹设计应尽量保持在优质原生结构煤中钻进,避免因钻遇长段构造煤,导致垮塌埋钻,减少构造煤煤粉产出利于高产;煤层水平段轨迹按照地震资料预测,尽量采用几何导向,调整井段狗腿度一般不大于3°/30m,且水平段整体设计尽可能控制在90°以上,避免形成波浪形轨迹,保持井眼轨迹平滑、清洁,为完井管串下入和排水出灰作铺垫。

4. 钻井参数优化设计

钻井参数的合理选择是水平井优快钻井的重要保障。由于煤储层具有区别于常规砂、泥岩的特殊力学性质,使得煤储层在钻进时既具有可钻性强、机械钻速快的特点,也具有易垮塌、易伤害的施工难点。因此,针对煤储层特性,设计"五低"钻井参数,保障井壁稳定的基础上,尽可能降低钻井液、煤屑等对储层的伤害,提高钻井速度,减小钻井液侵入半径,保持原始裂缝系统畅通。

1）低钻压

与常规砂岩、泥岩相比,煤层可钻性强,煤质较软,复合钻进时机械钻速较快(0.5~1m/min),较小钻压即可实现快速钻进,为保障井下安全,需控制钻进速度。因此,在煤层段钻压设计一般为10~30kN,控制钻井返出液中煤屑含量。在复合钻进时,钻压突然增大,一般为钻遇夹矸或出层情况,应及时调整。

2）低转速

煤层段采用动力钻具钻进,复合钻进时,煤层钻进速度快,岩屑多。因此,在满足机械钻速基础上,应尽可能选用"低转盘转速+螺杆"方式,降低转盘转动对井壁造成的震动，减少煤屑产出堵塞井筒裂隙，建议转盘转速范围为20～40r/min。

3）低排量

因煤岩密度较砂岩、泥岩轻，且煤层大排量冲刷，易导致煤层垮塌。因此，煤层段钻进排量在满足携带长水平段岩屑要求的基础上，应选用低排量施工，设计排量一般为15～30L/s，减少对煤层井壁冲刷，降低煤层垮塌风险。

4）低泵压

基于煤层易出现垮塌、憋泵等情况，设计泵压安全值低于区域煤层破裂时泵压，高于该值安全销自动剪断，确保岩屑携带正常，井底煤层不被压漏或因压力激动造成储层应力伤害，减少钻井液侵入半径，沁水盆地800m以浅钻井泵压限制经验值选取为10MPa。

5）低钻井液密度

由于多数煤储层欠压特点（压力系数为0.6～1.0），为降低煤储层伤害，同时考虑煤层段钻进风险，在保障煤层井壁稳定基础上，应尽可能降低钻井液密度。结合目前钻井液材料及泡沫钻井成本及压力波动等因素，在高于坍塌压力的基础上，应尽量降低钻井液设计密度，低于或略高于地层孔隙压力当量密度，实现欠平衡或平衡钻井以降低储层伤害，推荐煤层段钻井液密度为1.03～1.08g/cm^3。

5. 钻井完井设计

完井既是钻井工程的最后一个环节，同时也是煤层气排采作业的开端，对后期压裂作业及排采等具有重要影响。煤层气水平井完井方式，首先应考虑煤储层自身储层物性，保持其最佳气体产出条件，其次尽可能扩大渗流面积，降低入井阻力，有效防止产层出砂以及井壁坍塌，确保煤层气可以长期稳定生产。

1）完井管串

针对沁水盆地不适宜布置裸眼多分支水平井区域，根据不同地质条件要求，采用筛管完井或套管射孔完井方式。一般而言，煤层渗透较差地区，采用套管射孔完井，进行分段压裂改造，能够大幅度提高单井产量，相对均匀动用储量，提高资源采收率，使产量及效益最大化。煤层渗透性好的地区，可考虑筛管完井，直接投产。

以二开 $5\frac{1}{2}$in 型全通径水平井为例，设计完井管串如下。

筛管完井管串组合：引鞋 +ϕ139.7mm 筛管串 + 半程固井工具 +ϕ139.7mm 套管串至井口（图5-33a）。

套管完井管串组合：引鞋 + 短筛管1根 +ϕ139.7mm 套管串 + 半程固井工具 +ϕ139.7mm 套管串至井口（图5-33b）。

套管完井（全程固井）管串组合：浮鞋 +ϕ139.7mm 套管1根 +ϕ139.7mm 浮箍 +ϕ139.7mm 套管串至井口（图5-33c）。

2）固井方式

筛管完井水平井为实现煤层气高效产出，煤层段不固井，仅封固煤层段以浅层位，以防止生产时发生窜层；煤层段不固井可诱导井眼周围裂隙张开、延展，提高渗透率及自然产能。

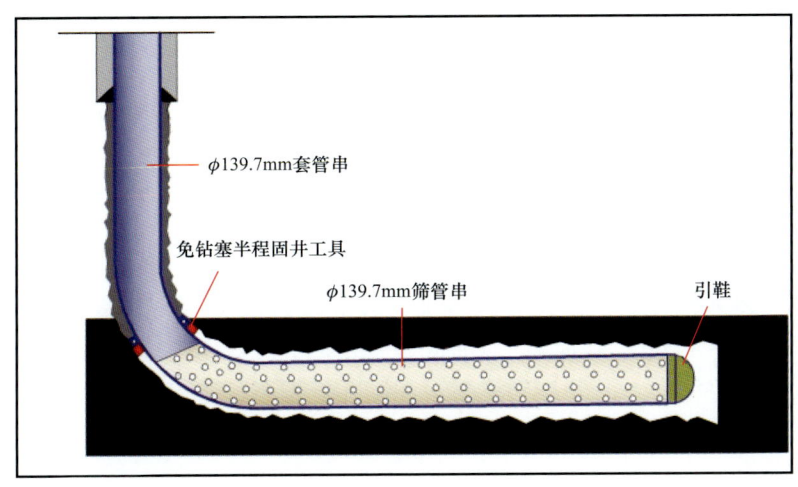

(a) 筛管完井管串组合（半程固井）

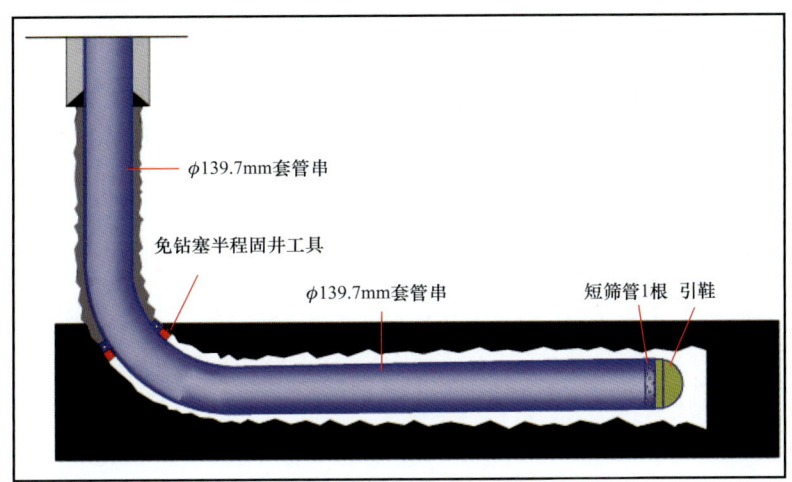

(b) 套管完井管串组合（半程固井）

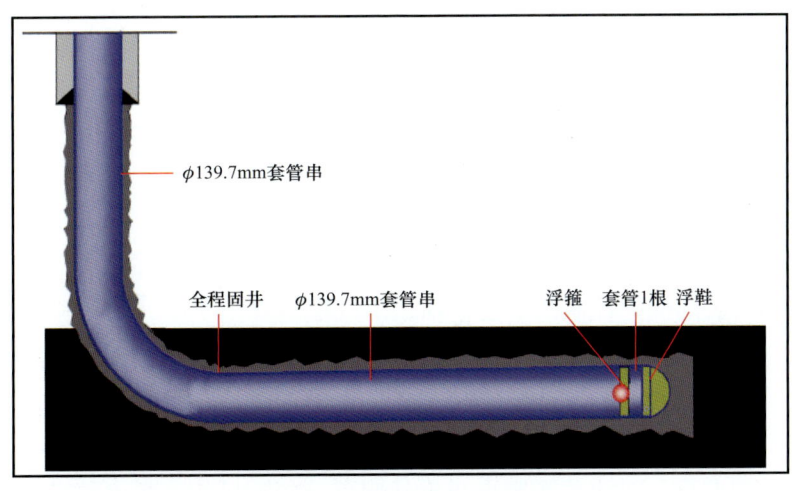

(c) 套管完井管串组合（全程固井）

图 5-33 二开 $5\frac{1}{2}$in 型全通径水平井完井管柱示意图

套管完井水平井需综合考虑水泥浆伤害、煤层固井质量、后期压裂方式等因素。煤层段固井时，会出现水泥浆封堵井眼周围裂缝，煤层段胶结差，返高不足等问题。目前，主要采用半程固井技术，下套管支护，针对煤层段以浅地层固井，之后采用喷射压裂方式实现管外分段和压裂改造。常规射孔套管压裂井，建议对煤层段固井，以防止压裂时管外窜层。

3）水泥浆体系

煤层气水平井垂深较浅，井底温度较低，水泥浆易漏失。因此，水泥浆必须在低温条件下仍保持较大早期强度，需适当添加低温早强剂、降失水剂和减轻材料，控制水泥浆失水量并降低水泥浆密度。另外，为提高水泥浆在低温条件下流动性，还需添加少量分散剂，使其具有良好的顶替效率和沉降稳定性。

二、地质导向及井眼轨迹控制技术

高煤阶储层非均质性强，在纵向上发育不同煤体结构煤和夹矸，而横向上煤储层受小微构造影响高低起伏。一方面，钻遇不同煤体结构对煤层气井产气影响较大；另一方面，波浪状井眼轨迹，易造成"U"形管效应，影响管串下入和产气通道畅通。利用井眼轨迹控制技术，可保证井眼在原生—碎裂煤层中钻进，井眼轨迹平滑、畅通。

1. 煤层钻遇精准导向技术

1）导向准备

（1）收集整理资料，根据施工任务书中导向目标和相关要求，收集七类资料：钻井地质设计书、钻井工程设计书、区域构造资料、地震测线资料、邻井录井资料、邻井测井资料、井基本数据（包括井口坐标、地面海拔、补心高等），整理后导入地质导向软件。

（2）钻前地质分析，根据收集到的资料开展四方面分析：工区构造分析、地层对比分析、目的层特征分析及顶底板特征分析。

（3）导向模型建立，利用导向软件建立钻前导向模型，主要包括：构造图建模、多井对比建模、地震剖面建模及地层倾角建模等。

（4）导向方案编制与交底，在开钻之前，完成导向方案编制，并向钻井、定向井等相关人员交底。

2）着陆导向控制

水平井着陆准确与否，直接关系到水平井的成败。而着陆轨迹质量，直接影响水平段钻进的难易程度。着陆导向控制，主要包括以下三项内容。

（1）目的层深度预测：随钻过程中，自上而下利用电性卡准地层，利用岩性对比层位，与邻井进行跟踪对比，结合地层倾角与轨迹走向不断预测目的层垂深、着陆阶段地层倾角与着陆点。

（2）着陆轨迹调整：对比预测靶点与设计靶点，判断目的层靶点是提前还是滞后，修正入窗轨迹，保证着陆时井斜角与地层倾角的角差在6°左右。

（3）着陆点卡准：采用录井卡层方法，卡准钻头所揭开目的煤层深度。

煤层着陆的特征一般为机械钻速陡然加快、伽马测量值降低、气测全烃升高、岩屑中煤成分百分含量增加。

3）煤层水平段导向控制

（1）目标煤层段的选择。在水平井钻井中，通过避开构造煤可有效防止煤粉产生。基于沁水盆地南部 3 号煤层测井解释数据分析，原生—碎裂煤和构造煤在声波时差和电阻率上差异明显，而煤矸石因其泥质成分含量较高，具有强放射性、低电阻率等特点（图 5-34）。结合随钻岩屑、气测等数据，可建立纵向煤体结构分布图，对煤储层展开评价认识。通常，优质导向区间应选择在低伽马、高气测、原生—碎裂煤层段（图 5-35）。

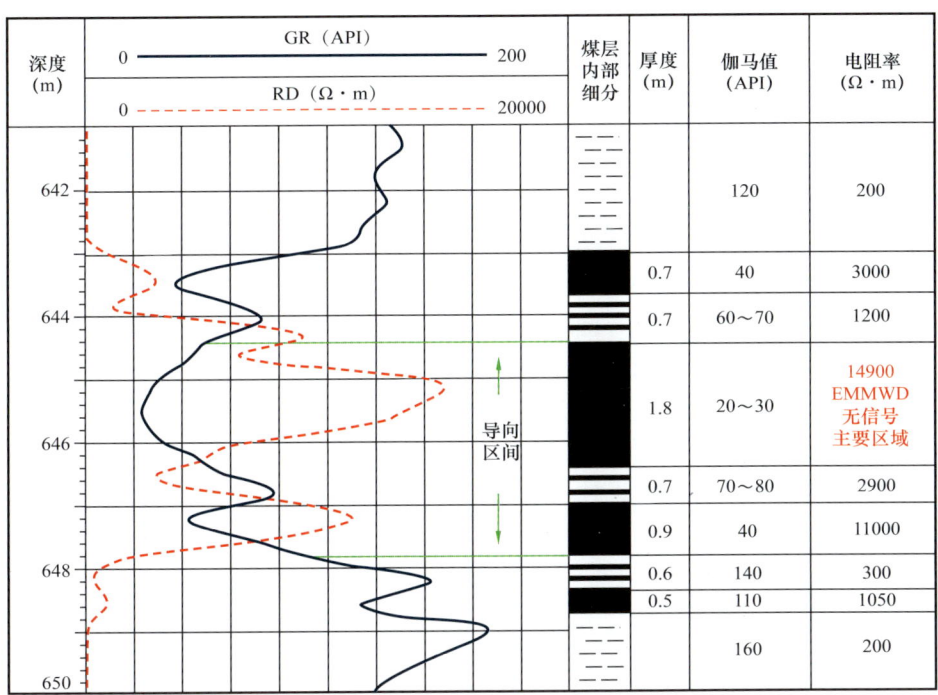

图 5-34　沁水盆地 Z4P-9H 井 3 号煤层细分与导向区间

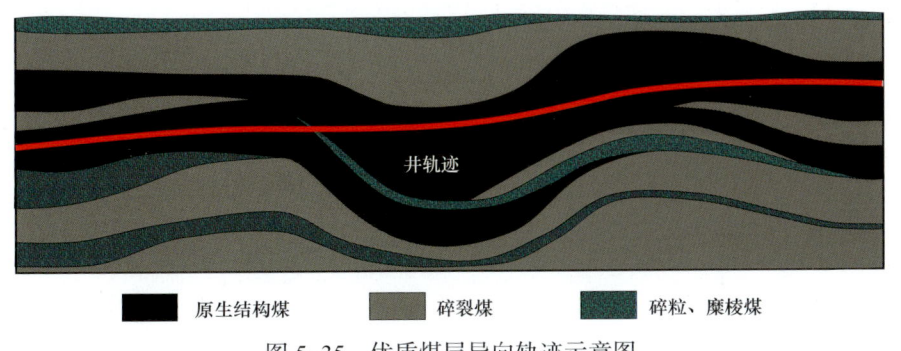

图 5-35　优质煤层导向轨迹示意图

（2）导向依据确定。根据邻井资料分析，确定能及时反应地层变化的导向敏感参数，总结各敏感参数变化特征，进而确立导向依据。在煤层中钻进时，钻时、全烃、伽马、岩屑和扭矩 5 项参数变化最为明显，可作为导向指示依据（表 5-5）。钻时和全烃为钻头是否在煤层中钻进的首要判断参数；岩屑和扭矩为钻头是否在煤层中钻进的辅助判断参数；伽马测量值因煤矸石的存在，可作为分析钻头在煤层中相对位置的判断参数。

表 5-5 沁水盆地常见岩性与主要参数特征统计表

岩性	钻时	全烃	伽马	扭矩
煤	快	高值	低值	小
煤矸石	快	高值	中、高值	小
砂岩	较慢	基值或略增	中、低值	较大
石灰岩	慢	基值	低值	大
泥岩	较快	基值	高值	较小

（3）钻头位置判断。根据随钻井下测量参数、录井参数等，综合判断钻头在目的煤层中的位置。

（4）顶出、底出煤层判断。在安装有方向伽马导向工具条件下，上伽马值先抬升、下伽马值后抬升为顶出；下伽马值先抬升、上伽马值后抬升为底出（图 5-36）。在 MWD 导向工具条件下，由于伽马曲线无方向性，顶出底出判断相对困难，需根据伽马、钻时、全烃和岩屑等参数变化综合分析判断。

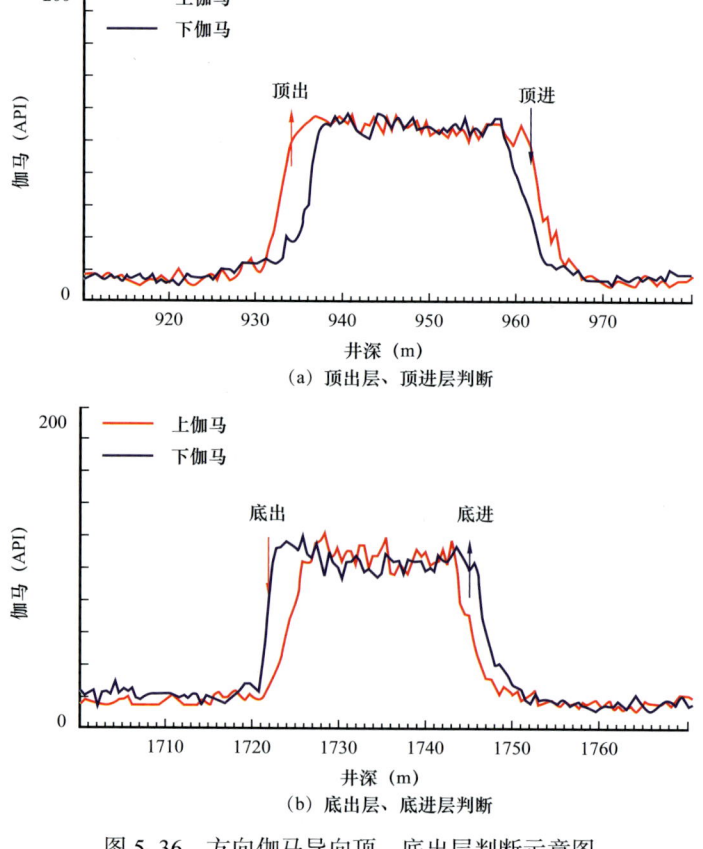

图 5-36 方向伽马导向顶、底出层判断示意图

(5)地层倾角预测。地层(视)倾角是水平井导向所需关键参数,根据顶出、底出煤层或钻遇同一特征界面,计算已钻煤层地层倾角,结合构造图、地震剖面进而预测未钻煤层地层倾角,同时对导向模型予以校正。

(6)水平段轨迹调整。根据钻头所处位置和地层倾角变化,调整井斜角使轨迹位于优质导向区间内,并尽可能保持井斜角与地层倾角一致。

2. 轨迹控制模型

在钻井过程中控制井眼轨迹,实现轨迹形态与煤层产状保持一致,呈平滑、安全、通畅"阶梯状"轨道,降低井眼摩阻。实现"低峰长波"可以减少钻井定向调整次数,降低井眼轨迹曲率和水平井段"轨迹峰谷"总数,改变以往"出层即急追"的井眼轨迹控制理念,将追煤层起伏曲线改为缓慢降趋势,轨迹调整以多段调整为主,使井眼轨迹与煤层趋势线相交,保证井眼轨迹相对平滑。

1)着陆轨迹控制模型

总结近年来煤层气着陆轨迹调整方式与经验,为避免煤层埋深变浅或变深,导致轨迹提前着陆底出或滞后着陆甚至着陆失败,建立了上倾上调、上倾下调、下倾上调和下倾下调两类4种着陆轨迹控制模型。

(1)上倾、下倾上调模型。在水平井钻遇1号煤线(2号煤线)标志层时,通过地层对比预测发现3号煤层埋深比设计高,继续按设计轨迹钻进会提前着陆。由于井斜角太小,导致井眼轨迹来不及增斜,而底出煤层,调整方法:在设计允许最大全角变化率范围内,增大轨迹造斜率快速增斜上调轨迹。调整幅度以保证入层后轨迹增斜调平过程中,不底出煤层为最小幅度(图5-37,调整轨迹2,着陆点A2),以上调轨迹至设计靶前位移处着陆为最大调整幅度(图5-37,调整轨迹1,着陆点A1)。

(2)上倾、下倾下调模型。在水平井钻遇1号煤线(2号煤线)标志层时,通过地层对比预测发现3号煤层埋深比设计低,继续按设计轨迹钻进会推迟着陆,甚至迟迟无法着陆,从而降斜下探煤顶,这无疑增加了靶前位移,浪费了水平段长度,同时影响井眼轨迹质量。为避免这种着陆方式,调整方法:以保证着陆轨迹流畅、圆滑、不降斜为基本原则,降低轨迹造斜率,缓慢增斜或稳斜下调轨迹。调整幅度为达到设计靶前位移时着陆,并且井斜角与地层倾角的角度差要合适,保证着陆后轨迹增斜调平过程中,不底出煤层(图5-38,调整轨迹1,着陆点A1);如果轨迹调整无法同时满足着陆位置和着陆角度要求时,先满足着陆角度要求,着陆位置适当后移,增加少量靶前距(图5-38,调整轨迹2,着陆点A2)。

2)水平段轨迹控制模型

根据煤层内部特征以及井轨迹自然增斜趋势,优化轨迹质量,加快钻井速度,提高钻遇率,建立了水平段层内轨迹控制、顶出轨迹控制、底出轨迹控制3种轨迹控制模型。

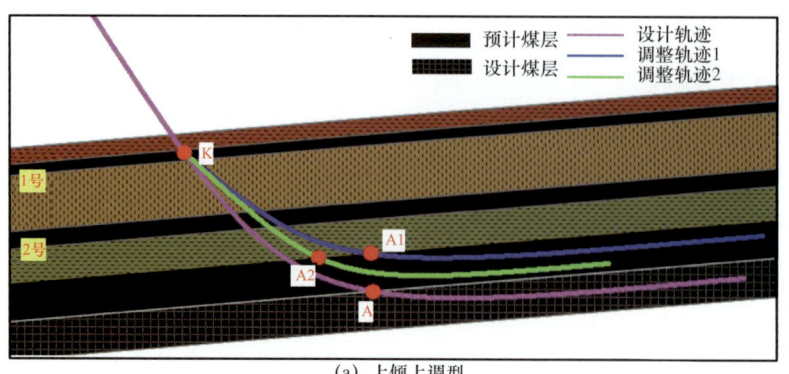

(a) 上倾上调型

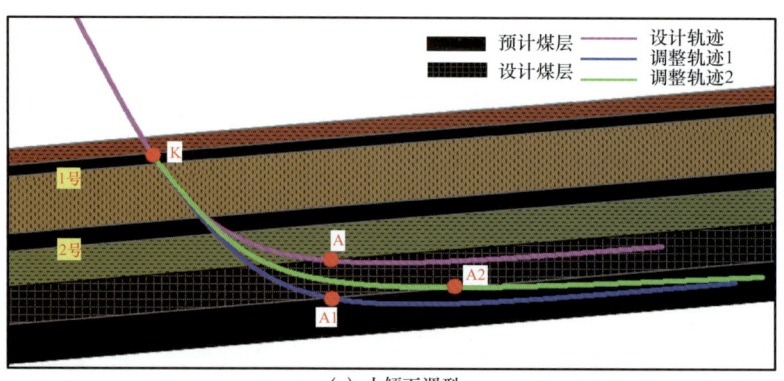

(b) 下倾上调型

图 5-37 着陆轨迹模型——上倾、下倾上调型

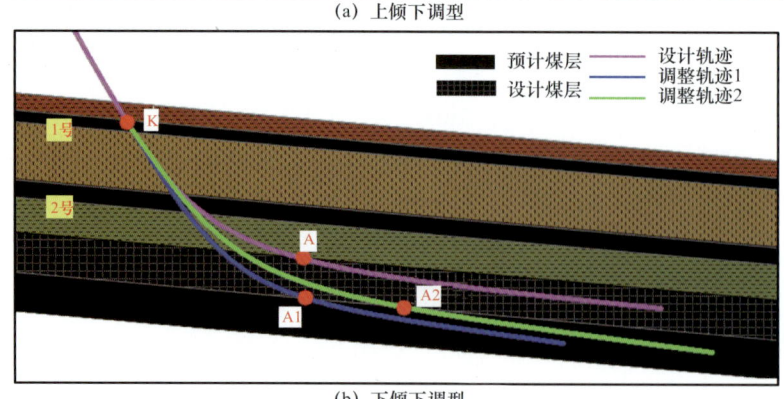

(a) 上倾下调型

(b) 下倾下调型

图 5-38 着陆轨迹模型——上倾、下倾下调型

（1）层内轨迹控制模型。在煤层内上部和下部分别选取细分层，以其明显差异特征作为跟踪参数，将两者之间范围内作为导向轨迹控制区间。轨迹着陆后，控制井斜角略小于地层倾角（一般小 2° 左右，视复合钻进自然增斜趋势而定）复合钻进向控制区间下边界缓慢靠近。在钻遇区间下边界时，井斜角与地层倾角基本相等，继续复合钻进至井斜角略大于地层倾角（一般大 0.5° 左右）向控制区间上边界缓慢靠近；在钻遇区间上边界时，开始定向钻进控制井斜角略小于地层倾角，以此反复，完成整个水平段钻进（图 5-39）。

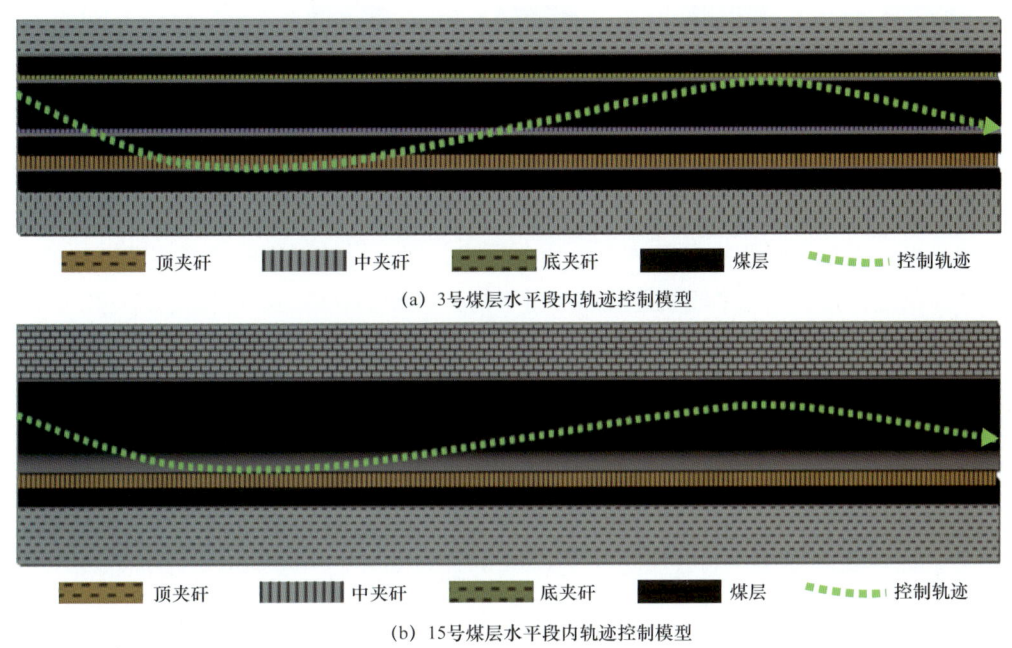

图 5-39　水平段内轨迹控制模型

（2）顶出轨迹控制模型。当轨迹顶出煤层后，在保证井下安全和井眼轨迹质量要求前提下，以最大造斜率降斜至井斜角小于地层倾角 3°～5°，向下追踪煤层，顶进煤层后按层内轨迹控制方法钻水平段（图 5-40）。

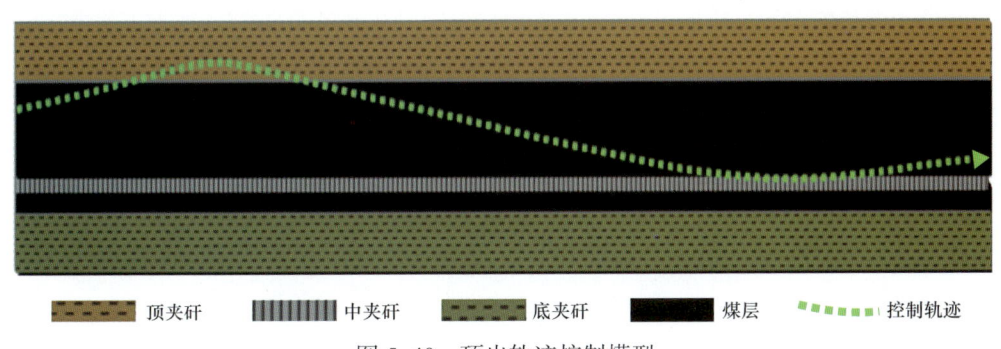

图 5-40　顶出轨迹控制模型

（3）底出轨迹控制模型。当轨迹底出煤层后，在保证井下安全和井眼轨迹质量要求前提下，以最大造斜率增斜至井斜角大于地层倾角 2°～3°，向上追踪煤层，底进煤层后按层内轨迹控制方法钻水平段（图 5-41）。

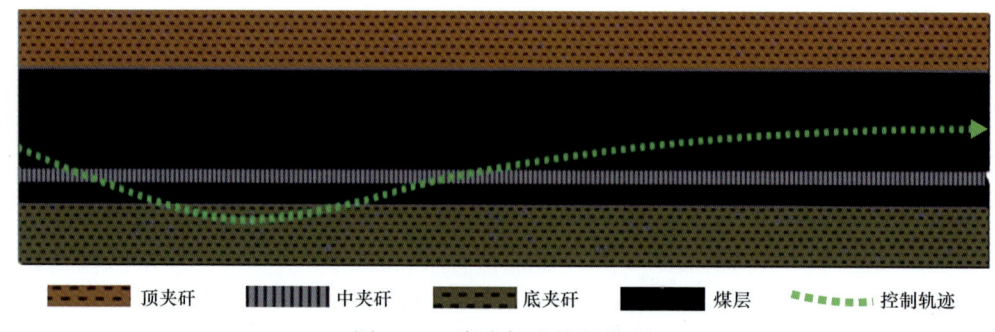

图 5-41 底出轨迹控制模型

3. 轨迹控制方法

煤层气排水—降压—解吸—产气的开采特点,要求井筒内液面应尽可能降至轨迹最低点。而且在水平井完井后,还需在井筒内下入作业管串,以对煤储层实施增产改造。这就要求煤层气水平井轨迹,尤其是水平段轨迹应当尽量平滑,且侧钻点稳定,可反复多次重入。

1) 鱼骨状水平井递进式钻进方式

目前,多分支钻进方式主要有后退式与递(前)进式,钻进方式的选择需要服务于后续完井工艺。前期裸眼多分支井,均采用后退式钻进方式,可有效避免已钻分支坍塌、埋钻问题,降低井下风险。

选用利于作业管串下入的递进式钻进方式(图 5-42),通过优化钻井参数和钻井液体系降低分支夹壁墙垮塌风险。具体方法:在到达着陆点 b 之后,先沿主支方向钻进,到达分支点 c 后开始沿分支 1 方向钻进,以探明主支(分支点 c 到分支点 d)将要穿过煤层产状,分支 1 完钻后循环清洗井眼,用清水替换分支 1 内钻井液,并修正构造图;在新构造图基础上,沿主支方向钻进,到达分支点 d 后直接沿分支 2 方向钻进,完钻后循环清洗井眼,用清水替换分支 2 内钻井液,并再修正构造图;按此方式依次完成主、分支钻进。管串在重力作用下,优先进入低部位井眼,实现分支水平井在无需定向仪器引导,即可顺利重入。

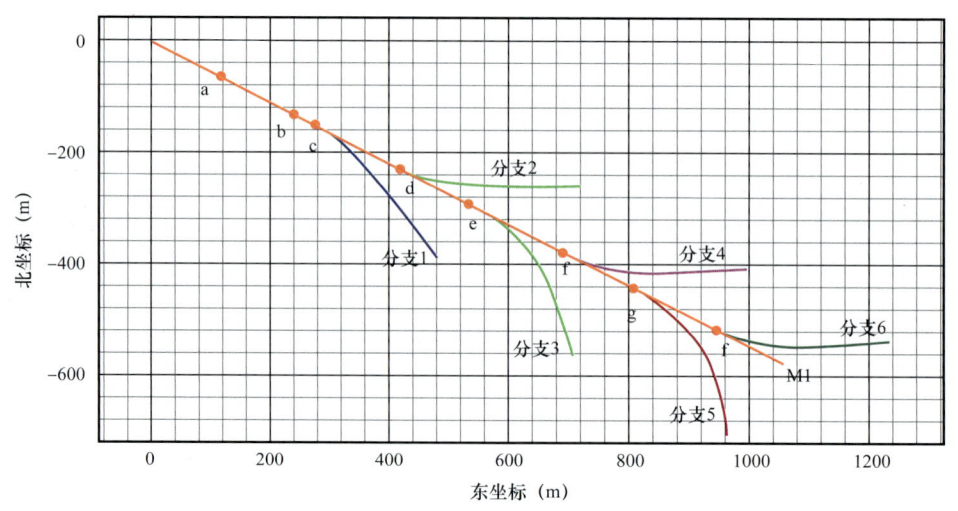

图 5-42 鱼骨状水平井递进式钻进方式示意图

2）登梯法轨迹控制

在钻井过程中，控制主支（分支）轨迹上倾，实现轨迹形态与煤层产状一致，呈平滑、安全、通畅的"梯状阶"上倾轨道，降低井眼摩阻，减少因追煤层而产生的"U"形管效应，从而形成稳定的、有利于排水、输灰、采气的井眼通道（图5-43）。

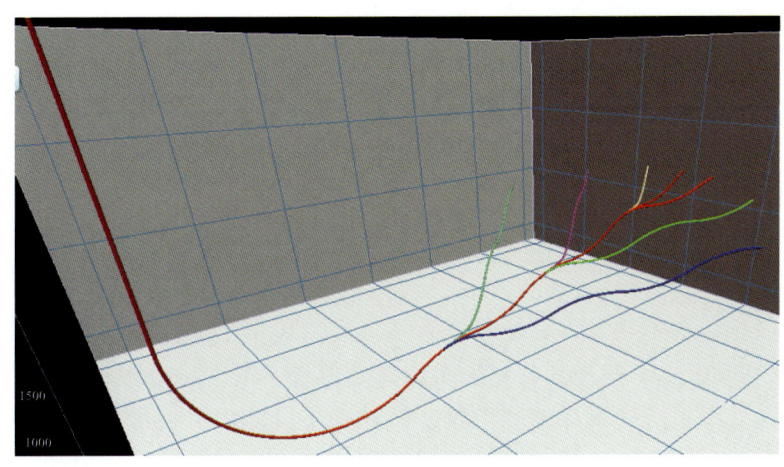

图5-43 登梯法轨迹控制技术

改变以往"出层即急追"井眼轨迹控制理念，将追煤层起伏曲线改为缓慢降趋势，轨迹调整以多段调整为主，使井眼轨迹与煤层趋势线相交，保证井眼轨迹相对平滑，使水平段随煤层起伏，但要求主支井斜角必须大于90.5°。

鱼骨状可控水平井侧钻点轨迹控制主要采用"降—增—稳模型"，钻完分支后先降斜（不小于90°）侧钻主支，后增斜追煤层倾角，再在煤层内稳斜钻进，主支整体沿着同一方位，整体轨迹呈平滑的"阶梯状"上倾轨道。

3）定点悬空侧钻

当实钻地层与设计地层之间存在一定偏差时，为使井眼轨迹更平滑、延伸更长，需要重新修正当前钻进轨迹。一般可采用悬空侧钻方式钻出新井眼。该方法工艺简单、可操作性强且成本低，是煤层气水平井实钻轨迹优化关键技术之一。在悬空侧钻过程中，既要提高侧钻效率又需保证侧钻成功率，影响侧钻成功与否的主要因素如下。

（1）侧钻点选取：① 井眼稳定；② 轨迹平滑；③ 无降斜井段；④ 复合钻进井段；⑤ 煤层上部。若井下复杂，应先处理正常后再侧钻。

（2）侧钻点预留：每钻进100~150m，复合钻进至煤层顶部附近，预留侧钻点。

（3）夹壁墙稳定。

（4）侧钻时效：① 导向仪器与螺杆钻具性能；② 控时钻进，平稳送钻，分段控压。

（5）侧钻井眼起出和重入：① 工具面正确摆放；② 缓提慢放钻具；③ 随钻监测；④ 遇阻不硬提硬放，定向划眼或开泵循环后开钻或起出。

侧钻点选在地层稳定、井径规则、全角变化率小的井段。在侧钻点确定之后，将工具面摆至主井眼方位左右，保持工具面不变，开泵慢慢上提下放钻具6~8m，划槽3~5次，以利于侧钻；将钻头放置于侧钻点，工具面放在90°~120°控制机械钻速进行侧钻，前1m控制机速在2m/h，2～3m控制机速在3m/h，4～6m控制机速在4m/h，7～9m控制机速在5m/h，工具面逐渐向侧钻方向转变，10～14m控制机速在6～10m/h，最后加钻压20～40kN调整工具面，按设计方位正常钻进。

三、长水平煤层段获取技术

水平井长水平煤层段获取技术是将有效进尺最大化的一种重要技术手段，特别是对低渗透率非均质储层而言，具有明显开发优势。长水平段可以沟通更多裂缝，增大渗流面积，从而有效提高单井产量。同时，对解决复杂地面条件地下资源动用问题具有重要意义。

1. 钻井技术难点分析及对策

1）钻井技术难点分析

（1）水平段长、水垂比大，钻压难以有效传递。长水平段进尺一般大于1500m，水垂比大于2.5，钻具摩阻高、扭矩大，钻压难以有效传递，滑动钻进困难。

（2）煤层裸露段长，岩屑床清除困难，钻井施工风险高。长水平井钻井施工中，裸眼井段长度超过2000m。在大斜度井段，岩屑上返困难，易形成稳定岩屑床，严重时易卡钻影响钻井安全和钻进效率。

（3）套管安全下入难度大。长水平井裸眼段长、水垂比高，完井套管下行阻力大，仅靠自重无法下至井底，需加压才能向下滑动，但普通煤层气钻机加压能力有限，同时，加压也可能导致套管柱屈曲变形。

2）钻井技术对策

目前，清除岩屑床提高井眼清洁度的主要方法有加大排量提高环空返速、增加钻杆转速、改善钻井液携岩性能、机械清除岩屑床等。

加大排量提高环空返速，返速过快可能会因过度冲刷井壁，加剧岩屑掉落。增加钻杆转速虽然在一定程度上可以提高井眼清洁效率，但钻具风险会显著增加。改善钻井液性能对携岩能力的提高有限。机械清除岩屑床法主要包括短起下和使用井眼清洁器。频繁短起下钻具会增加司钻工作量，减少纯钻时间，影响钻井效率。就现场应用情况来看，使用井眼清洁器是一个既经济又有效的方法，将其直接安装于钻杆之上，随钻柱旋转工作。

2. 配套关键技术

在长水平段钻井施工过程中，钻压传递、套管安全下入等关键点在于钻进和套管下入过程中如何减摩降扭。采用水力加压器作为钻井工程辅助送钻工具，实现准确加压及均匀送钻，大幅提高机械钻速和钻进效率；采用漂浮下套管工具，减小完井套管串对井壁摩擦力，降低管柱在大斜度和水平井段下入摩阻，从而有效保证长水平段套管安全下入。

1）辅助送钻

目前，国内外已研制开发多种机械式减摩降扭工具，可在水平井钻井中起到重要辅助送钻作用，如滚子减阻工具、滚珠式稳定器、轴向振荡减阻器、水力加压器、牵引器、助推器等，见表5-6。

表 5-6 主要减摩降扭辅助送钻工具对比表

工具名称	减摩降扭方式	优点	缺点
Weatherford 滚子减阻器	当钻具轴向运动时，由于减阻器滚轮的存在，钻具与井壁或套管之间是滚动摩擦，摩擦系数较小，减小了轴向运动摩阻	减阻效果可已达到50%以上，成为减摩降扭方面的明星产品，发挥了强大的减摩降扭功能	适用于较硬地层，松软地层滚子作用得不到有效发挥
减摩减阻短节	通过产生脉冲振动，使钻柱产生振动，降低钻柱与井壁或套管之间的摩阻，增强钻压传递	水平井减摩减阻效果明显，机械钻速有明显提高	会使钻柱产生振动，对于煤层等松软地层，易造成井壁掉块或失稳问题
水力振荡器	在水力作用下可产生轴向振动，从而减少钻柱与井眼之间的摩阻，提高钻进过程中钻压传递的有效性	在定向钻进中可减少黏滑现象，从而有效解决钻头加压难题，增加水平井的延伸长度，提高钻井效率	会使钻柱产生轴向振动，对于煤层等松软地层，易造成井壁掉块或失稳问题
水力加压器	采用液力加压的方式，利用其液体弹性吸收原理使钻压保持恒定，实现了准确加压及均匀送钻	具有明显的减震效果，能够大幅提高机械钻速和钻进效率，保护钻头效果显著	减摩减阻效果稍弱

煤储层内部天然裂缝发育，且自身机械强度低、性脆。由表 5-6 中信息可知，减摩减阻短节和水力振荡器会使钻柱产生振动，易造成井壁掉块或失稳问题；在松软煤层中 Weatherford 滚子减阻器作用不能得到有效发挥；而水力加压器既可使钻压保持恒定，又能实现准确加压及均匀送钻，且具有明显减振效果。因此，在长水平井钻井过程中选用水力加压器作为辅助送钻工具。

水力加压器（图 5-44）是一种新型近钻头施加钻压工具，采用液力加压方式，利用其液体弹性吸收原理使钻压保持恒定，实现准确加压及均匀送钻，具有明显的减振效果，能够大幅提高机械钻速和钻进效率，保护钻头效果显著。在常规转盘钻井作业中，水力加压器可直接连接在钻头或螺杆上，典型钻具组合：钻头+（螺杆）+水力加压器+定向钻具组合+钻铤+钻杆。

目前，常用水力加压器的基本技术参数，见表 5-7。

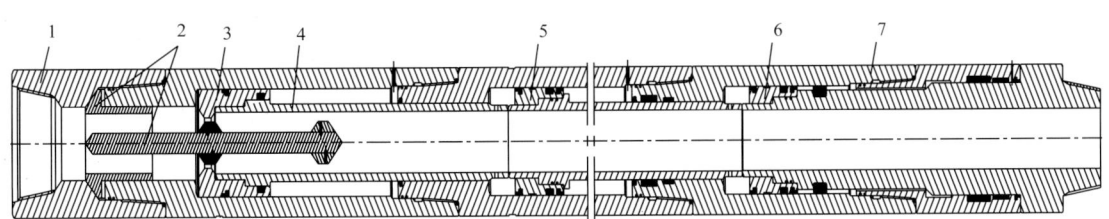

图 5-44 水力加压器结构示意图
1—上接头；2—压力显示机构；3——级活塞及密封系统；4—花键心轴；
5—二级活塞及密封系统；6—三级活塞及密封系统；7—缸体

表 5-7 水力加压器技术参数表

工具外径（mm）	适用井眼尺寸（mm）	工作行程（mm）	产生推力（kN）	压力显示（MPa）	抗拉强度（kN）	抗扭强度（kN·m）
203	311.1～444.5	600	1000～1600	1.5～2	4500	80
172	215.9～311.1	300	800～1200	1～1.5	3500	70

2）井眼清洁工具

井眼清洁工具是专门为减少水平井钻井作业中岩屑堆积，清除岩屑床而设计开发的一种井下工具（图 5-45）。其特点是直接安装于钻杆之上，成为钻柱一部分，随钻柱旋转。正常钻进时，将井眼清洁器安装于钻柱串中，通常需要 3～8 根工具，工具随钻柱旋转，传递扭矩。在旋转过程中，其独特的外形结构可以起到搅动和破坏岩屑床的作用，通过改善大斜度井、大位移井、水平井井眼底边区域钻井液流场特性，将岩屑"抛向"高边环空，使其被钻井液带走，从而减少或消除因岩屑堆积形成的岩屑床，提高井眼清洁效果。长水平段井眼中岩屑往往运移不畅，不断沉积在环空的底边，形成越来越厚的岩屑床，导致摩阻增大、蹩钻、卡钻等问题，严重时甚至可影响钻井安全。

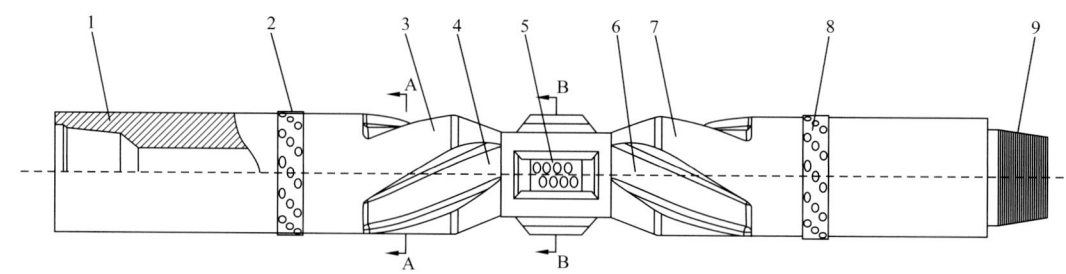

图 5-45 井眼清洁器结构示意图

1—内螺纹；2、8—磨削齿；3、7—螺旋棱；4、6—螺旋槽；5—切削块；9—外螺纹

目前，常用井眼清洁器的基本技术参数，见表 5-8。

表 5-8 井眼清洁器技术参数

型号	外径（mm）	内径（mm）	工具长度（mm）	标准扣型	打捞长度（mm）
BH-HCS-172	172	71.5	1450	4-1/2IF	275

井眼清洁器因作用范围有限，一般一口井需使用多支工具，依靠多支工具相互"接力"发挥作用，将井下岩屑返出井口。基于对 Moore 滑落末速公式的修正和井眼清洁器的流场分析，提出工具放置间距离计算方法：

$$L = \alpha \cdot \beta \frac{D_h v_h}{\sin\theta v_{sx}} \tag{5-3}$$

式中 α——工具的携带因子，$\alpha=1\sim2$；

β——工具的加速因子，$\beta=$ 流场速度增加倍率；

θ——井斜角,(°);
D_h——环空直径,mm;
v_h——环空返速,m/s;
v_{sx}——岩屑颗粒在井筒中的滑落速度,m/s。

3)漂浮下套管技术

当水平段长度大于1500m,水垂比大于2.5时,常规下套管技术难以保证套管安全下入井底。漂浮下套管技术是专门针对水平井、大位移井下套管作业的一种技术(图5-46)。下套管时,将漂浮接箍安装于套管柱上,起到临时屏障作用,漂浮接箍与浮鞋之间套管内密封空气或低密度钻井液,减小下部管串与井壁摩擦力,降低管柱在大斜度和水平井段下入的摩阻。漂浮下套管管柱结构:ϕ139.7mm LTC旋转式单向堵塞器+ϕ139.7mm套管1根+ϕ139.7mm桥式密封拦截器+ϕ139.7mm套管串+ϕ139.7mm漂浮接箍+ϕ139.7mm套管串+ϕ139.7mm半程固井工具+ϕ139.7mm套管串(至井口)。

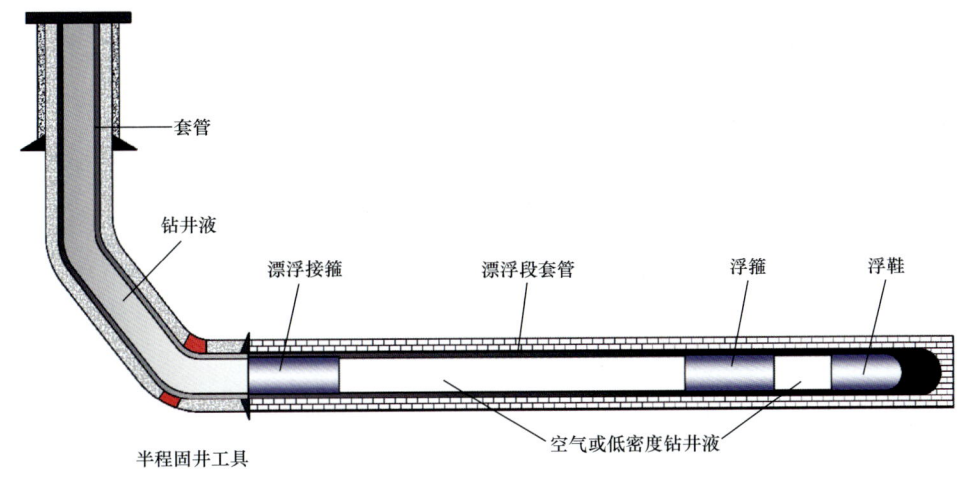

图5-46 漂浮下套管管柱图

四、水平井伤害防治技术

煤岩易碎易压缩的物理性质及其特有的孔—裂隙特征决定了煤储层易受外部应力变化和外来流体侵入影响。钻井期间,煤储层的伤害主要来自于钻井液和固相煤粉。要实现水平井的高产,必须在保障井壁稳定的基础上,降低或解除钻井液及固相煤粉伤害,疏通井筒周边渗流通道。对分段压裂改造水平井而言,可通过压裂方式突破钻井液伤害带,消除伤害影响;对裸眼和筛管井而言,煤储层伤害的防治可从钻井期间伤害预防和完井后伤害治理两个方面入手,目前常用办法见表5-9。

1. 低伤害井壁稳定钻井液

为了有效保护储层,在裸眼多分支水平井煤层段钻进过程中,多采用清水加少量抑制剂的方法。但井下事故复杂率较高,无法保障井眼稳定。传统煤层气井钻井液均含有膨润土等固相颗粒或聚合物类处理剂。聚合物类处理剂会因吸附、机械捕集及物理堵塞等原因伤害煤储层。为实现煤储层有效保护和井壁稳定,针对煤储层特点选取专用低伤害钻井液体系。

表 5-9 常用伤害防治方法

手段	方法	基本原理	优缺点	适用范围
伤害预防	清水钻进	不含大分子材料或其他易与煤层发生物理化学反应的物质,外来固液干扰小	成本低、伤害相对较小;垮塌严重、部分区域成井困难	煤层稳定,不易垮塌的区块,多用于裸眼多分支水平井
	欠平衡钻井	包含充气、泡沫、雾化、气体欠平衡等手段,在钻井期间形成一定负压,减少钻井液侵入	伤害小,有效降低钻井液滤失;但成本高、井壁稳定难以保障	煤层稳定,不易垮塌的区块,适用于各种井型
	低伤害钻井液体系	多采用屏蔽暂堵,完井后破胶解除伤害	井壁稳定性较好、伤害可解除;低渗储层需采取其他措施增产	水平井筛管完井
伤害治理	破胶	破胶剂与钻井液发生化学反应,破坏原有钻井液分子结构	可解除井壁周围伤害,对储层原始渗透性较依赖	水平井筛管或套管完井
	氮气气举	井筒内形成瞬间强负压促使污染物返吐,压力激荡促使煤层人为垮塌解堵	可有效解除近井地带伤害,洞穴一定程度改善近井渗透率;但强负压激动对储层具有一定伤害,且仍主要依赖煤层原始渗透性	水平井筛管完井

1）煤岩钻井液体系要求

基于煤储层伤害机理和煤岩固有特性,钻井液体系总体上需要具备:低固相、低密度、低滤失量以及可降解性,具体表现为轻、抑、保、堵、清、宜六大特点。

（1）轻,是指钻井液应该有很好的密度调节能力,尽可能实现近平衡或欠平衡钻井。

（2）抑,是指钻井液应该有很强的抑制能力,防止煤储层水敏伤害。

（3）保,是指钻井液应该具有储层保护能力,无固相、低滤失等方面的要求。

（4）堵,是指钻井液应该有很强的封堵能力,满足封堵任何性质漏失地层的要求。

（5）清,是指钻井液应该有很好的携带能力和悬浮能力,满足各种复杂井身结构井携带钻屑、清洁井眼的要求。

（6）宜,是指钻井液综合成本适宜。

综合钻井周期、储层改造投入等因素,对所使用钻井液是否能够带来良好经济效益进行评价,以满足中国煤层气开发的经济现状。

2）低伤害稳定井壁钻井液体系选择

随煤储层保护机理认识的不断加深,以及钻井液技术的不断升级,综合煤层气整体开发效益,前期的气体、清水、低固相钻井液体系及常规聚合物钻井液体系逐渐被无固相、可降解的新型煤层气钻井液体系所取代，结合沁水盆地水平井钻井开发实践，介绍以下两种常用低伤害稳定井壁钻井液体系。

（1）无固相可降解聚合物钻井液体系。

无固相可降解聚合物钻井液体系，采用可降解处理剂，通过提高钻井液黏度和成膜性来保证钻井过程中井壁稳定，在后期完井时采用降解破胶技术，解除钻井过程中产生的煤层伤害，从而实现最大程度保护煤层和释放煤层气产能的目的。无固相可降解聚合物中长链聚合物在钻头水眼处不断剪切断链，而后生物酶破胶剂将长链聚合物分解成更小一级分子聚合物，最后变得近似清水，其基本配方为清水+0.1%纯碱+0.5%可降解聚合物DPA+1.0%水基润滑剂WLA，其中纯碱起去除钙、镁等高价金属离子作用，可降解聚合物DPA起到增黏和成膜作用，水基润滑剂WLA起到提高钻井液润滑能力，管串下入后采用氧化型破胶液进行破胶，解除伤害，其基本性能如表5-10所示。

表5-10 无固相可降解聚合物钻井液基本性能

表观黏度 AV （mPa·s）	动切力 YP（Pa）	漏斗黏度 FV（s）	润滑系数 K_f	密度 （g·cm^{-3}）	pH	破胶前渗透率评价 K_d/K_o（%）	破胶后渗透率评价 K_d/K_o（%）
15	4	40	0.08	1.02	8.5	42.1	>95%

注：K_d为钻井液伤害后气相渗透率，K_o为饱和地层水气相渗透率。

（2）无固相可降解聚膜钻井液体系。

无固相可降解聚膜钻井液体系是基于处理剂的降解性和独特流变性而发展起来的一种清洁钻井液体系。在一定外界条件下（温度、酸碱性等），聚合物可降解为小分子化合物，使钻井液体系性状接近清水。该体系以煤层清洁保护剂BHJ、成膜剂CMLH-Ⅰ、固膜封堵剂GMJ-Ⅰ、强膜剂TCJQ-Ⅱ为核心，根据现场实际情况适当配合超分子堵漏材料，在兼顾储层保护的同时，可有效解决煤层破碎、垮塌、泥页岩水化膨胀等方面问题。目前针对不同的完井方式及煤储层条件，形成了两种主体配方。

配方1：清水+0.8%超分子煤层清洁剂BHJ+2%微纳米固膜封堵剂GMJ-Ⅰ，基本性能如表5-11所示。主要适用于地层稳定、无坍塌、无井漏风险的区块，下入完井管串后，采用破胶剂进行破胶洗井解除伤害。

配方2：水+0.2%煤层清洁保护剂+1%成膜剂+0.8%固膜剂+0.5%可降解强膜剂+0.3%可降解降滤失剂+NaCl，基本性能如表5-12所示。该配方主要适用于存在垮塌风险的煤层，如果钻遇地层坍塌风险很大时，可增加成膜剂、固膜剂用量；如果钻遇地层漏失，可加入超分子堵漏材料，下入完井管串后，采用破胶剂进行破胶洗井解除。

表5-11 无固相可降解聚膜钻井液（配方1）基本性能

表观黏度 （mPa·s）	塑性黏度 （mPa·s）	动切力 （Pa）	$\phi6/\phi3$	动塑比	初终切 （Pa/Pa）	API失水 （mL）	渗透率恢复率 （%）
31	16	15	15/12	0.94	9/9.5	60	>95

表 5-12　无固相可降解聚膜钻井液（配方 2）基本性能

表观黏度 （mPa·s）	塑性黏度 （mPa·s）	动切力 （Pa）	φ6/φ3	动塑比	初终切 （Pa/Pa）	API 失水 （mL）	渗透率恢复率 （%）
42.5	22	20.5	6/3	0.93	2.5/3	5.3	>80

2. 伤害解除技术

在低伤害可降解钻井液体系有效降低煤储层受伤害程度基础上，通过破胶洗井液冲洗、氮气负压洗井等措施，冲洗井筒周围伤害带，可进一步解除伤害带液相及固相堵塞，恢复原始裂缝状态。针对固相堵塞伤害，主要通过旁通堵塞带，通缝扩喉，提高渗透率；针对液相侵入伤害，主要通过降低界面张力，减小气、液两相渗流阻力，改善近井筒地带渗流环境。

1）洗井介质

常用洗井介质主要有清水、气体、泡沫三种，根据不同地质特征和施工条件，选用合适冲洗介质。清水是一种成本最低，操作最简单，对煤储层伤害相对较小的冲洗介质，也是目前煤层气最常使用的冲洗介质。在完井过程中，常配合破胶剂一起使用，实现钻井液伤害有效解除。气体洗井的优点在于洗井过程中不使用液体，对煤储层不会造成液相侵入伤害，且通过高压气体的瞬间释放，能够快速将侵入伤害煤储层的液相或固相携带出来，疏通井筒附近的运移通道。气体洗井主要用于煤储层供水能力较差、存在一定漏失、清水洗井存在伤害煤储层风险的煤层气井。泡沫洗井利用低密度混氮气泡沫洗井液，在煤层气水平井射孔段产生负压，诱使地层返吐。混气泡沫洗井液对井筒的清洗性能比清水洗井液更好，并且在清洗井筒的同时还能解除井筒附近煤储层伤害。

2）洗井工具

目前，常用冲洗工具有冲洗接头、"笔尖"冲洗短节、旋转冲洗喷头等工具。但普遍存在冲洗效率偏低、射流冲击力不足、冲洗效果不理想等问题。在原有工具基础上改良设计旋转射流冲洗工具（图 5-47）。采用"侧向+前向"喷嘴螺旋分布方式，保证喷嘴能喷射到支撑管外坍塌物。前向喷嘴主要用来冲洗管串内部沉砂，保证洗井管串顺利下入；侧向喷嘴主要驱动旋转喷头旋转，并在井筒环空内产生旋流场，卷吸、掺混、冲刷煤层井壁，促使破胶残留物脱落，近井筒煤层破裂。

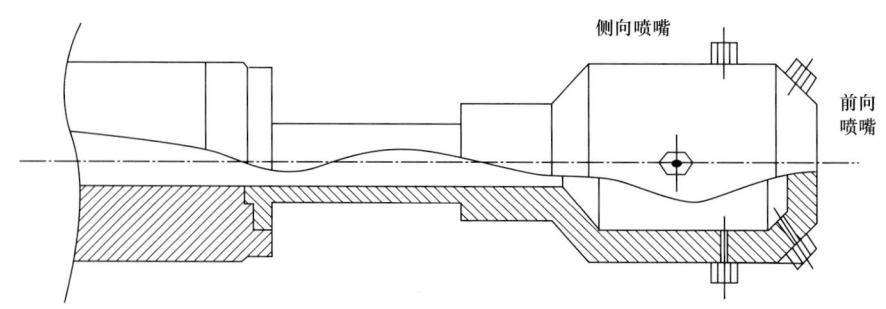

图 5-47　旋转射流工具结构原理示意图

3）常用伤害解除技术

（1）循环射流破胶洗井技术。

旋转分段射流洗井在下入管串并完成钻塞通井后进行，可利用钻井设备直接进行洗井施工，具体流程如下。

① 下入洗井管串：旋转射流发生器＋旋流扶正器＋小钻杆或油管下至井底，根据不同钻井液体系破胶，全煤层段注入破胶剂静止24～48h以待破胶，使井壁残留钻井液与破胶液充分反应。

② 准备清水150m³左右，顶替混合液至污水池，更改循环通道至清水罐或清水池，打开地面固控设备清理返出岩屑，利用顶驱或大钩上提下放钻柱，以18～25L/s排量分段循环冲洗管外井壁2周以上，直至液体无黏度、岩屑较少，注入与返出液体基本一致，该段洗井完毕。

③ 上提50～100m，上提下放管柱清水循环射流分段洗井2周以上。

④ 重复③步骤，依次上提管串完成全煤层段洗井工作，岩屑清洗干净后完井。

（2）氮气负压洗井技术。

煤层水平段选用一定尺寸衬管完井，使用氮气对井内注、憋、放产生压力波动，对煤层施以交变载荷，产生负压诱吐、疏灰解堵效果，在割缝衬管外围的煤层中形成剪切破碎区，以此提高煤层渗透率，消除近井地带钻井泥浆伤害，提高井筒生产时导流能力。

具体施工步骤如下。

① 按照设计要求准备好液氮车、液氮泵车、压裂井口与放喷池，对流程、地面管线、井口进行试压，井口套管阀处安装压力监测装置。

② 打开注入阀门，开始以一定排量注入氮气，逐步提高排量，测试地层破裂压力。施工过程中逐步提高排量，待压力达到略小于地层破裂压力后稳压10min，快速放压，放喷至气体不携带大量煤粉后停止放喷，继续注入氮气，如此反复激动3～5次。

③ 注入完毕后，依次关闭井口、增压泵入口和液氮罐阀门。依次缓慢打开增压泵、地面流程和液氮罐放空阀门泄压至0MPa。

④ 油管敞开放喷。现场放置一口敞口罐进行放喷，用硬管线连接放喷管线，放喷出口固定牢固，每隔5m用地锚进行固定。放喷过程中，记录好返液量及煤粉变化数据。

⑤ 放喷完毕后，再次用氮气或清水清洗井筒，进行下一步作业。

五、固井完井技术

固井作业是钻完井作业过程中不可缺少的一个重要环节，包括下套管和注水泥两部分；其主要目的是保护和支撑气井内套管，封隔产层与非产层，阻止地层间流体相互窜流。

为实现煤层气水平井井眼长期稳定，渗流通道全程畅通，二开单支水平井完井设计，主体采用套管完井＋半程固井方式，二开鱼骨状水平井设计采用主支筛管、分支PE筛管完井方式。为此，在常规固井、完井作业基础上，形成了鱼骨状水平井主分支管串下入技术、免钻塞半程固井技术等特色技术。

1. 鱼骨状水平井主分支管串下入技术

在煤层长水平段下入大尺寸支撑管串是煤层气水平井施工的重点和难点，管串能否下至设计位置决定了后期有效生产段长。鱼骨状水平井设计采用递进式钻进方式，先下入分支 PE 筛管，最后下入主支管串。

1）分支管串下入方法

当鱼骨状水平井分支钻达设计井深后，通井下入光钻杆至第一分支的底部（预留 2m 口袋），在井口安装 PE 筛管注入装置，利用钻杆作为通道进行筛管连续注入（图 5-48），计算 PE 管下入到设计长度后锯断，依靠流体冲击力将筛管泵冲到井底，PE 筛管冲出钻杆后利用固定锚固定，PE 筛管尾段设计长度距离主支 30~50cm，成功后起出钻具。分支管串下入完成后，更换钻具组合并退回到主支侧钻点，进行下一段主支、分支钻进。

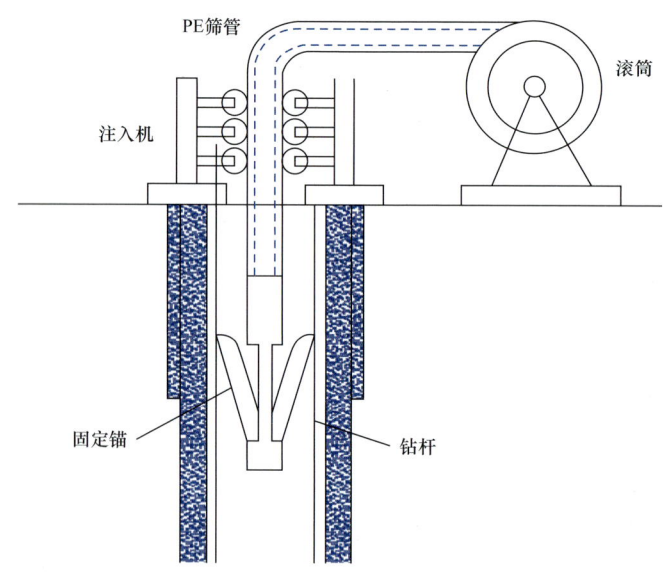

图 5-48　PE 筛管连续注入示意图

2）主支管串下入方法

鱼骨状水平井存在多个侧钻分支，如何保障主支管串"越过"分支进入主井眼是完井成功的关键，目前主要采取以下控制措施。

（1）递进式钻进方式是筛管下入的前提。完钻后主井眼为一条相对平滑主线，主支井眼均位于分支井眼下方，井斜小于原侧钻井眼。利用重力作用，使筛管更好进入主井眼。

（2）较高的轨迹质量是筛管顺利下入的有力保障。结合区域构造特征及相关资料，预测待钻地层走势，提前做好施工模型，采用"长波短峰"控制方式，在构造变化段减少大幅度调整。

（3）使主、分支井眼快速分离，形成稳定夹壁墙。在侧钻过程中，应尽快保证夹壁墙的形成，同时避免夹壁墙垂直方向完全悬空，以防止在重力作用下发生垮塌。每次侧钻后，在向前钻进 100m 左右时，应退回侧钻点位置，将工具面摆放在与侧钻时相同大小，上提下放钻具 3~4 次，一方面确保主支井眼的通畅，另一方面破坏不稳定的夹壁墙，防止后续施工中发生垮塌。

（4）确保主井眼能够重入。钻进过程中，起下钻或下筛管前通井，必须保证每次都能顺利重入主支井眼。若在侧钻点附近发生遇阻或摩阻大等问题，不宜强行上提、下放钻具，应提前摆好工具面，停泵后下放钻具，成功下放后开泵测斜，验证是否重入主支井眼成功，并通过循环清洗井眼。

（5）控制套管下放速度。准确记录侧钻点深度，套管下至侧钻点处严格控制套管下入速度，下放速度控制在10m/min以上为宜，防止高速下冲破坏夹壁墙或进入分支。

2. 免钻塞半程固井技术

煤层气半程固井技术是在煤层气二开快速钻井基础上，利用分级箍和管外封隔器实现对煤层上部地层固井，对煤层段不固井的技术。主要目的在于解决固井水泥对煤储层的伤害。以往采用可钻盲板+封隔器+分级箍方式进行半程固井，但存在盲板钻穿后不规则，易卡生产管柱问题；优化后，采用打捞式半程固井工具，可大幅减少复杂风险。

如图5-49所示，打捞式免钻注水泥工具集注水泥器、套管外封隔器和盲板于一体，可以完成分段注水泥施工要求。在注水泥结束之后，即可捞出工作心筒，实现井眼畅通。

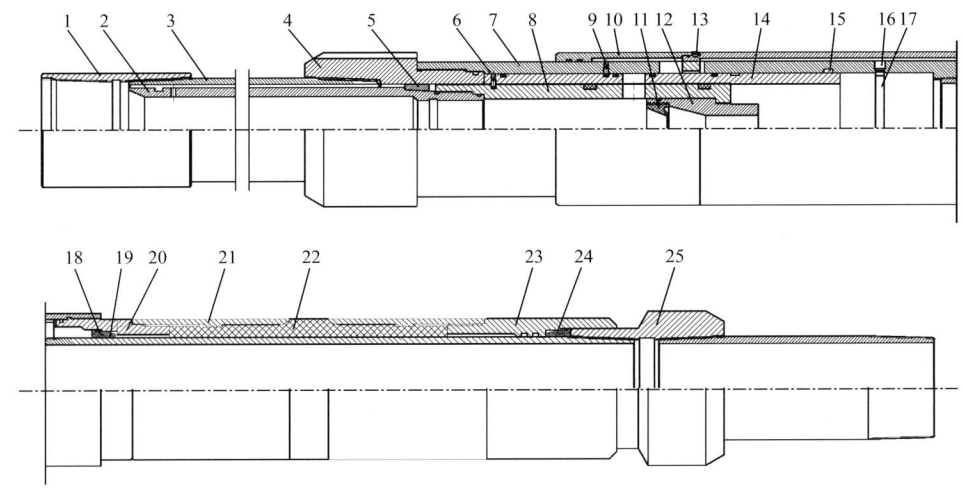

图5-49 一体式免钻半程固井工具结构示意图

1—接箍；2—打捞套；3—套管短节；4—上接头；5—扶正环；6—四级剪钉；7—筒体；8—打开套；9——级剪钉；10—压帽；11—堵头；12—球座；13—二级剪钉；14—关闭套；15—限位卡环；16—三级剪钉；17—定位环；18—顶环；19—皮碗；20—过流接头；21—胶筒上接头；22—胶筒；23—胶筒下接头；24—皮碗；25—下接箍

打捞式免钻注水泥工具主要技术参数见表5-13。

表5-13 主要技术参数

规格	$5\frac{1}{2}$in	7in
最大外径（mm）	190	210
内通径（mm）	120	156
联接扣型	$5\frac{1}{2}$LCSG	7LCSG

续表

规格	$5\frac{1}{2}$in	7in
封隔器开启压力（MPa）	7	7
封隔器关闭压力（MPa）	10	10
循环孔打开压力（MPa）	16～18	16～18
总长（mm）	3960	3960
打捞附加悬重（kN）	100	150

六、水平井钻井质量控制评价

早期煤层气水平井主要按照常规油气钻井思路管理，单纯追求目的层钻遇率与煤层进尺，并以此建立钻井质量相应评价标准。但随着煤层气水平井开发认识的不断加深，以及"采完钻"一体化方案的实施，发现除目的层钻遇率与煤层进尺外，井眼轨迹质量、水平段长度、管串下入深度、水平段钻井周期等都会明显影响单井产量。因此，重新构建以实现煤层气水平井效益最大化为目标的水平井质量控制评价办法，对水平井钻完井质量进行全方位评价。

1. 水平井质量控制主要指标

因水平井煤层段测井风险及成本均相对较高，常规煤层气水平井开发基本不进行水平段测井。所以无法采用常规测井曲线评价水平段质量好坏。通过对比分析钻井、录井各参数对煤层气开发的影响，选取以下4个代表性指标评价水平井质量，指导煤层气水平井钻进。

1）井身轨迹质量

水平井井眼轨迹质量的好坏直接关系到后期压裂、排采作业及后期维护能否顺利进行。直井段和斜井段轨迹会影响后期排采以及作业管柱的下入；在水平段"U"形轨迹的底部，易产生岩屑床，堵塞生产通道。结合现场生产实践，水平井井眼轨迹质量控制要求如下：

（1）除丛式井组防碰外，直井段最大井斜≤2.0°，全角变化率连续三点不高于1.25°/30m；

（2）造斜段全角变化率连续三点不大于设计造斜率±2°/30m；

（3）水平段连续三点的全角变化率不高于2°/30m，水平段地层倾角变化幅度大需进行定向井段，最大全角变化率不得大于8°/30m。

2）煤层钻遇率

煤层钻遇率为钻遇煤层段长度与总水平段长度的比值，代表钻遇煤层段的比例，是评价水平段质量最关键参数之一。目前，评价煤层钻遇率主要依据伽马值、气测全烃值、钻时以及岩屑情况判断。

（1）煤层钻遇率判定方法。

① 伽马值小于40API可直接判断为煤层。

② 当伽马值高于标准值一定幅度（40～60API），钻时明显异于煤层中钻进正常值，且井段长度大于30m时，可判断为非煤层。

③ 当伽马值明显高于标准值（60～100API），但钻时与在煤层中钻进无异甚至还低，气测全烃值无明显变化，井眼轨迹未调整，井段长度小于30m，且在一定长度范围内时，若轨迹垂深变化大于1m，伽马值即出现明显变化（变小），可判断为煤层内夹矸。

④ 伽马值明显高于标准值（60API以上），钻时明显异于煤层中钻进正常值，且井段长度大于30m，可判断为非煤层，多数情况为泥岩层。

⑤ 伽马值大于该井区泥、砂岩一般响应值（100API）时，可直接判断为非煤层。

（2）有效煤层段伽马平均值。

自然伽马是反映单位体积内放射性物质含量多少的参数，通过计算水平井有效煤层段伽马平均值，可评价优质煤层钻遇率。煤岩中泥质含量越高，放射性越强，伽马值越高。

3）煤层段气测值

气测值是反映水平井钻遇煤层段含气量高低最直接的指标，通过计算有效煤层段气测平均值，可评价高含气煤层段钻遇率。煤层气的主要成分为甲烷，随钻测量地层（煤层）中甲烷气体含量，对判断是否在煤层中具有独特优势；甲烷随钻井液返出地面，较少受工程措施的影响，能够较为真实反映钻头所钻达地层含气情况。

4）水平段套管下入长度符合率

煤层气井水平段套管下入的长度决定了后期压裂作业的有效水平段长度和改造范围，是煤层气水平井质量控制的重点。水平段套管下入长度符合率（η）为实际水平段套管下入长度与设计水平段套管下入长度的比值。按照设计水平段套管下入长度符合率进行评价，涵盖了水平段钻井长度符合率的评价内容。

2. 水平井钻井质量评价

结合煤层气水平井产能评价分析及开发生产实践，以上述4个指标为基础，通过加权计算，评价煤层气水平井钻井质量，对水平井质量分为优、中、差三类，建议根据不同的类别采取差异性改造及管理模式，若钻井触发一票否决条款，应重新钻取煤层段，以提高水平井开发效益，如表5-14所示。

表5-14　煤层气水平井钻完井质量评价

评价指标	评分标准	评价标准
井眼轨迹质量（20分）	超标1处扣罚2分，扣完为止	总分≥85分，优；60分≤总分<85分，中；总分<60分，差；触发一票否决，应重新钻取煤层段
（优质）煤层钻遇率（30分）	钻遇率100%满分，每降低1%扣0.5分，低于50%一票否决；以区域水平井煤层段伽马平均最低值为基准，每升高1API扣0.5分，高煤阶高于50API一票否决	
有效煤层段气测平均值（20分）	以区域水平井煤层段气测平均最高值为基准，每降低一个百分点扣0.5分，扣完为止；高煤阶低于30%一票否决	
水平段套管下入长度符合率（30分）	符合率每降低一个百分点，扣1分，扣完为止；低于50%一票否决	

第三节 疏导式压裂工艺技术

高阶煤储层具有岩性脆、应力敏感、裂隙发育、比表面积大、吸附性强等特点，在水力压裂改造过程中，易出现压裂裂缝形态复杂、压裂液侵入微孔—裂隙、支撑剂嵌入严重、压穿煤层顶底板、大量产生煤粉等问题。针对上述问题，以煤层气疏导式开发理论为指导，结合大量工程实践，对煤层气压裂改造工艺技术进行优化，尽量减少前置液比例，尽量增大压裂液返排比例，减少地层整体压力抬升，减少压裂砂前缘水侵的面积，形成疏导式压裂工艺技术。

一、压裂设计优化

基于室内实验研究成果认识，以煤层气疏导式开发理论为指导，坚持"扩缝长、控缝高、低伤害、高导流"四项基本原则，在煤层气开发井网、井型已定的前提下，开展以"低前置比、变排量、多级粒径组合铺砂、快速返排"为主要内容的压裂设计优化。

1. 射孔设计优化

在真三轴煤岩射孔压裂裂缝起裂及扩展实验研究结果基础上，结合 Abaqus 有限元分析软件对煤层气储层进行射孔参数模拟优化，射孔方式由全煤层段射孔变成煤层优势层段集中射孔（图 5-50、图 5-51）。在水力压裂过程中，较短射孔段可以使水力压裂能量更加集中，有利于控制水力裂缝起裂位置、减少近井地带产生多裂缝、减少低黏度压裂液滤失量，形成利于加砂的宽裂缝。采用 60° 小相位射孔，减小射孔方位角，可以减少裂缝弯曲摩阻，提高裂缝起裂扩展速度，降低煤层破裂压力。在地面施工排量确定的情况下，间接提高主裂缝内的施工排量，可确保主裂缝扩展延伸所需能量，保持裂缝有效张开宽度，利于支撑剂的运移和输送。

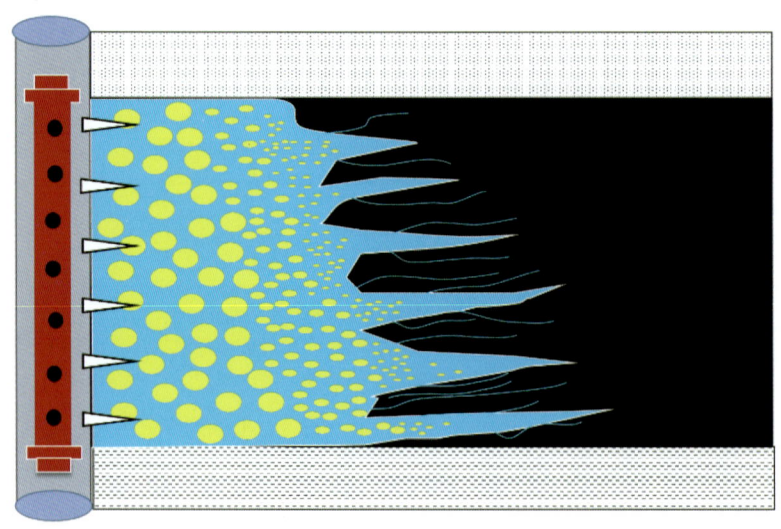

图 5-50　煤层段整体射孔水力加砂压裂示意图

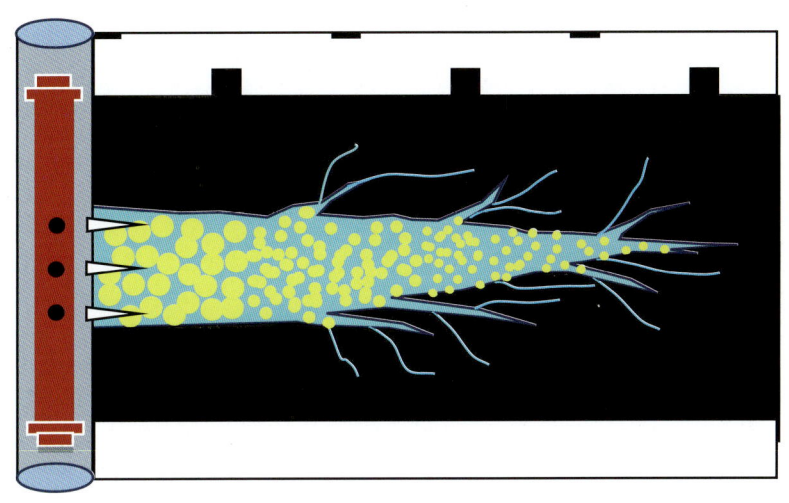

图 5-51 煤层段集中射孔水力加砂压裂示意图

2. 入井压裂液设计优化

沁南高阶煤储层的地温为 20~40℃，原始渗透率和孔隙度低，孔喉半径小，易发生水锁、气锁伤害，入井压裂液返排率低。压裂前置液量和携砂液阶段的裂缝延伸都影响水力压裂造长支撑裂缝。按照水力压裂前置液量与动态比之间最佳比例关系原则，选取动态比为 0.8~1.0，优化水力压裂前置液设计用量。在水力加砂过程中，前置液在动态裂缝前端滤失完时，携砂液正好运移到动态裂缝顶端，前置液水力压开动态长缝和携砂液运移形成等长度支撑裂缝，确保水力加砂压裂施工一次成功。以提高压裂液返排，降低对煤层渗透性二次伤害为目标，考虑水力压裂过程中渗透率随有效应力变化的变化与综合滤失系数，根据水力压裂 KGD 模型计算压裂液效率，优化压裂液前置液比例（图 5-52、图 5-53）。通过压裂液用量优化数值模型计算，合理减少前置液用量，既能满足水力加砂压裂施工任务，又能够减少入井压裂液量，降低高压流体对煤岩渗透性的伤害。

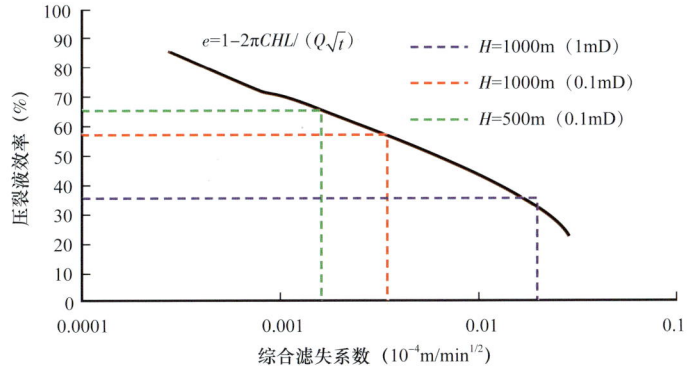

图 5-52 压裂综合滤失系数与压裂液效率对应关系图

e—压裂液效率，%；C—综合滤失系数，10^{-4}m/min$^{1/2}$；H—压裂液滤失高度，m；L—裂缝长度，m；Q——泵注流量，m^3/min；t—任意压裂施工时间，min

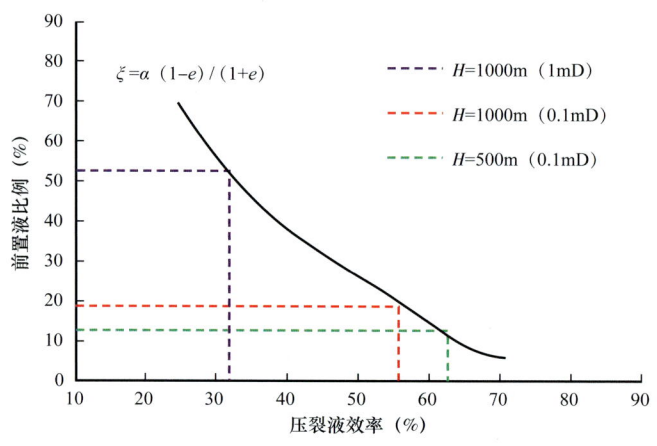

图 5-53 压裂液效率与前置液比例对应关系图

ζ—前置液比，%；α—系数，一般取值 1.3~1.5；e—压裂液效率，%

3. 支撑剂设计优化

为降低支撑剂嵌入煤层程度，采用"支撑剂组合多段加砂"压裂改造工艺，通过优化支撑剂组合方式实现降低嵌入目标。利用室内支撑剂导流能力评价实验，优选合适支撑剂粒径组合（图 5-54）。为提高压裂改造效果和施工成功率，采用变排量水力压裂，组合粒径段塞加砂方式。在前置液阶段，采用较小排量注入，以控制缝高，增加缝长，同时挤注小粒径石英砂段塞，打磨封堵近井地带复杂微小裂缝，抑制多裂缝产生，促使形成主裂缝。在压裂加砂阶段，适当提高排量，增大缝宽。同时支撑剂按粒径大小，从小粒径到中粒径再到大粒径，进行多级粒径段塞加砂，分别输送石英砂至不同宽度裂缝中，形成有效人工支撑裂缝和高渗透率支撑主裂缝，增大煤层气井沟通煤储层中各类裂隙概率，扩大排水降压波及范围。

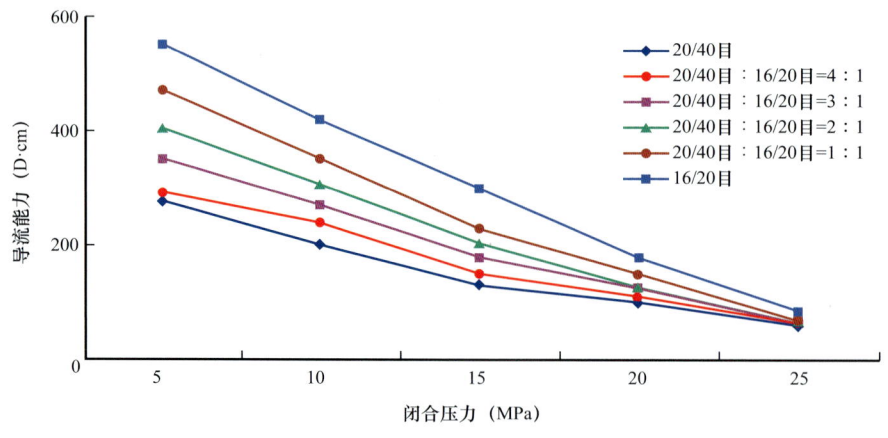

图 5-54 多粒径石英砂组合导流能力优化

4. 压裂返排设计优化

低孔、低渗、低压煤储层的压裂液返排对其压后增产效果好坏影响极为明显。通过室内实验优化压后压裂液返排参数,使用导流仪测定煤粉颗粒和支撑剂返排临界流速,进而建立并修正压裂液返排理论模型,得到最优返排参数(图 5-55)。最后参照室内实验结果和认识,指导现场压裂液返排,优化现场排液速度,在避免煤粉颗粒和支撑剂运移的同时,减小压裂液对煤储层伤害,缓解地层压力的抬升和影响范围。

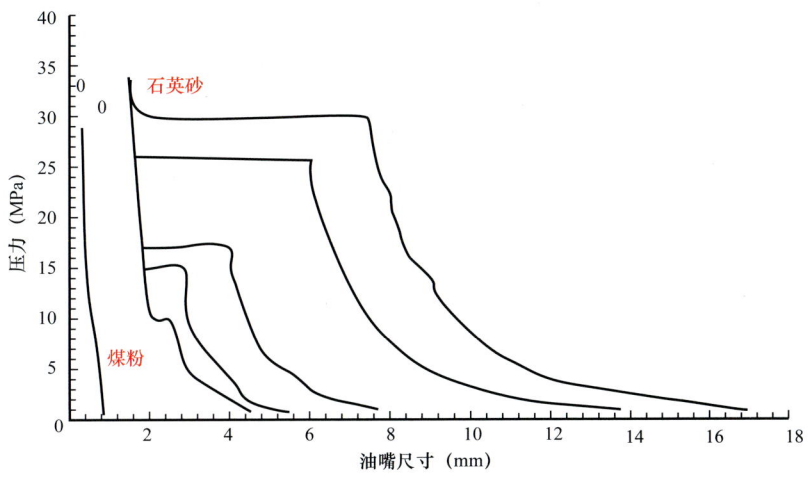

图 5-55 压后放喷返排(压力—油嘴尺寸)关系图

二、压裂工艺技术

1. 直/斜井压裂

直/斜井压裂技术作为一种常见的煤层气开发技术,在沁水盆地南部樊庄、郑庄、马必东等区块已有大规模现场应用,截至目前直/斜压裂井已投产大于 3000 口。针对 800m 以浅煤层,主要有三类压裂技术,分别为分层(段)压裂技术、合层压裂技术和喷射(造穴)压裂技术(表 5-15)。

1)分层压裂技术

在煤层气井同时开发两套或多套目标煤储层时,如目标层之间间距较大,且不同煤储层之间物性及流体压力差异明显,采用合压方式将无法充分改造每一个煤储层,需对多层合采煤层气井进行分层压裂,常用分层压裂技术有多段循序射孔填砂分压技术、投球分压技术、封隔器机械封隔分压技术。

表 5-15 主要直/斜井压裂技术及特点对比表

技术类型 对比项目	分层压裂技术	合层压裂技术	水力喷射(造穴) 压裂技术
改造对象	多煤层且相邻层纵向跨度大、遮挡条件好	多层薄煤层且相邻层之间间隔距离较小	高应力、煤体结构破碎储层
射孔工艺	射孔枪射孔	射孔枪射孔	水力喷砂射孔

续表

对比项目	技术类型	分层压裂技术	合层压裂技术	水力喷射（造穴）压裂技术
压裂工艺	泵注方式	油管或环空	套管或环空	油管+环空
	压裂液	活性水压裂液或瓜尔胶压裂液	活性水压裂液或瓜尔胶压裂液	活性水压裂液或瓜尔胶压裂液
	支撑剂	石英砂或低密度砂且多粒径组合	石英砂或低密度砂且多粒径组合	石英砂或低密度砂且多粒径组合
	加砂量	加砂强度 8~10m³/m	加砂强度 8~10m³/m	加砂强度 8~10m³/m
	用液量	前置液百分含量为15%~30%，平均砂比10%左右	前置液百分含量为15%~30%，平均砂比10%左右	前置液百分含量为30%~40%，平均砂比10%~20%
	加砂程序	低砂比逐级增加阶梯加砂	低砂比逐级增加阶梯加砂	低砂比逐级增加阶梯加砂
	施工排量	变排量 4.0~7.2m³/min	变排量 7.5~8.5m³/min	油管排量 3.0~3.5m³/min，环空排量 1.0~1.5m³/min

（1）多段循序射孔填砂分压技术。

压裂前，首先对目标改造层段射孔，下入带顶封压裂管柱至最底层进行目标层段精准改造，待压裂完成后放喷并填砂，封住下部已改造层段，上提压裂管柱至上部第二层目标层段进行压裂，然后依次从下向上循环填砂压裂，确保目标煤储层得到精准压裂改造，从而提高煤层纵向压裂效果。

多段循序填砂分压技术简单实用，安全性强，工艺效果好，但多次填砂冲砂、起下管柱作业时间较长，储层伤害严重。多段循序填砂压裂工艺流程图如图 5-56 所示。多段循序射孔填砂压裂技术工序如下。

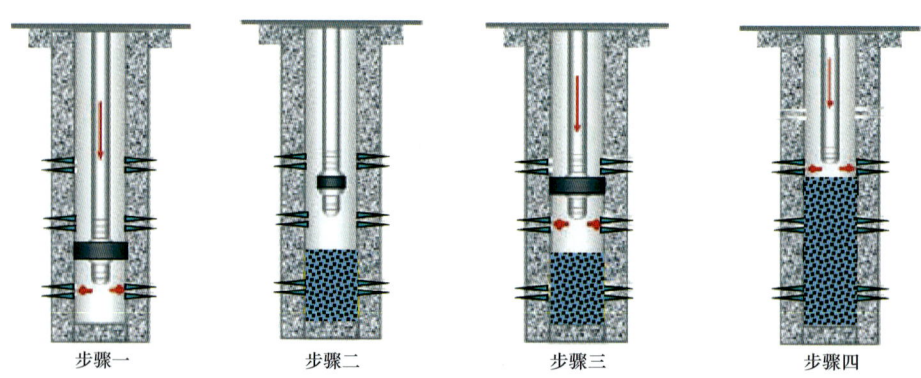

图 5-56 多段循序填砂压裂工艺流程图

步骤一：油管带封隔器下入待压层段的最底层，启封封隔器（封隔所有上层射孔段）压裂第一层，压裂后待压力降至 2MPa 以下进行放喷作业；

步骤二：放喷结束后，封隔器解封、上提管柱至第二待压层（准确定位）、开套管闸门，正循环携砂液（含计算填砂量），待砂沉降后可循环基液压实填砂段，探砂面合格后，上提压裂管柱；

步骤三：关套管闸门，正循环启封封隔器、压裂第二层；

步骤四：循环第二和第三步骤，由深往浅，逐段压裂，重复施工直至压完所有待压层段；

步骤五：起出压裂管柱，卸下封隔器，装上冲砂工具；

步骤六：冲砂、排液、测试、生产。

（2）投球分压技术。

压裂时，首先将若干尼龙球、铝球等封堵球，随压裂液投入井中。受煤层渗透率差异的影响，高渗透层中孔—裂隙首先会被封堵，待井底压力憋起，不同层位目标煤储层开始破裂，低渗透层得到充分压裂改造，从而提高压裂效果和效率。

投球分压技术具有最大化改造煤储层效果、井下管柱结构简单、施工安全且成本低的特点。但是压开先后顺序的不确定性以及层间支撑剂干扰现象的存在，会使改造针对性变差。

（3）封隔器机械封隔分压技术。

采用封隔器机械封隔分压技术在多层合压时可实现对薄层压裂改造。应用 K344 液压扩张式封隔器与喷砂体、水力锚及安全接头，随组合管柱下入井中准确位置后，通过投球方式，自下而上逐级打开滑套并封隔下部层段，实现分层压裂。

封隔器机械封隔分压技术可实现一趟管柱自下而上不动管柱逐层压裂，减少作业工序和压裂次数。但对煤储层间距、井身质量要求高，存在分压工具易砂卡、砂埋等作业风险。

2）合层压裂技术

多煤层合层水力压裂是指通过一次水力压裂，同时实现对多个煤层的压裂改造。

多煤层合层水力压裂效果受各煤层自身力学性质、各煤层间组合关系、地应力场以及压裂施工工艺等多因素综合影响。常规合层压裂技术为同时压裂改造多目标煤层，通常会采用大排量方式，以提高井底压力和携砂能力。然而过多压裂液侵入会严重伤害煤储层。为消除此问题，并达到预期压裂改造效果，目前现场主要采用"减液、多次铺砂、及时降压"办法。通过减少压裂液总用量和压后及时降压返排减轻压裂液对煤储层伤害；通过多次铺砂，控制水力裂缝延伸，改善煤层压裂支撑剂剖面，提高支撑剂铺置效率，增加压裂支撑缝长度。

3）水力喷射压裂技术

针对高应力、煤体结构破碎煤储层，利用高压射流定向射孔，实现指定位置压裂造缝。该技术集水力喷砂射孔、压裂、封隔于一体，无需机械封隔即可实现分层压裂作业。流体通过喷射工具，将高压能量转换成动能，产生高速流体冲击（切割）套管或岩石形成射孔通道。水力射孔易准确定位，在地层内形成定向孔，且穿透深，孔径大，在地层中产生导引孔—缝，辅助、引导水力压裂裂缝延伸（图 5-57）。

主要技术优点如下：（1）水力喷射定向射孔，可以将喷射工具准确下到设计造缝位置，在目标煤层中准确造缝；（2）高压射流定向射孔，比常规炮弹射孔产生孔洞要大，与裂缝连通性更好;(3)射孔通道顶端微缝,可有效控制裂缝起裂方向和延伸方向;(4)高速射流冲击不产生压实,可避免近井筒地带应力集中和渗透率衰减。

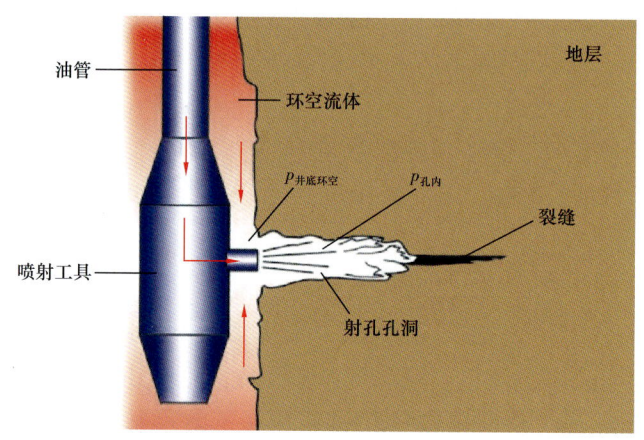

图 5-57 水力喷射压裂原理示意图

4)工艺技术适应性评价

合层压裂、分层压裂、水力喷射压裂三种直/斜井压裂技术适应性,如表 5-16 所示。

表 5-16 沁水盆地高阶煤直/斜井压裂技术适应性分析表

技术类型		改造效果	地层伤害	成本	适用煤体结构	可推广性
合层压裂	中等规模一次加砂	造缝距离较长	小	低	原生—碎裂煤	强
	千立方米液百立方米砂	增加煤层改造程度	大	较高	原生—碎裂煤	弱
	多次铺砂	增大支撑裂缝面积	较大	高	原生—碎裂煤	一般
分层压裂	填砂分压	针对性地大排量压裂改造	大	较高	原生—碎裂煤	很强
	投球分压	压裂改造的针对性较差	大	低	原生—碎裂煤	弱
	封隔器机械分压	不动管柱逐层定点压裂	小	较高	原生—碎裂煤	强
水力喷射压裂	水力喷射分压	目标层定点喷砂射孔、精确改造	小	较高	原生—碎裂—碎粒煤	强

2. 水平井分段压裂

水平井分段压裂技术利用分段水力压裂改造技术,在长水平井段井眼周围形成缝网,扩大单井改造体积,使煤层深部天然裂缝能够有效与水平井段井眼连通,减小煤储层内流体运移阻力,提高单井产能。

1)压裂工艺设计优化

在水平井筒与煤储层有效沟通的基础上,分段压裂改造形成人工裂缝,既可解除近井地带伤害,又可增加排水降压波及范围;形成以水平井眼轨迹为主干通道,人工裂缝为次级通道,煤储层内裂隙为末端通道的多级流体运移通道网络。

煤层气水平井分段压裂优化设计是煤层气高效开发的基础,通过优化煤层水平段分段、压裂参数、压裂部署方式和返排模式等来提高压裂改造效果(表5-17),如选取优质煤层段定点射孔压裂、水平段不固井完井方式采用水力喷射分段压裂、降低前置液用量、多粒径压裂砂组合,压后控排量快速返排等。

表5-17 煤层气水平井分段压裂优化设计参数表

技术要点	参数	目的
优选改造点	自然伽马<40API 好煤中段射孔压裂	优质煤层中造长缝,沟通各级割理裂隙
优化段间距	段间距80～100m	形成大范围有效沟通的人工缝网
交错式区域沟通	穿透系数(缝长/井距)0.5～0.8	提高区域整体改造范围,实现耦合疏导
优化裂缝导流能力	裂缝导流能力15～22D·cm	增加压裂裂缝导流能力,提高单井累计产气量
快速返排	煤颗粒$v_{临界启动}$≤压裂液$v_{放喷}$<石英砂$v_{临界启动}$	每段压后立即放喷,快速降压引导高压液体和煤粉快速排出,保持裂缝清洁

2)水平井分段压裂工艺技术

煤储层"三低"特性决定煤层气开发必须要进行增产改造。煤岩具有性脆、多裂缝等特点,导致裸眼完井极易发生井眼垮塌,水平段不固井封隔器分段压裂难以实现针对性压裂,因而,创新研发水平井分段增产改造工艺技术。根据不同煤体结构,煤储层压裂改造的实际情况和目标要求,优选改进常规水平井分段压裂技术,配套研发压裂工具,实现了煤层气井水平段深度有效的改造。目前现场规模应用的水平井分段压裂工艺技术主要包括普通油管底封拖动压裂技术、连续油管底封拖动压裂技术、不动管柱多级扩径喷枪技术、一体化工具分段喷射压裂技术。

(1)普通油管底封拖动分段压裂技术。

采用普通油管结合带封隔器的喷射工具,通过封隔器的多次上提、下放和坐封、解封实现不限次数多级压裂(图5-58)。

该压裂工艺与连续油管分段压裂工艺相比具有以下优点:

① 压裂管柱结构简单,底封实现层间封隔,可实现射孔—压裂—冲砂联作,一趟管柱可完成多个工序,降低现场劳动强度,单井施工快速、高效;

② 从环空进行压裂,可以满足大排量施工的要求,环空容积相比连续油管有所降低,有助于压裂砂堵等事故的及时处理;

③ 选用油管尺寸比连续油管直径大,满足射孔定位要求,可以提供油管射孔排量到2m^3/min,同时射孔枪可以当作正洗井工具;

④ 用不压井装置代替连续油管,下井管柱可根据现场实际需要进行合理调配,节省压裂施工作业成本;

⑤ 可以满足压后快速放喷返排需求,最大限度提高压裂液返排率,大幅降低压裂液对煤层的伤害。

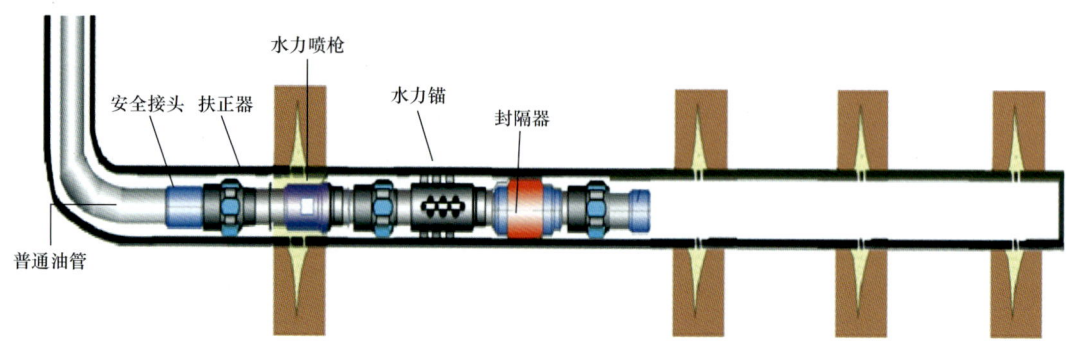

图 5-58　普通油管底封拖动分段压裂管柱示意图

（2）连续油管底封拖动分段压裂技术。

采用连续油管底带封隔器、喷枪，拖动射孔压裂（图 5-59）。连续油管的使用可简单、准确的实现在指定位置射孔和造缝。在封隔器坐封之后，首先通过连续油管水力喷砂射孔，然后经连续油管管外环空加砂压裂，一趟管柱即可完成多层段射孔、压裂作业。对比普通油管底封拖动分段压裂技术，连续油管底封拖动分段压裂技术有如下主要优点：

① 管柱结构简单，施工过程自动化程度高，无需填砂，压后井筒干净、通畅；

② 集水力喷砂射孔、压裂和隔离等多种工艺技术为一体，适应性强，对套管完井、筛管完井水平井均适用，可实现多段薄煤层分段压裂；

③ 连续油管自身刚度、挠性优良，井口易控制，可带压且全密闭作业，作业效率高，有效降低煤储层伤害。

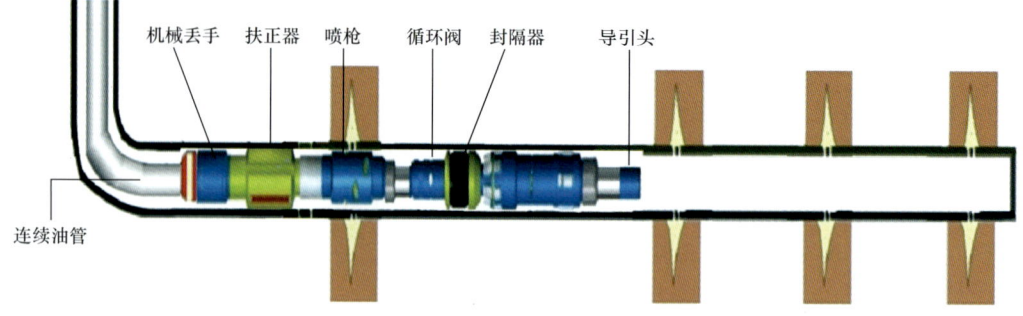

图 5-59　连续油管底封拖动分段压裂管柱示意图

（3）不动管柱多级扩径喷枪分段压裂技术。

通过下入多级扩径喷枪分段压裂管柱，利用井下扩径喷砂器滑套的逐级开启，依次实现由下而上的逐层改造，最终实现不动管柱一井多段分级改造。在分段压裂改造完成后，一次性合层排液（图 5-60）。具有定点压裂改造、自动封隔、不动管柱一次分压多段的特点。但因压裂管柱在井筒内处于解封状态，容易出现各层改造不均衡、不充分的问题。

（4）一体化工具分段喷射压裂技术。

通过一次下入多段一体化分段改造工具，利用封隔器的封隔以及扩径喷砂器滑套的逐级开启，由下而上依次实现逐段滑套打开、坐封、射孔和压裂改造，最终实现不动管柱前提下一井多段分层改造（图 5-61）。在分层压裂改造完成后，一次性合层排液。一体化压裂工具分段喷射压裂技术适用于套管水平井分段压裂改造。一体化压裂工具封隔效果优良，可针对井眼轨迹展布以及煤储层特性差异，部署和设计扩径喷枪，以提升压裂改造效果。

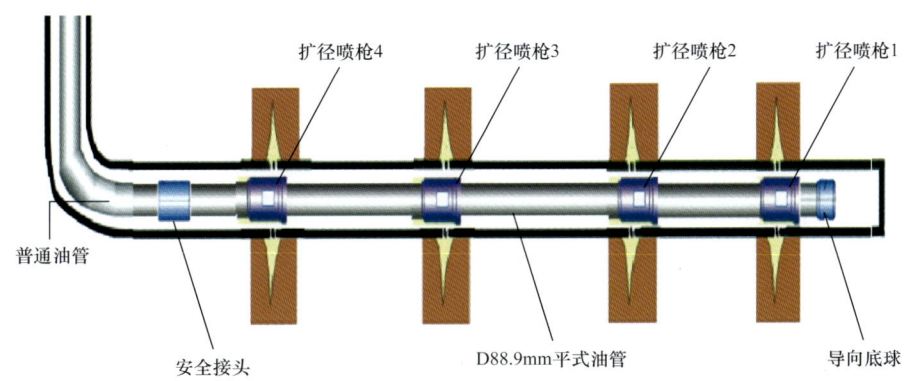

图 5-60　不动管柱多级扩径喷枪分段压裂管柱示意图

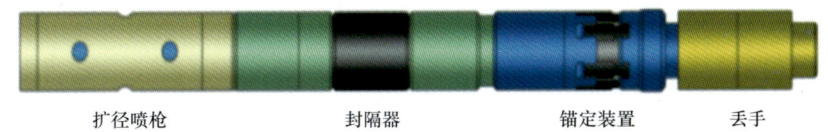

图 5-61　一体化压裂工具示意图

3）工艺技术适应性评价

经多年室内实验研究和现场工程实践总结，针对沁水盆地南部高阶煤储层，各类水平井分段压裂工艺技术适应性（表 5-18）。

表 5-18　煤层气水平井分段压裂工艺适应性分析统计表

工艺技术	优点	缺点	是否适应煤层	适用完井方式
底封或双封拖动管柱分段压裂技术	（1）适用套管完井，分割性好，施工风险小； （2）一趟管柱上提可压 3~4 段，施工效率高，操作简单，作业成本低； （3）单封或双封单卡，分割针对性强，技术较成熟，应用广泛	（1）煤层气压裂活性水压裂施工，压裂液携砂能力弱，容易脱砂沉砂，存在砂卡管柱的风险； （2）活性水压裂施工受摩阻限制，大排量施工难以实现	是	套管
连续油管底封拖动分段压裂技术	（1）管柱结构简单，施工过程自动化程度高，无需填砂封隔； （2）连续油管自身刚度、挠性优良，可带压且全密闭作业，作业效率高； （3）适用于射孔套管完井、筛管完井等多种完井方式	（1）应用连续油管车，井场规格要求高，作业成本高； （2）砂塞有效封堵能力差	是	套管、筛管

续表

工艺技术	优点	缺点	是否适应煤层	适用完井方式
不动管柱多级扩径喷枪分段压裂技术	(1) 不动管柱，一次管柱可进行多段定点压裂，准确造缝，作业施工效率高； (2) 井下管串简单，射孔、压裂一次完成，施工周期短，经济安全，出现井下工具问题的概率小； (3) 适用于套管、筛管等多种完井方式	(1) "自封隔"效果难以保证； (2) 需配套复杂打捞作业	否	套管
一体化工具分段喷射压裂技术	(1) 不动管柱，连续压裂施工，速度快； (2) 封隔效果好，对地层适应能力强	(1) 需要封隔器或者桥塞封隔； (2) 需配套复杂打捞作业	是	套管
可钻桥塞分段压裂技术	(1) 适用套管完井，分割性好，施工风险小； (2) 相当于套管压裂，可大幅度提高排量，施工参数便于调节	联合作业，工序繁多，施工复杂，成本昂贵	是	套管
封隔器不动管柱分段压裂技术	不动管柱压裂施工一次可压3~4段，施工效率高，工序简单	煤层压裂施工砂卡管柱风险极大，施工后砂卡或煤粉堵塞管柱起出困难	否	套管

三、压后返排工艺技术

合理的压后返排可有效降低压裂液对煤储层的伤害，直接影响压裂增产改造效果和压后煤层气井产气量。基于煤层气疏导式开发理论，结合高煤阶储层物性特征和煤层气开发机理，确立压后快速返排技术。在煤储层内压后裂缝尚未闭合之前，用确定直径油嘴控制放喷速率，减少压裂液与煤储层接触时间，避免煤粉等固相微颗粒聚集沉淀，提高压裂裂缝导流能力和煤储层产气能力。压裂后，煤储层中流体压力尚未完全恢复，人工裂缝仍保持较高能量，通过快速返排和控制返排强度，提高煤储层导流能力，消除煤粉等固相微颗粒对裂缝通道的封堵，疏通多级裂缝系统网络，促进煤层气井排水降压解吸产气（图 5-62）。

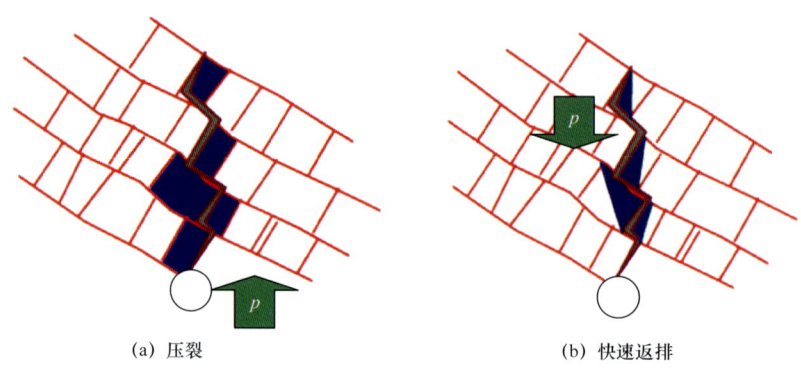

图 5-62 快速返排示意图

第四节 煤岩改性压裂技术

煤岩自身低杨氏弹性模量、高泊松比等特殊的力学性质，决定了在常规水力压裂时形成的裂缝长度有限。为改善煤岩压裂效果，结合大量的室内实验和数值模拟，提出以冷冻煤层方式改变煤岩力学性质（杨氏弹性模量、泊松比等）的方法，促进煤岩变形特征由塑性向脆性转变，并通过配套低温冷冻压裂工艺技术，达到煤岩改性增产的目的。

一、煤岩冷冻改性压裂基本原理

冷冻改性压裂技术是煤层气开采的一种新型的增产方法，它应用于煤层气增产的主要机理有：先建立人工裂缝，通过对初始缝内注入冷媒，使其快速进入人工缝并对缝内周围煤岩进行冷冻，使得人工缝附近煤层中原有的自由水和吸附水冻结成冰，提高煤层整体脆性，促进煤岩体破碎起裂缝；产生冻胀力引起煤层原有裂隙、节理扩宽并伸展，进而在煤中产生更多的次生裂缝与裂隙，形成裂缝网络；同时利用低温冷媒在人工缝不断前行过程中在缝内形成冰晶阻止冷媒继续沿人工缝前进，当冰体强度大于煤岩破裂强度时（此时地面持续注入冷媒），会异于原人工缝方向产生破裂，进而实现转向，然后如此反复不断向前发生转向，形成相应的裂缝网格，增加煤层的渗流通道。

1. 低温对煤岩性质及压裂效果的影响

大量实验表明，温度的变化引起煤岩杨氏弹性模量、泊松比、抗拉强度等力学参数发生改变，进而影响煤储层孔隙度、破裂压力及裂缝形态。

1）对饱和煤岩杨氏弹性模量及泊松比的影响

采用 MTS810 低温力学测试仪分别测试不同冷冻温度下的岩石力学参数。实验结果表明（图 5-63），随着温度降低，煤岩杨氏弹性模量升高、泊松比降低。由于低温导致煤岩发生冻结，内部饱和水冻结成冰，使岩样整体的强度和刚度升高，脆性程度增加，利于压裂裂缝延伸。

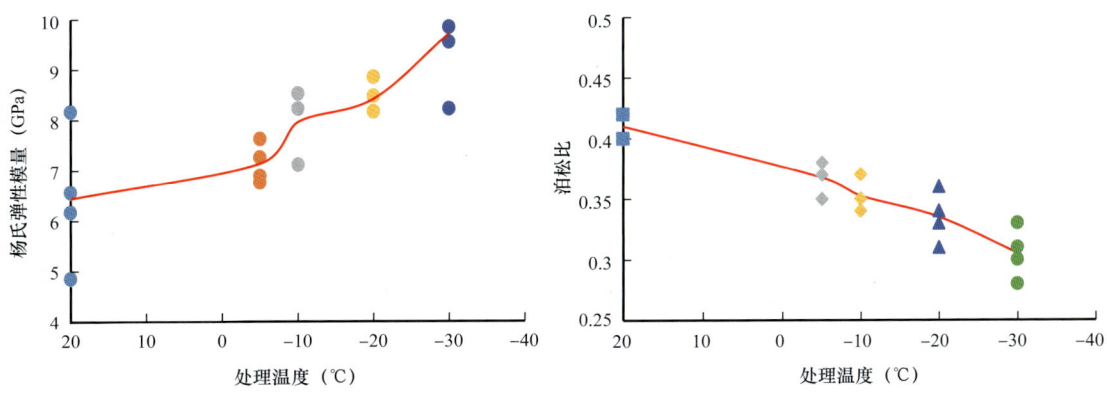

图 5-63 不同温度下煤岩杨氏弹性模量、泊松比变化情况

2）冷冲击前后煤岩孔渗性能影响

实验采用 CT 扫描观察岩心断面，并通过 CT 数计算煤岩孔隙度变化特征。测试结果显示，煤岩冷冻后孔隙度提高，并呈现距冷源越近孔隙度增加越多的趋势（图 5-64）。

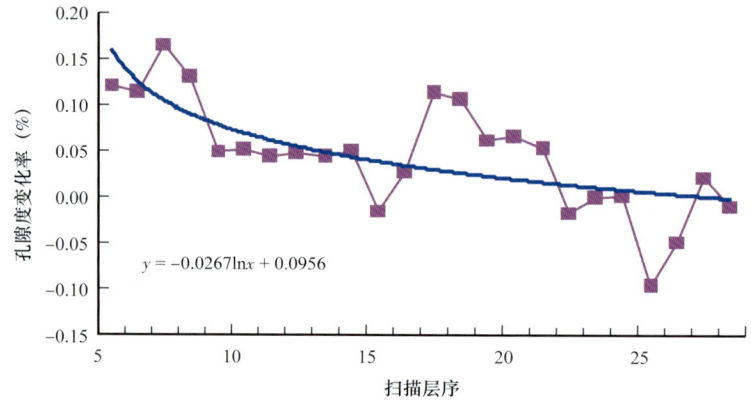

图 5-64　煤岩扫描层序孔隙度变化关系图

使用 N_2 对不同冷冻强度前后煤岩渗透率进行测试，测试对比结果如下（图 5-65）：冷冻可在一定程度上提高煤岩的渗透率；随着冷冻时间的增加，渗透率提高程度增加；随着冷冻温度的增加，渗透率提高程度增加；即冷冻强度增大，渗透率提高程度增大，且初始渗透率越高，提高幅度越大。

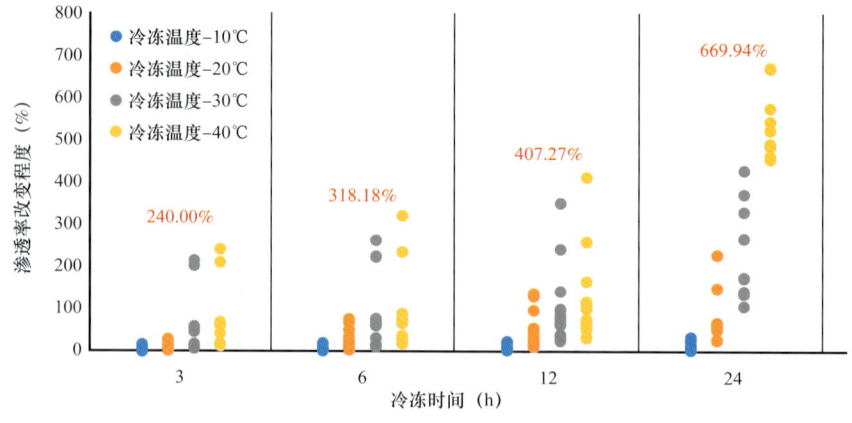

图 5-65　不同强度下煤岩渗透率变化对比图

3）低温对破裂压力的影响

当温度达到冰点以下时，流体将不能渗入射孔孔眼周围地层。随着温度的降低，破裂压力逐渐减小；破裂压力下降幅度在冰点以上基本不变，冰点以下有升高趋势，随埋深增加，降幅升高越明显（图 5-66）。

4）低温对压裂裂缝的影响

（1）冷冻改造裂缝扩展数值模拟。

采用 PFC2D 软件基于流固耦合理论进行建模，保持边界在计算过程中为 12MPa 的压力，通过随井壁施加不同的持续载荷，模拟出裂缝扩展结果。当注入压力为 30MPa 时，随着温度的降低,煤岩的杨氏弹性模量显著增大,抗压强度随之增大,颗粒间胶结力增强,但同时脆性增强,由于脆性作用煤岩在最大主应力方向上更容易起裂并扩展延伸。随温度下降,生成裂纹数量越多,主裂缝延展速度更快,距离越远(图 5-67)。

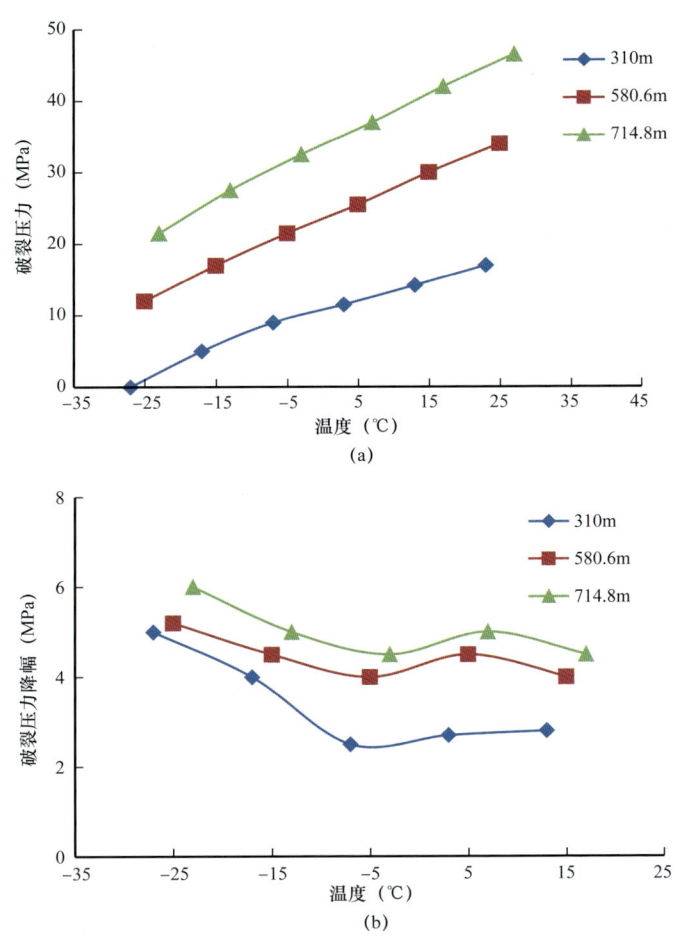

图 5-66 温度对不同井深破裂压力影响图

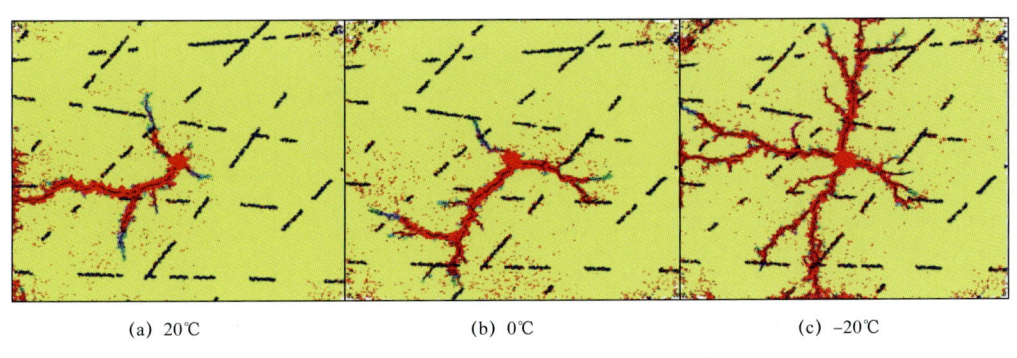

图 5-67 注入压力为 30MPa 下各温度裂缝扩展图

(2)冷冻改造裂缝扩展室内物模实验。

实验条件为环境温度 17℃,冷媒温度 -28℃,注入排量 80mL/min,采用 420kV 的工业CT对实验前后常温下和冷冻条件下煤岩进行扫描，并通过VGstudio三维分析软件进行重建，生成三维煤岩，结果如图5-68所示。

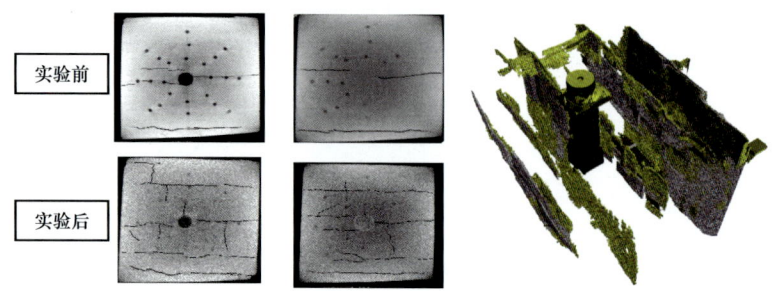

图5-68 低温冷冻改造裂缝扩展实验

对比常温下裂缝扩展实验，低温促使煤岩力学性质向脆性转化，低温冷媒液冷冻暂堵了天然裂隙，更易压出网状裂缝，扩大改造面积。

2. 液态CO_2冷冻改造对煤储层增产作用的机理

液态CO_2超强的流动性在一定程度上降低了应力、物性的非均质性对于流动方向的导向作用，增加了裂缝的复杂程度；且更易于进入微孔隙、天然裂缝和天然弱面，可进一步增加裂缝系统的复杂程度；CO_2射流效应可改变岩石的微观结构，冲刷或溶蚀填充于孔隙空间内的黏土、有机质等，且形成的微酸性环境可以抑制黏土矿物膨胀，同时低温冷却效应也能降低煤岩的破裂压力。

1）CO_2低温特性

常温常压下CO_2为气态，临界点为7.38MPa，31.1℃，超过该温度及压力后，CO_2处于超临界状态。地面管汇中CO_2以液态的形式储存在储罐中，压力维持在1.5～2.2MPa，温度稳定在−20℃左右；当地面管线中CO_2注入井筒后，随着低温的CO_2从井筒和储层中吸收热量，CO_2温度迅速上升，相态也从液态变为气态。该过程储层温度急剧下降，煤岩脆性升高，压裂造缝效果变强（图5-69）。

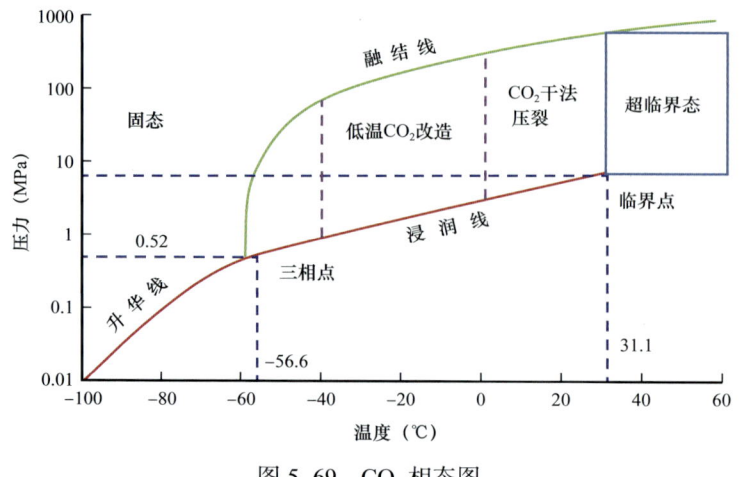

图5-69 CO_2相态图

2）造缝特性

在液态 CO_2 气化吸热导致注入水份形成冰晶后，起到暂堵效果，同时与压裂砂结合，压裂液黏度相对增加，携砂能力增强，有利于裂缝延展。

3）穿透性能

液态二氧化碳黏度为 0.03335mPa·s，黏度较低，流动性强，可以有效沟通煤储层中的微小裂缝。相比较活性水压裂仅形成剪切膨胀，低温 CO_2 改造可以形成深度的剪切位移，提高了微裂缝沟通的可能性（图 5-70）。

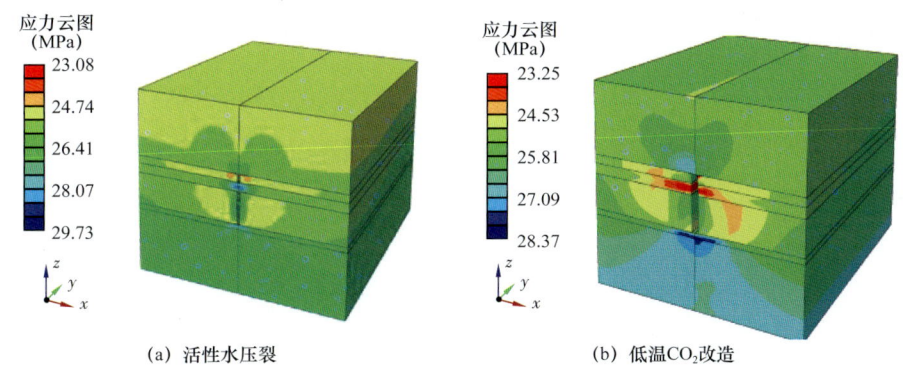

(a) 活性水压裂　　　　　　　　　(b) 低温CO_2改造

图 5-70　活性水压裂、低温 CO_2 改造剪切模拟图

4）竞争吸附性能

由于筛滤置换作用影响，煤对 CO_2 吸附分压增大，降低了煤对 CH_4 的吸附引力（表 5-19），使更多 CH_4 分子从煤基质表面解吸，提高煤层气的解吸能力（图 5-71）。

表 5-19　不同气体分子的直径和空间结构

气体类型	分子直径（nm）	空间结构类型
CH_4	0.38	正四面体型
CO_2	0.33	直线型
N_2	0.36	直线型

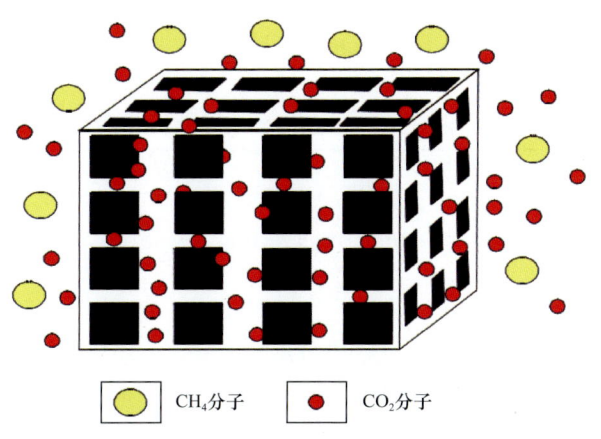

○ CH_4分子　　● CO_2分子

图 5-71　煤基质孔隙的筛滤作用示意图

综上所述，由于煤储层受到低温影响导致其岩石脆性增强，液态二氧化碳的低温、造缝、穿透、竞争吸附等特性，使压裂时裂缝延展效果变好；同时由于低温二氧化碳遇水形成冰晶，在裂缝中形成暂堵，实现裂缝转向，提高造缝效果，扩大改造范围；另外，由于筛滤置换作用，煤岩对二氧化碳、氮气的吸附能力较甲烷强，降低了甲烷分子的吸附引力，提高了甲烷的解吸效率。

3. 低温冷能传导分析

1）冷能传导模式

低温流体在煤层裂缝中流动，由于煤岩导热能力差（图5-72、图5-73），可以防止流体冷能快速传导给煤岩，通过将冷能有效传递给缝内清水，冻结暂堵已有裂缝；同时，割理加快了冷媒液的流动速度，增大温度场扩散速度和波及范围，对裂缝壁面的降温作用使得裂缝周围一定范围内的力学性质发生改变，使分支裂缝起裂位置更加随机，易形成缝网。

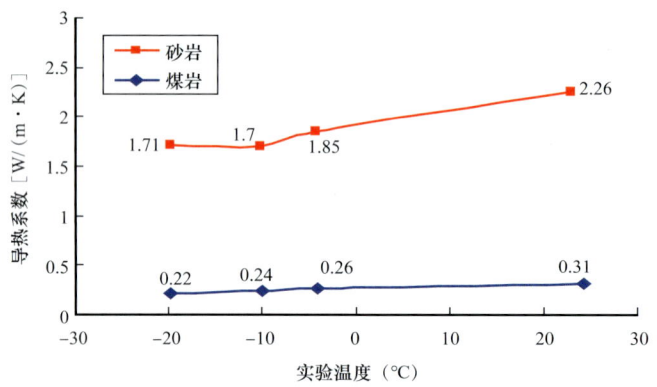

图5-72 煤岩及砂岩导热系数对比图

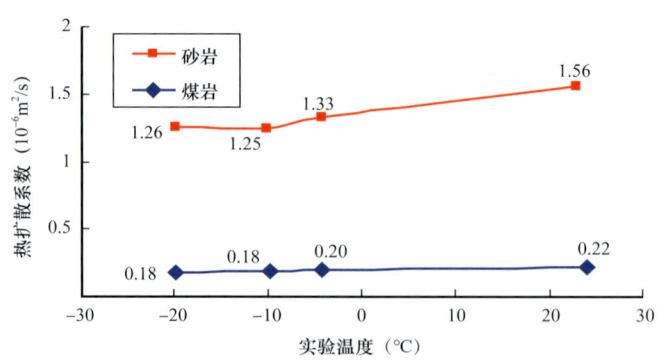

图5-73 煤岩及砂岩热扩散系数对比图

2）裂缝冻结深度模拟

通过冷冻改造软件模拟计算，压力30MPa排量4m³/min注入−37℃冷媒液，20min时裂缝内冻结深度为43m，30min时冻结深度为77m，能够在缝内形成足够的冻结暂堵转向范围，形成新的分支裂缝（图5-74）。

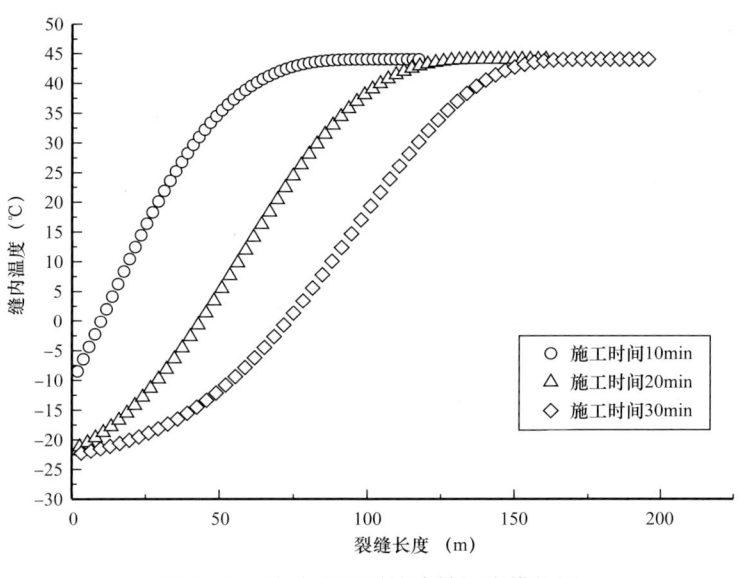

图 5-74 冷冻改造裂缝冻结深度模拟图

二、煤岩冷冻改性压裂设计

1. 冷媒液选择

冷媒液选择不与水发生离子交换的低温流体，设计选用超临界 CO_2。根据压裂车组、地面管线及施工管柱满足 $-40℃$ 低温流体泵注，优选冷媒温度为 $-35\sim-40℃$，液态 CO_2 可采用 CO_2 罐车装载。利用压裂软件模拟，优选使用交替注入的方式分阶段暂堵，增加压裂裂缝复杂性，增大压裂改造体积（表 5-20）。

表 5-20 不同压裂注入方式压裂模拟改造效果

改造方案	清水用量（m^3）	液态 CO_2 用量（m^3）	长半轴长（m）	短半轴长（m）	缝高（m）	模拟改造体积（m^3）
低温 CO_2（干法）一次暂堵改造	—	240	49.6	54.7	15.80	17867
清水 + 低温 CO_2（湿法）一次暂堵改造	200	210	70.2	31.5	5.03	31364
段塞注入改造	220	260	88.2	39.5	5.30	48315
循环支撑改造	420	280	97.4	43.5	5.72	56939
常规压裂	455	—	41.9	10.2	28.10	6035

2. 压裂管串设计

工艺管柱采用顶封注入方式，设计使用耐低温封隔器，保护低温状态下上部套管。优选氟硅橡胶作为密封材料，研制了耐低温胶筒（图 5-75），工作温度为 $-30℃$。

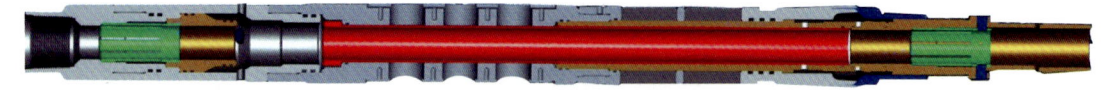

图 5-75 耐低温封隔器结构

特点：耐低温（极限温度为 −40℃），具有气体循环充填通道，设计了压力补偿机构，设计了温差补偿密封总成。规格参数见表 5-21。

表 5-21 耐低温封隔器规格参数

外径（mm）	114	工作温度（℃）	−40
内径（mm）	50	工作压差（MPa）	35

施工管柱采用 N80 钢级油管，耐低温封隔器位置在煤层顶部 10～20m，油套环空充注氮气，减小低温改造对套管的影响。为避免在地面管线和井筒内形成冰晶，冷媒液与相变液（清水）之间利用液氮进行隔离。

压裂施工管柱（由下至上）：引导头 + 筛管 + 球座 + ϕ73mm 外加厚油管 + 井下温度/压力计 + K341 耐低温封隔器（避开套管接箍）+ 水力锚 + ϕ73mm 外加厚油管短节 + 安全接头 + ϕ89mm 外加厚油管 1 根 + ϕ89mm 外加厚油管短节 + ϕ89mm 外加厚油管至井口（图 5-76）。施工管柱重点组件主要作用如下。

（1）顶封管柱：保护上部套管，保障施工顺利进行。

（2）环空氮气保温：对低温油管进行保温隔热，减少热量损失，使用氮气保温。

（3）油管下深：为提高氮气顶替效率，油管下深增加至射孔底界以浅 0.5m。

（4）井下温度/压力计：用于分析井底流体状态。

（5）螺纹使用密封脂或密封带：保证大温差施工下管柱密封性。

3. 射孔方式及排量设计

采用优质煤层集中射孔方式，仅射开全煤层段中的原生煤段，提高裂缝延伸长度，尽可能控制裂缝在煤层中延伸。

同时，压裂施工排量与缝高呈一定正相关关系，当压裂排量过大时会沟通煤层顶底板上下的砂岩层，造成冷量的损失，考虑施工摩阻和规模，建议最大施工排量为 4～5m³/min，并采用阶梯升排量进一步控制裂缝高度。

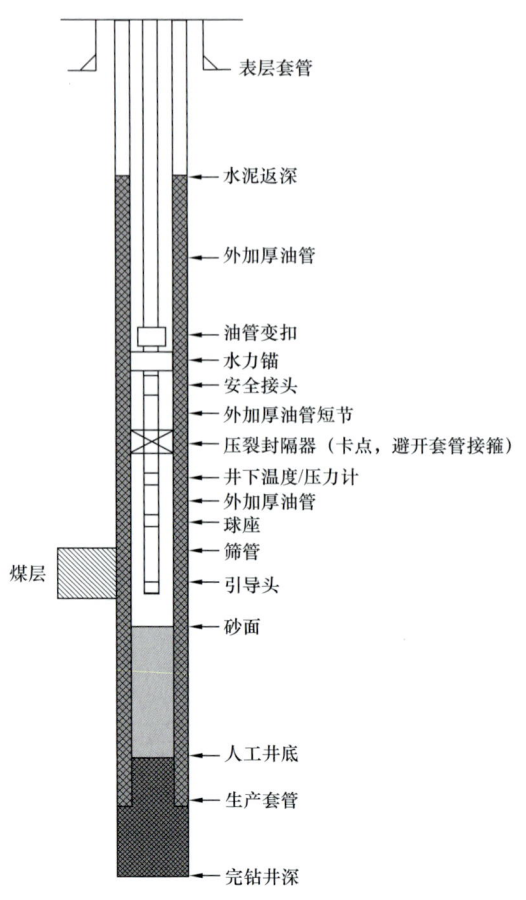

图 5-76 低温 CO_2 冷冻改性压裂施工管柱示意图

4. 压裂前施工准备

（1）工具、材料：施工过程中采用耐低温管柱结构（极限温度为 –70℃）、液体 CO_2、液体 N_2 以及相关配套设备。

（2）安全及应急预案：做好低温 CO_2 压裂相关风险因素识别，制定相应应急预案，保障施工安全。

（3）设备及管线试压：使用清水循环注水部分主压车及地面管线，循环液返回大罐，管线及井口清水试压 70MPa；使用液态 CO_2 循环 CO_2 泵车，CO_2 和 N_2 管线使用 N_2 试压 60MPa。

（4）采用注入压降测试工艺获取煤层冷冻改造前后的渗透率、表皮系数、调查半径等参数，评价冷冻改造效果。

（5）布置裂缝监测，认识低温改造裂缝扩展规律，评价低温改造体积。

5. 地面流程设计

针对现场试验低温与常温并存、液相与气相并存的特点，设计了煤层气低温 CO_2 改造技术的地面流程（图 5–77）。

（1）井场高压区、低压区和低温区分区摆放。

（2）低温注入和常温注入管汇分开，防止管线冻堵。

（3）氮气管线分别负责顶替环空，环空补压，CO_2 管汇扫线和清水管线扫线。

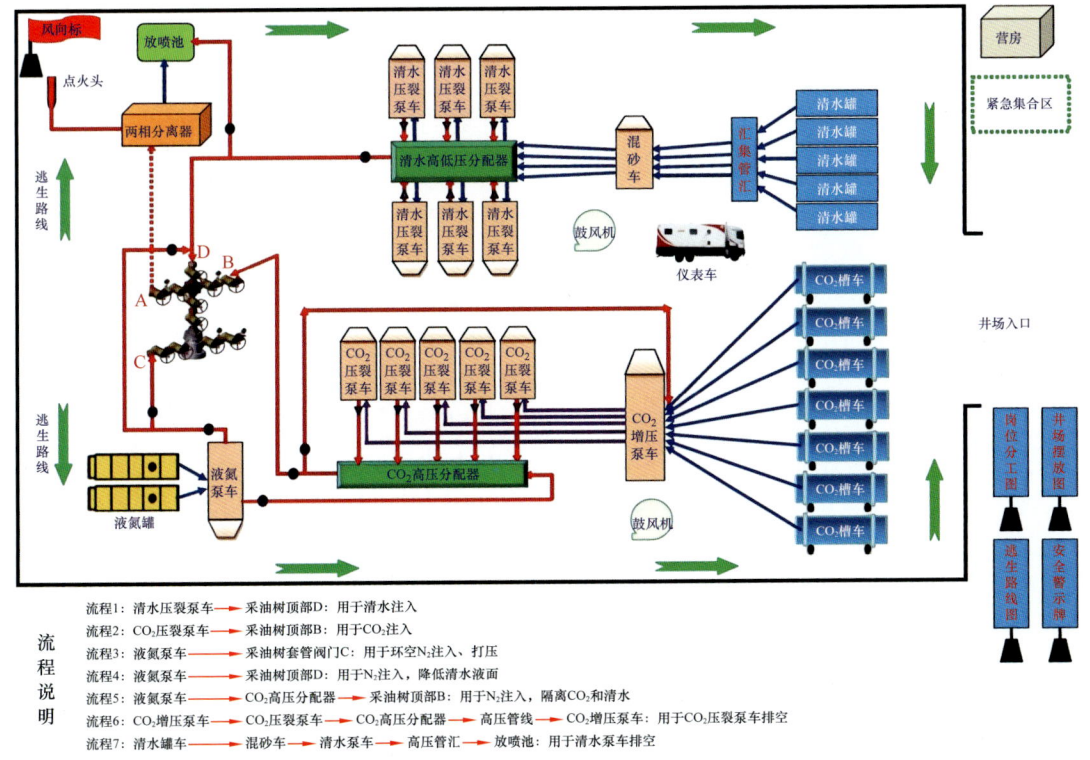

图 5–77 煤层气低温 CO_2 冷冻改性压裂井场车组摆放示意图

6. 压裂施工步骤

为提高低温改造效果,实现多次冷冻暂堵转向,在段塞注入改造工艺的基础上,进行循环支撑改造,施工步骤主要如下。

(1)套管注入N_2,反循环顶替井筒液体,开展试压,油管放喷至无液体,关闭放喷阀门。

(2)先进行常规活性水加砂压裂,然后进行低温改造。先用N_2顶替,再注入低温CO_2改造,再进行N_2顶替,以此进行循环压裂三次。

(3)压裂完成后测压60min,关井,记录井口压力变化,放喷至无溢流,及时下泵装抽排采。

三、现场施工

中国石油华北油田2017年首次将低温CO_2冷冻改性压裂工艺应用于沁水煤层气田,共进行现场先导试验应用2口井,以首口井ZC150-1井为例进行介绍。

1. ZC150-1井基本情况

ZC150-1井位于沁水盆地南部樊庄区块宽缓斜坡带,构造相对简单,3号煤厚度为6.65m,吨煤含气量为15.27m^3,煤层顶、底板岩性均为泥岩、砂质泥岩,含水性较弱,渗透性较差,对煤层的封隔性较好,利于冷冻改造施工。该井压裂设计基本情况如表5-22所示。

表5-22 ZC150-1井压裂设计基本情况

井号	ZC150-1	喷点位置(m)	—
施工日期	2017-12-18	注入方式	油管注入
井别	开发井	压裂液类型	活性水压裂液
井段(m)	825.00~829.00	压裂液配量(m^3)	700
厚度(m)	4.00	支撑剂参数	
层位	山西组3号煤	支撑剂类型	—
人工井底(m)	979.80	支撑剂粒径(mm)	40/70目 20/40目
套管	139.7mm×994.18m	支撑剂产地	—
射孔孔密(孔/m)	16.00	液态CO_2(m^3)	320
射孔孔数	64.00	氮气(m^3)	21600

2. 压裂施工简况

2017年12月施工,先后分四个阶段开展常规活性水压裂和冷冻改造循环注入加砂施工(表5-23),实际共使用压裂液量411.87m^3,使用CO_2顶替液量251.10m^3,使用氮气量 21600.00m³，加入 40/70 目石英砂 12.44m³，20/40 目石英砂 5.13m³，圆满完成设计施工（图 5-78）。

表 5-23　ZC150-1 井冷冻改性压裂分阶段施工情况统计

	第一阶段		第二阶段		第三阶段		第四阶段	
	设计	实际	设计	实际	设计	实际	设计	实际
清水用量（m³）	110.70	118.70	92.70	97.31	91.30	93.72	90.80	102.14
CO_2 用量（m³）	150	149.70	60	65.90	40	35.50	—	—
液氮用量（m³）	7200	7200	7200	7200	7200	7200	—	—
支撑剂（m³）	4	4.06	4	4.34	4	4.04	5	5.13

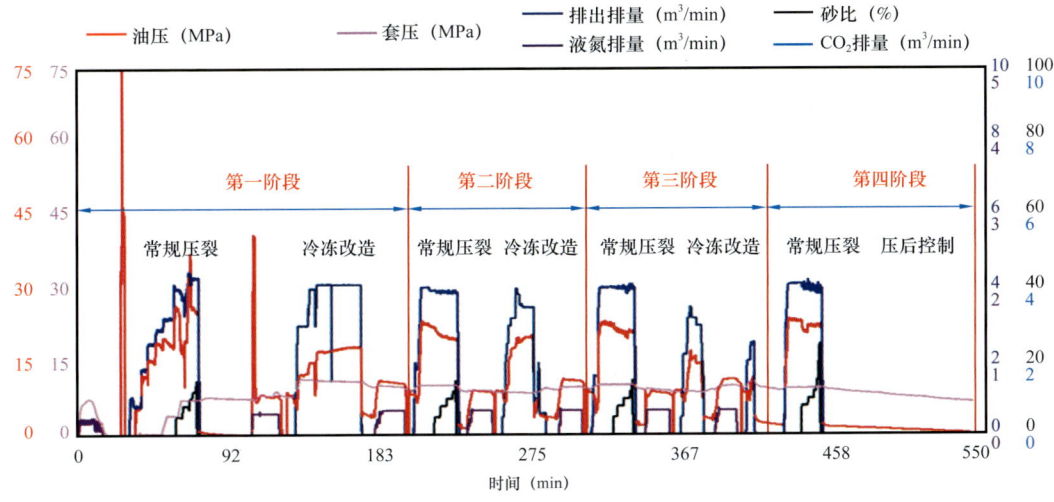

图 5-78　ZC150-1 井冷冻改性压裂现场施工曲线

3. 裂缝监测

本井进行了微地震裂缝监测，共布设 5 条测线共计 20 套监测仪器，检波器间距 80m。裂缝监测显示（图 5-79），裂缝总长为 302m、缝宽 111m、缝高 6.2m，改造体积为 $20.7 \times 10^4 m^3$，缝网方向 NW9°。

对 3 次低温 CO_2 冷冻改造阶段进行分析，裂缝监测显示（图 5-80）CO_2 的用量直接影响了缝网中的清水冻结程度，不同的 CO_2 注入量导致的微地震图形态差异较大。150m³ CO_2 注入导致明显了明显的先冻再起裂的现象，裂缝有明显的方向偏转；60m³ CO_2 注入仅冻堵缝网较远的部分，后续破裂呈球形集中发生在井筒周围 50~70m；40m³ CO_2 由于注入量偏小，CO_2 呈双翼裂缝延伸，局部有多分支裂缝形成。

4. 生产情况

ZC150-1 井与邻井 ZC150-2 井处于同一单斜构造背景下，该井于 2018 年 1 月投产，日产气 2775m³，较邻井 ZC150-2 井产气高 2000m³，达到邻井的 4 倍（图 5-81）。

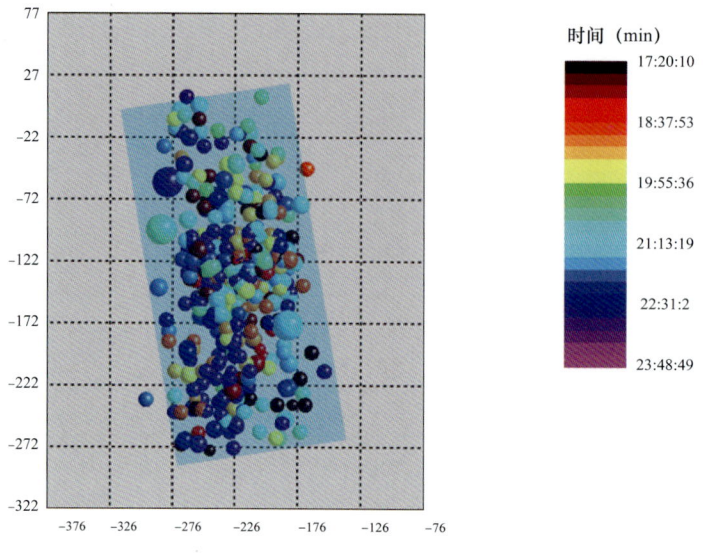

图 5-79 总体压裂裂缝监测结果

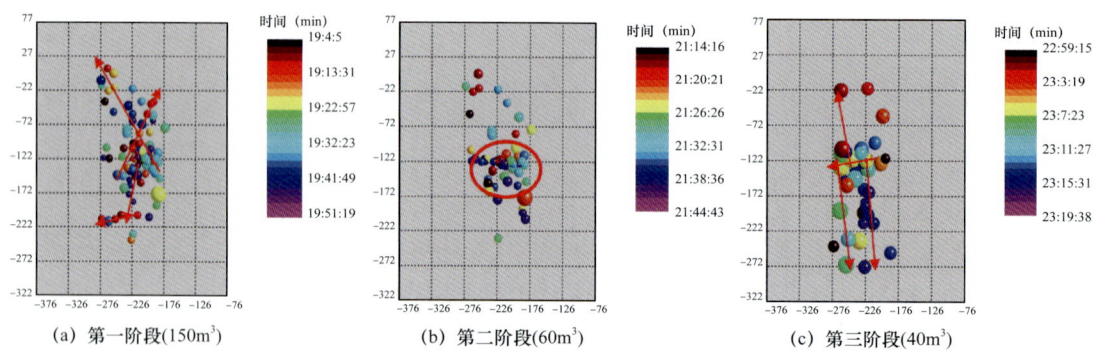

(a) 第一阶段(150m³)　　(b) 第二阶段(60m³)　　(c) 第三阶段(40m³)

图 5-80 不同阶段低温 CO_2 注入裂缝监测情况

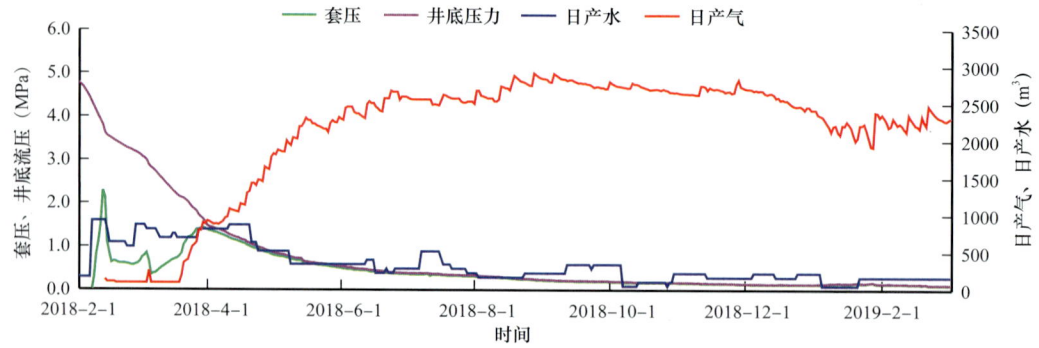

图 5-81 ZC150-1 井排采曲线

第六章 煤层气的排采控制

如何科学高效排采，提高煤层气单井产量，保持煤层气井长时间高产稳产是影响我国煤层气产业发展的关键问题。针对煤储层低压、低渗、低饱和等特征，华北油田在生产实践中不断探索煤层气井的产气规律和控制方式。2006—2007年，采取了快速降低井底压力加速煤层气解吸的"敞开式"放气排采方法，结果导致单井产量在快速进入高峰后，迅速大幅度下降。2007—2011年，逐渐形成了"五段三压"式排采控制法，将排采阶段分为排水降压、憋压、放气提产、稳产、产气衰竭五个阶段，排采精度得以提高，取得较好生产效果。但随着开发区块的不断扩大，"五段三压"排采控制技术开始呈现地质适应性差的问题，部分开发区块内出现大批低效井，憋压阶段煤储层气锁现象尤为明显。其后，又衍生出适应长治区块的"三段法"和郑庄区块的"五段三压四点法"。由于原有排采管控制度主要来源于生产井的数据反推，过于依赖经验，缺乏合适理论支撑，难以实现不同储层条件下，煤层气井高效生产和煤储层伤害的有效控制。本章主要从煤储层内气、水赋存状态和位置、流动产出规律、渗透率敏感性等角度出发，揭示影响高煤阶煤储层排采控制关键因素，形成了以疏通孔道、导引流体为原则的煤层气排采控制技术，为煤层气高效开发提供理论支撑和技术保障。

第一节 煤层孔—裂隙空间流体分布特征

由第三章第二节对高煤阶煤岩孔—裂隙特征的论述，可知在高煤阶煤岩中，发育大量纳米级孔隙及跨尺度的宏观裂隙与显微裂隙。孔—裂隙空间是煤层中流体的赋存空间也是流体运移产出通道。煤层的地质条件和流体间的相互作用使煤储层气、水的赋存方式具有多样性，因此，明确煤层中流体的赋存状态是研究其流动规律的前提。本章基于分子模拟方法通过建立高煤阶煤岩的纳米孔隙模型，开展不同压力、温度条件下煤层甲烷分子及水分子在纳米裂隙内赋存状态研究，划分煤岩储层两类四种流体赋存模式。

一、甲烷分子赋存分布规律

目前广泛认为煤层甲烷主要以吸附态附存在煤层中，纳米级孔隙是其主要赋存空间。

1. 甲烷分子在纳米级孔隙中赋存分布规律

孔隙模型由上下各四层石墨烯围限构成，如图6-1所示。模型为周期性结构，在 x 和 y 方向上的长度分别为3.936nm和3.409nm，孔隙宽度 H 为最中间两层石墨碳原子层的间距，不同间距表示不同孔隙宽度。实验模拟计算不同孔隙宽度、不同温度（T=298K、313K、333K 和 353K）、不同压力下的吸附曲线。分子间相互作用和静电相互作用分别采用 Atom 和 Ewald 求和方法，模型体系采用周期性边界条件。

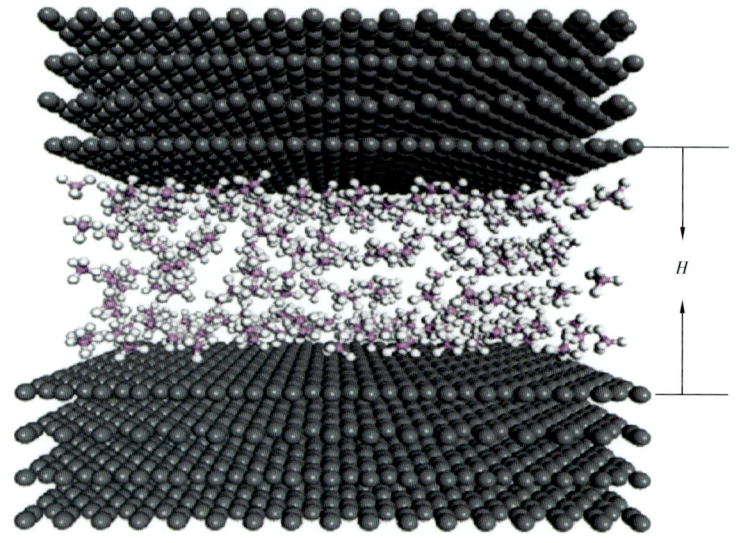

图 6-1 孔隙模型示意图

采用 5 种不同宽度的石墨孔隙来研究孔隙尺寸对煤层气吸附的影响。如图 6-2 所示，对小孔隙（0.72nm、1.0nm）而言，吸附开始阶段，随着压力变大，甲烷吸附量迅速变大，而且快速达到平衡状态，继续增大压力时，甲烷吸附量基本保持不变，等温吸附曲线拐点明显。对比大孔隙尺寸（>2.0nm），吸附量随压力增大缓慢增大，等温吸附曲线平缓，无明显拐点。总体趋势呈现为石墨烯孔隙尺寸越小，壁面吸附能越高，吸附量越大，同时等温吸附曲线拐点越明显。图 6-3 为甲烷在四种不同温度下，在 2nm 石墨烯孔隙中的等温吸附曲线。由图 6-3 可知，在四种不同温度条件下，甲烷等温吸附曲线变化趋势一致。但随着温度升高，在相同压力条件下吸附量会降低。温度的升高，会使甲烷分子活跃度增加，使其不易被石墨烯壁面"捕获"吸附。

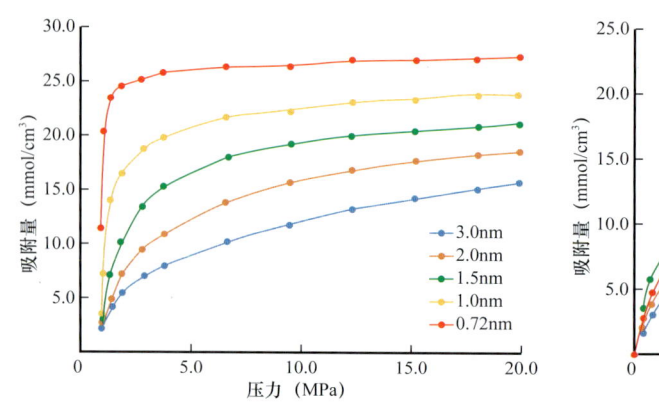

图 6-2 不同宽度孔隙甲烷等温吸附曲线

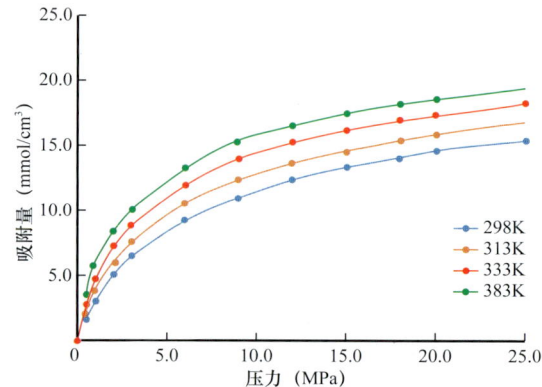

图 6-3 不同温度甲烷在 2nm 孔隙中等温吸附曲线

1）无水条件下甲烷分子在纳米孔隙内分布规律

利用分子模拟方法进一步观测任意压力条件下甲烷分子具体分布点位，计算孔隙内不同位置甲烷分子密度分布。图 6-4a 是空间内体系平衡后，甲烷分子在不同压力下，不同宽度孔隙内的密度分布；图 6-4b 为孔隙内甲烷分子分布模型，图中压力 $0<p_1<p_2<\cdots<p_8<p_9<25MPa$，坐标 $x=0$ 对应孔隙中轴线位置，垂直虚线分别表示不同尺寸孔隙壁面位置。对比 1nm 与 2nm 以上的孔隙，甲烷分子的分布密度在壁面附近存在明显峰值，不同压力状态孔隙中央甲烷分子密度变化不明显。显示壁面处甲烷分子与孔隙中央区域（距离壁面相对较远位置）的甲烷分子赋存状态存在明显区别，但壁面对煤层气影响范围有限，随距离增加而减弱。第三章第三节利用低场核磁共振技术将纳米孔隙中央这部分甲烷分子区别于常规尺度游离态甲烷分子，称为游离甲烷分子Ⅰ型。

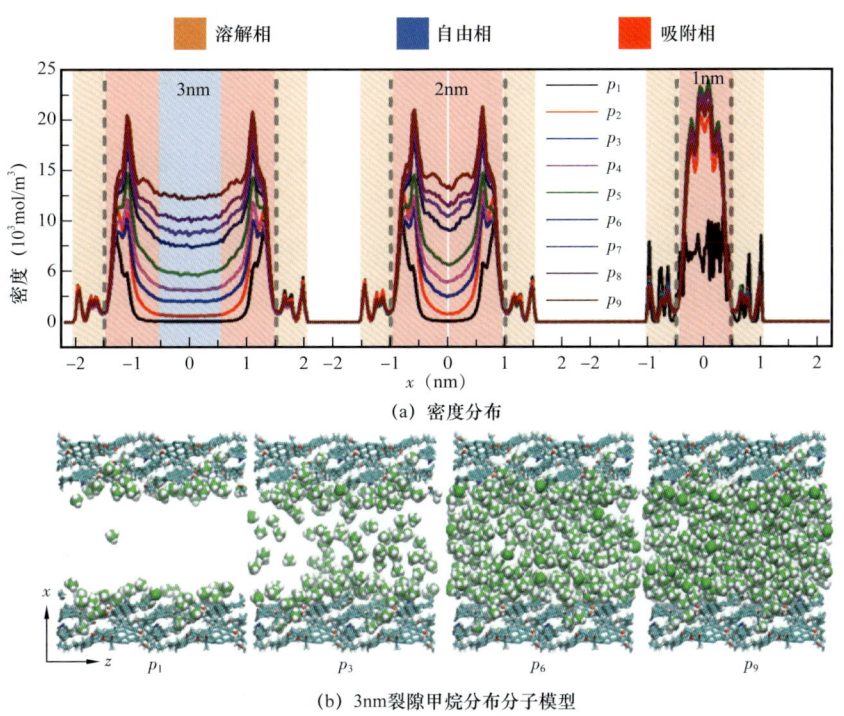

图 6-4 甲烷在高阶煤纳米孔隙内的赋存状态

2）含水条件下甲烷分子在纳米孔隙内分布规律

如图 6-5 所示，计算甲烷分子和水分子在石墨烯壁面附近自由能分布，甲烷分子在壁面附近自由能比水更低。当甲烷分子在石墨烯壁面附近聚集时，体系将处于更低能量状态。因此，甲烷分子在石墨烯壁面的聚集是一个自发过程。该自发过程不受含水量和含水率影响，如图 6-6 所示，少量吸附在石墨烯壁面上的水分子，随着甲烷分子饱和度增加，会被甲烷分子逐渐取代。

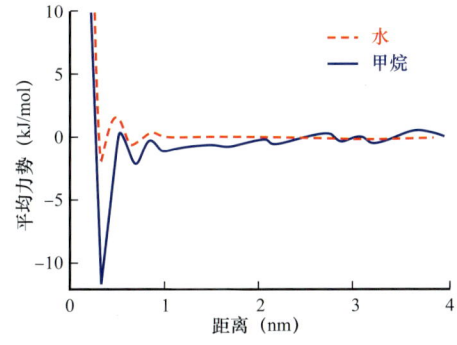

图 6-5 甲烷分子和水分子在石墨烯壁面附近的自由能分布

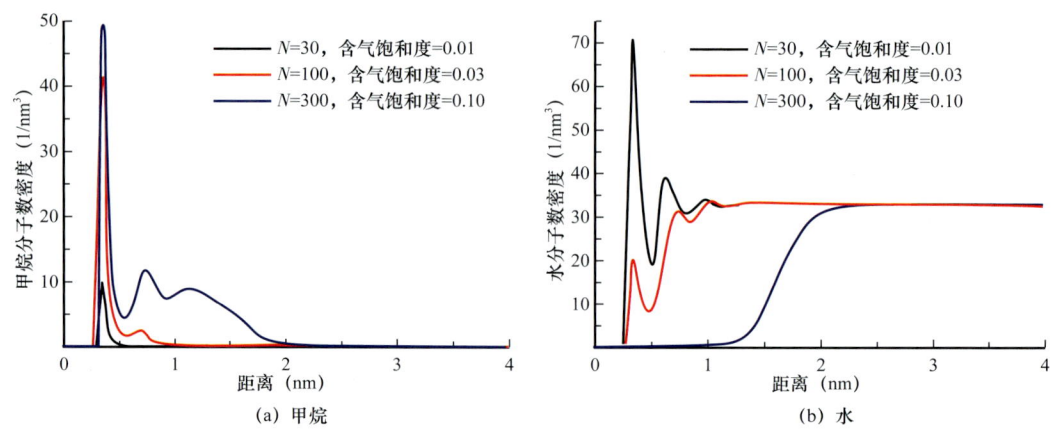

图 6-6 不同含气饱和度甲烷分子和水分子在石墨烯壁面附近的密度分布

2. 甲烷分子在微裂隙内赋存特征

煤岩为烃源岩的一种，热演化过程是一个生气、脱除含氧官能团的过程。在煤岩低成熟阶段（$0.5\%<R_o<0.8\%$），裂隙不发育，以原生孔隙为主。各级孔隙壁面存在大量含氧官能团，故甲烷分子存在吸附态、游离态、溶解态；随压实成岩作用及热演化程度增高，基质孔隙被压缩，同时形成了大量气孔及分子间孔；当温度升高至550℃，煤岩由气肥煤变质为高阶煤（$R_o=1.9\%\sim4.0\%$），此时煤岩生气能力更强，最大可达260m³/t，气体散失与构造运动相结合发育大量内生、外生裂隙，裂隙是游离气体逸散通道。随储层抬升剥蚀，温度降低，煤岩生气过程结束，水体重新分布进入各级微裂隙。

故在高阶煤各级微裂隙中甲烷分子主要以游离态、溶解态存在。由于高阶煤总孔隙度低（平均6%），同时甲烷分子在水中溶解系数极低（18℃、2.5MPa 仅 0.01），故游离态、溶解态甲烷分子在总含气量中占比很低。

二、水分子在高阶煤孔—裂隙中赋存分布规律

1. 水分子在纳米级孔隙中赋存分布规律

实际高阶煤孔隙壁面分子结构与石墨烯分子层结构存在较大差别，如图6-7a所示。煤是由非晶质的高分子缩聚物在三维空间里高度交联而成，其结构单元的核心是缩合芳香环，主要构成元素为碳（C）、氢（H）、氧（O），同时含有少量氮（N）、硫（S）。结合郑庄区块煤样元素分析结果，构建符合实际高煤阶煤分子模型，如图6-7b所示，其中蓝绿色、白色、红色、蓝色、黄色分别代表C、H、O、N、S原子，分子式为$C_{135}H_{95}NO_9S$，各元素含量为：C=85.04%，H=4.99%，N=0.73%，S=1.68%，O=7.56%。石墨烯分子结构确定、简单，其C元素含量为100%，具有与芳香环类似的六元环结构，在研究中被广泛用于表征高煤阶煤分子，以其为基础开展研究和分析。观测真实煤样基质，较小孔裂隙一般仅由芳香环类构成，可由石墨烯分子直接模拟；对于较大孔隙，如图6-7b所示，由于存在少量含氧官能团，高煤阶煤分子孔隙壁面具有非均质性，既存在亲水位点，也存在疏

水位点。真实孔隙壁面对气、水分布状态影响与石墨烯壁面显现较大差别。如图 6-7c 所示，水分子会优先吸附在亲水位点上，形成小水分子团簇，随含水率增大，水分子团簇变大，最终两侧水分子团簇相互连接形成水桥；对于疏水位点（富含碳原子位置，类似石墨烯），甲烷分子会优先吸附，与由石墨烯分子构成孔隙。

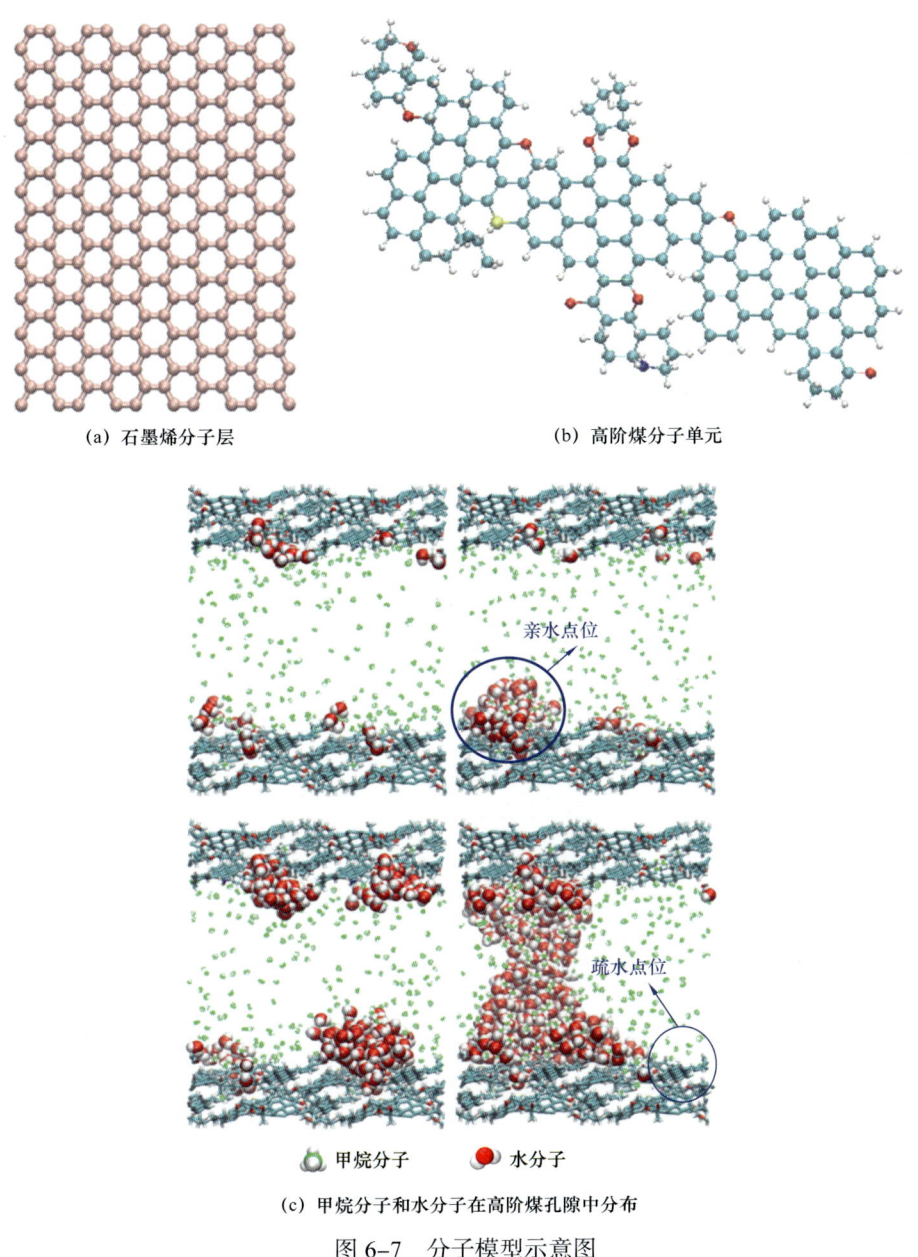

(a) 石墨烯分子层　　(b) 高阶煤分子单元

(c) 甲烷分子和水分子在高阶煤孔隙中分布

图 6-7　分子模型示意图

2. 水分子在微裂隙内赋存分布规律

煤的润湿性是一种综合特性，影响了水在孔—裂隙中的分布状态，润湿性的强弱可由接触角判定，润湿性越强接触角越小。

采用影像分析法（外形图像分析法）测量静态接触角。首先利用高清摄像系统获得液体在固体表面上外形轮廓图像，再运用图像处理技术和计算方法测定图像中液体与固体静态接触角。产生固、液静态接触角的主要方法有停滴法、停泡法和插板法，此处采用停滴法，即滴一滴液珠停在固体表面，待静止后，采集、分析液滴在固体上表面角度。

如表6-1所示为沁水盆地不同矿区内煤样与水的接触角测试结果。由表6-1可知，矿区内煤样与水的接触角介于60°～90°，均小于90°，为弱亲水性。

表 6-1 煤样与水接触角测试结果

采样地点	伯方矿	赵庄矿	成庄矿	寺河矿	余吾矿	李村矿	新源矿
煤层气区块	樊庄—郑庄区块				沁南东—夏店区块		沁南西区块
接触角（°）	79.6	85.0	72.6	74.3	75.4	63.3	84.4

结合第三章第四节实验，煤样饱和水后，近85%的流体无法被驱动，由实验结果分析可知，高煤阶煤储层中束缚水饱和度远大于重力水，喉道对裂隙中水的流动的控制作用明显。

三、煤储层气、水赋存模式划分

煤岩孔—裂隙系统气、水赋存特征对气、水产出具有重要影响。由第二章第一节的论述可知，沁水盆地高阶煤大量生气期为印支期深成热演化期及燕山期的岩浆侵入期，喜马拉雅期构造运动及水动力对气、水在煤储层的分异作用关系明显。

燕山期由于大量生气和构造演化叠加作用，地层抬升，地层压力减小，此时甲烷分子逸散为吸附气解吸驱替裂隙水模式；喜马拉雅构造期由于水动力活跃，煤岩储层发生水洗作用，含气量降低是地层水携带侵入模式。由于不同时期形成的构造特征中气、水赋存形式不同，导致其气—水平衡尺度不同，如表6-2所示。

表 6-2 不同煤储层气、水平衡孔径与压力关系

区块	储层压力 p_r（MPa）	临界解吸压力 p_g（MPa）	毛细管力 p_c（MPa）	分子自由程 λ（nm）	气、水界面孔径 d（nm）
樊庄北	3.5	4	0.5	1.35	100
樊庄南	2	2.1	0.2	2.55	600
郑庄北	7	12	3	0.47	50
郑庄西	4.2	6	1.8	0.91	50
郑庄东	7	2	很小	2.76	200
长治	5	2	很小	2.63	200

从表6-2中可以看出，不同类型煤储层的气、水平衡孔径差异较大，根据含气量测算的临界压力和储层压力大小，结合煤岩等温吸附特征曲线，将气、水赋存划分为两种类型：$p_g > p_r$ 时，基质孔隙中游离态甲烷较多，气、水平衡孔径较小，毛细管力较大；$p_g < p_r$

时，基质孔隙中游离态甲烷较少，气、水平衡孔径较大，毛细管力较小。

根据微裂隙模型和边界层理论，建立毛细管束模型，考虑低渗裂隙动边界效应的动平衡赋存模型，低渗煤层中多重裂隙解吸气驱水过程存在启动压力和边界层效应，模拟计算煤储层成藏过程不同阶段气、水运移过程中的压力关系。

低渗孔径边界层厚度公式为：

$$\delta = \frac{b}{2}\mathrm{e}^{-c\nabla p} \tag{6-1}$$

边界效应的裂缝孔隙非线性 Hagen–Poiseuille 方程：

$$q = \frac{\Delta p}{\mu L}\frac{b^3 l}{12}\left(1-\mathrm{e}^{-c\nabla p}\right)^3 \tag{6-2}$$

根据式（6-1）与式（6-2）得气驱水型赋存压力动平衡公式（逸散模式）：

$$v_{\mathrm{g}\to\mathrm{w}} = \frac{b^2\left[\left(p_{\mathrm{g}}-p_{\mathrm{w}}-p_{\mathrm{c}}\right)-\left(p_{\mathrm{g}}'-p_{\mathrm{g}}\right)\left(1-c\nabla p\right)\right]}{12\left[\mu_{\mathrm{g}}x+\mu_{\mathrm{w}}(L-x)\right]} \tag{6-3}$$

水侵入型赋存压力动平衡公式（封存模式）：

$$v_{\mathrm{w}\to\mathrm{g}} = \frac{b^2\left[\left(p_{\mathrm{g}}-p_{\mathrm{w}}-p_{\mathrm{c}}\right)-\left(p_{\mathrm{g}}-p_{\mathrm{g}}'\right)\left(1-c\nabla p\right)\right]}{12\left[\mu_{\mathrm{g}}x+\mu_{\mathrm{w}}(L-x)\right]} \tag{6-4}$$

式中　b——基质微孔宽度，cm；

　　　l——裂缝长度，cm；

　　　Δp——驱替压差，MPa；

　　　L——压力作用距离，cm；

　　　c——边界层系数，MPa^{-1}；

　　　∇p——液相驱替压力梯度，MPa/m；

　　　μ_{g}——气相黏度，mPa·s；

　　　μ_{w}——水相黏度，mPa·s；

　　　x——气驱水运移长度，cm；

　　　p_{g}——基质气相压力或赋存压力，MPa；

　　　p_{g}'——近界面处气相压力，MPa；

　　　p_{c}——毛细管压力，MPa；

　　　p_{w}——裂隙水相压力，MPa。

进一步将煤储层划分为两类四种气、水赋存模式。

（1）侵入模式Ⅰ型：基质吸附气量较大，游离气量较少。储层水洗作用较弱，表现为测试含气量较高，理论解吸压力略低于地层压力，区域井具有一定的产能。

（2）侵入模式Ⅱ型：基质吸附气量较少，游离气量很少。储层水洗较彻底，原始束缚水含量高，表现为测试含气量低，临界解吸压力远低于地层压力，区域井基本无产能。

（3）逸散模式Ⅰ型：基质吸附气量极高，游离气量少。该类井多处于向斜构造底部，表现为测试含气量极高，临界解吸压力远高于地层水压力。但由于区域微裂隙以原生束缚水为主，改造难度较高，不易高产稳产。

（4）逸散模式Ⅱ型：基质吸附气量较少，游离气量较多。处于背斜顶部，吸附气逸散较多，原始束缚水含量较低，表现为含气量相对较低，临界解吸压力略高于地层压力接近，区域井较易获得较高产能。

第二节　煤储层气、水流动特征

在地下原位煤储层中，各类天然孔—裂隙首先是流体的赋存空间，同时也是流体的运移产出通道。由于煤层气井地面抽采自然产能极低，压裂是煤层气储层重要的开发技术。当煤储层被改造后，储层多了一级填砂裂隙，同时外来流体侵入，对原始地下流体的赋存特征也将发生影响。改造后煤岩储层孔—裂缝结构复杂，而且其气、液间作用方式多样，为实现煤层气的高效排采，有必要明确气、水在不同级别孔—裂隙内的运移产出机制。

一、煤层水运移产出特征

1. 煤层水运移产出通道

压裂改造后煤储层内生裂隙（割理）和显微裂隙仍然是煤层水的主要储集场所，外生裂隙和压裂裂缝是煤层水的主要运移和产出通道。水产出过程可分为2个阶段，即在微小型裂隙中的弱流动和在外生裂隙与压裂裂缝中的渗流。如图6-8所示，路径模型描述为：（1）裂隙尺度上，经历显微裂隙—内生裂隙—宏观裂隙—压裂裂缝；（2）宏观方面，煤层水经历两级流动，天然裂隙（显微裂隙—宏观裂隙）—压裂裂缝—井筒。

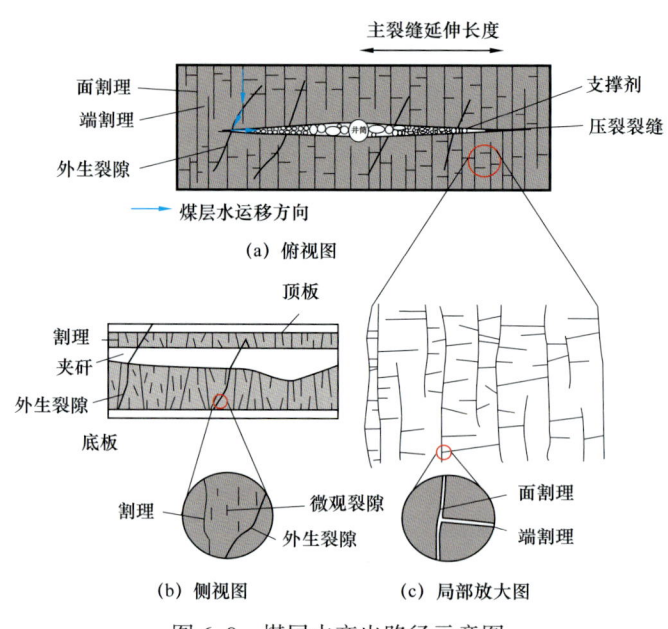

图6-8　煤层水产出路径示意图

2. 煤层水渗流模拟实验

选取沁南东—夏店区块、樊庄—郑庄区块 7 块煤岩样品开展渗流模拟实验，渗流模拟实验分别为原始煤柱渗流实验、大型裂隙渗流实验和压裂裂缝渗流实验。煤岩样品的直径为 50mm，长度为 50～100mm，分别有原始煤柱、模拟铺砂煤柱以及人工造缝处理煤柱，各自形态如图 6-9 所示。

(a) 原始煤柱　　　　(b) 模拟铺砂煤柱　　　　(c) 人工造缝处理煤柱

图 6-9　渗流模拟实验所使用煤柱

加载围压条件下，测试原始煤柱和人工造缝处理煤柱水测渗透率。原始煤柱出口端无水产出，水测渗透率始终为 0（图 6-10）。原始煤柱中的孔—裂隙通道对水相流动贡献微弱。人工造缝处理煤柱水测渗透率介于 1～1.4mD，表明外生裂隙可作为煤层内流体运移的通道，但导流能力弱。在相同的加载条件下，模拟铺砂煤柱水测渗透率介于 80～120mD，渗透率相对较大（图 6-11），煤岩铺砂裂缝导流能力强，在其内部可形成连续稳定流体流动。

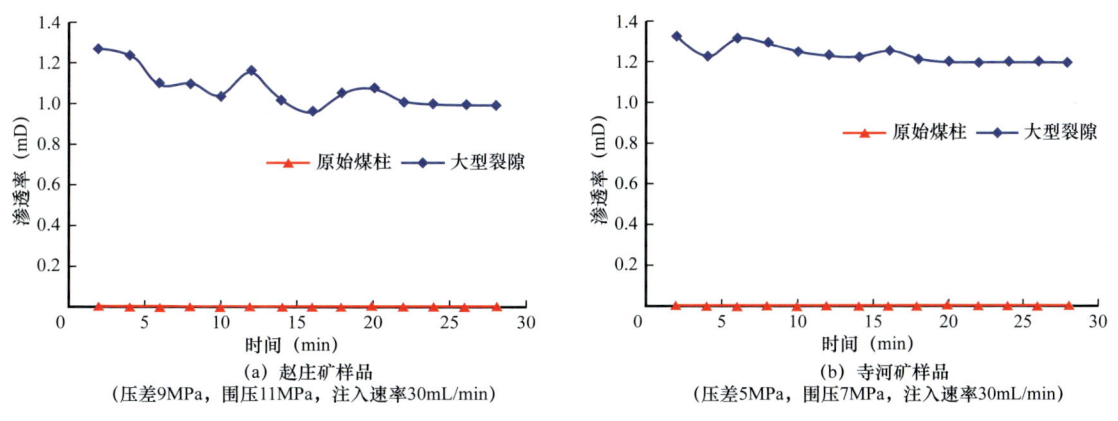

(a) 赵庄矿样品　　　　　　　　　　　　　　(b) 寺河矿样品
（压差9MPa，围压11MPa，注入速率30mL/min）　　（压差5MPa，围压7MPa，注入速率30mL/min）

图 6-10　原始煤柱与人工造缝处理煤柱水测渗透率

3. 煤层水流动形态判识

低温低压条件下，多孔介质中地下水的流型一般为层流和紊流。通过无量纲雷诺数（Re），对比黏性力和惯性力大小，可判断地下水流动形式。通常在 $Re \leqslant 2000$ 时，地下水为层流流动，此时惯性力较小，黏性力占主导；在 $Re > 2000$ 时，地下水为紊流流动，此时惯性力占主导。

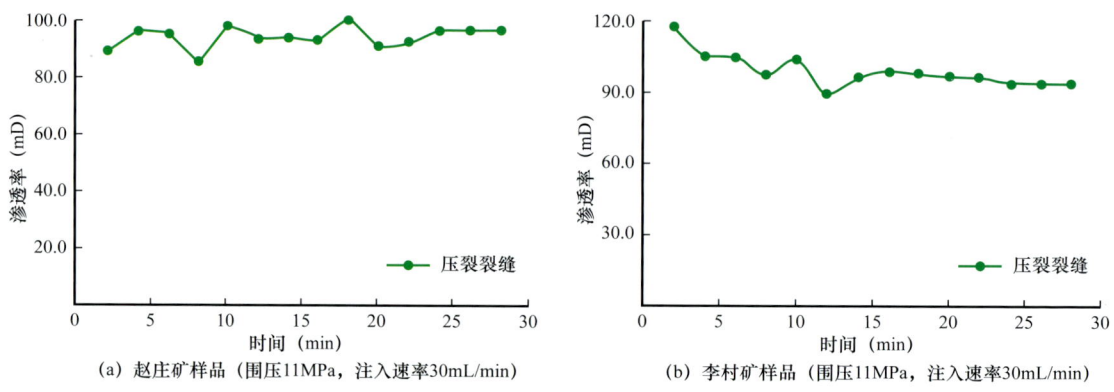

图 6-11 模拟铺砂煤柱水测渗透率

$$Re = \frac{vd\rho}{\mu} = \frac{vd}{\nu} \quad (6-5)$$

式中 Re——雷诺数；

v——流动速度，m/s；

d——孔径水力直径，m；

ρ——流体密度，kg/m³；

μ——流体动力黏度，mPa·s；

ν——流体运动黏度，m²/s。

常温条件下，水的运动黏度近似为 1.0×10^{-6} m²/s，则式（6-5）可变为：

$$Re = 10^6 vd \quad (6-6)$$

在煤储层条件下，流体速率低，流动通道孔径小，由式（6-6）可知，雷诺数会非常小，故流体会层流方式发生流动运移。

二、煤层气运移产出特征

1. 煤层气运移通道

煤岩基质孔—裂隙中赋存一定量的游离气（占气体总量的10%~20%），压裂改造虽难以改造煤岩基质孔—裂隙，但外来流体侵入将改变游离气含量及气、水平衡孔径。外来水侵入煤岩孔隙越严重，对甲烷分子解吸产出抑制作用越明显。改造前后煤层气产出路径未发生变化：（1）微孔（大分子结构孔）和中孔（差异收缩孔）是煤层气的主要储集场所；（2）孔裂隙尺度上，经历微孔（大分子结构孔）—中孔（差异收缩孔和超微裂隙）、大孔（次生气孔和矿物质孔）—显微裂隙—内生裂隙—宏观裂隙—压裂裂缝；（3）宏观方面，甲烷经历三级流动，孔隙—天然裂隙（微观裂隙—宏观裂隙）—压裂裂缝—井筒。

2. 煤岩克氏渗透率

在加载围压条件下，原始煤柱气测渗透率非常低，近乎为零。煤岩内割理系统是煤层气在煤岩流动运移的主要通道，孔隙通道对气测渗透率的贡献微弱，故割理发育面积与其气测渗透率有正相关性。割理系统渗透率对围压敏感，围压增大，煤岩渗透率下降。割理裂隙的宽度、分布范围、贯穿程度以及两两间连通程度等，都是影响气体在其内部运移效率的关键参数；各参数组合方式不同，也一定程度上影响了煤岩气测渗透率对外界条件变化的敏感程度（表6-3）。

表6-3 原始煤柱气测渗透率与割理发育特征统计表

组号	编号	割理面积（mm²）	割理面积百分比（%）	孔隙度（%）	测试压力（MPa）	围压（MPa）	有效应力（MPa）	渗透率（mD）	渗透率降幅（%）
组1	BF3-1-L4	27.58	5.62	6.860	4.8	6.9	2.1	0.03721	81.43
				6.890	3.1	7.6	4.5	0.00691	
	SH3-1-L2	15.11	3.08	5.093	4.8	6.9	2.1	0.00170	15.88
				4.174	3.1	7.6	4.5	0.00143	
组2	BF3-1-V2	14.44	2.94	5.685	4.8	6.9	2.1	0.00090	32.22
				5.411	3.1	7.6	4.5	0.00061	
	SH3-1-V5	13.73	2.80	6.620	4.8	6.9	2.1	0.00043	2.33
				2.343	3.1	7.6	4.5	0.00042	

结合煤层水产出路径认识，煤层气产出路径是从纳米级孔隙经历不同级次孔隙后，进入裂隙之中，又经裂隙系统（内生裂隙、外生裂隙、压裂裂缝），最后进入人工井筒。

3. 煤层气流动形态判识

煤层气的产出会经历多级次不同空间尺度通道。吸附甲烷自煤基质孔内表面脱附后，由于煤基质内通道空间尺度小，主要以扩散方式发生运移，具体扩散方式的判断在第四章第一节已做出论述。当甲烷由煤基质进入裂隙以后，运移方式遵循多孔介质中的流体渗流规律。按照气相分布特征，将裂隙中煤层气的运移分为连续流和不连续流。

三、气、水两相流流动特征

1. 气、水相对渗透率实验

1）宏观裂隙中气—水相对渗透率

如图6-12所示，2组煤样气—水相对渗透率曲线相似（以液相相对渗透率零值作为测试截止点）。等渗点为气相相对渗透率曲线与水相相对渗透率曲线的交点。该点对应的2组煤样水相饱和度（S_w）均大于80%。

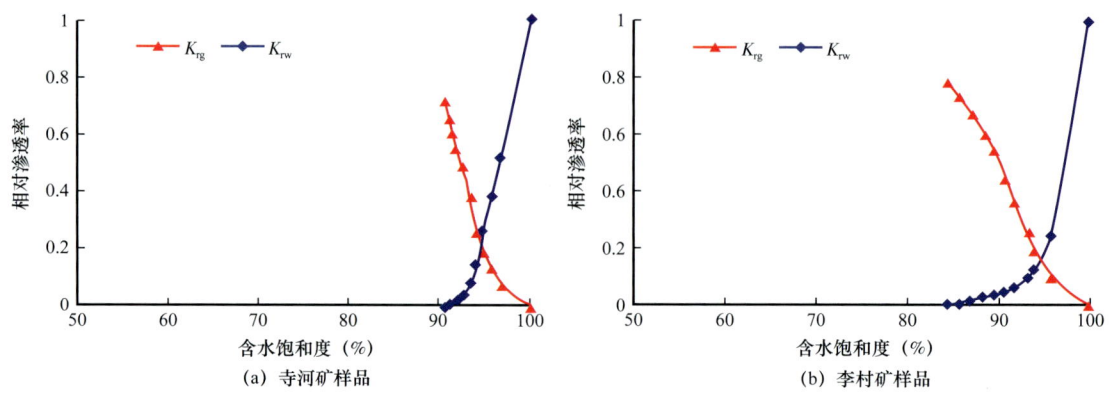

图 6-12 宏观孔—裂隙中气—水相对渗透率曲线

实验原始煤储层宏观裂隙中，水呈饱和态，无游离气存在。此时，S_w=100%，K_{rw}=1，而 S_g=0，K_{rg}=0。随着微观孔—裂隙中煤层气的进入，宏观裂隙中含气饱和度 S_g 逐渐上升，气相相对渗透率 K_{rg} 增加。

当水相饱和度小于残余水饱和度 S_{wi} 时，水将失去连续性，呈分散水泡分布于非润湿相中，或占据孔—裂隙内表面，以"水膜"形式滞留于孔—裂隙中，此时水相相对渗透率 K_{rg}=0，同时，气相占据几乎所有流动通道。煤岩孔—裂隙中水相的分布特征和赋存形式将直接影响非润湿相的有效渗透率。

2) 微裂隙气—水相对渗透率

微观孔—裂隙中气—水相对渗透率曲线，通过渗流物理仿真模拟获得；如图 6-13 所示，仿真模拟过程中以水作为润湿相，分别模拟进行气驱水和水驱气过程，并测量两种条件下气—水相对渗透率。

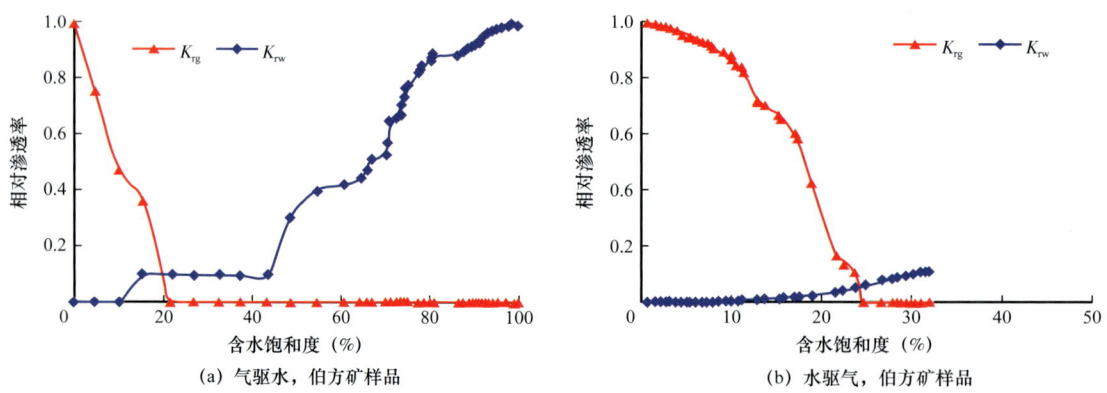

图 6-13 微观孔—裂隙中气—水相对渗透率曲线

（1）气驱水的气—水相对渗透率。

煤层气解吸之后，对孔—裂隙通道中煤层水进行驱替，为气驱水过程，即非润湿相驱替润湿相；所获得相对渗透率为驱替相对渗透率（图 6-13a），可分为单相水流区、气—水同流区、纯气流动区。

当含气饱和度较小时（$S_g < S_{gr} \approx 70\%$），仅有水相流动，气相渗透率均为 0。随煤层水

的排出，微观孔裂隙中含水饱和度 S_w 逐渐降低，水相相对渗透率 K_{rw} 减小；含气饱和度 S_g 逐渐上升，气相相对渗透率 K_{rg} 增加，进入气、水同流期。受煤岩弱亲水性以及煤储层微观孔—裂隙特征影响，气、水同流期狭窄。在水相饱和度降至20%左右，气相饱和度升至80%左右时，开始出现气相连续流动。

（2）水驱气的气—水相对渗透率。

随煤层气大量产出，气量逐渐衰竭，孔—裂隙中气、水驱动关系发生转变，煤层水驱动煤层气流动，如图6-13b所示，同样可分为单相气流区、气—水同流区以及纯水流动区。

当 S_w 很小时（$S_w \leqslant 10\%$），$K_{rw}=0$；而 S_g 近于100%时，K_{rg} 接近于1。随着煤储气量的衰竭（$S_w \geqslant 80\%$），非润湿相煤层气失去宏观流动，气相相对渗透率 $K_{rg}=0$，剩余气体滞留于孔隙内不能被采出。

2. 气、水两相流动形态判识

随着煤层流体的运移，流体产出通道网络中流体气、水流动形态不断发生变化。依次为纯水相、气—水两相、纯气相，基于气—水相对渗透率试验和渗流物理仿真模拟，探讨不同级别裂隙两相流动过程中流态变化。

1）宏观裂隙中气—水流态

宏观裂隙中气—水相对渗透率曲线分为气—水同流区和纯气流动区2个区，不存在单相水流区，这是由于研究区煤岩具有亲水性，游离气初期可分散在煤层水中，以气泡的形式参与流动。随着气相饱和度的增加，逐渐占据了主要流动通道，气相相对渗透率 K_{rg} 迅速增加，水的流动通道逐渐被气所取代，K_{rw} 下降明显。由于煤岩的亲水性，气、水同流区很窄。

排采初期，宏观孔—裂隙中具有水带气的运移特征，随着气相饱和度的升高，逐渐由水带气转变为气驱水，最终过渡至纯气流动期。气—水两相流之间的流态特征的转变对煤层气井排采控制具有重要指导意义。

2）微裂隙中气—水流态

微观裂隙气—水相对渗透率曲线与常规油气储层相似，可分为单相水流区、气—水同流区和纯气流动区3个区。由于煤储层微观裂隙尺度较小，裂隙壁面对煤层水的束缚作用使水运移难度大大增强。当含气饱和度较小时，甲烷气体也难以驱动煤层水流动产出，故气、水流动产出能力均较弱。微裂隙中水主要依靠吸附气体膨胀能量驱替产出，一旦气体产出驱水作用结束，进入纯气流动区，故气、水同流期几乎可以忽略。

随着压力下降，气、水界面不断向水相扩展，游离气体压力降低，促进了吸附气进一步解吸，微裂隙中含气饱和度逐渐升高。此时虽然微裂隙中含气饱和度 S_g 不断升高，但仍为单相水流态。

当含气饱和度 S_g 升高至80%左右，气体突破气、水界面产出，几乎同时气驱水作用结束，水呈残余水膜态存在于裂隙壁面，进入单相气流态。

在气、水产出两相阶段，气、水分布以及两相界面特征发生变化，如图6-14所示，气相逐渐由离散相变为连续相，并占据整个流体流动通道。

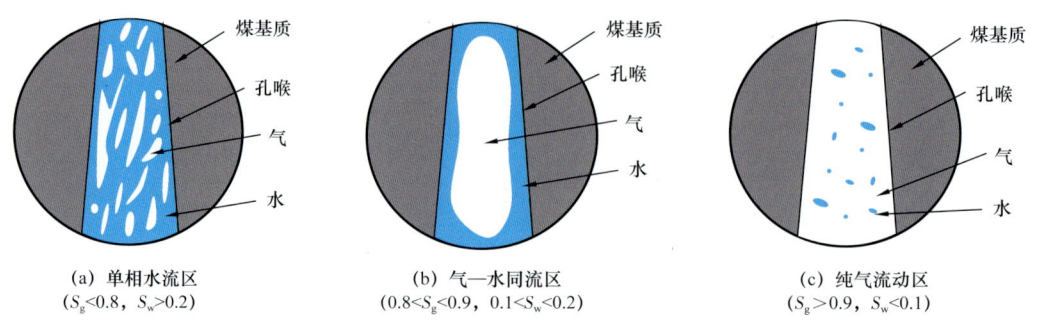

(a) 单相水流区
($S_g<0.8$, $S_w>0.2$)

(b) 气—水同流区
($0.8<S_g<0.9$, $0.1<S_w<0.2$)

(c) 纯气流动区
($S_g>0.9$, $S_w<0.1$)

图 6-14　不同条件下微观裂隙中气、水流态示意图

四、不同气、水赋存模式储层多相流体渗流产出过程

基于煤储层气、水运移产出通道，通过渗流物理仿真模拟、渗流实验模拟、气—水相对渗透率测试等相关测试分析，确定了高阶煤渗流网络中煤层气和煤层水的运移特征。

1. 气相渗流强的储层

此类储层多处于构造高部位，位于背斜顶部、翼部。煤岩基质裂隙存在较多游离态甲烷分子，含水较少，微裂隙气相渗透率较高。煤岩储层改造后沟通大量基质微裂隙，显示气井产水较低，见气较早，见气后产水进一步降低。侵入模式Ⅰ型、逸散模式Ⅱ型属于此类储层。

2. 水相渗流强的储层

此类储层多处于断层附近、构造边部、水动力活跃区。煤岩基质裂隙游离态甲烷分子含量较低，含水较多，水相渗透率较高。侵入模式Ⅱ型多属于此类储层。

第三节　疏导式排采控制方法

排采管控是煤层气开发中的重要环节，直接影响煤层气井的疏水降压效果及稳产产能。大量生产实践证明排采管控既能使单井产量提高又能极大影响单井产能。煤粉随流体产出、吸附气体产出基质收缩效应都是改善储层渗透性的重要手段。从严格意义上讲排采是煤层气开发中的一项软工程技术，而不仅仅是一种生产手段。一套科学的排采作业制度需要通过对原始储层气、水赋存特征及改造后气、水运移产出规律的研究，精细划分排采控制阶段，同时探讨各管控阶段影响流体产能的影响因素，在此基础上建立煤层气井排采作业制度的数学模型，形成高效的疏导式排采控制方法。

一、煤层气井排采控制阶段划分

根据煤层气井产气规律与不同地区煤层的现场排采特点，现有煤层气井排采阶段划分方法较多，分别为三段三点法、四段法、五段三压四点法等。传统的排采阶段划分多针对气井全过程及产出流态变化，本次排采阶段划分是将煤层气井排采控制作为一种工程技术手段，依据储层压力传播及渗透率变化特征，将控制过程分为四个阶段：平衡产水期、解吸提产期、控压稳产期、自然递减期（图 6-15）。

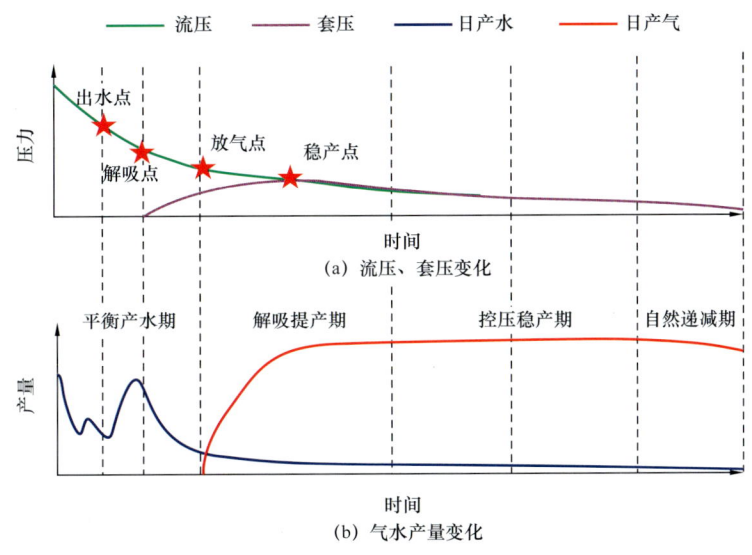

图 6-15　典型煤层气井排采生产曲线及阶段划分

1. 平衡产水期

自煤层气井开井至套管见连续气体结束。此阶段地层水在压差作用下向井筒运移，压降波及范围由井筒至填砂裂隙，由基质外生裂隙至基质微裂隙，最后到达基质孔隙。由于此阶段压力传播孔隙介质渗流特征、压缩系数不断变化，需要不断调整排采制度适应储层供液能力的变化。随动液面持续下降，煤层水的产出，一般持续 50～300 天。此阶段可能会伴有极少量游离气或溶解气产出，吸附气未开始解吸。

2. 解吸提气期

自气井见连续稳定套压至液面降至煤顶，套压与流压持平。排水一段时间后，地层中形成单相水流动状态的压降漏斗。最靠近井筒的储层，开始有少量气体产出，为避免井底流压下降过快所造成的储层伤害，需适当控制产气速率，维持一定的套压。该阶段一般持续十几天至几十天，依然以产水为主。伴随煤层气的解吸，套压逐渐上升，动液面持续下降。

继续产水一段时间后，较大范围内煤储层压力降至解吸压力，开始有大量气体解吸，进入产气量快速上升阶段。随着近井带井底压力不断降低和产气量增加，导压系数不断变小，解吸面积外扩能力变弱。该阶段以产气为主，产水量迅速下降，产气量不断上升，排采制度不变的情况下，产水量、动液面维持在较低水平，套压逐渐稳定。

3. 控压稳产期

经过解吸提产阶段，储层解吸面积基本稳定，含气饱和度不断上升。该阶段以气相控压为主，产气量逐渐趋于稳定。进一步控制井底流压降幅，依靠储层自改善效应，实现煤层气井长期稳产。

4. 自然递减期

随气体不断产出，基质地层压力不断下降，水相渗流压差增大，地层水将发生方向渗吸，逐步侵入产气通道，产气通道减少，产气量开始逐步衰减。

二、煤层气井各排采阶段产能控制因素

1. 压降传播特征对产能的影响

1）不同排采阶段的压降传播特征

目前煤层气井主要通过排水降压方式，使煤层甲烷的赋存环境发生改变，进而产出。所以煤层气井排采时煤层中水能否连续流动产出是煤层甲烷赋存环境改变的前提。煤层气排采过程中，煤储层内流体不断产出，压降漏斗不断加深扩展，降压解吸面积不断扩大。压降波及面积受到煤储层原始渗透率、原始孔—裂隙特征、储层改造效果、气—水赋存特征等多种因素影响。

压裂改造后的煤岩储层，初期排采的主要是井筒内的压裂液，压裂裂缝内压裂液线性流向井筒。随着压裂液采出，井底压力和煤储层压力建立压差，煤层水不断向压裂裂缝内补充，压降在改造区域向远端快速传递。当到达储层改造边界时，由于高阶煤基质渗透率一般极低，水相流动阻力极大，压差小于启动压力，基质裂隙中水不发生流动。故压力波传至改造边界之后，煤储层可以近似看作封闭边界储层。由于无外来能量补充，边界处的压力将随井底流压同步下降。此时储层中仅存在水压传递，不存在气压传递。

排采继续进行，当基质裂隙含气饱和度 S_g 升高至 80% 左右，气体突破气、水界面，煤层气井见气。随着流动通道内含气饱和度逐渐升高，液相流动受到抑制，当宏观裂隙 S_w 降至 80% 左右，水相几乎停止流动，流动通道内流体流型变为纯气相或者气带水。

高煤阶煤储层在无外水补给情况下，在单相水流阶段，改造边界近似为煤层气井降压波及最大边界；当存在外水补给情况时，在压降传播过程中，外来水补给通道会形成定压供给边界，使压降传递难以扩展（图 6-16）。

单相水流阶段压力传播速度可由导压系数 η_w 表示：

$$\eta_w = \frac{K}{\phi \mu C_t} \tag{6-7}$$

式中　K——煤层渗透率，mD；
　　　ϕ——煤层初始孔隙度，%；
　　　μ——煤层水黏度，mPa·s；
　　　C_t——综合压缩因子，MPa^{-1}。

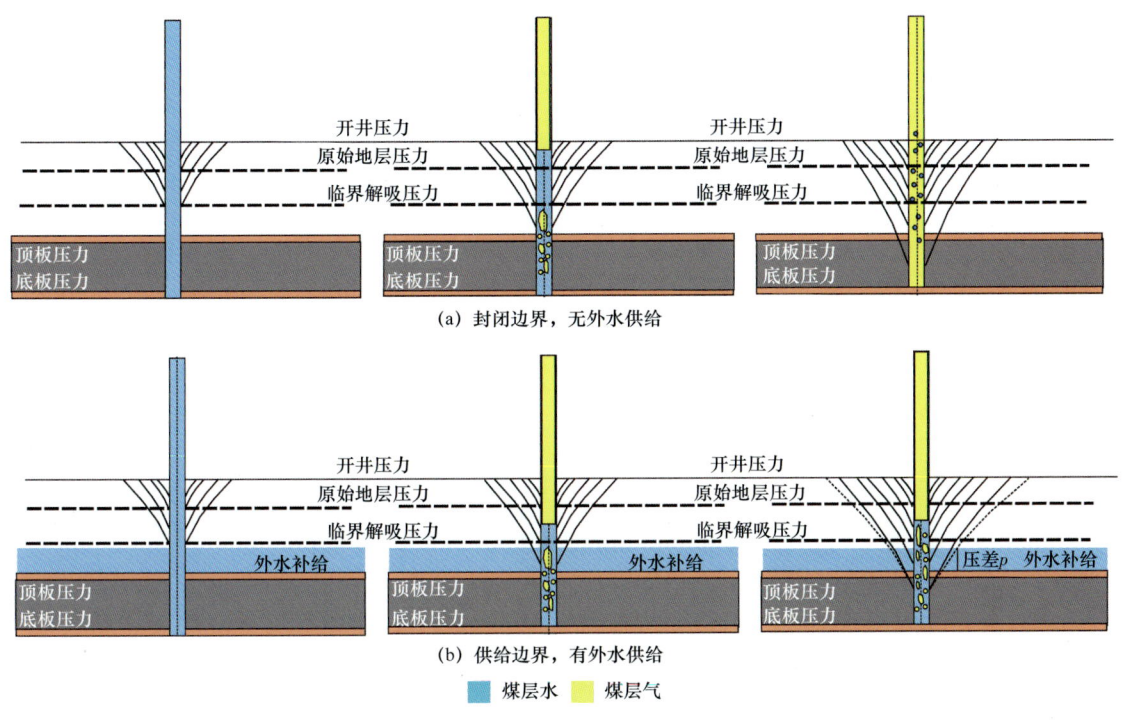

图 6-16 煤储层中压降传递模型

压力传播过程中的井底压降公式为：

$$\Delta p_w = \frac{Q_w \mu_w}{0.543 hK} \ln(2.25 \eta t / r_w) \quad (6-8)$$

式中　Q_w——煤层产水量，m³/d；

　　　h——煤层厚度，m；

　　　K——煤层渗透率，mD；

　　　η——导压系数，cm²/s。

解吸后两相导压系数 η_{gw} 表示为：

$$\eta_{gw} = \frac{\frac{K_w}{\mu_w} + \frac{K_g}{\mu_g}}{\phi(C_t + C_d + C_g)} \quad (6-9)$$

式中　C_d——考虑基质解吸作用的压缩系数；

　　　C_g——气体压缩因子，MPa⁻¹；

　　　K_w——水相渗透率，D；

　　　K_g——气相渗透率，D。

通过式（6-9）可以看出，影响两相压力传播的因素主要为两相流度与考虑气体解吸的综合压缩因子，同时也是气、水两相排采期的主控因素。

对于压力波到达边界后的拟稳态过程，针对无外源水供给情况，在压裂体积、供给半径以及渗透率等参数计算基础上，建立了考虑压裂后封闭改造边界的线性流拟稳态排采模型，依据煤岩压缩系数，改造区内依靠弹性能排水的累计体积 Q_t 为：

$$Q_t = C_t V_f \left(p_0 - \bar{p} \right) \quad (6\text{-}10)$$

考虑低渗边界层效应的渗流公式：

$$Q = \frac{p_0 - p_w}{\dfrac{t}{C_t V_f} + \dfrac{\mu r_e}{12 x_f h K_{f0} \left[\left(1 - e^{-c\nabla p}\right)\left(1 - C_f \Delta p_f\right) \right]^3}} \quad (6\text{-}11)$$

式中　Q——产水量，m^3/d；

　　　t——排采时间，d；

　　　p_0——原始煤层压力，MPa；

　　　p_w——井底流压，MPa；

　　　$\bar{p}$——排采压裂改造区内的平均压力，MPa；

　　　K_{f0}——不考虑边界效应的煤岩裂隙渗透率，D；

　　　Δp_f——裂缝驱替压差，MPa；

　　　V_f——压裂改造体积，m^3。

在拟稳态线性流过程中，水在各渗流截面的流速并不相等，近井地带较远井区域压力低、排水量更多，该阶段加大产水量可导致过早解吸以及微型裂缝的闭合，影响改造区整体的压降效果；而过低的驱替压差对气、水的产能具有负面作用，当流压降幅过慢，边界负滑移占主要因素时，微型裂隙渗透率将降低，从而导致储层低效降压，影响了解吸气通道的疏导性与气、水产能。

在单相气流阶段，随着吸附气体不断产出，煤岩弹性自调节作用，基质渗透性改善，促进压降漏斗向基质缓慢继续传播，这是煤层气实现长期稳产的基础。

2）压力传播对排采的影响

改造后的煤储层是一个多级渗透率渗流网络，单相水流阶段随着井底压力的降低，压力波以较快速度最先在宏观裂缝中传播，传至边界后进入拟稳态过程，随压力继续降低，压力波向微裂隙中传播，宜适当减缓流压降幅；提产阶段日产气量不断上升，随气相饱和度不断增加，两相导压系数变小，为避免压降漏斗加深过快，使压力波逐渐外扩，应控制放气速度，减缓流压降幅，避免造成储层气锁效应，影响气、水的产出；稳产阶段储层中以游离气相为主，压力传播速度慢，保持小流压降幅排采以维持产气稳定。

2. 动态渗透率变化对产能的影响

1）煤储层动态渗透率影响因素

不同形式的渗流阻力影响气、水运移，进而影响气、水渗透率。从基质孔隙到割理裂隙再到人工裂缝，有效应力导致裂缝闭合，气、水相渗影响流态稳定，启动压力形成滞后效应。由于煤岩本身的演化程度、裂隙发育、煤岩结构特征、应力状态等具有差异性，排采制度对渗透率的影响表现为压力和流速，目前普遍认为，渗透率 K 随着有效应力增加呈负指数下降规律：

$$K=K_0\sigma_e^{-c} \tag{6-12}$$

式中　σ_e——平均有效应力，MPa；

　　　K_0——绝对渗透率；

　　　c——实验拟合参数。

气、水流速对动态渗透率产生影响，与压力梯度的指数关系为：

$$v=a\mathrm{e}^{-b\sigma_e}\nabla p \tag{6-13}$$

式中　v——渗流速度，m/s；

　　　∇p——压力梯度，MPa/m；

　　　a，b——煤岩实验参数。

当有效应力相同时，压力梯度越大，流速越快，气、水产能越高。滑脱和基质收缩效应在产气期对渗透率影响较大，考虑气体滑脱效应公式为：

$$K = K_0\left(1+\frac{n}{p}\right) \tag{6-14}$$

式中　n——克林伯格系数，MPa^{-1}。

$$n = \frac{16s\mu}{w}\sqrt{\frac{2RT}{\pi M}} \tag{6-15}$$

式中　s——常数，多取0.9；

　　　R——普适常数，MPa·m³/（kmol·K）；

　　　M——气体分子量；

　　　T——热力学温度，K。

气相压力越低，滑脱效应越显著。依据煤层裂缝孔隙度和Mckee渗透率模型，考虑基质收缩效应表示为：

$$K = K_0\left\{1+\frac{1-\phi_{f0}}{\phi_{f0}}\left[\begin{array}{l}\dfrac{(1+v)(1-2v)}{E(1-v)}(p_f-p_{f0})\\-\dfrac{2}{3}\dfrac{1-2v}{1-v}\left(\dfrac{\varepsilon_L p_f}{p_f+p_L}-\dfrac{\varepsilon_L p_c}{p_c+p_L}\right)\end{array}\right]\right\}^3 \tag{6-16}$$

式中　ϕ_{f0}——裂缝孔隙度，%；

　　　p_{f0}——原始裂缝孔隙压力，MPa；

　　　p_f——当前裂缝孔隙压力，MPa；

　　　p_c——临界解吸压力，MPa；

　　　p_L——兰氏压力，MPa；

　　　E——弹性模量，MPa；

　　　v——泊松比。

由式（6-16）看出，解吸后基质收缩效应与裂缝孔隙度、煤岩力学性质、吸附能力及孔隙压力有关，孔隙压力降低越大，基质收缩效应越明显。

气、水两相流阶段的有效渗透率为两相渗透率之和：

$$K=K_0(K_{rg}+K_{rw}) \quad (6-17)$$

综合式（6-12）到式（6-17），得到考虑多因素耦合影响的渗透率近似表达式为：

$$K = K_0\left(K_{rg} + K_{rw}\right)b^c\left(1 + \frac{cV}{a\nabla p}\right)\left(1 + \frac{16s\mu}{w\overline{p}}\sqrt{\frac{2RT}{\pi M}}\right)$$

$$\left\{1 + \frac{3(1-\phi_{f0})}{\phi_{f0}}\left[\frac{(1+\nu)(1-2\nu)}{E(1-\nu)}(p_f - p_{f0}) - \frac{2}{3}\frac{1-2\nu}{1-\nu}\left(\frac{\varepsilon_L p_f}{p_f + p_L} - \frac{\varepsilon_L p_c}{p_c + p_L}\right)\right]\right\} \quad (6-18)$$

由式（6-18）可以看出，不同排采阶段中的煤层动态渗透率受两相相对渗透率、排采压差、排采速度、不同级别孔裂隙中的气相压力、裂缝孔隙度及解吸压力等多种因素综合影响，需要明确不同排采过程中的气、水流动状态与渗透率主控因素，不断优化控制指标，才能实现流体的有效疏导。

2）储层敏感性对排采的影响

煤储层中不同尺度互相连通的孔—裂隙是煤层气与煤层水运移产出的主要通道，其导流能力不仅对流体压力变化敏感，而且还常因不连续相（煤粉、气泡）堵塞而受损。根据不同类型储层原始应力大小，通过设计合理排采压降与流速，控制各级裂隙渗透率，保证气、水产出最优化。

当压降在压裂裂隙传播过程中增大压力梯度，提高流体运移速率，一方面可以将煤粉从压裂砂的孔隙中冲开、带走，疏通铺砂压裂裂缝；另一方面也可将堵塞孔—裂隙喉道的气泡或煤粉团聚冲破。此阶段应在摸清区域煤储层孔—裂隙特征、储层流压条件、煤粉形貌和分布等因素之后，以提高裂缝导流能力为核心，保护各级流动通道。

当压降传播至基质裂隙，作用于基质孔—裂隙上的有效应力相应增大。天然裂隙尤其是微小裂隙渗透率会发生急剧衰减，进而导致煤基质中煤层气富集空间与煤储层中流体运移通道间联系中断，致使煤层气井产量受限。割理渗透率越大，对应力变化越敏感，对于深埋煤储层，当有效应力大于6MPa时，割理渗透率本身渗透率就很低，随有效应力的降低，渗透率下降程度变缓，解吸前可以加大压差，适当提高水相流速，促进解吸气产出；对于浅煤层，当有效应力小于6MPa时，随有效应力降低，割理渗透率快速下降，解吸前应缓慢降低流压降幅，减少压敏对微小割理渗透率伤害。

3）气、水相对渗透率对排采的影响

宏观裂缝和微观裂隙的气、水相渗界限不同，保持宏观裂缝水相流动要求S_w为80%以上，而微观裂隙气相流动要求S_g达到80%以上，因此，在排采过程中既要维持宏观裂缝中水相采出，不断扩大降压面积，又要保证微裂隙内较高的气相饱和度。煤储层宏观裂隙系统中前期为水带气的过程，随气相饱和度升高，煤储层裂隙系统中逐渐转变为气驱水的过程，气、水饱和度维持在相对稳定的范围内，是气水连续产出的关键；煤储层裂隙系统煤层水的运移产出，是煤层降压解吸面积扩大的先决条件。

由于气、水相渗两相流动存在干扰，排采过程中要保持最佳气水比，维持气、水连续流动，见套压后，改造范围内进入气、水两相同流阶段，初期含气饱和度较低，气相渗透率较低，仍以水相导压为主，随水相渗透率不断降低，水相渗流速度变慢。控制产气阶段储层含气饱和度的上升速度，保证水相连续稳定产出，是该阶段的控制要点。随着储层压力的降低，煤储层气水渗流逐渐到达等流度点及等渗点，等流度点可近似看作压降范围内气、水流速相等点，等流度点后总流度曲线不断增大，综合导压系数不断变小，气水两相同时导压，此时应保持一定套压，地下气水稳定饱和度；到达等渗点后，以气相导压为主，应从液面控制转换至套压控制。由于气、水黏度比较大，两相期很快过渡到等流度点（图6-17）。

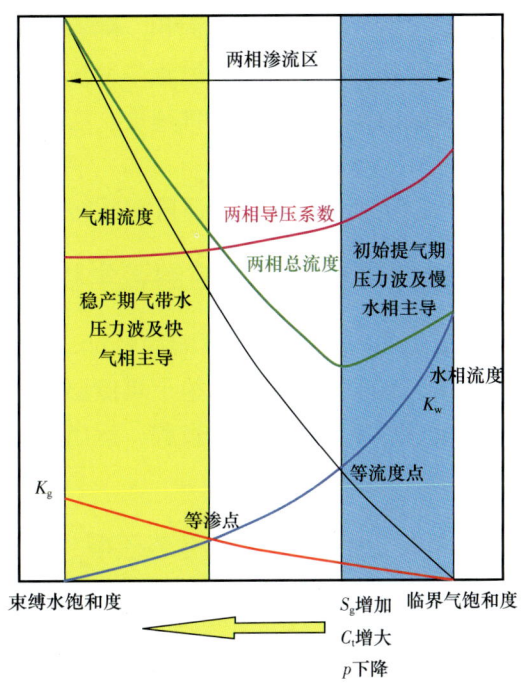

图6-17 煤层气井排采过程气、水相渗图

达产期产气量逐渐上升，为不稳定渗流过程。两相流动过程中井口气水体积比反映了储层气、水相渗比，是排采调控的依据，如图6-18所示。随着解吸面积逐渐扩大，储层中气相渗透率上升，水相渗透率下降，储层表现为有效应力与基质收缩正负效应共同作用。

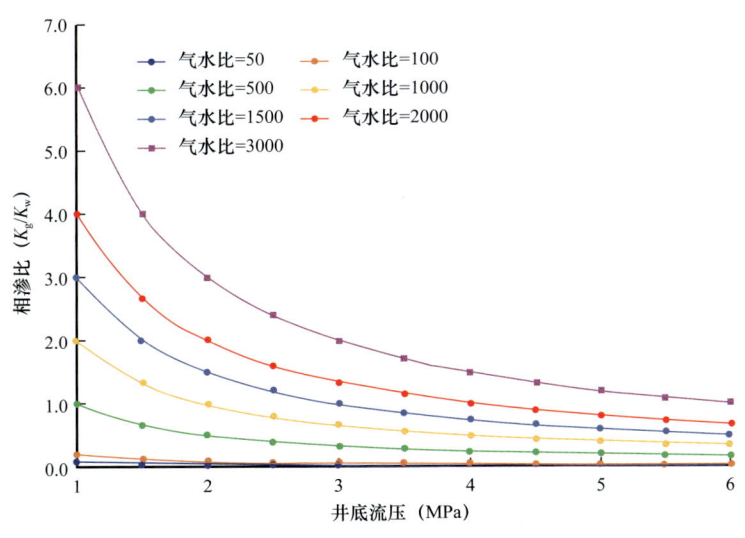

图6-18 不同储层流体压力下的气、水相渗比

解吸后的提产期和稳产期贯穿煤层气两相流期，两个阶段的排采管控方式不同，但气、水渗流机理相同。根据不稳定渗流理论，气、水同流期，过低的流压降幅会抑制水的进一步产出。在达到等流度点后放气并保留一定套压，能实现稳定地层压力情况下气、水

- 217 -

良性产出，进一步扩大解吸面积。随着流压降低，气、水相渗比不断增加，流压向套压控制转变。两相期气、水渗流过程中的流、套压控制转换是两相流的关键控制点，在保持储层渗透率的前提下，控制放气速度，实现气、水采出最优化，是气、水同流期的关键控制指标。

稳产期产气量稳定，流压降幅减缓，产气速度不变。

三、煤层气井排采控制数学模型

利用压裂—排采全过程响应特征，首先基于封闭储层拟稳态物理模型，建立煤储层流体的渗流数学模型，其描述了煤储层流体的流动状态和流动过程，并考虑各排采阶段煤储层相对渗透率的动态变化过程，运用微分法计算两相期排采关键控制指标，同时考虑解吸—渗流平衡原理。

1. 单相流封闭储层拟稳态模型

对于不稳定早期压降规律，在定产水量排采时，井底流压与$\lg t$呈线性关系，依据现场排采情况，排水期开始后，井底流压与时间呈线性关系，与$\lg t$线性关系不明显，开始排采阶段未出现上翘段，说明单相水流期排水降压时的压力波传导较快进入拟稳定期，如图6-19所示。利用煤层气井解吸前定产水进行生产测得的井底压力随时间变化资料返求地层导压系数、流动系数等。得拟稳态期井底压力$p_{\text{wf}}(t)$随时间变化规律：

$$p_{\text{wf}}(t) = p_{\text{i}} - \frac{q_{\text{w1}}\mu_{\text{w}}}{2\pi K_{\text{w}}h}\left(\frac{2\eta_{\text{w}}t}{r_{\text{e}}^2} + \ln\frac{r_{\text{e}}}{r_{\text{w}}} - \frac{3}{4}\right) \quad (6-19)$$

其中直线斜率m_{w}表示为：

$$m_{\text{w}} = \frac{q_{\text{w1}}}{\phi\pi C_{\text{t}}hr_{\text{e}}^2} \quad (6-20)$$

直线截距D满足：

$$D = p_{\text{i}} - \frac{q_{\text{w1}}\mu_{\text{w}}}{2\pi K_{\text{w1}}h}\left(\ln\frac{r_{\text{e}}}{r_{\text{w}}} - \frac{3}{4}\right) \quad (6-21)$$

供给半径表示为：

$$r_{\text{e}} = \sqrt{\frac{q_{\text{w1}}}{\phi\pi hmC_{\text{t}}}} \quad (6-22)$$

单相水流期导压系数表示为：

$$\eta_{\text{w}} = \frac{mr_{\text{e}}^2}{2(p_{\text{i}}-D)}\left(\ln\frac{r_{\text{e}}}{r_{\text{w}}} - \frac{3}{4}\right) \quad (6-23)$$

可根据直线斜率和截距计算改造半径和导压系数。

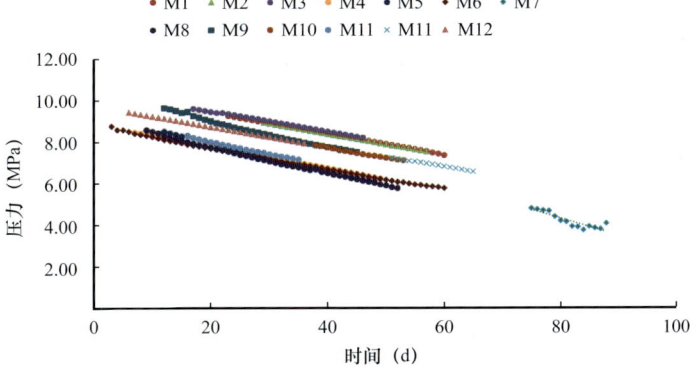

图 6-19 煤层气井单相水流期流压—时间关系曲线

2. 气—水两相期微分控制模型

1）提产阶段

气、水两相期的改造区可分为 2 个区域：解吸内气—水产出区和未解吸单相水流区，每个渗流截面流量相同，提产阶段可看为提气速度稳定的变产量过程，将式（6-19）微分得：

$$-\frac{\mathrm{d}p_\mathrm{w}}{\mathrm{d}t} = \frac{p_\mathrm{sc}\mu_\mathrm{g}}{\pi K_\mathrm{g} h(p_\mathrm{d}+p_\mathrm{w})}\left(\frac{2\eta t}{r_\mathrm{e}^2}+\ln\frac{r_\mathrm{e}}{x_\mathrm{f}}-\frac{3}{4}\right)\\ \frac{\mathrm{d}Q_\mathrm{g}}{\mathrm{d}t}+\frac{2Q_\mathrm{g}p_\mathrm{sc}\mu_\mathrm{g}}{\pi K_\mathrm{g} h r_\mathrm{e}^2(p_\mathrm{d}+p_\mathrm{w})}\left(\eta+t\frac{\mathrm{d}\eta}{\mathrm{d}t}\right) \quad （6-24）$$

式中　$-\dfrac{\mathrm{d}p_\mathrm{w}}{\mathrm{d}t}$——流压降幅，0.1MPa/s；

　　　$\dfrac{\mathrm{d}\eta}{\mathrm{d}t}$——解吸导压系数随时间的变化量，cm^2/s^2；

　　　Q_g——气体流量，cm^3/s；

　　　$\dfrac{\mathrm{d}Q_\mathrm{g}}{\mathrm{d}t}$——气体流量变化率，cm^3/s^2；

　　　K_g——气相渗透率，D；

　　　p_d——解吸压力，MPa；

　　　B_g——气体体积系数；

　　　p_sc——标况大气压，0.1MPa。

由于达产阶段流压降幅和日提气量基本不随时间 t 变化，可得：

$$\eta\frac{\mathrm{d}Q_\mathrm{g}}{\mathrm{d}t}+Q_\mathrm{g}\frac{\mathrm{d}\eta}{\mathrm{d}t}=0 \quad （6-25）$$

进一步得到两相导压系数 η_gw：

$$\eta_\mathrm{gw}=\eta_\mathrm{w}\frac{1}{Q_\mathrm{g}} \quad （6-26）$$

2）稳产阶段

稳产阶段是定产气量生产过程，可作为提产阶段的特例，日产气量稳定有：

$$\frac{dQ_g}{dt}=0 \tag{6-27}$$

斜率 m_{gw} 表示为：

$$m_{gw}=-\frac{dp_w}{dt}=\frac{2\overline{Q}_g p_{sc}\mu_g}{\pi K_g h r_e^2(p_d+p_w)}\eta_g \tag{6-28}$$

通过式（6-28）可知，日产气稳定，导压系数也趋于不变，达产后含气饱和度较高时，气相流度变化较小，表现为流压降幅很缓慢，与实际情况相符。

3. 解吸方程与压力传导平衡关系

考虑储层 Langmuir 等温吸附条件，通过物质平衡原理，建立日产气与解吸面积的关系：

$$p_{大气}Q_g+\frac{dp_{套}}{dt}V_{环}+p_w Q_w=p_{大气}\rho_B h\left(\frac{p_d V_L}{p_L+p_d}-\frac{\overline{p}V_L}{p_L+\overline{p}}\right)\frac{A}{t} \tag{6-29}$$

$$p_{套}=\frac{p_{大气}\rho_B h}{V_{环}}\left(\frac{p_d V_L}{p_L+p_d}-\frac{\overline{p}V_L}{p_L+\overline{p}}\right)\frac{A}{t}-\frac{p_w WGR+p_{大气}}{V_{环}}Q_g \tag{6-30}$$

式中 $p_{大气}$——大气压力，MPa；

$p_{套}$——大气压力，MPa；

p_d——解吸压力，MPa；

ρ_B——煤岩密度，g/cm³；

V_L——兰氏体积，m³/t；

p_L——兰氏压力，MPa；

$V_{环}$——油套环空体积，m³；

A——压力传播面积，m²。

由式（6-30）可知，井筒套压受煤储层吸附能力、临界解吸压力、气水比、解吸面积和产气量综合影响。稳产期控制解吸范围内的平均压力是管控关键，随着排采时间增加，井底流压不断减小，控制流压降幅，使解吸产气与渗流产气匹配，实现整体降压；由解吸能力和井底流压决定气水比调控，提产速度对套压影响敏感，采用减缓流压降幅，小幅提产，避免提气过快导致解吸气供给不足，套压下降。

四、煤层气井排采控制方法

1. 控制思路

通过对沁南盆地不同储层类型排采实践，形成了疏导式排采控制思路，以流压管控为核心，控制流体流入井筒动态，等流度点后保留一定套压的控压方式，优化导压系数扩大解吸面积；减缓基质裂隙降压幅度，实现储层自改善，持续稳产。

2. 控制原则

平衡产水期：利用改造区域压裂裂隙弹性闭合作用形成压降漏斗，实现微裂隙气驱水，压降应遵循快—慢—缓的原则。快排用于完成高于储层压力的压裂液快速排出，慢排过程应避免压敏和煤粉速敏效应，缓排要使微裂隙内解吸气弹性驱水。

解吸提产期：此阶段气、水同步产出，加深扩大压降漏斗。低套压放气，控制放气速度，继续维持水相导压系数，不断扩大解吸面积。达到等渗点后气、水流态转换，过渡至气相导压。

控压稳产期：减小流压降幅，采用小幅多频提产原则，促进气体持续产出（表6-4）。

表6-4 煤层气井排采控制原则

阶段	控制原则	排采状况
平衡产水	快速稳定降压≥0.1MPa/d；改造区域压力波传导，稳定、连续降压0.05～0.10MPa/d	产出液为残留压裂液和煤层孔隙水，煤层补给速度慢，产水自然下降，累产水量反应压降面积
解吸提产	低套压放气，液面控制压力传导，维持储层稳定的含气饱和度，降压0.01～0.03MPa/d	煤岩解吸，解吸气不断运移至井筒，套压上升，地层含气饱和度提高；放气过程控制套压速率，防止速率过快引起局部微裂隙发生闭合；控制放气速率，防止流速过快粉灰堵塞地层
控压稳产	流态转换，气相导压，继续扩大解吸面积，降压≤0.005MPa/d	煤岩微裂隙网络扩张，增大基质解吸速率，气体滑脱增大了解吸气向割理、裂隙运移速率，地层供气能力增强，套压、气量稳定
自然递减	控压放气，监测液面，防止液面回升	维持储层气体稳定产出通道

3. 不同井型排采控制模式

基于不同储层原始气、水赋存和改造条件，形成了与气、水产出特征相适应的高效排采控制模式，按照不同井型将排采模式划分为直斜井型、水平井型及分层合采井型。

直斜井依据气、水赋存模式将排采类型划分为逸散模式区排采控制模型（图6-20）、侵入模式区排采控制模型（图6-21）。

（1）逸散模式区排采控制模型（图6-20）：储层压力系数较低，游离气含量较高，气相渗流强。平衡产水期减缓流压降幅，促进改造区域整体降压；见气后由于储层含气饱和度高产气上升较快，低套压放气，维持水相连续，解吸提产期应保持一定动液面，使产气套压同步上升；控压稳产期采取小幅多频的形式继续提产。此类井气相控压阶段基质渗透性改善明显，气井产量仍会明显上升。同时由于储层含水率极低，单井稳产期一般较长，可达10a以上，自然递减期递减率较小。

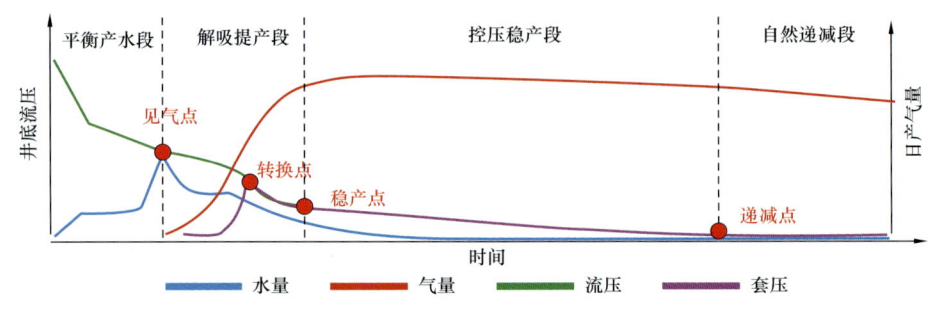

图 6-20　煤层气直斜井逸散模式排采阶段划分示意图

（2）侵入模式区排采控制模型（图 6-21）：储层压力系数正常，游离气含量较低，水相渗流强。平衡产水期采取较高流压降幅，快速建立压降漏斗；见气后由于储层含气饱和度上升较慢，憋套压抑制气体快速产出提升储层含气饱和度，维持气体连续相。解吸提产期应继续扩大产水，保持较高套压，控制放气速度，防止储层解吸区域发生反向渗吸；控压稳产期采取小幅多频的形式维持稳产。此类井基质渗透率改善较弱，后期产量基本稳定。由于此类储层一般水相渗流较强，随储层压力降低，地层水会逐步侵入产气通道，自然递减期递减率较大。

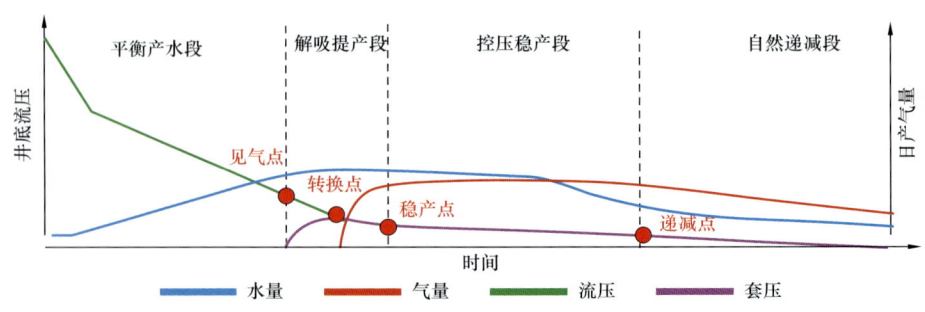

图 6-21　煤层气直斜井侵入模式排采阶段划分示意图

（3）水平井型（图 6-22）：由于水平井改造后渗流面积通常较大，井筒内气、水分异效应明显，气、水流动干扰作用小。解吸提产期应采取低套压放气方式，控制流压降幅，减缓提产速度，维持套压产气同步上升。地层气、水产出达等渗点转换至套压控制，依靠储层自改善继续提产。水平井提产期较长，稳产产量较高。稳产期进一步控制流压降幅，保持水平井筒气、水层流。随储层压力降低，储层中部分产气通道发生反向渗吸，单井进入自然递减期，本阶段注意监测流压，防止井筒水量忽然上升，侵入储层。

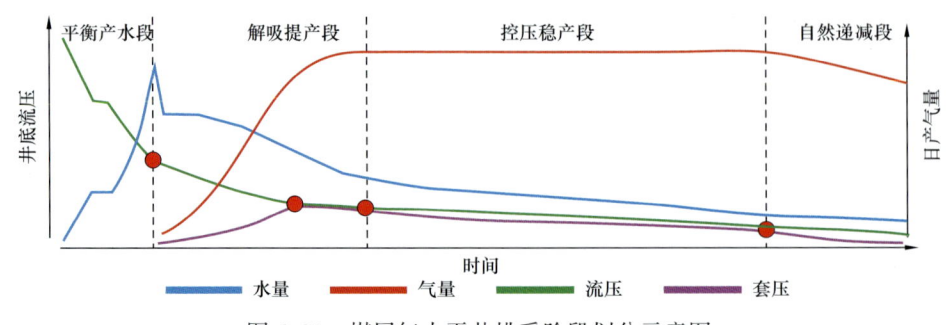

图 6-22　煤层气水平井排采阶段划分示意图

（4）对于双层合采井双层解吸情况，提产期应提高放气速度，套压不应高于上部煤层解吸压力；上部煤层进行流套压转换后采用定套压排采方式，先释放下部煤层产能。

4. 煤层气井排采方案设计

煤层气井排采方案设计过程中应遵循沟通缝网、控制合理流速、使压差与渗流通道相匹配、提高后期产气量、有效建立流体动能的原则。

（1）落实单井基本地质情况：明确其基本构造特征与改造工艺参数，包括钻完井埋深情况、钻遇煤层情况、水平井段长度、水平井眼方位和下倾高差、压裂情况、闭合压力大小、投产方式、排采时间等。

（2）设计并预测各项排采参数：依据储层吸附能力及邻井排采情况预测解吸压力，计算储层单位涌水量，分阶段设计流压降幅、日产水量、日产气量、套压大小等。对各阶段内的累计产水量、累计产气量、总降压等情况，进行总体分析评价。

（3）排采后期问题分析与组织管理：完成排采过程中的煤粉含量描述、泵况及排采中的其他异常变化，对气、水流量进行实时监测并进行工作制度调整。

第七章 开发方式的优化

煤层气的地面开发是一项以获得地下煤层气为目的的综合系统工程，涉及气藏工程、钻压采工程、地面工程、经济评价等方面，以"单井产量最大化、产能建设最优化、生产管理高效化、地面建设简单化"为核心目标。早期所采用的类比地质条件，借鉴其他区块成功开发经验办法，现今已被实践证明无法实现煤层气的大面积高效开发。煤储层物性与力学性质，内部不同尺度孔—裂隙结构与发育特征以及强非均质性等固有特性与常规砂岩或碳酸盐岩储层相比差异较大，井型、井网和井距的选择，压裂增产改造工程的设计，排采生产的设备与工艺都需进行合理的优化和升级，地面集输管网和集气站的部署更是如此。在疏导式开发理论指导下，精细刻画局部微幅构造，基于煤体结构、裂隙、含气量、地下水动力场和地应力场的平面展布，研发建立具有煤层气特色的主体开发技术和配套工艺，是提高不同煤层气开发区块整体经济效益的重要保障。

第一节 开发设计优化

煤储层的有机特性和煤层气降压开采产出机理的特殊性决定了煤层气的开发方案设计不同于常规油气藏，需要充分考虑储层地质特点及煤层气排采特征。

由于煤储层有机质碳含量大，导致煤储层与常规砂岩储层相比，具有可压缩性。高煤阶煤储层渗透性较差，但由于煤岩泊松比高、杨氏弹性模量低的特性，使得煤岩难以造长缝，采用常规的方式压裂改造效果较差。煤层气的开发过程是通过降压解吸—渗流来实现，压力及流体的控制对煤层气而言至关重要；因此，高煤阶煤层气开发的核心理念为"疏导"的方式；即基于"疏通"运移通道，"引导"液体和煤粉快速排出，降低气体渗流阻力的方式。

以"控制储量最大最优化、采气速度最大化、经济效益最优化"为目标，进行开发优化设计，主要包括开发井型的优选、井网井距的配置优化、水平井段长度的优化、压裂的优化设计及产能的综合评价。

一、井型优选

煤层气地面开发井型主要包括直井/定向井、筛管水平井、套管压裂水平井、鱼骨刺水平井。在开发方案编制过程中，井型的选择主要考虑地质条件、地质适应性、井网及地面条件等因素。

1. 直井/定向井

该井型采用套管完井—水力压裂—排水采气的方式，其主要优点为布井灵活、单井投资低、排采技术成熟，不适合钻水平井的区域可以通过钻直井控制。直井/定向井由于压裂改造范围有限，适合部署于含气富集、埋深浅、储层渗透性好、煤体结构完整的Ⅰ类有利区。

2. 单支水平井

该井型采用筛管完井或套管完井分段压裂。主要优点是井场占地面积较少，在煤层侧钻水平井，便于绕过山地、林地、建筑物等不利地表，有利于环境保护，下入筛管或套管后井眼支撑能力强，井眼稳定，且方便后期修井作业，有利于煤层气排采。筛管水平井适用于裂缝发育的Ⅱ类储层，可实现沟通疏导天然裂缝，完成多个裂缝发育储层串接，提高资源的动用程度。套管压裂水平井适合于低渗透率、应力集中区，通过压裂改造实现增渗，提高开发效果。

1）筛管水平井

采用二开井身结构，设计主支1个，设计煤层进尺1000m；煤层段下入10cm×25cm筛管，在沁水盆地郑庄—樊庄区块采用该井型，测算单井投资400万元左右，井控面积为0.1km^2，在高渗储层实施，开发效果好。

在褶曲发育区，煤体结构因局部应力作用容易形成碎裂煤，煤体较疏松、割理裂缝相对发育。在压裂施工曲线上反应为破裂压力不明显或破裂点延迟，破裂后前置液和加砂初期施工压裂相对平稳，继续加砂后，施工压力上升且高于破裂压力，出现波动等现象。这主要是由于煤岩天然裂缝相对发育，导致压裂液沿多裂缝延伸，在井筒周围形成了多条支缝，受支缝分压影响，形成的主缝较短；由于支缝宽度小、裂缝壁面摩擦力较大，裂缝扩展的同时在横向上相互挤压，导致施工压力升高；裂缝在相互挤压的同时，易发生转向，转向后支撑剂运移受阻导致支缝效果差，影响压裂效果，使得直井开发适应性较差。针对该类型储层，采用筛管水平井开发，可实现水平井主支与天然裂缝的有效沟通，提高了产气效果。目前在沁水盆地郑庄—樊庄区块实施的筛管水平井平均单井日产气量可达到4000~5000m^3，与邻井直井相比提高了5倍左右。

2）套管压裂水平井

采用二开井身结构，设计主支1个，煤层进尺1000m以上，控制面积为0.2~0.3km^2，全井段采用套管完井，完井后煤层段射孔压裂，单井测算投资约600万元，可实现低渗储层高效开发。

与直井相比，套管压裂可控水平井有四大优势。

（1）沟通、联动更多裂隙形成缝网，为流体流动提供有利通道。通过水平井眼能串接更多优势裂缝，通过人工改造后实现天然割理裂隙与人工缝网的沟通、联动，使流体经各级缝网通道流向井筒，有效提高单井产气量（图7-1）。

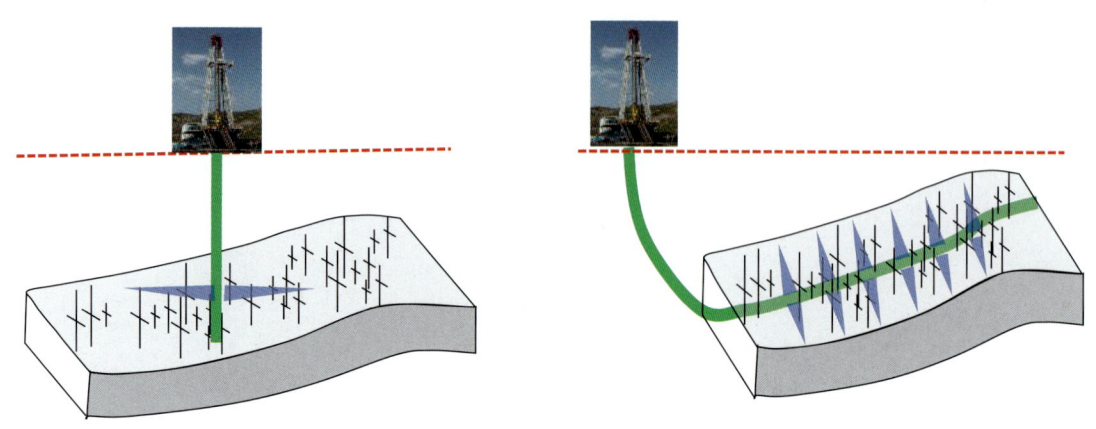

图 7-1 直井与"L"形套管压裂水平井对比

（2）水平井改变近井筒的渗流模式，更利于气体产出。直井开采中，近井筒的渗流为平面径向流，渗流阻力较大，而水平井井筒附近由平面径向流转换为线性流，渗流阻力减小，利于气体流动产出。

（3）有效解决储层非均质性问题，降低开发风险。由于高煤阶煤储层非均质性强，微小断层发育，煤体结构变化快，且目前对于微小断层和构造煤的精细识别比较困难，直井很难规避微小断层和构造煤。采用直井开发如果钻遇这些不利区，压裂改造困难，导致产气量低，风险大。

采用水平井可以灵活设计射孔位置，避免小断层和小陷落柱的影响，风险小，而且水平井眼可以串接多个原生煤发育区，根据气测和伽马值优选原生煤压裂，改造效果好（图 7-2）。

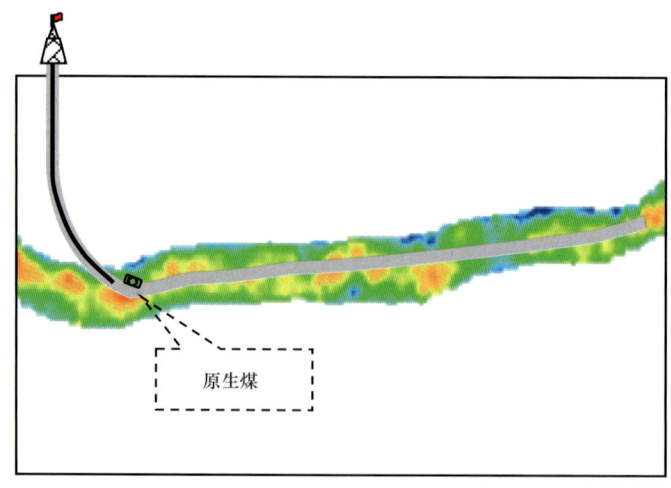

图 7-2 "L"形水平井轨迹图

沁水盆地马必东区块钻遇构造煤为主的直井，平均单井日产气量小于 $600m^3$，采用"L"形套管压裂水平井，平均单井日产气量达到 $10000m^3$。樊庄区块樊 64 平 3-1L 井，虽然钻遇了多个构造复杂区、小断层，经过射孔段、压裂段的优选改造，目前日产气达 $10000m^3$ 以上。郑庄中东部早期采用直井开发，低产低效，平均单井日产气量仅 $550m^3$，

2018年开始在该区开展"L"形套管压裂水平井试验，目前已达产的9口水平井，稳产期平均单井日产气量为8000m³，实现了低产低效区的产量突破。

（4）具有更好的经济效益，实现煤层气效益开发。通过对沁水盆地近两年完钻的"L"形套管压裂水平井进行经济评价，"L"形套管压裂水平井的单井投资是直井的3倍，而产气量是直井的10倍以上，经济效益较好，该井型可以有效解决煤层气井产量低、效益差的问题，实现高煤阶煤储层的效益开发。

3）鱼骨刺水平井

设计主支1个，水平段总长1000m以上，一般分支6个，分支长度为250m左右，控制面积为0.35km²，主支采用钢筛管完井，分支采用PE筛管完井，投资约600万元，具有与煤层接触面积大、单井产量高的特点。目前在郑庄东部实施的鱼骨刺水平井稳产期平均单井产量为5100m³，有效地提高了单井产量。与"L"形筛管水平井相比，鱼骨状水平井井控面积大，单井控制储量高；另外，与"L"形套管压裂水平井相比，鱼骨状水平井通过井眼连通天然裂缝系统，不易受压裂液伤害，裂缝不易闭合，稳产时间长。

二、井网、井距优化

煤层气井单井产能低、生产周期长，要达到经济开发要求并提高采收率，井网优化与部署是煤层气开发方案的重要组成部分，合理的井网布置对有效提高煤储层压降速率、解吸速率、增加解吸量、大幅度提高煤层气井产量、降低开发成本都具有重要的意义。目前对于井网优化的研究主要包括井网布置样式、方位、最佳井距的选择。

1. 井网方位

井网方位的确定通常依赖于人工裂缝方位和主导天然裂缝方位。通常沿裂缝方向煤储层孔渗性相对较好，导流能力较强、压力传递速度较快。煤层中的天然裂隙是影响煤层渗透性的重要因素，因此煤中裂隙的主要延伸方向往往是渗透性较好的方向，人工压裂裂缝可以改善天然裂缝，使其更好沟通，压裂裂缝主导方位多沿垂直于现今最小主应力方向延伸。

因此，对于直井井网，一般将井网的长边方向与天然裂隙主导方向或人工压裂裂缝方向平行。对于水平井井网，水平段垂直于最大水平主应力方向，可以最大限度地提高单井控制储量，充分利用煤储层发育的微裂隙系统，形成疏导式开发，提高煤层气产量。

2. 井网布置优化

为了高效开发煤层气藏，提高煤层气藏的采收率，需要提出不同储层条件下煤层气藏的合理井网。随着煤层气规模化建产的进行，空白有利资源区越来越有限，因此井网的部署就涉及空白区部署和老井网内开发调整两个方面。

1）空白区井网布置样式

（1）直井井网。

直井井网通常有不规则井网、矩形井网、三角形井网等。

不规则井网：在受地形限制或地质条件发生强烈变化的情况下，采取的一种布井形式，是一种非常规的煤层气布井形式。

矩形井网：要求沿主渗透方向或垂直于主渗透方向布井，且相邻的四口井呈矩形。矩形井网规整性好，布置方便，多适用于煤层渗透性在不同方向差别不大的区域；矩形井网布井的主要缺陷是在相邻 4 口井的中心位置，压力降低的速度慢、幅度小，导致排水采气的效率低（图 7-3a）。

菱形井网：要求沿主渗透方向和垂直于主渗透两个方向垂直布井，且相邻的四口井呈菱形。五点式布井是煤层气开发常用的布井形式，在开发实践中表明，高煤阶煤层气储层由于储层非均质性较强，且储层物性差，均需要进行压裂改造，因此布置直井时采用菱形井网开发效果相对较好（图 7-3b），一般要求长轴方向平行于最大主应力方向，短轴方向垂直于最大主应力方向，与压裂造缝匹配，建立有效的渗流通道，最大限度控制储量。

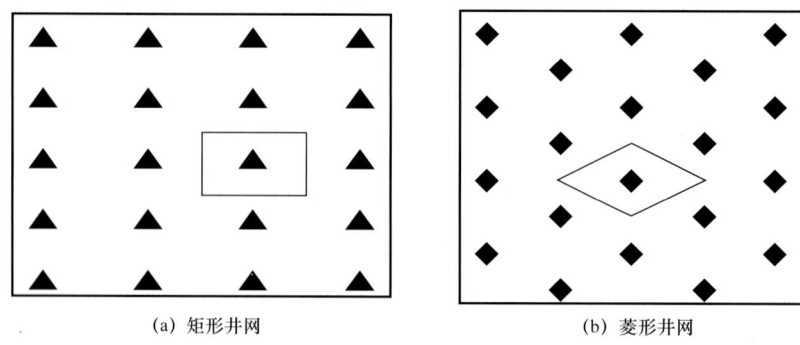

(a) 矩形井网　　　　　　　　(b) 菱形井网

图 7-3　井网部署图

（2）水平井井网。

根据水平井的设计理念：为了最大化实现井间协同降压、提高降压效率、有效控制资源，采用平行方式部署水平井井网（图 7-4），有效实现规模化改造，提高开发效果。

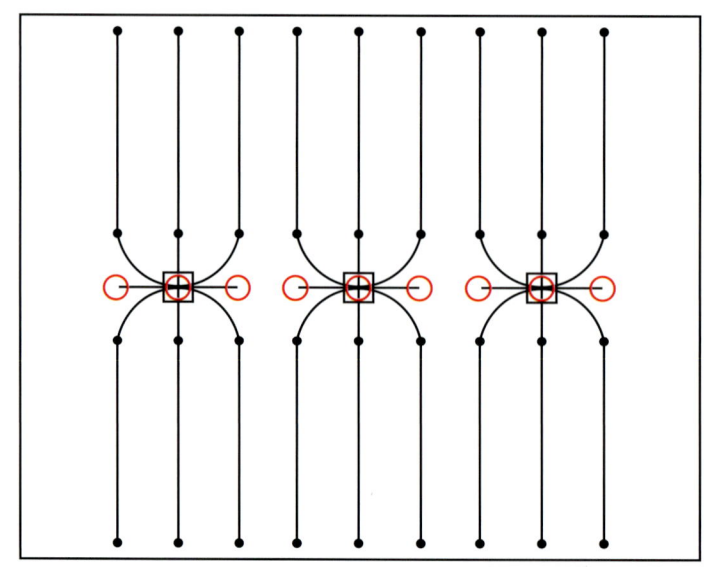

图 7-4　平行式水平井井网

2）老区调整井网优化

实际建产过程中，由于受地形地貌及钻前施工环境、投资等多方面因素影响，井网的布置呈现不规则性，特别是目前开发方案多为后期开发调整方案，井网多倾向于通过调整形成合理、完善的井网，从而提高井网对储量的控制。目前在开发实践中，形成了直井井网重构、水平井井网重构模式。

（1）直井井网重构模式。

对于含气富集、埋深浅、储层渗透性好、煤体结构完整的Ⅰ类有利区，因原井网井距过大、井网不完善导致存在未动用资源。针对该类资源，采用直井井网重构模式，即在井网内剩余储量区，采用直井加密的方式，调整井距，利用新井形成的压降漏斗，与老井形成协同降压，提高井区整体开发效果。现场应用后，实现了新老井产量双提升（图7-5）。

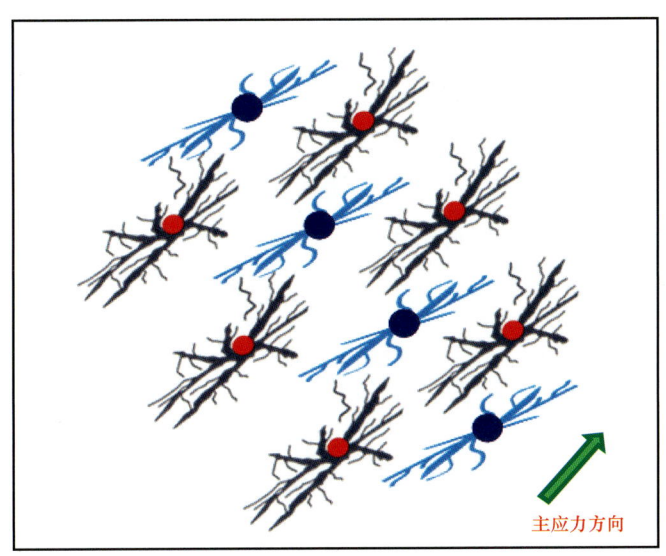

图7-5 直井加密盘活井网

（2）水平井井网重构模式。

对于含气富集、埋深浅、储层渗透性好、煤体结构完整的Ⅰ类有利区，部分井区部署直井难以充分动用，针对该类储层部署"L"形套管压裂水平井，实现水平井压裂裂缝与老井人工缝网的串接，形成耦合降压，提高低渗储层整体开发效果（图7-6a）。

对含气富集、埋深增大、渗透率相对较高、煤体结构相对完整的Ⅱ类剩余储量有利区，根据数值模拟及生产动态发现，压降漏斗面积较小，井间难以实现压降干扰。针对该类储层，在老井网内相对较高渗储层区域，实施鱼骨刺水平井，水平井眼串接多个剩余储量资源区，分支与老井网裂缝串接，达到"分支控面、裂缝串接"，促进耦合降压，实现剩余资源高效动用（图7-6b）。

实践证明直井+水平井组合模式既能保证水平井的高产，又能有效提高邻井直井的产量。郑试34井组是在郑庄区块老井网内的一组水平井组，其中郑试34平1井稳产期日产气量7500m³，投产后6口邻井见到耦合降压的效果，平均单井日增气量550m³，其中老井郑1-328井日产量从200m³增长到900m³（图7-7）。

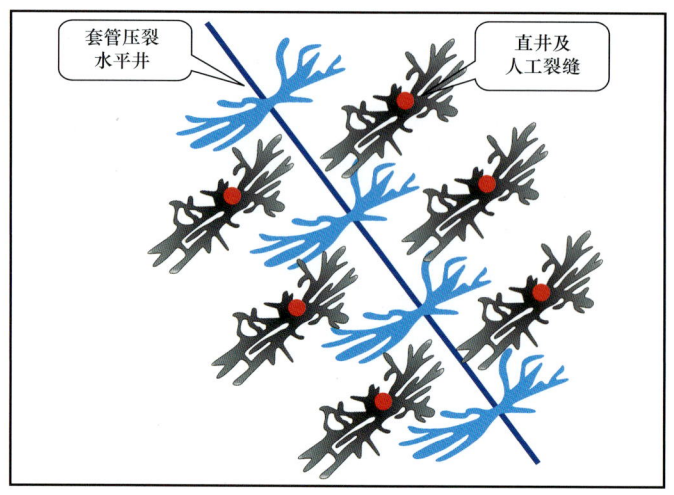

(a) 单支水平井井网重构

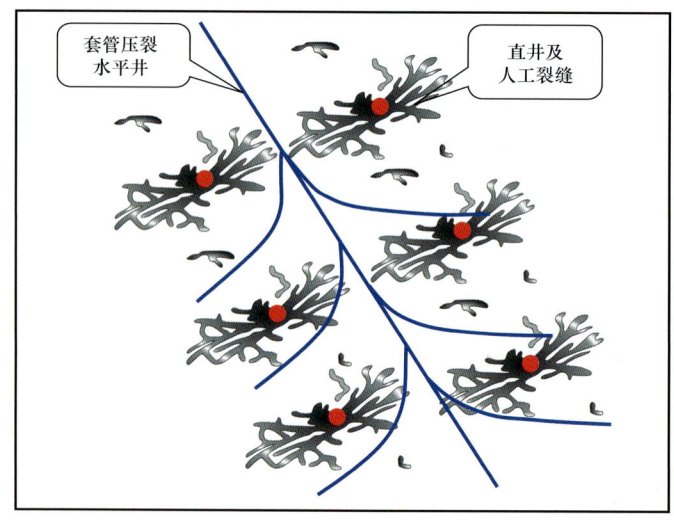

(b) 鱼骨刺水平井井网重构

图 7-6 水平井井网重构模式

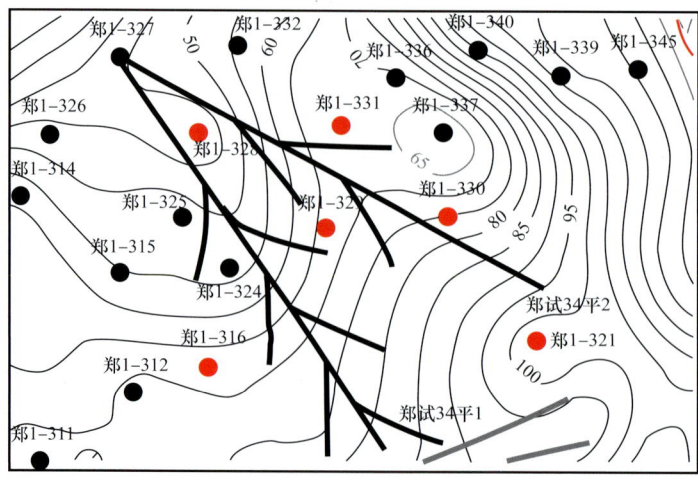

图 7-7 郑试 34 井组平面井位图

通过水平井井网重构,完善井网,实现了井区整体耦合降压,不仅新井产气效果较好,部分老井产量由降转升,减缓了老区产量递减。

3. 井距优化

煤层气井的间距是产量预测和经济评估的重要参数,它决定着煤层气开发的经济效益和煤层气的采出率。井间距的大小取决于煤储层的物性、建产规模、经济效益以及采收率的要求。

1)直井井距优化

根据以往的优化结果,直井/丛式井采用三角形井网效果相对较好,井距的优化主要是根据研究区的实际地质参数建立数值模型,采用数值模拟方法预测不同设计井距(200m、250m、300m 三种井距)下的开发指标,对比开发指标,优选出合理井距。

例如,根据郑庄区块煤储层的实际地质参数建立数值模型,对不同井距下的开发指标进行预测,数值模拟结果表明井距在200~250m 时单井产气量、稳产期、采收率等开发指标合理,稳产期日产气量在1600m³ 左右(表7-1)。开发实践表明,在郑庄区块直井3号煤、15号煤分压合采方式开发,平均单井产气量达1600m³ 以上是可以实现的。

表7-1 三角形井网不同井距下开发指标对比表

井距 (m)	高峰日产气量 (m³)	地质储量 (10^4m³)	累计产气量 (10^4m³)	稳产时间 (a)	采收率 (%)
200	1650	596.7	439.8	3.2	73.71
250	1500	932.3	505.6	4.2	54.24
300	1400	1342.5	596.4	5.0	44.42

2)单支水平井井距优化

(1)筛管完井。

根据研究区的实际地质参数建立数值模型,采用数值模拟方法预测计算不同设计井距(200m、250m、300m 三种井距)下的开发指标变化情况,并进行对比分析优化确定合理的井距。

例如,根据樊庄区块15号煤的地质条件,数值模拟结果表明井距在200m 时单井产气量、稳产期、采收率等开发指标合理,稳产期单井平均日产气量在4500m³ 左右(表7-2)。

表7-2 筛管完井单支水平井不同井距下开发指标对比表

井距 (m)	高峰日产气量 (m³)	地质储量 (10^4m³)	累计产气量 (10^4m³)	稳产时间 (a)	采收率 (%)
200	4500	4637.3	2735.8	3	59.21
250	4500	5564.8	2893.3	4	52.01
300	4500	6492.3	2986.4	6	46.22

（2）套管完井分段压裂单支水平井。

根据研究区的实际地质参数建立数值模型，采用数值模拟方法预测计算不同设计井距（200m、250m、300m三种井距）下的开发指标变化情况，并进行对比分析优化确定合理的井距。

例如，根据樊庄区块15号煤的地质条件，数值模拟结果表明井距在200~250m时单井产气量、稳产期、采收率等开发指标合理，稳产期日产气量在6500m³左右（表7-3）。

表7-3 分段压裂单支水平井不同井距下开发指标对比表

井距 (m)	高峰日产气量 (m³)	地质储量 (10^4m³)	累计产气量 (10^4m³)	稳产时间 (a)	采收率 (%)
200	7000	4637.3	2788.1	3	60.12
250	6500	5564.8	3002.2	4.3	53.95
300	6000	6492.3	3158.6	5	48.65

三、产能评价

煤层气产能评价是煤层气开发方案设计的基础，由于煤层气的储集、渗透方式等特殊性，增加了产能评价的难度。目前，煤层气产能预测的方法较多，主要包括：（1）利用动态分析方法，根据试采井的生产数据结合改造及排采控制方法进行产能评价；（2）物质平衡法推导建立煤层气井的生产动态产能模型进行产能预测；（3）通过建立煤层气藏地质模型，利用数值模拟方法进行产能预测；（4）通过建立典型曲线模型对煤层气储层产气量进行预测；（5）通过建立相应神经网络模型也可对煤储层产气量的动态变化进行预测。

1. 动态分析法

根据试采井的生产数据，详细分析不同地质条件下试采井的解吸压力、解地比、提气能力、稳产气量和稳产时间，结合储层改造的工艺和排采控制方法，综合评价区块的单井产能。

在对沁水煤层气田沁南东区块进行开发调整方案时，前期试验的4口水平井单井日产气量为4800~5100m³，且考虑4口水平井在较高流压、套压时生产，仍然具备一定的提产潜力，综合考虑设计规模开发水平井后提高压裂规模，预测单井产能可达到5800m³/d。

2. 物质平衡法

物质平衡法是将常规油气田研究中的油藏工程方法应用于煤层气研究，使用物质平衡法建立了煤层气井产能预测模型，并且将油藏工程方法和数值计算方法相结合，得到了各计算参数之间的关系式，使模型在计算机上得以实现。该模型可以计算出产量、压力、采收率等生产数据，实现生产预测的目的；同时可以通过同一参数值大小的变化来考察其对生产动态的影响规律。

通过对模型做出一系列假设，例如假设煤层存在大量天然裂缝，裂缝为主要流动通道，气、水在裂缝中形成两相流动；气体在煤层表面的脱附非常迅速，一旦脱附，立即扩散到裂缝中；地层水中无溶解气，煤层无底水以及供气半径和煤层有效厚度不随生产时间变化等。然后假设该井由时间 t 至 $t+1$ 生产了 Δt，相应地煤层压力由 p_{tt} 至 p_{tt+1} 降低了 Δp。根据物质平衡原理建立模型，Δt 时间段内，煤层中游离气体积变化与地层水体积变化之和应等于地层孔隙体积变化。利用油藏工程方法可以得出模型中各参数与煤层压力的关系式，具体求解时，有的就要用到数值计算方法。

气相物质平衡方程的原理：累计产气量的地面体积 = 基质中吸附气原始地质储量 + 裂缝中游离气原始地质储量 – 基质中吸附气剩余地质储量 – 裂缝中游离气剩余地质储量。

水相物质平衡方程的原理：累计采出水的体积 = 原始地下水的体积 + 水因弹性膨胀增加的体积 + 水侵体积 – 剩余地下水的体积。

3. 数值模拟法

数值模拟法是从煤层甲烷的流动机理入手，通过建立数值模拟模型描述气、水的流动过程，预测煤层气储层产气量动态变化，再通过有限差分和有限单元等方法将连续的函数离散化来求解偏微分方程组，从而模拟煤层气的产出规律和产量。依据对吸附—扩散过程模拟方式的不同，煤层气储层吸附—扩散模型可以分为三类：经验吸附模型、平衡吸附模型和非平衡吸附模型。煤层甲烷非平衡拟稳态吸附—扩散模型能够反映出煤层甲烷的解吸、扩散特性，在开发过程中应用较多。

4. 典型曲线法

数值模拟方法能够较好地描述煤层气的储存特征及流动机理，是目前研究煤层气产能预测较为常用的方法，但是由于煤层气储层的非均质性和复杂性，预测的产量存在一定的误差。因此许多学者通过建立典型曲线模型预测煤层气储层产气量的动态变化，寻找一种适用于区块特征的方便、准确的预测煤层气产能的方法。

通过分析兰氏压力和渗透率等参数对典型曲线形态的影响，建立了基于不同兰氏压力的无量纲产量与时间的关系模型，提出了利用典型曲线对煤层气井产能进行预测的方法。该方法在对韩城区块煤层气井进行产气量预测时取得了很好的效果。以沁水煤层气田樊庄区块为例，基于煤层气数值模拟方法，建立樊庄无量纲产气曲线，研究 13 种地质、排采参数对无量纲产气曲线的影响，选择影响较大的参数绘制出无量纲产气图版。研究结果表明，无量纲产气图版能够方便地确定已投产和未投产煤层气井产能、最大产气量及其出现时间、煤层原始含气量等重要参数。实例验证可知，使用无量纲产气图版在预测煤层气单井产能和确定最大产气量等参数方面，具有较高的准确性。

第二节　储层改造优化

一、压裂方式优选

沁南区块所属盆地受到多期构造运动的影响，造成煤层气富集区域煤系地层具有较为复杂的地质构造环境、地应力分布、煤体结构和煤岩物性等煤储层特性，一次压裂改造工艺与煤层气富集区复杂的地质情况匹配性差，出现煤层气井产气量差异较大，需要考虑煤层气富集区局部构造、储层埋深、应力场和水动力环境等因素，加强复杂地质条件下煤层气开发方式的多样性、储层改造工艺的适应性研究。

在既定预算与井网井型条件下，井型对煤层气开发影响重大，直斜井受地质构造和煤体结构特征影响程度小，但是单井控制面积较小，压裂裂缝长度影响抽采井压降漏斗影响范围，压裂设计以追求较大的裂缝半长为目标（表7-4）。相对于直斜井而言，受断层和钻井技术水平限制，水平井只能部署于地质条件简单、煤层稳定且顶底板岩性相对较好的地区，可以通过增加井筒与储层接触面积、连通原生裂隙系统而增加储层流体通道，从而实现储层大面积降压，促进煤层气解吸。

表7-4　不同地应力区域井网井型的选择与压裂改造效果关系表

应力区	主要地质特征	井网井型类型	压裂改造效果
低应力区	煤层具有埋深浅、渗透率高、含气量低的特点，应适当扩大井距	（1）井网：菱形井网 （2）井型：水平井 （3）井距：350m×350m	压裂液滤失严重，施工加砂阻力大，造成砂堵，停泵放喷带出支撑剂，影响裂缝的支撑效果
正常应力区	煤层埋深适中、渗透率较高、含气量较低，应合理设计井距	（1）井网：矩形井网或菱形 （2）井型：水平井+直斜井 （3）井距：300m×250m	裂缝延伸较好，地层阻力小，细小孔隙加砂顺畅，压裂效果较好
高应力区	煤层渗透率低、含气量高、压裂裂缝易闭合，应适当缩小井距	（1）井网：矩形井网 ①向斜控制区优先选择倒梯形井网 ②断层控制区优先选择梅花形井网 （2）井型：直斜井+水平井 （3）井距：250m×250m	地层阻力较大，裂缝延伸受阻，细小孔隙加砂受阻，影响了压裂的效果

针对不同构造地区煤层的主要地质特征及压裂改造效果，选用合理的改造措施对提高增产效果有明显作用。煤层压裂改造技术方法可分为多级加砂压裂技术、投球暂堵加砂压裂技术、虚拟储层加砂压裂技术等（图7-8）。

1. 构造平缓区大规模多级加砂压裂

煤层构造平缓区埋藏较浅，地应力为拉张应力且应力值较低，对煤体破坏程度较小，主要发育原生结构煤，孔渗物性较好。煤层一次水力压裂工艺适应性尚可，易压开形成有效人工裂缝，压后单井产气量较高。

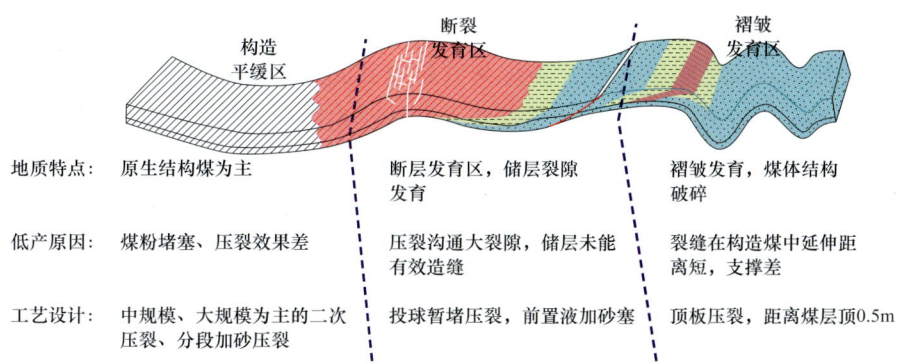

图 7-8 不同地质构造煤层气富集区地质特征与压裂方式对策示意图

对于近井地带堵塞严重或有机压裂液伤害的低产井，二次压裂可采用前置液变排量、低砂比段塞开启远端裂缝；携砂液阶段实现小中大粒径支撑剂组合多段加砂，达到扩缝宽、造长缝的缝网改造目的。小粒径砂加砂阶段打磨扩展裂缝空间，到达裂缝远端支撑天然割理裂隙；中粒径砂加砂阶段主要支撑动态主裂缝，增加纵向铺砂层数和横向铺砂浓度，形成有效主裂缝并联通天然割理裂隙；大粒径砂加砂阶段主要支撑近井地带主裂缝，形成沟通储层与井筒的高导流能力人工裂缝，降低气、水渗流阻力。

2. 断裂发育区投球暂堵加砂压裂

煤层断裂发育区处于拉张与挤压应力转换地带，地应力变化大，煤体结构破坏严重，大面积发育碎裂煤和碎粒煤。一次水力加砂压裂工艺不适应断裂发育区地质条件，水力压裂能量在碎粒煤和碎裂煤中快速扩散，水力压裂时沟通天然大裂隙压裂液滤失量大，不易在煤层中压出有效的人工主裂缝，极易产生煤粉堵塞裂缝系统，造成压后单井产气量较低。

针对大液量、高排量、低砂比煤层断裂发育区一次水力压裂改造后，高排量压裂施工造成裂缝高度失控并在顶底板砂岩层中扩展延伸沟通产水层，煤层人工裂缝改造程度很低，可能造成压后产水量大、产气量低。采用暂堵原裂缝、开启新裂缝的压裂改造技术，前置液投球＋混砂液方式，暂堵原有出水裂缝后，再进行控液量、变排量、中砂比二次水力压裂改造，可在煤层中压开新的有效人工裂缝，实现煤层气高产稳产。

3. 褶皱发育区虚拟储层加砂压裂

煤层褶皱发育区埋藏较深，地应力以水平向高应力为主，煤层受外力挤压造成煤层天然割理裂隙均不发育，煤层孔渗物性变差。室内实验和现场压裂实践研究表明，地层埋深增大，主应力差也随着快速增大，水力压裂裂缝形态由多裂缝向单裂缝变化，主裂缝延伸长度增大，但有效改造缝网体积变小且高应力裂缝闭合导致支撑剂导流能力变差。煤层一次压裂后改造效果变差，造成单井产气量低且快速下降。

针对煤层褶皱发育区煤体结构破碎，运用活性水压裂液直接作用于煤层时，压裂改造有效裂缝有限，地应力高度集中一次压裂难以在煤层内部形成有效裂缝系统。若顶板或底板存在泥质砂岩或砂质泥岩时,且围岩含水层对煤层补给量很少时,采用褶皱发育区虚拟储层加砂压裂技术,改造对象由煤层转化为砂岩或砂泥岩,射孔方式由煤层段射孔转化为顶部隔层射孔,改造工艺由小液量、变排量、中砂比水力压裂转化为大液量、大排量、低砂比的压裂工艺等措施,可大幅提高纵向裂缝延伸高度和长度,大面积沟通煤层天然或一次人工裂缝,可实现部分原应力集中释放,煤层有利于形成有效、稳定的甲烷解吸、气水渗流通道,提高高应力区煤层气采收率。

二、水平井段分段间距优化

水平井分段压裂改造工艺是煤层气开发增产的重要的手段。水平井多段多簇射孔分段压裂,在具体的分段间距优化设计时,通过数值模拟手段,研究水平井分段压裂裂缝的诱导应力场变化规律及其对后压裂缝形态的影响作用,提出相应的分段压裂间距指导原则,优化裂缝间距,进而根据水平段的长度来确定每口井的压裂段数。

水力压裂过程中,多个射孔簇形成多个初始人工裂缝,引起多裂缝周围形成了诱导应力场,改变了原水平主应力状态,同时裂缝周围应力场干扰其他诱导裂缝的扩展。不同的分簇间距在一定程度上决定了应力干扰程度的大小和同步影响压裂效果。射孔簇间距过小,会导致过高的应力干扰,造成段内裂缝扩展受到抑制,可能造成压裂砂堵,影响压裂效果;射孔簇间距过大,应力干扰优势不明显,不能充分促进形成复杂裂缝网络,增大储层改造体积。

1. 水平井井组"交互式压裂"段间距优化

水平井设计综合利用地质、地震资料,井—震联合反演,预测裂缝发育方向,优选富集、原生煤发育区,采用"垂直裂缝、水平段平行"设计。设计主支方位垂直裂缝方向,井眼相互平行,间距为200~300m,水平段倾向为上倾,水平段长度在1000m以上。采用交互式压裂,井间压裂点错开(图7-9),实现区域整体的资源全覆盖和缝网的整体联接,促进耦合降压。使原生煤发育但埋深大、渗透性差的储层获得较大面积的改造。

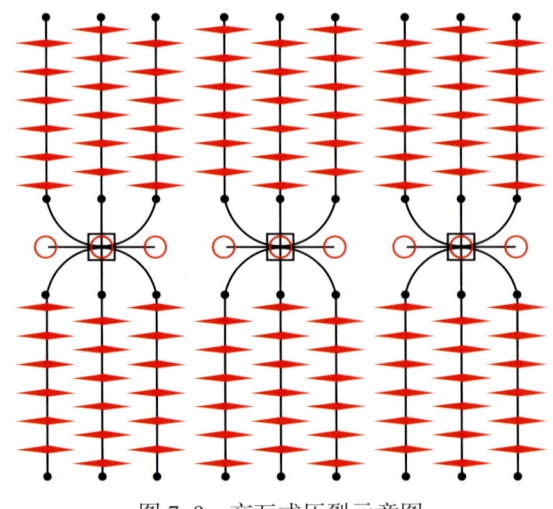

图7-9 交互式压裂示意图

裂缝间距对采收率影响很大，间距越小，相同的水平井长度下，裂缝条数就越多，对储层的体积切割也越大，从而采收率就越高。基于以上分析认为，合理的分段间距选择需要考虑多重因素，在一个特定的煤层气开采区块可以开展不同分段间距与簇间距的对比试验，根据现场先导试验效果选择合理的分段间距与簇间距。目前煤层气以产量最优为目标进行裂缝间距的优化，大多采用均匀布段的模式，但是忽略了先压裂缝应力干扰的影响。如果考虑缝间干扰，在排量为 $8m^3/min$ 的模拟条件下，确定出依次压裂的最优压裂分段间距为 100m。

2. 单支"L"形水平井压裂段间距优化

针对低渗、特低渗储层，压裂间距过大，容易导致压裂改造范围无法全覆盖，使得整体降压效果较差，无法达到预期目标；而压裂段间距过小，压裂成本高，导致经济效益差，因此需要优化段间距，实现高效经济开发。

以沁水盆地郑庄区块为例，依据郑庄区块实际地质特征及渗流参数，建立水平井机理模型，对水平井压裂段间距进行了优化，分别设计了段间距为 60m、80m、100m、120m 四个方案，计算不同方案的产气量和采出程度。模拟结果如图 7-10 所示，随着段间距的缩短，采出程度呈增加的趋势，当段间距由 100m 缩短至 80m 时，采出程度的增幅较大；当由 80m 缩短至 60m 时，采出程度的增幅减小；同时结合经济评价，当压裂段间距为 80m 时，内部收益率最大，因此优选出最佳压裂段间距为 80m。

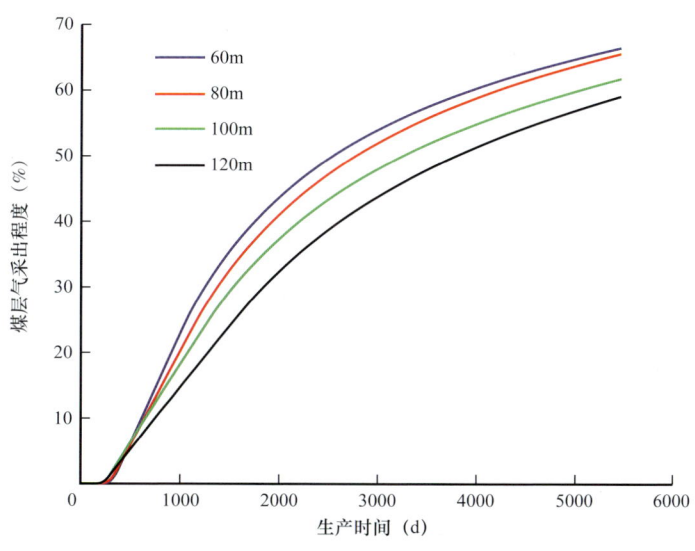

图 7-10　不同压裂段间距的日产气累计生产曲线

三、压裂参数优化

水力压裂设计是将施工工艺参数与现场的实际情况达到最优的匹配状态，掌握不同施工工艺参数对水力裂缝的形态的影响规律显得十分重要。利用 StimPlan 三维水力裂缝模拟软件，对施工排量、前置液量和加砂程序等进行了优选。

1. 施工排量优选

煤层气井压裂液注入速率大于在煤层裂缝中的滤失速率时,才能在井筒和煤层间建立起能够使煤储层压开裂缝的有效压差,这种压差与压裂施工排量成正比,与压裂形成的裂缝面积和煤储层的渗透率成反比。因此考虑到活性水压裂相对较差的携砂能力,如果将支撑剂输送到相对较远的动态缝边缘,必须合理提高施工排量。沁水盆地高阶煤层主力目标层3号、15号煤层厚度为5~7m,为避免大排量压穿顶底板,确保压裂主裂缝在煤层内长距离延伸,选用可控制起始缝高的变排量压裂技术,压裂施工全过程排量(6.0~8.0m³/min)与小排量起步(0.5~6.0m³/min)大排量稳定加砂(6.0~8.0m³/min)裂缝高度模拟结果对比图,如图7-11所示。目前沁水盆地活性水压裂前期造缝阶段先采用小排量控制裂缝高度,后续逐渐增大施工排量并保持稳定,利于压裂裂缝在煤层段内尽可能延展更远。因此设计前置液较小排量(0.5~3.0m³/min)起裂,再用中等排量(3.0~6.0m³/min)扩展主裂缝,携砂液阶段提高施工排量(6.0~8.0m³/min)造缝携砂。

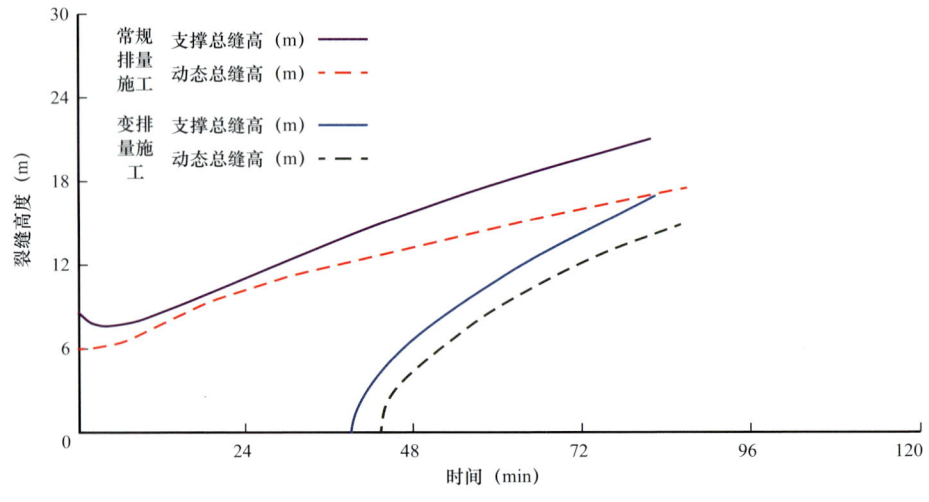

图7-11 压裂施工排量与裂缝高度关系图

2. 前置液量优选

沁水盆地高阶煤储层存在水敏效应,保证充分造缝的前提下合理降低前置液量。在施工规模和其他参数确定的条件下,模拟了不同前置液百分比对裂缝几何尺寸的影响。模拟结果表明,随着前置液百分比的增加,支撑缝半长与动态缝半长之比(动态比)逐步降低。对于新层系煤层压裂,通常采用动态比80%左右来控制前置液用量。沁南区块高阶煤为低渗透储层,储层滤失量小,为减少压裂液伤害储层,应尽量减少入井液量,同时为确保安全施工,防止造成沉砂砂堵事故,前置液百分比优化值按动态比75%~85%确定,因此推荐前置液百分比为15%~25%(表7-5,图7-12)。

表 7-5 前置液百分比对裂缝几何尺寸的影响

序号	前置液百分比（%）	动态缝半长（m）	支撑缝半长（m）	动态比（%）
1	10	87	80	91.95
2	15	91	78	85.71
3	20	94	77	81.91
4	25	97	75	77.31
5	30	101	74	73.26
6	35	105	72	68.57
7	40	110	70	63.63
8	45	127	67	52.75

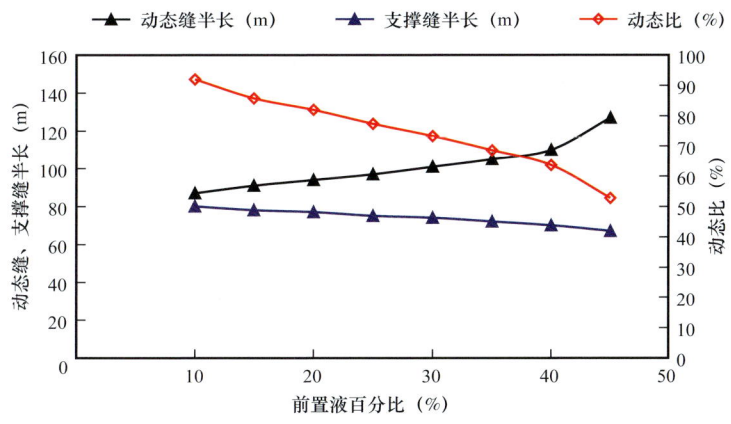

图 7-12 前置液百分比与动态缝、支撑缝半长的关系

3. 加砂程序优选

加砂程序对煤层压裂裂缝内支撑剂浓度的分布和导流能力具有十分重要的影响。压裂液按照其在压裂施工各阶段所起的作用可分为前置液、携砂液和顶替液。在注入前置液量相同的前提下，即在压裂裂缝延伸距离及裂缝形成缝高相同的条件下，裂缝模拟软件能够模拟出三种不同加砂程序和裂缝支撑剖面的关系（图 7-13）。

第一种方案：15%～15%～15%～25%～25%；

第二种方案：5%～10%～15%～20%～25%；

第三种方案：10%～15%～25%～30%～35%。

在渗透率中等、前置液量相同的情况下，采用第二种方案加砂能够让压裂形成的裂缝在长度上和高度上都具有相对有效地支撑。当然，如果地层渗透率较高，应当采用第一种方案加砂。根据不同加砂程序与支撑剖面模拟结果，兼顾生产现场实际压裂施工的可操作性，通常活性水压裂液平均砂比为 10%，优先选择 5%～10%～15%～20%～25% 的加砂程序。

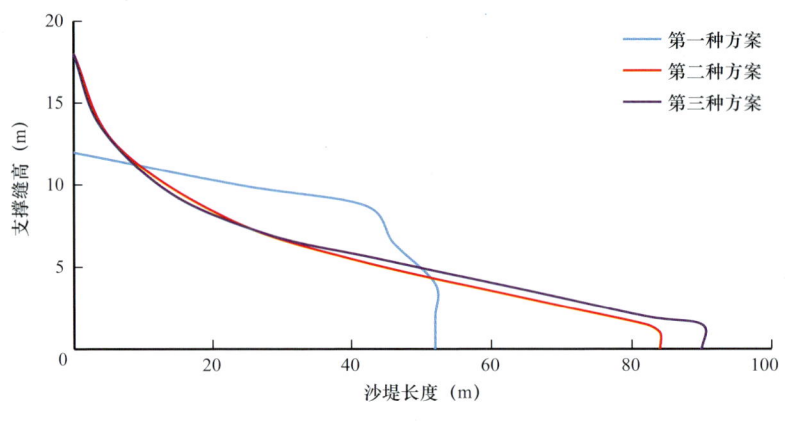

图 7-13 不同加砂程序和裂缝缝高关系图

第三节 排采工艺优化

煤层气井的排水采气过程是煤层气开采的关键环节，成功的排采能保障煤层气井安全、稳定生产。通过合理选择举升方式，合理控制设备运行参数，使煤层气井在最优生产效率和最低运行费用下安全、平稳、连续生产。

排采工艺设计与优化的核心宗旨有以下两点：

（1）满足以大斜度定向井、单支水平井为主力井型的发展趋势；

（2）排采泵的吸入口尽量接近煤层，通过降低动液面，释放单井产能。

一、排采工艺优选

华北油田目前在用的有杆排采工艺主要有抽油机+管式泵和螺杆泵两种，其中采用抽油机+管式泵排采工艺井 3300 余口，占比为 97%，平均检泵周期超过 2000d。采用螺杆泵排采工艺井 100 余口，占比为 3%，平均检泵周期约 600d。抽油机+管式泵和螺杆泵排采工艺的共有故障为杆管偏磨、抽油杆断脱和油管漏失。螺杆泵的稳定排采需要一定沉没度，在排采后期后因沉没度降低易出现螺杆泵烧泵。

在煤层气钻井技术取得长足进步、环保要求严苛、征地难度变大的背景下，为满足煤层气低成本开发需要，开发井型由直井或小斜度定向井向控制面积更大的大斜度定向井、"L"形水平井发展。抽油机+管式泵和螺杆泵等有杆举升工艺无法适应大斜度、大狗腿度井的排采生产。适合大斜度井和"L"形水平井举升需求的无杆举升设备开始进入大众视野。

常见排采工艺适应性，见表 7-6。

表 7-6 常用人工举升方式的适应性比较

项目	条件	管式泵	螺杆泵	水力管式泵	射流泵	电潜螺杆泵
排量 （m³/d）	正常范围	0.1~120	0.1~250	1~40	1~150	5~250
	最大值	180	500	80	500	1000

续表

项目	条件	管式泵	螺杆泵	水力管式泵	射流泵	电潜螺杆泵
泵深（m）	正常范围	<3000	<1500	<3500	<2000	<1500
	最大值	4420	3000	5486	3500	3000
井身	斜井	不宜	不宜	适宜	适宜	适宜
环境	气候恶劣	适宜	适宜	适宜	适宜	适宜
操作问题	高气水比	较好	较好	一般	一般	较好
	出砂	较好	较好	一般	一般	一般
维修管理	检泵工作	容易	容易	较大	较大	较大
	免修期	5	4	2	1	1
	自动控制	适宜	适宜	适宜	一般	一般
	生产测试	适宜	一般	适宜	适宜	一般
	灵活性	一般	适宜	适宜	适宜	适宜

1. 抽油机 + 管式泵

该工艺发展时间最长，技术较成熟，工艺配套较完善，设备装置较耐用，故障率较低，投资成本和运行成本较低。其抽深和排量能够覆盖大多数煤层气井，通过变频器调控冲程和冲次，容易实现排量的任意调节。但对井斜大于35°的丛式井和水平井适应能力较差，下泵深度难以满足生产需求，易发生杆管偏磨。

2. 螺杆泵

该工艺最大的优点为地面设备结构简单，占地面积小，易拆装，投资成本低，对水中含砂量、含气量不敏感，能适应含气、出砂井，且井下泵运动部件少，结构简单，连续平稳无脉动，水力损失少。但当地层供液能力不足时，会发生"烧泵"现象。此外，与抽油机工艺相同，对于井斜大于35°的丛式井和水平井适应能力较差。

3. 水力管式泵

由井下泵组、中心管、液压缸、齿轮泵、液控阀、电动机、水箱和控制系统组成。电动机带动齿轮泵驱动液压缸，液压缸将清水增压后形成动力液。在上行程中，动力液通过中心管与油管环形空间注入井下泵组，推动水力管式泵上行，此时固定阀打开，地层产出液进入泵筒；游动阀关闭，泵筒以上液体经中心管排至地面。当井下泵筒到达上止点时，液控阀左右换向，转换为下行程。动力液通过中心管注入井筒，驱动泵筒下行，此时固定阀关闭，游动阀打开，泵组内液体通过中心管和油管环形空间排出（图7-14）。

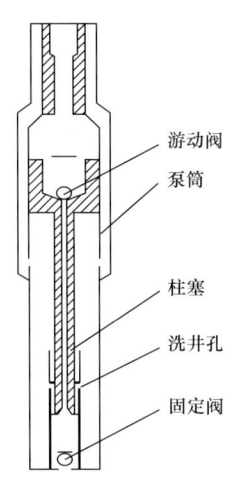

图 7-14 水力管式泵井下泵组示意图

水力管式泵特点：

（1）水作为动力传输介质，井筒内无活动杆件，可避免杆管偏磨问题；

（2）动力液经洗井孔持续注入井下泵组，可将泵筒内腔、游动阀，以及泵上管柱内的附着固体颗粒排至地面；

（3）橇装式结构，运输、安装方便，设备占地小于 3m³，重 1.5t，安装运输无需大型设备；

（4）可实现一台地面设备同时满足 2~4 口煤层气井的排采需求。

4. 射流泵

由井下射流泵、ϕ48mm 油管、特制井口、流量调节阀、地面柱塞泵、控制柜和水箱等组成。地面柱塞泵将常压水增压为高速动力液，动力液经 ϕ48mm 油管进入井下泵组。动力液从喷嘴高速喷出，在喷嘴与喉管之间形成负压，地层流体被抽吸至吸入室。高压动力液与地层流体在喉管中混合后，之间发生动量交换，使地层流体动能增加，混合液经油管与套管之间环空排至地面（图 7-15）。泵压越高流速越快，产生负压越大，对流体抽吸力就越大，相应液量就越高。

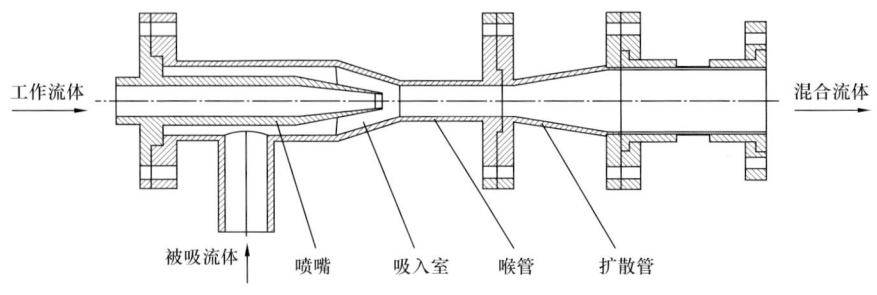

图 7-15 射流泵井下泵组示意图

射流泵特点：

（1）管柱结构中无运动部件，排采过程中无偏磨问题；

（2）更换泵心时，只需反洗即可起出原井泵心，重新投放新泵心完成更换工作，不用起管柱；

（3）可实现一台地面设备同时满足 2~4 口煤层气井的排采需求；

（4）地面柱塞泵盘根易磨损刺漏，柱塞泵故障率高；

（5）地面设备复杂，占地大，设备部件较多；

（6）驱动压力大，运行能耗高，安全要求较高。

综上所述，抽油机+管式泵以及地面驱动螺杆泵不适宜应用在井斜大于 35°的定向井和单支水平井，水力管式泵等无杆排采工艺更能适应煤层气水平井举升。

二、关键参数优化

为了保障水力管式泵排采工艺适应煤层气井大斜度定向井及"L"形水平井的排采，

需要依据地质与气藏方案，在明确单井日产水量、扬程后，优选合适的井下泵组，合理匹配地面驱动设备的驱动压力等关键参数。

1. 井下泵组优选

根据泵径、冲程、冲次、泵筒截面积等参数建立水力管式泵举升工艺井下泵组的理论排量计算数学模型：

$$Q_t=1400f_d sn \qquad (7-1)$$

$$f_d=\pi D_d^2/4 \qquad (7-2)$$

式中　Q_t——泵的理论排量，m³/d；

　　　f_d——下泵筒截面积，m²；

　　　s——冲程，m；

　　　n——冲次，min⁻¹。

根据式（7-2）计算泵直径 D32mm、D38mm、D44mm、D50mm 等四种不同泵在冲程 4m、冲次 4 次/min 的工作制度下，泵的理论排量如表 7-7 所示。

表 7-7　不同泵径排量计算结果表

泵径（mm）	冲程（m）	冲次（min⁻¹）	理论排量（m³/d）
32	4	1	4.63
		2	9.26
		3	13.89
		4	18.52
38	4	1	6.53
		2	13.06
		3	19.59
		4	26.12
44	4	1	8.75
		2	17.51
		3	26.26
		4	35.02
50	4	1	11.30
		2	22.61
		3	33.91
		4	45.22

2. 地面驱动系统优选

根据驱动压力、环形面积、冲程、冲次等基本参数，确定了地面设备电机功率计算的数学模型：

$$P'=3.83 \times 10^{-5} \times pS'sn \quad (7-3)$$

式中　P'——电机的理论功率，kW；

　　　p——驱动压力，MPa；

　　　S'——环形面积，m²；

　　　s——冲程，m；

　　　n——冲次，min^{-1}。

计算四种 $D32mm$、$D38mm$、$D44mm$、$D50mm$ 不同泵径、不同泵深的情况下需要的电机功率，见表 7-8。

表 7-8　不同泵径、不同泵深时地面电机功率计算表　　　　　　　　　单位：kW

泵径＼泵深	300m	600m	900m	1200m	1500m
$D32mm$	1.45	2.90	4.35	5.80	7.25
$D38mm$	2.04	4.09	6.13	8.18	10.22
$D44mm$	2.74	5.48	8.22	10.96	13.70
$D50mm$	3.54	7.08	10.62	14.16	17.69

三、配套工艺优化

在煤层气井排采过程中，由于无杆排采工艺消除了油管与抽油杆之间的相对运动，根本上杜绝了杆管偏磨现象。但是，受循环动力液不清洁、游离气体大量进泵等不利因素的影响，经常发生卡泵、不出液等现象，造成检泵作业频繁，影响了煤层气井的连续稳定排采。因此，需要进行防煤粉、防气等配套工艺优化，减少检泵作业。

1. 防砂卡工艺

1）卡泵分析

煤粉颗粒的变化范围比较大，从 0.01~2mm 不等，甚至更细。在水中呈悬浮状，煤粉颗粒几乎不可见，长时间静置后，可见深灰色糊状沉淀。煤层压裂施工中，支撑剂通常采用 2~3 种粒径等级的石英砂，粒径在 0.15~1.2mm 不等。固体颗粒对井下泵的影响表现为卡泵和阀堵塞，结果导致停抽检泵或阀关闭不严，泵效降低。

实践表明，由于煤屑、煤粉颗粒属脆性物质，单一煤粉颗粒卡泵的概率较小。煤粉与未清洗干净旧油管内壁的胶质沥青质及新泵内柱塞涂抹的黄油、富余的杆管螺纹脂结合后，形成具有一定硬度的黏稠状物体（煤饼），进入到泵筒与柱塞间隙，造成卡泵。

煤层气井产水量低，水的黏度低，携带固体颗粒的能力弱，压裂砂进入泵内后，沉积到柱塞以上，进入到泵筒及柱塞间隙后，造成卡泵、埋阀等事故。

2）防砂卡工艺优化

根据防砂机理及工艺条件的不同，防砂方法大致分为机械防砂、化学防砂、砂拱防砂等方法，防煤粉方法的选择要立足于保护煤层，减少煤层伤害，以保持煤层气井获得最大产能为目标，常用防砂方法及各自的适用性，见表 7-9。

表 7-9 主要防砂方法对比

分类	防砂方法	优点	缺点
机械防砂	绕丝筛管砾石充填	（1）成功率高达 90% 以上； （2）有效期长； （3）适应性强，应用普遍； （4）裸眼充填产能为射孔完井的 1.2～1.3 倍	（1）井内留有防砂管柱，后期处理复杂，费用高； （2）不适用于粉细砂岩； （3）管内充填产能损失大
机械防砂	滤砂管	（1）施工简便，成本低； （2）适用多煤层完井，粗砂地层	（1）不适用于粉细砂岩； （2）滤砂管易堵塞； （3）滤砂管受冲蚀，寿命短
机械防砂	割缝衬管	（1）成本低，施工简便； （2）适用于出砂不严重的中、粗砂岩和水平井	（1）不适用于粉细砂岩； （2）砂桥易堵塞，影响产能
化学防砂	胶固地层	（1）井内无留物，易进行后期补救； （2）对地层砂粒度适应范围广； （3）施工简便	（1）渗透率下降，成本高； （2）不宜用于多层长井段和严重出砂井； （3）易造成煤层伤害
化学防砂	人工井壁	（1）化学剂用量比胶固地层少，成本可下降 20%～30%； （2）井内无留物，补救作业方便； （3）可用于严重出砂的老井； （4）成功率高达 85% 以上	（1）不宜用于多层长井段； （2）不能用于裸眼井
砂拱防砂	套管外封隔器	（1）施工简便，费用较低； （2）可用于多层完井施工； （3）产能损失小，后期补救处理容易	（1）不宜用于粉细砂岩及疏松地层； （2）砂拱稳定性差； （3）控制流速影响产量
其他	水力压裂砾石充填	（1）既防砂，又获高产； （2）消除对煤层伤害； （3）有效期长	（1）不宜用于粉细砂岩及多煤层； （2）后期处理难

因为煤层比较疏松，所以套管外封隔器和人工井壁不适用于煤层气水平井防砂，考虑后期处理和对煤层易产生伤害，绕丝筛管砾石填充、胶固地层和水力压裂砾石充填也不适用于煤层气井防砂，所以推荐应用机械防砂方法中的滤砂管。

2. 防窜气工艺

1）气体对排采的影响分析

煤层气井采用油管产水、套管产气的工艺技术。产气之后煤层以上井筒内为气、水两相流，井下气液比为 100～500，气液比大，水线窜气较多，井下泵受气体影响较大，严重时发生气锁现象。

2）水平井窜气原因分析

（1）管柱结构不合理：井管柱结构未能充分对井筒气液进行分离，完井时采用底部开口管柱结构，煤层气解吸后气液同流直接从进液口进入泵组，气量越大对泵组排采影响越大。排采泵组的抽吸作用也会增加气体的进入量。

（2）控压产气阶段井底流压与套压基本持平：例如樊庄区块某水平井窜气严重时井底流压值高于套压5kPa，井筒动液面位于进液口位置，气体经进液口进入排采管柱，出现窜气现象。

3）防气工艺选择

为了解决气体影响问题，建议采用以下防气工艺方法。

（1）将筛管顶部下至煤层底界10～15m以深，井筒成为天然的气、水分离装置，煤层以浅为气、水两相，煤层以深为单一水相。

（2）尽量减少防冲距，在不碰泵的情况下，防冲距控制在10～15cm。

（3）优化井筒工艺，排采管柱结构中加入水平井防气装置。"双流道"水平井气锚包含接箍、悬挂接头、变扣接头、D48油管接箍、D48进液管、主体等。采用特殊的进液结构，并由插入式气锚与导流罩构成"双流道"，通过多次往复进液，尽量将气体分离，并将D48进液管防置于液面最低点（图7-16）。

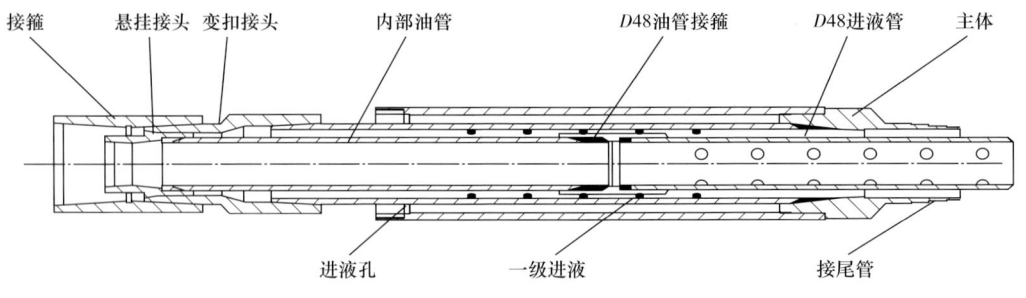

图7-16 煤层气水平井专用防气装置示意图

（4）优化自动化控制系统，控制井筒液柱高度。调整运行时间和洗井时间控制井筒液柱高度，充分利用自清洗功能解决窜气和气锁问题，洗井时井筒泵不工作，动力液在中心管和油管环空中建立循环，既将管柱中气体排出又可携带管柱中煤灰等杂质，洗井时间可依据需求设置几分钟或几小时。

四、智能管控优化

早前，煤层气井的排采控制主要依靠人工动态分析，依据不同阶段产水量、产气量、井底压力等变化，为每口气井制定实时排采制度，并且需要不定时的人工调参，受时间、气候、地貌限制，难以实时对煤储层内部变化做出响应。

对煤层气井排采过程进行智能控制优化，能够使生产管理各个部门及时掌握生产井工作状态，优化与调整排采设备运行参数，精确执行排采控制制度。同时，加强排采故障的预警，可大幅缩短故障处理时间，提高开井时率，增加煤层气井产量。智能排采技术的应用，实现了井站无人值守，按需巡检的生产管理模式，使煤层气生产井管理实现信息化、自动化。

智能控制基于煤储层产出动态变化规律认识，预设井底流压降速，控制系统根据井下流压变化，自动调整流量，使井底流压满足第六章第三节的控制要求。

智能控制的核心是控制井底流压，如何准确获取井底流压是实现智能控制的关键。井底流压主要有两种方式可进行监测，一种通过井下压力计实时连续读取，另一种通过测动液面，进行井底流压折算。后者虽然操作简单，无需作业，但精度差，信号不实时，无法满足自动控制要求。因此，为了满足高精度的排采控制要求，建议采用井下压力计实时读取井底流压。

控制液面下降时，采用定时调节方式，在固定时间点，对当前流压值和期望流压值作比较，定时追踪井底流压，控制器根据对比反馈结果，自动控制调速器调整电机转速，改变液面降速。智能控制原理及控制器逻辑流程，如图7-17、图7-18、图7-19所示。

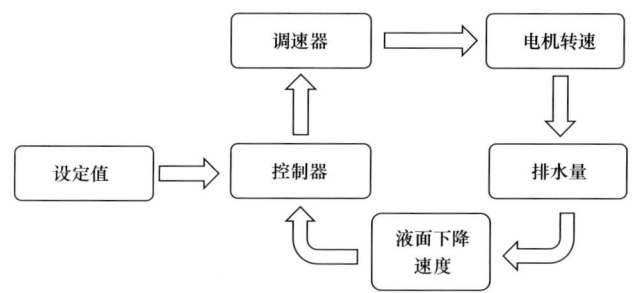

图7-17 智能排采控制原理图

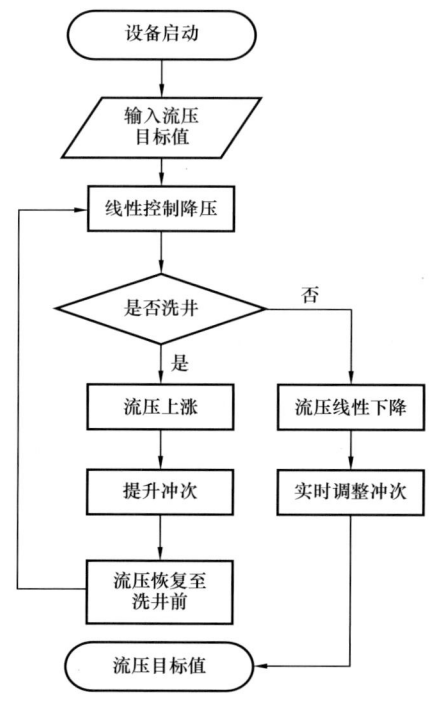

图7-18 平衡产水期排采控制逻辑图

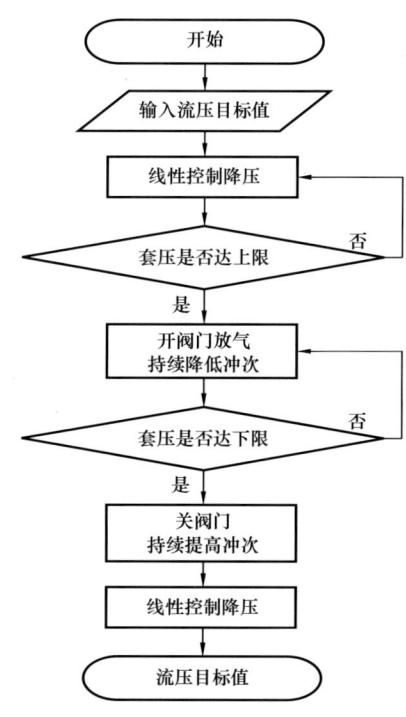

图7-19 解吸提产期排采控制逻辑图

第四节 集输工艺优化

与常规天然气田相比,煤层气田具有低渗、低压、低产和低饱和度的特点,业内称作"四低"气田,其地面集输工艺也较常规天然气田开发的地面集输工艺有很大差异。

集输工艺优化的核心是围绕"地面建设简化、优化,集输系统效率、效益提升"的建设目标,注重顶层设计,实施全过程风险控制,全面提高开发效益。通过优化集输模式、简化工艺、缩短流程,使地面方案在低成本建设原则下,整体适应煤层气低压力、低渗透率以及低含气饱和度等特性,确保井口回压最低,产能释放最大。

方案优化理念为上下一体化、井组丛式化、集输集约化、建设集成化、设备橇装化、管控智能化,简称"六化"理念。

一、集约化集输模式

沁水盆地煤层气田经过"十一五"期间的快速发展和"十二五"期间的持续推进,以常规天然气建设模式为蓝本,探索了煤层气地面建设技术,并形成了较为成熟的地面集输工艺模式(图7-20)。

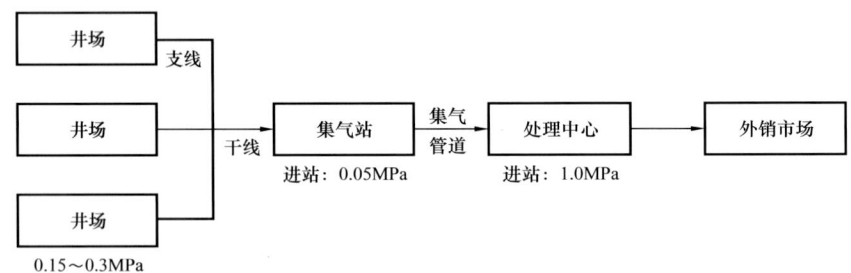

图 7-20 沁水盆地煤层气田"三低"集输工艺流程图

随着建设、生产的逐步推进,煤层气田地面建设的"三难"问题(征地难、建站难、布管难)和系统运行"三高"(投资高、闲置高、能耗高)矛盾逐渐显现,具体体现在:

(1)复杂地形地面建设差异大、难度大,井、站、线选址与走向存在征地难、建站难、布管难等问题;

(2)系统适应性相对较差,投资回报率较低,工艺多,流程长,场站设备多,占地面积大,导致站内平均有效使用面积不足25%;

(3)实际生产能力往往远低于预期,灵活建产,智能管控难实现,站场集输范围、能力、设备相对固定,闲置率大于50%,综合能耗成本约占总操作成本25%,系统运行能耗高。

为满足工厂化钻井及开发需求,华北油田煤层气以橇装化、标准化为基础,持续推进集成化、智慧化,逐步形成集约化地面集输模式,即针对传统二级布站集输模式系统效率低、建设投资高、运行能耗高、占地面积大等问题,因地制宜提出一级半或一级布站,形成"按需增压、就近销售"的新型集输模式,更适应工厂化钻井开发(图7-21)。

图 7-21　集约化地面集输模式图

以井丛为基础，运用低耗、高效顶层设计理念，优化、简化集输系统设计模型，以"低压集气、井丛智控、干管互通、站场互备、集中处理"为技术核心建立集约化地面集输工艺模式，实现管网"点控"到"群控"、站场"单管"到"联动"，建设按需、分期、低耗、高效示范模型。

（1）低耗理念：优化工艺、整合功能，干管互通、压力均衡，系统能量损耗最低。

（2）高效思路：站场橇装、分期建设，站间互为备用，按需灵活配置，系统效率最高。

（3）投资控制：简化工艺、井丛控制、优化选材，采、集气汇管同沟敷设，降低投资。

二、采气管网优化

沁水盆地煤层气田开发至今，已经先后开发了樊庄和郑庄两大产气区块，形成了以单井井场建设为主的煤层气开发模式和煤层气田"三低"地面集输工艺模式。该模式的特点是点多、面广、串接式管网。

1. "枝上枝"管网

沿集气干管两侧分支引出若干集气支管，支管道又可同样派生下一级的支管道，各集气支管的末端与集气站或单井相连，管网建设如图 7-22 所示。

适用范围：适用于气田面积较大，井数较多的气田。

优点：管道工程量相对小，投资较低。

缺点：井口回压不易控制，系统压力平衡差，集气站相互独立，站间设备无法共享。

2. 环状管网

集气干管道在产气区域内首尾相连成环状，环内和环外的集气站、单井站以距离最短方式通过集气支线与环状集气干管连接，管网建设如图 7-23 所示。

适用范围：适用于面积较大的圆形或椭圆形气田。

优点：各进气点的进气压力差值不大，可降低环管进气压力，适用于煤层气田"低压集气"工艺模式。

缺点：管道工程量大，投资高。

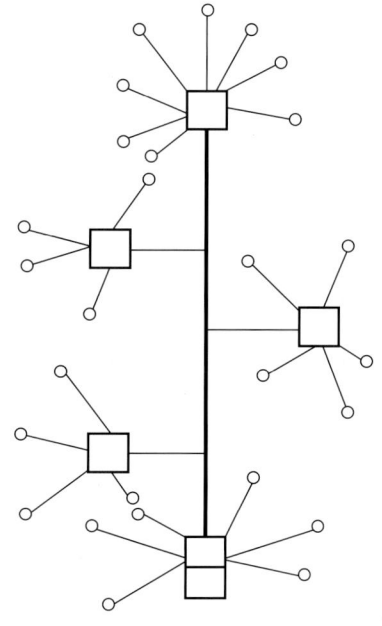

图 7-22　"枝上枝"管网示意图
图中圆形为单井或丛式井组井场，方形为集气站或增压站等站场

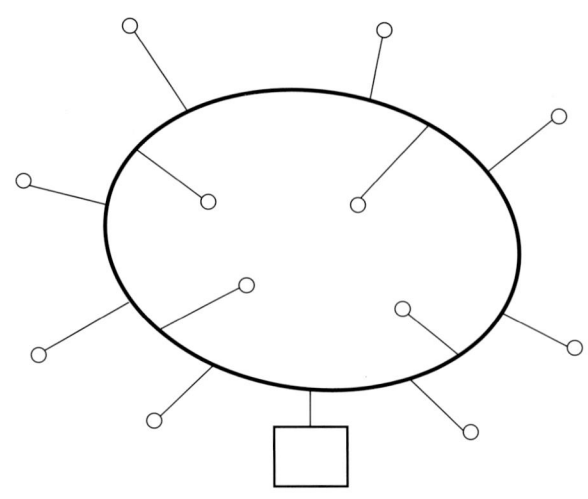

图 7-23 环状管网示意图

图中圆形为单井或丛式井组井场，方形为集气站或增压站等站场

从上述分析中可以看出，枝状管网投资低，但井口回压大，集气站相互独立，系统压力平衡差，无法满足煤层气滚动开发模式；环状管网可适用于煤层气阶段产量变化和"低压集气"工艺模式，但存在工程投资高的问题。因此根据山区复杂地形，结合枝状和环状管网特色，提出适用于煤层气田建产模式的干管互通式管网。

3. 干管互通式管网

煤层气井场采用大井丛式建设，区块双干管前移、互联互通，采、集气干管同沟敷设，站场分期建设，通过干管互相联通，管网建设如图 7-24 所示。

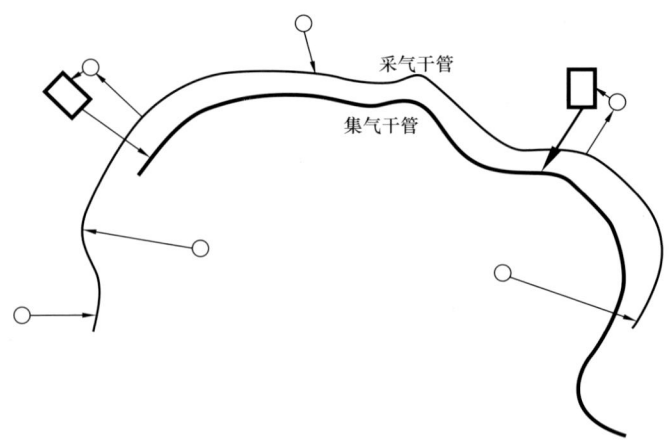

图 7-24 干管互通式管网示意图

图中圆形为单井或丛式井组井场，方形为集气站或增压站等站场

适用范围：适用于面积较大的滚动开发的气田。

优点：建设投资低，系统自调节能力强，站间设备可实现共享，提高运行效率。

按照干管互通式管网建设模式，完成马必东区块集输管网和站场设计，管网设计如图 7-25 所示。

图 7-25 管网设计图

干管互通式管网集输模式在提高站场负荷率、降低系统能耗方面具有显著的效果，并可使煤层气田在建设过程中提前产生收益、增加效益，极大地适应了煤层气田滚动开发和建设时期效益最大化的需求。

三、站场建设优化

常规集气站建设占地面积大、工艺复杂、设备安装数量多，导致施工难度大、建设周期长，严重制约了煤层气的开采与利用。例如，某区块投产初期，部分集气站出现了区块产气量远低于压缩机最低启输量的情况，该区块产气量无法通过压缩机增压后外输至其他集气站或处理中心。为了防止井口憋压破坏储层，只能通过集气站放空火炬燃烧的方式处理采出的煤层气，造成资源的大量浪费。

过往传统场站建设模式已不能满足煤层气开发规模和效率需求，简易、快捷、灵活实施地面工程建设，实现煤层气地面集输高质、高效、高速建设，已成为现今煤层气地面建设的关键。

沁水盆地煤层气田依托已建井场进行扩建，实现建站模式由传统固定式站场向橇装化站场转变。通过橇装站内集输工艺流程论证，以及站场内平面布置持续优化，将站场 $1\times10^4 m^3$ 气处理量建筑面积由 $232 m^2/10^5 m^3$ 降低至 $72 m^2/10^5 m^3$，建设投资降低了 43.3%，建设周期缩短了 43.5%。

如图 7-26 所示，橇装 CNG 站场相较于常规固定式 CNG 具有以下优势：

（1）橇体集成拉运便捷，布局因地制宜，集销一地完成；

（2）场地无需硬化，整橇防护罩设计替代常规防雨棚设计；

(3)橇装配电房替代固定式房屋设计；
(4)管道连接地面敷设替代常规埋地敷设，增强运行安全可靠性；
(5)自动化程度高，满足安全要求；
(6)工艺可预制、可复制，整体搬运便捷。

(a) 常规固定式CNG站场布置　　　　　(b) 橇装CNG站场布置

图 7-26　不同 CNG 站场布置对比图

实践证明，集成化场站建设模式既能继承传统模式下系统全部功能，又能大幅降低投资成本，形成快速建站、快速调整、灵活运行维护模式。煤层气橇装增压站场能满足煤层气周期开发特点，对区块前—中—后期开发调整适应性高。同时，对于偏远位置、无集输系统可供接入煤层气井或井组，提供了可靠有效的解决思路。

第八章 展 望

本书所介绍的以辩证思维为指导的、以疏导理念为核心的勘探评价、开发设计、工程作业、排采管控技术体系，不仅在现场试验和生产实践中取得了成功，在加快推广应用规模和范围方面也取得了显著成效。但目前关于如何实现不同地质条件下煤层气高效开发的问题尚未得到完全解决，煤层气产业规模的快速发展仍面临着巨大的挑战，还需持续加强理论研究和技术攻关。

一、持续推动煤层气疏导式勘探开发基础理论认识升级

本书提出了"疏导式"的勘探开发理念，以此为指导明确了研究思路，搭建了自研配套试验装置，对煤岩中多级微观孔—裂隙的结构、纳米级孔隙中气体的赋存状态、多孔介质微纳米级孔隙中流体的运移方式和效率等展开了攻关研究，并取得了一系列的基础理论认识。但煤岩纳米级孔隙中煤层气产出的动力机制，煤岩多孔介质中气、水复杂分布状态下的流动机理等在测试手段、方法方面目前尚未实现突破，导致煤层内部流体的真实流动状况和规律难以被完全揭示，所以急需研发更为先进的测试手段和方法，以发展完善煤层气"疏导式"勘探开发的理论和技术。

二、持续完善煤层气勘探评价技术体系

华北矿权区的实际建产动用量小（按实际井控计算不足10%），低产区大面积分布，表明煤层气并不是一种连续分布，且宏观意义上可大面积经济开发的资源。在煤层气矿区内部存在着巨大的非均质性和差异性。目前，对煤层气富集机制的认识还不到位，从促进煤层气资源高效动用的角度来看，应以已见成效的"七系数"勘探技术为基础，进一步加深优质储量及其形成机制研究，创建更精细可靠的分析研究办法，完善煤层气多种富集机制认识，夯实煤层气地质基础，进而优化勘探程序和技术，实现探明高效可动用储量的目的。

三、持续加强煤层气开发机理攻关

目前，对煤层气开发的普遍认识是甲烷以吸附态赋存于煤岩中，在开发过程中通过排水降压，使吸附甲烷游离，扩散进入孔—裂隙中，最后以渗流方式运移至井底。该过程最大的问题是中间扩散过程效率远低于解吸和渗流两个过程，限制了煤层气的产出效率。但是从现场煤层气井生产情况来看，并不支撑上述认识，甲烷产出速率和总量与假定产出过程模式不匹配。煤层气开发的真正机理尚有不清楚的地方。本书对煤层气的赋存、微观孔—裂隙中气水的流动方式等都做了探索，但未能全面解决机理认识不足的问题，制约了

煤层气开发区域的选择和高效开发的实现。

为实现煤层气的高效开发，从室内实验手段、方法上进行攻关，通过建立科学评价微纳米级孔—裂隙中流体赋存、运移方法，揭示了煤层中甲烷、水在地下微观孔隙结构中的赋存机制，阐明了气、水在微观尺度下的运移方式，实现了煤层气和地下水流动的动态表征，进而针对性的指导开发技术优化和创建。

煤层气井的排采控制在过去被认为是一种简单的控制，只要稳定排采既能获得高产。但基于实践总结认识，认为排采是对煤层气采出起决定作用的软工程，既能"排活"也能"排死"，是煤层气开发过程中的一个关键环节，影响煤层气井能否达到或者接近本身最大生产能力。前文所提的疏导式排采控制模型和技术，虽然提高了单井产量，但因微观机理目前掌握程度尚不充分，致使针对不同煤层地质特征的科学、量化控制还不能完全实现，仍需加大顶层试验的设计，探索煤层气排采的核心机理。

加大提高煤层气采收率技术的研发，提高已开发区最终采收率，是目前煤层气开发所需立项攻关的方向。当前煤层气的开发均可被认定为一次开发，仅利用煤储层天然能量实现开发，开发效率和采收率相对较低。探索注入化学剂、注入气体、提高地层能量、改变煤储层性质等提高采收率的二次开发技术意义尤为重大。随微观孔—裂隙中甲烷、水的分布和赋存以及流动机制的明确，煤层气的主体开发技术、开发方式必将随之升级、完善。

四、持续推动煤层气钻井、压裂、排采设备的升级与完善

工程技术的发展方向为有效益、降成本、可推广，既要满足煤层气边际资源效益开发的要求，又要支撑国家产业发展目标的实现，还要符合国家绿色环保和绿色能源开发的战略要求。工程技术的工厂化应用推动是产业发展的动力。

钻井、压裂要最大幅度降低煤储层伤害，以获得更高的单井产量，促使单位成本的效益大幅度提高。排采设备（尤其是无杆排采设备）要适应不同压力级别需求和更高的稳定性，才能真正解决不同深度煤层气效益开发问题。

五、持续推动地面建设顶层设计高效化

地面建设应遵循简单、可控、高效、安全、低耗的要求，全面推动设计顶层化、建设集约化、运行高效化、管理无人化、安全可控化的模式。实现煤层气产能建设源头的效益运行。

通过不断自我创新，持续深化煤层气勘探开发认识和升级理念，全力推动我国煤层气产业由复制国外技术向自主研发符合我国煤层气地质特征的技术之路转变，通过不断的技术革新与理论创新，相信我国煤层气产业发展的春天即将到来。

参考文献

鲍祥生, 尹成, 赵伟, 等. 2006. 储层预测的地震属性优选技术研究 [J]. 石油物探. 45 (1): 28-33.

陈秀萍, 梅永贵, 陈勇智, 等. 2015. "双环三空法"在煤层气井智能排采中的应用 [J]. 天然气工业, 35 (12): 48-52.

陈振宏, 王一兵, 孙平. 2009. 煤粉产出对高煤阶煤层气井产能的影响及其控制 [J]. 煤炭学报, 34 (2): 229-232.

崔树清, 王凤锐, 刘顺良, 等. 2011. 沁水盆地南部高阶煤层多分支水平井钻井工艺 [J]. 天然气工业, 31 (11): 18-21.

崔新瑞, 张建国, 刘忠, 等. 2016. 煤层气水平井井眼堵塞原因分析及治理措施探索 [J]. 中国煤层气, 13 (6): 31-34

丁文龙, 梅永贵, 尹帅, 等. 2015. 沁水盆地煤系地层孔-裂隙特征测井反演 [J]. 煤炭科学技术, 43 (2): 53-57.

傅雪海, 姜波, 秦勇, 等. 2003. 用测井曲线划分煤体结构和预测煤储层渗透率 [J]. 测井技术, (2): 140-143+177.

傅雪海, 秦勇, 韦重韬. 2007. 煤层气地质学 [M]. 徐州: 中国矿业大学出版社.

傅雪海, 秦勇, 薛秀谦, 等. 2001. 煤储层孔、裂隙系统分形研究 [J]. 中国矿业大学学报, 30 (3): 225-228.

高波, 康毅力, 史斌, 等. 2016. 压裂液对煤岩储层解吸—扩散性能的影响 [J]. 煤田地质与勘探, 44 (6): 79-84.

郭宝林, 李琪, 张兴龙, 等. 2018. 地质导向技术在 L 型煤层气水平井 T-P05 井中的应用 [J]. 探矿工程 (岩土钻掘工程), 45 (01): 9-13.

侯月华, 姚艳斌, 杨延辉, 等. 2016. 基于对应分析技术的煤体结构判别: 以沁水盆地安泽区块为例 [J]. 煤炭学报, 41 (8): 2041-2049.

胡秋嘉, 贾敏慧, 祁空军, 等. 2018. 高煤阶煤层气井单相流段流压精细控制方法——以沁水盆地樊庄—郑庄区块为例 [J]. 天然气工业, 38 (9): 76-81.

贾慧敏, 胡秋嘉, 刘忠, 等. 2017. 裂缝应力敏感性对煤层气井单向流段产水影响及排采对策 [J]. 中国煤层气, 14 (5): 31-34.

李梦溪, 王立龙, 崔新瑞, 等. 2011. 沁水煤层气田樊庄区块直井产出特征及排采控制方法 [J]. 中国煤层气, 8 (1): 11-13.

李明朝, 张武齐. 1990. 中国主要煤田的浅层煤成气 [M]. 北京: 科学出版社.

李五忠, 田文广, 陈刚, 等. 2010. 不同煤阶煤层气选区评价参数的研究与应用 [J]. 天然气工业, 30 (6): 45-47.

李学博, 刘忠, 刘春春, 等. 2018. 高阶煤裸眼多分支水平井重建渗流通道技术研究与应用 [J]. 中国煤层气, 15 (2): 37-40.

李学明, 高辉虎. 2018. 长水平段水平井钻井技术难点分析及对策 [J]. 石化技术, 25 (10): 312.

李勇, 孟尚志, 吴鹏, 等. 2018. 煤系气合采产出数值模拟研究 [J]. 煤炭学报, 43 (6): 1728-1737.

李宗源, 陈必武, 李佳峰, 等. 2017. 煤层气可控水平井洗井工艺技术研究与应用 [J]. 中国煤层气, 14 (3): 17-20.

李宗源, 刘立军, 陈必武, 等. 2019. 煤层气鱼骨状可控水平井完井方法与实践 [J]. 煤矿安全, 50 (9): 164-167.

历彦福. 2018. 晋城潘庄区块 15 号煤煤层气单分支水平井轨迹优化 [J]. 中国煤炭地质, 30 (12): 87-90.

林玉祥, 刘虎, 郭凤霞, 等. 2014. 沁水盆地地层剥蚀量研究 [J]. 地质与勘探, 50 (01): 114-121.

刘国伟, 李梦溪, 刘忠, 等. 2014. 煤层气多分支水平井排采控制技术研究 [J]. 中国煤层气, 11 (1): 12-15.

刘洪林, 康永尚, 王烽, 等. 2008. 沁水盆地煤层割理的充填特征及形成过程 [J]. 地质学报, (10): 1376-1381.

刘焕杰, 秦勇, 桑树勋. 1998. 山西南部煤层气地质 [M]. 徐州: 中国矿业大学出版社.

刘立军, 陈必武, 李宗源, 等. 2019. 华北油田煤层气水平井钻完井方式优化与应用 [J]. 煤炭工程, 51 (10): 77-81.

刘向君, 罗平亚. 2004. 岩石力学与石油工程 [M]. 北京: 石油工业出版社, 15-84.

刘勋才, 黎铖, 史彦飞, 等. 2017. 地质导向技术在煤层气鱼骨状水平井关键技术环节的应用探讨 [J]. 中国煤层气, 14 (06): 16-20.

刘亚军, 陈旭. 2013. 沁水盆地南部煤层气 U 型井钻井技术及应用 [J]. 长江大学学报 (自科版), 10 (14): 43-46+5-6.

刘雨濛. 2016. 煤层气储层低温体积改造机理研究 [D]. 青岛: 中国石油大学 (华东).

刘志逊, 张庆辉, 杨永刚, 等. 2018. 我国煤层气勘察开采特定区域选区研究 [M]. 北京: 地质出版社.

刘忠, 刘国伟, 侯涛, 等. 2013. 樊庄煤层气区块井网调整的实践及认识 [J]. 中国煤层气, 10 (6): 37-39.

刘忠, 张聪, 彭鹤, 等. 2014. 煤矿采掘区煤层气开发规律及模式探讨 [J]. 中国煤层气, 11 (1): 8-11.

鲁秀芹, 杨延辉, 周睿, 等. 2019. 高煤阶煤层气水平井和直井耦合降压开发技术研究 [J]. 煤炭科学技术, 47 (7): 221-226.

罗沙, 汪凌. 2017. 关于煤体结构判识方法的探讨 [J]. 石油化工应用, 36 (4): 98-101.

马永峰. 2003. 美国西部盆地煤层气钻井和完井技术 [J]. 石油钻采工艺, 25 (4): 32-35.

梅永贵, 郭简, 苏雷, 等. 2016. 无杆泵排采技术在沁水煤层气田的应用 [J]. 煤炭科学技术, 44 (5): 64-67.

梅永贵, 连小华, 张全江, 等. 2018. 沁南郑庄区块煤层气直井产能控制因素精细解析 [J]. 煤矿安全, 49 (11): 150-154.

孟凡华, 马文峰, 孟浩, 等. 2018. 沁水盆地煤层气田地面集输系统优化 [J]. 油气储运, 37 (4): 407-412.

孟召平, 侯泉林. 2013. 高煤级煤储层渗透性与应力耦合模型及控制机理 [J]. 地球物理学报, 56 (2): 667-675.

孟召平, 刘世民. 2018. 煤矿区煤层气开发地质与工程 [M]. 北京: 科学出版社.

孟召平, 田永东, 李国富. 2010. 煤层气开发地质学理论与方法 [M]. 北京: 科学出版社.

孟召平, 张昆, 杨焦生, 等. 2019. 沁南东区块煤储层特征及煤层气开发井网间距优化 [J]. 煤炭学报, 43 (9): 2525-2533.

聂百胜, 柳先锋, 郭建华, 等. 2015. 水分对煤体瓦斯解吸扩散的影响 [J]. 中国矿业大学学报, 44 (5): 781-787.

聂百胜, 伦嘉云, 王科迪, 等. 2018. 煤储层纳米孔隙结构及其瓦斯扩散特征 [J]. 地球科学, 43 (5): 1755-1762.

秦利峰, 刘忠, 刘玉明, 等. 2016. 水力喷射压裂工艺在郑庄里必区块煤层气开发中的应用 [J]. 中国煤层气, 13 (4): 30-33.

秦义, 李仰民, 白建梅, 等. 2011. 沁水盆地南部高煤阶煤层气井排采工艺研究与实践 [J]. 天然气工业, 31 (11): 22-25.

秦勇, 傅雪海, 岳巍, 等. 2000. 沉积体系与煤层气储盖特征之关系探讨 [J]. 古地理学报, 2 (1): 77-79.

曲庆利, 关月, 聂上振, 等. 2014. 水平井大通径可捞式免钻塞筛管完井技术应用 [J]. 石油矿场机械, 43 (12): 55-58.

单学军, 张士诚, 张遂安, 等. 2005. 华北地区煤层气井压裂裂缝监测及其扩展规律 [J]. 煤田地质与勘探, 33 (5): 25-28.

宋岩, 秦胜飞, 赵孟军. 2007. 中国煤层气成藏的两大关键地质因素 [J]. 天然气地球科学, 18 (4): 545-553.

宋岩, 张新民, 柳少波. 2012. 中国煤层气地质与开发基础理论 [M]. 北京: 科学出版社.

孙茂远, 刘贻军. 2008. 中国煤层气产业新进展 [J]. 天然气工业, 28 (3): 5-9.

孙培德, 凌志仪. 2000. 三轴应力作用下煤渗透率变化规律实验 [J]. 重庆大学学报 (自然科学版), (z1): 28-31.

汤达祯, 赵俊龙, 许浩, 等. 2016. 中—高煤阶煤层气系统物质能量动态平衡机制 [J]. 煤炭学报, 41 (1): 40-48.

汤达祯, 刘大锰, 唐书恒, 等. 2014. 煤层气开发过程储层动态地质效应 [M]. 北京: 科学出版社.

唐书恒, 朱宝存, 颜志丰. 2011. 地应力对煤层气井水力压裂裂缝发育的影响 [J]. 煤炭学报, 36 (1): 65-69.

田炜, 孙晓飞, 张艳玉, 等. 2012. 无因次产气图版在樊庄煤层气产能预测中的应用 [J]. 煤田地质与勘探, 40 (4): 25-28.

田炜, 王会涛. 2015. 沁水盆地高阶煤煤层气开发再认识 [J]. 天然气工业, 35 (6): 117-123.

王磊. 2016. 沁水盆地南部煤层气井压裂工艺技术的研究与应用 [D]. 青岛: 中国石油大学 (华东), 21-58.

王生维, 李瑞, 肖宇航. 2019. 煤层气排采工程 [M]. 武汉: 中国地质大学出版社.

王耀稼. 2017. 大位移井漂浮下套管技术优化设计及软件开发 [D]. 西安: 西安石油大学.

巫修平. 2018. 基于诱导应力场的煤层气水平井分段压裂间距优化研究 [J]. 中国煤炭地质, 30 (2): 24-28.

吴川.2016.煤层气合层排采井下工况参数实时探测技术研究［D］.武汉：中国地质大学（武汉），1-18.

席先武，郑丽梅.2001.煤层压裂液滤失系数计算方法探讨［J］.天然气工业，21（3）：45-47.

鲜保安，夏柏如，张义，等.2010.开发低煤阶煤层气的新型径向水平井技术［J］.煤田地质与勘探，38（4）：25-29.

鲜保安，夏柏如，张义，等.2010.煤层气U型井钻井采气技术研究［J］.石油钻采工艺，32（4）：91-95.

肖宇航，王生维，吕帅锋，等.2018.寺河矿区压裂煤储层中裂缝与流动通道模型［J］.中国矿业大学学报，47（6）：1305-1312.

肖宇航.2018.煤储层中流体流动通道模型及其对定量排采意义［D］.武汉：中国地质大学（武汉）.

徐兵祥，李相方，任维娜，等.2014.基于均衡降压理念的煤层气井网井距优化模型［J］.中国矿业大学学报，43（6）：88-93.

许朋琛，陈宁，胡景东，等.2017.可降解清洁钻井液的研究及现场应用［J］.钻井液与完井液，34（3）：27-32.

许启鲁，黄文辉，杨延绘，等.2016.构造煤的测井曲线判识——以柿庄北区块为例［J］.科学技术与工程，16（3）：11-16.

许耀波，朱玉双，张培河.2018.紧邻碎软煤层的顶板岩层水平井开发煤层气技术［J］.天然气工业，38（9）：70-75.

薛岗，许茜，王红霞，等.2010.沁水盆地煤层气田樊庄区块地面集输工艺优化［J］.天然气工艺，30（6）：87-90.

杨斌，肖慈珣，王斌，等.2000.基于神经模糊系统的储层参数反演［J］.石油与天然气地质，21（2）：173-176.

杨延辉，刘世奇，桑树勋，等.2016.基于三维空间表征的高阶煤连通孔隙发育特征［J］.煤炭科学技术，44（10）：70-76.

杨延辉，孟召平，陈彦君，等.2015.沁南—夏店区块煤储层地应力条件及其对渗透性的影响［J］.石油学报，36（增刊1）：91-96.

杨延辉，孟召平，张纪星.2016.煤储层应力敏感性试验及其评价新方法［J］.煤田地质与勘探，44（1）：38-42+46.

杨延辉，汤达祯，杨艳磊，等.2015.煤储层速敏效应对煤粉产出规律及产能的影响［J］.煤炭科学技术，43（2）：96-99+103.

杨延辉，王玉婷，陈龙伟，等.2018.沁南西—马必东区块煤层气高效建产区优选技术［J］.煤炭学报，43（6）：1620-1626.

杨延辉，姚艳斌，王辉，等.2016.基于地震多属性的郑庄区块煤层气开发甜点区优选［J］.现代地质，30（6）：1390-1398.

杨勇，崔树清，倪元勇，等.2014.煤层气仿树形水平井的探索与实践［J］.天然气工业，34（8）：92-96.

杨兆中，张云鹏，贾敏，等.2017.低温对煤岩渗透性影响试验研究［J］.岩土力学，38（2）：354-360.

姚艳斌，刘大锰.2006.煤储层孔隙系统发育特征与煤层气可采性研究［J］.煤炭科学技术，34（3）：

64–68.

姚艳斌, 刘大锰. 2016. 基于核磁共振弛豫谱的煤储层岩石物理与流体表征[J]. 煤炭科学技术, 44（6）: 14–22

雍学善, 余建平, 石兰亭. 1997. 一种三维高精度储层参数反演方法[J]. 石油地球物理勘探, 32（6）: 852–857.

岳前升, 李贵川, 李东贤, 等. 2015. 基于煤层气水平井的可降解聚合物钻井液研制与应用[J]. 煤炭学报, 40（S2）: 425–429.

张波, 倪元勇, 张丹琪, 等. 2018. 煤层气水平井造穴及解堵造缝技术探索与实践[J]. 煤炭技术, 37（9）: 188–190.

张登文, 余东合, 车航, 等. 2018. 高阶煤煤岩全应力—应变过程渗透性实验研究及应用[J]. 煤炭技术, 37（5）: 181–183.

张光波, 刘忠, 崔新瑞, 等. 2018. 沁水盆地南部煤层气井支撑剂回流原因分析及治理措施探讨[J]. 中国煤层气, 15（2）: 20–23.

张慧. 2001. 煤孔隙的成因类型及其研究[J]. 煤炭学报, 26（1）: 40–44.

张建国, 刘忠, 姚红星, 等. 2016. 沁水煤层气田郑庄区块二次压裂增产技术研究[J]. 煤炭科学技术, 44（5）: 59–63.

张尚虎, 汤达祯, 王明寿. 2005. 沁水盆地煤储层孔隙差异发育主控因素[J]. 天然气工业, 25（1）: 37–40.

张时音, 桑树勋, 杨志刚. 2009. 液态水对煤吸附甲烷影响的机理分析[J]. 中国矿业大学学报, 38（5）: 707–712.

张许良, 单菊萍, 彭苏萍. 2009. 地质测井技术划分煤体结构探析[J]. 煤炭科学技术, 37（12）: 88–92.

张永平, 杨延辉, 邵国良, 等. 2017. 沁水盆地樊庄—郑庄区块高煤阶煤层气水平井开采中的问题及对策[J]. 天然气工业, 37（6）: 46–54.

张云鹏. 2015. 煤层气井液氮压裂技术研究[D]. 成都: 西南石油大学.

赵金, 张遂安. 2012. 煤层气排采储层降压传播规律研究[J]. 煤炭科学技术, 40（10）: 65–68.

赵贤正, 杨延辉, 陈龙伟, 等. 2015. 高阶煤储层固—流耦合控产机理与产量模式[J]. 石油学报, 36（9）: 1029–1034.

赵贤正, 杨延辉, 孙粉锦, 等. 2016. 沁水盆地南部高阶煤层气成藏规律与勘探开发技术[J]. 石油勘探与开发, 43（2）: 303–309.

赵兴龙, 汤达祯, 陶树, 等. 2010. 澳大利亚煤层气开发工艺技术[J]. 中国煤炭地质, 22（9）: 26–31.

中国国家标准化管理委员会. 2013. 煤体结构分类: GB/T 30050—2013[S]. 北京: 中国标准出版社.

中华人民共和国自然资源部. 2020. 煤层气资源/储量规范: Z/T 0216—2020[S]. 北京: 中国标准出版社.

周拿云. 2013. 煤层气井冰晶暂堵压裂可行性实验与理论研究[D]. 成都: 西南石油大学.

朱庆忠, 刘立军, 陈必武, 等. 2017. 高煤阶煤层气开发工程技术的不适应性及解决思路[J]. 石油钻采工艺, 3（91）: 92–96.

朱庆忠, 鲁秀芹, 杨延辉, 等. 2019. 郑庄区块高阶煤层气低效产能区耦合盘活技术[J]. 煤炭学报, 44（8）: 2547–2555.

朱庆忠, 汤达祯, 左银卿, 等. 2017. 樊庄区块开发过程中煤储层渗透率动态变化特征[J]. 煤炭科学技术, 45（7）: 85–92.

朱庆忠, 王宁, 张学英, 等. 2020. 煤层气井单相水流拟稳态排采模型与应用效果分析[J]. 煤炭学报, 45（3）: 1116–1124.

朱庆忠, 杨延辉, 陈龙伟, 等. 2017. 我国高煤阶煤层气开发中存在的问题及解决对策[J]. 中国煤层气, （1）: 5–8.

朱庆忠, 杨延辉, 王玉婷, 等. 2017. 高阶煤层气高效开发工程技术优选模式及其应用[J]. 天然气工业, 37（10）: 27–42.

朱庆忠, 杨延辉, 左银卿, 等. 2018. 中国煤层气开发存在的问题及破解思路[J]. 天然气工业, 38（4）: 96–100.

朱庆忠, 张小东, 杨延辉, 等. 2018. 影响沁南—中南煤层气井解吸压力的地质因素及其作用机制[J]. 中国石油大学学报（自然科学版）, 42（2）: 41–49.

朱庆忠, 左银卿, 杨延辉, 等. 2015. 如何破解我国煤层气开发的技术难题——以沁水盆地南部煤层气藏为例[J]. 天然气工业, 35（2）, 106–109.

邹才能, 杨智, 朱如凯, 等. 2015. 中国非常规油气勘探开发与理论技术进展[J]. 地质学报, 89（6）: 797–1007.

邹才能, 朱如凯, 吴松涛, 等. 2012. 常规与非常规油气聚集类型、特征、机理及展望——以中国致密油和致密气为例[J]. 石油学报, 33（2）: 173–188.

Ayers W B. 2002. Coalbed gas midyear report[J]. AAPG/EMD, 22 November.

Fan T, Zhang G, Cui J. 2014. The impact of cleats on hydraulic fracture initiation and propagation in coal seams[J]. Petroleum Science, 11（4）: 532–539.

Gas Research Institute. 1999. North America coalbed methane resource map[R]. Chicago, Illinois.

Haimson B. 1967. Initiation and extension of hydraulic fractures in rocks[J]. SPE Journal, （3）: 310–318.

Huang J, Griffiths D V, Wong S. 2012. Initiation pressure, location and orientation of hydraulic fracture[J]. International Journal of Rock Mechanics and Mining Sciences, 49（1）: 59–67.

Jennifer Rotramel, Morris Bell. 2011. A pilot test of continuous bottom hole pressure monitoring for production optimization of coalbed methane in the Raton Basin[R]. Oklahoma: SPE.

Li Zheng, Yao Jun, Ren Zhijun, et al. 2019. Accumulation behaviors of methane in the aqueous environment with organic matters[J]. Fuel, 236（15）: 836–842.

Mallikarjun Pillalamarry, Satya Harpalani, Shimin Liu. 2011. Gas diffusion behavior of coal and its impact on production from coalbed methane reservoirs[J]. International Journal of Coal Geology, 86（4）: 342–348.

Mastalerz M. 2014. Coalbed methane: reserves, production and future outlook//Letcher T M. Future energy[M]. 2nd ed. New York: Elsevier, 145–158.

Naewg. 2005. North American nature gas vision report 2005[R]. North American Working Group Experts Group on Nature Gas Trade and Interconnections, January.

Palmer I D, Lambert S W, Spiler J L. 1993. Coalbed methane well completions and stimulations[J]. Paper AAPG Volume SG 38, AAPG, Tulsa, Oklahoma.

Palmer I D. 2010. Coalbed methane completions: a world view [J]. International Journal of Coal Geology, 82(3): 184–195.

Qingzhong Zhu, Yanhui Yang, Xiuqin Lu, et al. 2019. Pore structure of coals by mercury intrusion, N2 adsorption and NMR: a comparative study [J]. Applied Sciences, 9(8): 1680.

Seidle J. 2011. Fundamentals of coalbed methane reservoir engineering [M]. Penn Well Books.

Snyder. 2005. North American coalbed methane development moves forward [J]. World Oil.

Thomas Gentzis. 2008. Stability analysis of a horizontal coalbed methane well in the rocky mountain front ranges of southeast British Columbia, Canada [J]. International Journal of Coal Geology, (77): 328–337.

Yang Yanhui, Li Zheng, Cui Zhouqi, et al. 2019. Adsorption of coalbed methane in dry and moist coal nano-slits [J]. The Journal of Physical Chemistry C, 123(51): 30842–30850.